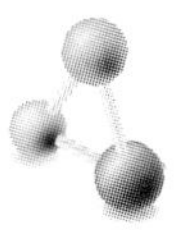

普通高等教育规划教材

有机化学

Organic Chemistry

秦永其　田海玲　主编

化学工业出版社

·北京·

《有机化学》共有14章和2章选读内容。全书以有机化学基本概念、基本理论和基本反应为基础，以结构和性质的关系与电子效应、空间效应为核心，以官能团为主线进行编写。内容包括绪论，烃类化合物（包括烷烃、烯烃、炔烃、二烯烃、脂环烃、芳烃等），烃的各类衍生物（包括卤素衍生物、含氧衍生物、含氮衍生物等），天然有机化合物（包括杂环化合物、糖类和蛋白质）。选读内容包括有机化合物的波谱知识和立体化学。为进一步突出重点，方便学生学习，每章前设有教学目标及要求，每章后设有习题。各章都有相应化合物的制备方法，增加了本书的可操作性和实用性。

《有机化学》对教学内容进行了合理整合，适用于高等院校工科类化学专业的有机化学的课程，也可供开设有机化学课程的其他专业选用。

图书在版编目（CIP）数据

有机化学/秦永其，田海玲主编. —北京：化学工业出版社，2018.3

普通高等教育规划教材

ISBN 978-7-122-31553-3

Ⅰ. ①有… Ⅱ. ①秦…②田… Ⅲ. ①有机化学-高等学校-教材 Ⅳ. ①O62

中国版本图书馆CIP数据核字（2018）第036575号

责任编辑：张双进　　文字编辑：刘心怡

责任校对：王素芹　　装帧设计：王晓宇

出版发行：化学工业出版社（北京市东城区青年湖南街13号　邮政编码100011）

印　　装：中煤（北京）印务有限公司

787mm×1092mm　1/16　印张17　字数430千字　2018年7月北京第1版第1次印刷

购书咨询：010-64518888（传真：010-64519686）　售后服务：010-64518899

网　　址：http://www.cip.com.cn

凡购买本书，如有缺损质量问题，本社销售中心负责调换。

定　价：46.00元

前言 FOREWORD

本书是根据教育部高等学校化学与化工学科教学指导委员会对有机化学的教学基本要求而编写的，编写本书的目的是开发出具有中国特色的高等工科学校化工类专业有机化学创新教材。当前，一方面是有机化学学科发展迅速，新的知识不断涌现，教材要尽可能充实更多的知识；另一方面是教学改革的和教学课时的不断压缩，教材的篇幅要有所缩减。为使二者得到统一，必须开发出知识面广而博、篇幅少而精的有机化学教材。通过对国内外有机化学教材进行认真研究和分析，我们对教材内容进行了整合和浓缩，将高等院校上科有机化学内容编写成 14 章，以满足压学时、增内容的要求。

本教材以有机化学基本概念、基本理论和基本反应为基础，以结构和性质的关系与电子效应、空间效应为主线进行编写，各章都有相应化合物的制备方法，增加了本书的实用性。对于工科教学，有机化学教材要具可操作性和实用性，注重学生在学习过程中学习方法、积极性、主动性的培养。为达到这一目标，本教材对教学内容进行了合理整合和有机统一，使其内容体现“精”和“博”。具体做了如下方面的改革。

（1）具有明确的有机化学的主线构思，抓住有机化学中的核心内容“电子”，实现教材的少而精。本教材力求做到各章有明确的目标与要求和教学重难点，讲授该课程不搞照本宣科，而是突出重点和核心内容。只有抓到了教学的重点和难点，学生才能知道应该怎样学习有机化学。

（2）注重基本原理和规律性的阐述。化学反应是对理论性和规律性的具体理解和应用。通过这样一个学习的过程，使学生能够更加有效地消化有机化学知识，调动学习积极性。

本书由吕梁学院的秦永其、田海玲主编，并编写第 5 至第 8 章和第 12 至第 14 章，及选读Ⅰ。吕梁学院的胡雪梅老师编写第 1 至第 4 章及选读Ⅱ。吕梁学院的薛月圆老师编写第 9 至第 11 章。吕梁学院的田海玲参与了本教材的修改和定稿工作。吕梁学院的霍宇平老师给予了本教材意见与建议。吕梁学院的贾建文、郭凯敏、郭志敏等同志在文字输入、文字校对、图片制作等方面做了大量卓有成效的工作，在此向他们表示衷心的感谢。

由于编者水平有限，不妥之处在所难免，敬请专家和读者批评指正。

编者

2018 年 1 月

目录 CONTENTS

1 绪论

2 烷烃

3 烯　烃

4 炔烃和二烯烃

5 脂环烃

6 芳　烃

7 卤代烃

8 醇、酚、醚

9 醛、酮

10 羧酸及其衍生物

11 含氮有机物

12 杂环化合物

13 糖 类

14 蛋白质和核酸

1 绪论

教学目标及要求

1. 掌握有机化学和有机化合物的定义及其特点；

2. 了解有机物的分类、官能团与研究步骤，共价键及键参数与断裂，结构分析，电子效应；酸碱理论，有机反应与反应式，有机化学发展史，有机化学的重要性。

重点与难点

按官能团分类；物质的结构与性质之间的依赖关系。

1.1 有机化学和有机化合物

早在1806年柏则里斯（Berzelius）就首先提出了有机化学这一术语，但是当时并没有引起人们的关注。直到1828年，维勒（F. Wöhler）首先在实验室由氰酸铵（NH_4OCN）合成尿素（NH_2CONH_2），促进了有机化合物的人工合成，也促使人们开始研究有机化学。

$$NH_4OCN \xrightarrow[\triangle]{} NH_2-\overset{\overset{\displaystyle O}{\|}}{C}-NH_2$$

1845年Kolbe合成了乙酸；1854年，柏赛罗（M. berthelot）合成油脂类化合物等。人们确信人工合成有机化合物是可能的。1848年葛梅林（L. Gmelin）提出，有机化合物就是含碳化合物，有机化学就是研究含碳化合物的化学。随着有机化学的发展，人们发现有机化合物除了含有碳元素外，还含有H、O、N、S、X（卤素）等元素，其中以C、H元素为主。从结构上看，所有的有机化合物都可以看作烃类化合物以及从烃类化合物衍生而得的化合物。1874年肖莱马（K. Schorlemmer）又将有机化学定义为研究烃类化合物及其衍生物的化学。

有机化合物与人们的生活联系紧密，甚至可以说在当今的物质生活中，有机化合物无处不在。例如，医药、有机肥料、食品、炸药、香料、塑料和合成纤维等都与有机化合物息息相关。而有机化合物对于攻克人类疾病，如癌症、控制遗传或延长寿命也起到巨大作用。因此，研究有机化合物、学习有机化学有着极其重要的作用。

1.2 有机化合物的特点

首先，绝大多数有机物只是由C、H、O、X、S和P等少数元素组成，与无机化合物相比，分子式较简单；其次，碳的核外电子排布为$1s^22s^22p^2$，最外层电子数为4，易与其他原子结合形成8电子的稳定结构，因此种类繁多；同时碳原子间相互结合能力很强，不仅可以形成链，还可以形成环，使其结构比较复杂。

1.2.1 有机化合物结构的主要特点——同分异构现象

分子式相同、结构不相同、其性质也不相同的化合物，称为同分异构体，这种现象称为同分异构现象。例如：

乙醇和二甲醚（分子式都为 C_2H_6O）	$CH_3CH_2—OH$ 乙醇	$CH_3—O—CH_3$ 二甲醚
丁烷和异丁烷（分子式都为 C_4H_{10}）	$CH_3CH_2CH_2CH_3$ 丁烷	$CH_3CH(CH_3)CH_3$ 异丁烷

像乙醇和二甲醚及丁烷和异丁烷的异构是由于分子中各原子间相互结合的顺序不同而引起的，只是构造不同而导致的异构现象，称为构造异构现象。

此外，有机化合物还可由于构型（顺、反；Z、E；R、S）和构象不同而造成异构现象，分别称为构型异构和构象异构，两者都属于立体异构。有机化合物含有的碳原子数和原子种类越多，同分异构体也越多。总之，同分异构现象是由分子中原子成键的顺序和空间排列方式不同而产生的。

1.2.2 有机化合物性质的特点

有机化合物与以前学过的含碳的无机化合物 CO、CO_2、CO_3^{2-} 的区别如下。

① 组成复杂：分子式相同、结构不同时存在构造异构。结构相同时，又有构象异构和构型异构。所以分子式相同的有机化合物，存在许多种同分异构体。

② 易燃：大多数的有机化合物都可以作为燃料，因为含有 C、H 两种元素，燃烧可以生成 CO_2 和 H_2O。但也有例外，如 CCl_4 不但不可以燃烧，还可以用于灭火。

③ 易分解：由于大多数的有机化合物都是由共价键形成的，因此一般在 200～300℃时就会分解。

④ 熔沸点较低，易挥发：一般有机化合物的熔沸点都不会超过 300℃。

⑤ 难溶于水：根据相似相溶原理，大多数有机化合物都不溶于水，但是常见的甲醇和乙醇却可以与水以任意比例混合。

⑥ 反应时间长：与无机化学反应相比，有机化学反应则需要较长的时间，一般需要几小时甚至更长。

⑦ 反应复杂，总是伴随着副反应：一般在某一特定的条件下主要进行的反应称为主反应，其产物称为主产物，相对的其他反应称为副反应，其产物就为副产物。所以一般情况下有机化学反应式不用配平，只要写出主要产物就可以。

⑧ 产率较低：与无机化学反应相比，有机化学反应的产率不能达到100%，一般产率在60%以上的就很少了。所以，一般有机化学反应用$\longrightarrow$表示。

1.3 有机化合物中的共价键

有机化合物主要以共价键的形式结合。所以了解共价键的形成和性质是很有必要的。

1.3.1 共价键的形成

在 1916 年，Lewis G. N 首先提出了共价键这个术语，即共价键是由两原子各提供一个电子形成共用电子对把两个原子结合在一起的化学键。例如，碳原子的核外电子排布为 $1s^2 2s^2 2p^2$，不易获得或失去价电子形成 8 电子的稳定结构，易形成共价键。

1.3.1.1 路易斯结构式 路易斯结构式用小圆点来表示原子的外层电子。两个在一起的小圆点表示一个共用电子对或一个共价键。

$$\cdot\ddot{\underset{\cdot}{C}}\cdot + 4H\cdot \longrightarrow H:\underset{\underset{H}{\cdot\cdot}}{\overset{\overset{H}{\cdot\cdot}}{C}}:H$$

1.3.1.2 凯库勒结构式 凯库勒结构式用一根短线代表一个共价键。

$$\begin{array}{c} H \\ | \\ H{-}C{-}H \\ | \\ H \end{array}$$

当共用两对或三对电子时则分别用 ═ 或 ≡ 来表示。

1.3.2 共价键的性质

1.3.2.1 键长 形成共价键的两个原子核之间的距离称为键长。不同的共价键具有不同的键长，同一共价键在不同的分子中，键长也略有所不同。通常键长越短，原子核之间的吸引力就越大，共价键就越稳定。一些常见的共价键键长见表 1-1。

表 1-1 一些常见共价键的键长

键型	键长/nm	键型	键长/nm
C—C	0.154	C—F	0.142
C—H	0.110	C—Cl	0.178
C—O	0.143	C—Br	0.101
C—N	0.147	C—I	0.213
C═C	0.134	C≡C	0.120

1.3.2.2 键角 两个共价键之间的夹角称为键角。例如，常见的甲烷分子之间的键角为 109.5°。键角可以反映分子的空间结构。通常键角越大，分子越稳定。

1.3.2.3 键能 共价键形成或者断裂时所需要吸收的能量。键能可以反映共价键的强弱，通常键能越大，键越稳定。一些常见的共价键的键能见表 1-2。

表 1-2 常见共价键的键能

键型	键能/(kJ/mol)	键型	键能/(kJ/mol)
C—C	347	C—F	485
C—H	414	C—Cl	339
C—O	360	C—Br	285
C—N	305	C—I	218
C═C	611	C≡C	837

在多原子分子中，键能是几个同类型键的离解能的平均值。如甲烷：

$$CH_4 \longrightarrow \dot{C}H_3 + H\cdot \qquad D(CH_3{-}H)=435.1\text{kJ/mol}$$

$$\dot{C}H_3 \longrightarrow \cdot\dot{C}H_2 + H\cdot \qquad D(CH_2{-}H)=443.5\text{kJ/mol}$$

$$\cdot\dot{C}H_2 \longrightarrow \cdot\underset{\cdot}{\dot{C}}H + H\cdot \qquad D(CH{-}H)=443.5\text{kJ/mol}$$

$$\cdot\dot{\underset{\cdot}{C}}H \longrightarrow \cdot\dot{\underset{\cdot}{C}}\cdot + H\cdot \qquad D(C—H)=338.9kJ/mol$$

C—H 键的键能为这四个离解能的平均值。

1.3.2.4　键的极性和元素的电负性　当形成共价键的两个原子相同时，电子云对称地平均分布在两个原子之间，称为非极性共价键，如 C—C、Cl—Cl 等。但是当形成共价键的两个原子不相同时，由于两个原子的电负性不同，吸引电子的能力不同，电子云就偏向于电负性较强的一方，使得其带有部分的负电荷（δ^-），而电子云偏离的一方就带有部分的正电荷（δ^+），这时形成的共价键被称为极性共价键，如 C—H、H—Cl 等。表示方式如下：$H(\delta^+) \rightarrow Cl(\delta^-)$。

键的极性大小主要取决于成键两原子的电负性值之差，与外界条件无关，是永久的性质。一般成键原子的电负性差值为 0.5～1.6 时，形成极性共价键。

极性共价键的大小可以用偶极矩 μ 来表示，它是正电中心或负电中心的电荷与两个电荷中心之间的距离 d 的乘积。

$$\mu = qd$$

偶极矩的单位为 D（德拜，Debye）。偶极矩具有方向性，一般是用箭头表示由正到负。

$$\underset{\mu\neq 0}{\overset{H_3C—Cl}{\longmapsto}} \qquad \underset{\mu=0}{\overset{H—C\equiv C—H}{\longmapsto\ \longleftarrow\!\!\!\!\!+}}$$

一般在双原子分子中，键的极性就是分子的极性，键的偶极矩就是分子的偶极矩。但是在多原子分子中，分子的偶极矩是分子中各个键的偶极矩的向量和。如 $CH_3—O—CH_3$ 为极性分子，因为其偶极矩不为 0。

1.4　共价键的断裂——均裂与异裂

有机化合物在发生化学反应时，总是伴随着共价键的形成和共价键的断裂。共价键的断裂主要有两种。第一种是均裂，即两个成键原子之间的共用电子对平均分配，使每个成键原子各保留一个电子的断裂方式。均裂可以产生活泼的具有未成对电子的原子或基团，将其称为自由基（即具有不成对电子的原子或基团）或游离基。

即：$A:B \longrightarrow A\cdot + B\cdot$

如：$Cl:Cl$（光照）$\longrightarrow Cl\cdot + Cl\cdot$

$CH_4 + Cl\cdot \longrightarrow CH_3\cdot + HCl$

可以发生键均裂的反应称为均裂反应或自由基型反应。

第二种是异裂，即成键的两原子间的共用电子对完全转移到其中的一个原子上的断裂方式，会产生正、负离子。

即：$A:B \longrightarrow A^+ + B^-$

如：$(CH_3)_3C:Cl \longrightarrow (CH_3)_3C^+ + Cl^-$

可以发生键异裂的反应称为异裂反应或离子型反应。

1.5　诱导效应

当形成共价键的两个原子的电负性不相同时，成键电子云偏向电负性较大的一方，使得一方带有部分负电荷，另一方带有部分正电荷，即形成了极性共价键。极性共价键产生的电场可以引起临近电荷的偏移。例如：

$$\overset{\delta\delta\delta^+}{CH_3} - \overset{\delta\delta^+}{CH_2} - \overset{\delta^+}{CH_2} \longrightarrow \overset{\delta^-}{Cl}$$

这种由于原子的电负性不同而使得分子中成键电子云偏向电负性较大原子的效应称为诱导效应。诱导效应一般经过三个原子以后就可以忽略不计了。

诱导效应有方向，一般以氢为标准，吸电子能力比氢强的具有吸电子的诱导效应，用$-I$表示，吸电子能力比氢弱的具有供电子的诱导效应，用$+I$ 表示。例如：

$$\underset{+I}{\overset{\delta^+}{Y} - \overset{\delta^-}{C}} \qquad \underset{I=0}{C\text{—}H} \qquad \underset{-I}{\overset{\delta^+}{C} - \overset{\delta^-}{X}}$$

一般具有$-I$ 效应的原子或原子团的相对强度遵守以下规则。

① 同族元素：$-F>-Cl>-Br>-I$。

② 同周期元素：$-F>-OR>-NR_2$；$-O^+R_2>-N^+R_3$。

③ 杂化状态不同的碳原子，s 成分越多，吸电子能力越强。

$$—C\equiv CR > —CR=CR_2 > —CR_2—CR_3$$

一般具有$+I$ 效应的原子团主要有烷基、羟基、氨基，其相对强度如下：

$$NH_2—>OH—>(CH_3)_3C—>(CH_3)_2C—>CH_3CH_2—>CH_3—$$

注意：烷基与不饱和碳原子相连时呈$+I$ 效应；烷基与电负性较强的原子或原子团相连时，则呈$-I$ 效应。

1.6 有机化学中的酸碱概念

在有机化学中，主要使用的酸碱理论是布朗斯特（J. N. Bronsted）酸碱质子理论和路易斯酸（G. N. Lewis）酸碱理论。

1.6.1 布朗斯特酸碱理论

布朗斯特认为凡是能给出质子的物质叫酸（如：HCl、H_3O^+），凡是能与质子结合的物质叫碱（如：Cl^-、H_2O）。因此，布朗斯特酸碱理论也被称为质子酸碱理论。从质子的角度分析，酸和碱就形成了统一。如：

$$HCl+H_2O \longrightarrow H_3O^+ + Cl^-$$

HCl 和 Cl^- 以及 H_3O^+ 和 H_2O 被称为共轭酸碱。布朗斯特酸碱理论中酸与碱是相对的，一般强酸的共轭碱必是弱碱（如：HCl 和 Cl^-），弱酸的共轭碱是强碱（如：CH_3COOH 和 CH_3COO^-）等。有时某一相同的分子或离子在一个反应中是酸而在另一个反应中却可能是碱。如：HSO_4^-。

$$H_2SO_4 + H_2O \rightleftharpoons H_3O^+ + HSO_4^-$$
$$HSO_4^- + H_2O \rightleftharpoons H_3O^+ + SO_4^{2-}$$

1.6.2 路易斯酸碱理论

路易斯认为凡是能接受外来电子对的物质被称为酸（如 $AlCl_3$），其具有亲电性，在发生化学反应时，具有亲近另一分子的负电荷中心的倾向，因此被称为亲电试剂。凡是能够给予电子对的物质被称为碱（如 NH_3），一般具有亲核性，在发生化学反应时，具有亲近另一分子的正电荷中心的倾向，被称为亲核试剂。

在一般的有机化学资料中，一般泛称的酸碱都是指按布朗斯特定义的酸碱，当需要涉及路易斯酸碱的概念时，都专门指出它们是路易斯酸碱。

1.7 有机化合物的分类

有机化合物有许多的分类方法，但是比较常见的有两大类：即按碳链分类和按官能团分类。

1.7.1 按碳链分类

按照有机化合物中碳链连接的方式可以分为以下几类。

① 开链化合物（脂肪族化合物）

$CH_2{=}CHCH_3$　　$CH_3CH_2CH_2CH_3$　　CH_3CH_2OH　　$CH_3CH_2CH_2COOH$

② 碳环族化合物

a. 脂环族化合物：

b. 芳香族化合物：

③ 杂环化合物

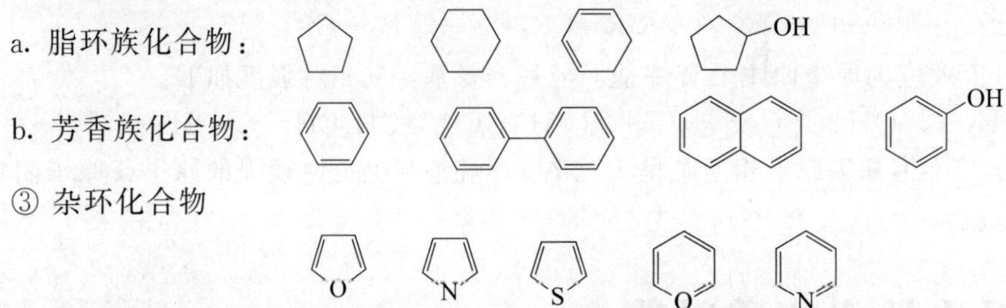

1.7.2 按官能团分类

官能团是指在分子中比较活泼的原子或原子团。官能团通常决定着化合物的主要性质。通常情况下，含有相同官能团的化合物具有相同的化学性质，所以按照官能团来分类更加的简便和实用。有机化合物中常见的官能团见表 1-3。

表 1-3　有机化合物中常见的官能团

化合物类型	官能团		化合物类型	官能团	
烷烃	无		醛或酮	>C=O	羰基
烯烃	>C=C<	双键	羧酸	—COOH	羧基
炔烃	—C≡C—	三键	腈	—C≡N	氰基
芳烃	(苯环)	芳环	磺酸	$—SO_3H$	磺基
卤代烃	X(F,Cl,Br,I)	卤素	硝基化合物	$—NO_2$	硝基
醇或酚	—OH	羟基	胺	$—NH_2(NHR,NR_2)$	氨基
醚	C—O—C	醚键	亚胺	=NH	亚氨基

习　题

1. 有机化学主要研究内容包括哪几个方面？

2. 根据 S 与 O 的电负性差别，H_2O 与 H_2S 相比，哪个有较强的偶极-偶极作力？

3. 下列各化合物哪个有偶极矩？画出其方向。

（1）I_2　（2）CH_2Cl_2　（3）HBr　（4）$CHCl_3$　（5）CH_3OH　（6）CH_3OCH_3

4. 指出下列化合物所含官能团的名称。

（1）$CH_3CH=CHCH_3$　（2）$CH_3C\equiv CCH_3$　（3）$CH_3CH_2OCH_3$

（4）CH_3CH_2Cl　（5）CH_3CH_2SH　（6）CH_3COOH

（7）$CH_3\overset{\overset{O}{\|}}{C}H$　（8）$CH_3\overset{\overset{O}{\|}}{C}CH_3$　（9）$CH_3\overset{\overset{OH}{|}}{C}HCH_3$

2 烷烃

教学目标及要求

1. 了解烷烃的分子结构：乙烷的构象，投影式；
2. 掌握烷烃构造和低级烷烃同分异构体数目、构造式的推导、构象的表示；
3. 掌握对映异构、含一个和几个手性碳化合物的构型；
4. 掌握烷烃的化学性质、自由基反应历程与自由基稳定性、用 Wurtz 法合成烷烃；
5. 掌握环烷烃的构象；
6. 熟练掌握烷烃的系统命名法。

重点与难点

有机化合物的 IUPAC 命名及常用的习惯命名法；烷烃的分子结构。

有机化合物中仅含有碳氢两种元素的化合物被称为烃类化合物，简称为烃。由于分子中碳原子的连接方式不同，可以分为链状烃（碳原子连成链状）和环状烃（碳原子连成环状）。链状烃又可以分为饱和烃（烷烃）和不饱和烃（烯烃和炔烃）；环状烃也可以分为脂环烃和芳香烃。

烷烃是最简单的烃，分子中所有的原子都是以单键的形式相连接，且烷烃属于开链的饱和烃。

2.1 烷烃的通式、同系列和构造异构

2.1.1 烷烃的通式、同系列

烷烃中最简单的烃是甲烷，其余按照碳原子数的增加依次称为乙烷、丙烷、丁烷等。其分子式和构造式如下：

名称	甲烷	乙烷	丙烷	丁烷
分子式	CH_4	C_2H_6	C_3H_8	C_4H_{10}
构造式	CH_4	CH_3CH_3	$CH_3CH_2CH_3$	$CH_3CH_2CH_2CH_3$

从上述烷烃的分子式可以推断出烷烃的通式为：C_nH_{2n+2}，其中 n 为碳原子数。可发现两个烷烃在分子组成上相差一个或多个 CH_2，将 CH_2 称为系列差。像烷烃这样，分子式相差一个或多个系列差，可以用一个通式表示，且结构和化学性质相似的一系列化合物被称为同系列。同系列中的化合物则互称为同系物。

因为同系物中的化合物具有相似的结构和化学性质，所以可以通过学习一些常见的化合物的性质来推测同系物中未知化合物的结构和化学性质。

2.1.2 烷烃的构造异构

分子中原子相互连接的方式和顺序叫做构造。用来表示分子构造的化学式被称为构造式。构造式常用的表示方法有三种：即价键式、缩简式和键线式。例如，丙烷的构造式可以用以下的方式表示。

① 价键式：

$$\begin{array}{ccccccc} & & H & & H & & H & & \\ & & | & & | & & | & & \\ H & — & C & — & C & — & C & — & H \\ & & | & & | & & | & & \\ & & H & & H & & H & & \end{array}$$

② 缩简式：　$CH_3CH_2CH_3$

③ 键线式：　﹨／﹨

甲烷、乙烷、丙烷的构造式只有一种，但是含有四个以上碳原子的烷烃的构造式就不止一种。例如，丁烷的构造式：

$CH_3CH_2CH_2CH_3$	$CH_3CH(CH_3)_2$
正丁烷	异丁烷

像正丁烷和异丁烷这样，具有相同的分子式，但是物理性质不同的化合物就不是同一物质。这种分子式相同、结构不同的化合物被称为同分异构体，这种现象被称为同分异构现象。这种同分异构体是由于分子中原子间的连接方式和次序不同而产生的异构体，因此又被称为构造异构体或者碳架异构体。分子式相同，分子构造不同的化合物被称为构造异构体。

烷烃的异构体主要是构造异构体，且随着碳原子数的增加，异构体的数目也在不断地增加。可以通过以下三个步骤推断写出含有相同碳原子数的烷烃的同分异构体：

① 写出最长链；

② 写出少一个碳原子的直链，把一个碳当支链，找出可能的异构体；

③ 写出少二个碳原子的直链，把二个碳当两个支链，或一个支链，找出可能的异构体。

用同样的方法，逐渐减少主链碳原子的数目，写出尽可能多的异构体。

2.2 烷烃的命名

2.2.1 伯、仲、叔、季碳原子

为了方便，把直接与一个碳原子（连接三个氢原子）相连的碳原子称为伯碳原子（或一级碳原子），用 1°表示；直接与二个碳原子（连接两个氢原子）相连的碳原子称为仲碳原子（或二级碳原子），用 2°表示；直接与三个碳原子（连接一个氢原子）相连的碳原子称为叔碳原子（或三级碳原子），用 3°表示；直接与四个碳原子相连的碳原子称为季碳原子（或四级碳原子），用 4°表示。将连接在伯碳、仲碳、叔碳原子的氢原子分别称为伯氢原子、仲氢原子、叔氢原子（或一级氢原子、二级氢原子、三级氢原子），用 1°H、2°H、3°H 表示。如：

$$\begin{array}{ccccccccccc} & & H & & H & & CH_3 & & CH_3 & & \\ & & | & & | & & | & & | & & \\ H & — & \underset{1°}{C} & — & \underset{2°}{C} & — & \underset{3°}{C} & — & \underset{4°}{C} & — & CH_3 \\ & & | & & | & & | & & | & & \\ & & H & & H & & H & & CH_3 & & \end{array}$$

2.2.2 烷基的概念

从烷烃分子中去掉一个氢原子后剩余的基团被称为烷基，通式是 R-。一些常见的烷基及名称见表 2-1。

表 2-1　常见的烷基及名称

名称	基团	名称	基团
甲基	$CH_3—$	异丁基	$(CH_3)_2CHCH_2—$
乙基	$CH_3CH_2—$	仲丁基	$CH_3CH_2\underset{CH_3}{\underset{\vert}{CH}}—$
丙基	$CH_3CH_2CH_2—$	叔丁基	$(CH_3)_3C—$
丁基	$CH_3CH_2CH_2CH_2—$	叔戊基	$CH_3CH_2\underset{CH_3}{\overset{CH_3}{C}}—$
异丙基	$(CH_3)_2CH—$	新戊基	$H_3C—\underset{CH_3}{\overset{CH_3}{C}}—CH_2—$

由表 2-1 可知：具有 $H_3C—\underset{CH_3}{\overset{H}{C}}—$ 结构的称为异某基，具有 $H_3C—\underset{CH_3}{\overset{CH_3}{C}}—$ 结构的称为新某基。

2.2.3　烷烃的命名方法

有机化合物的数目非常庞大，因此正确命名有机化合物对认识和了解有机化合物是非常有必要的。在日常生活中，常使用的烷烃的命名法有普通命名法、衍生物命名法和系统命名法。国际上大家比较认可的是系统命名法。

2.2.3.1　普通命名法　普通命名法被称为习惯命名法，按照碳原子数来命名。少于十个碳原子的烷烃依次命名为甲烷、乙烷、丙烷、丁烷、戊烷、己烷、庚烷、辛烷、壬烷、癸烷。多于十个碳原子时则用数字来命名如：十一烷，十二烷等。通常还会加前缀正、异、新来表示异构体。一般按照以下规则。

① 直链烷烃的称为正某烷，如：正丁烷 $CH_3CH_2CH_2CH_3$

② 碳链一端带有两个甲基的烷烃称为异某烷，如：异丁烷 $(CH_3)_2CH_2CH_3$，

③ 有季碳原子的烷烃称新某烷，如：新戊烷 $(CH_3)_3CCH_2CH_3$，

2.2.3.2　衍生物命名法　烷烃的衍生物命名法是将甲烷当做母体，其他烷烃看做是甲烷的衍生物。命名时按照以下规则：

① 选择含有取代基最多的碳原子作为甲烷碳原子，

② 与甲烷碳原子相连的基团都作为取代基，

③ 若含有相同的取代基时，相同基团需合并，并用数字来表示，

④ 命名时，先写小基团，后写大基团，称为某基甲烷。如：

$$CH_3\underset{CH_3}{CH}CH_2CH_3 \qquad CH_3CH_2\underset{CH_3}{\overset{CH_3}{C}}—\underset{CH_3}{CH}CH_3 \qquad CH_3—\underset{CH_3}{\overset{CH_3}{C}}—\underset{CH_2CH_3}{\overset{CH_3}{C}}—CH_2\underset{CH_3}{CH}CH_3$$

二甲基乙基甲烷　　二甲基乙基异丙基甲烷　　甲基乙基异丁基叔丁基甲烷

2.2.3.3　系统命名法　系统命名法也被称为 IUPAC（International Union of Pure and Applied Chemistry，即国际纯粹化学和应用化学联合会）命名法。

根据系统命名法，直链烷烃的命名和习惯命名法相似。少于十个碳原子的烷烃依次命名为甲烷、乙烷、丙烷、丁烷、戊烷、己烷、庚烷、辛烷、壬烷、癸烷。多于十个碳原子时则用数字来命名如：十一烷，十二烷等。对于含有支链的烷烃，则需要按照以下规则。

(1) 选主链　选择分子中碳原子数最多，支链数目最多的炭链为主链，然后根据其含有的碳原子的数目称为某烷。主链以外的基团当做取代基。例如：

$$CH_3-CH_2-CH(CH(CH_3)CH_3)-CH(CH(CH_3)CH_3)-CH_2-CH_3$$

$$CH_3-CH_2-CH(CH_3)-CH_2-CH(CH_2-CH_2-CH_3)-CH_2-CH_3$$

(2) 编号　主链选好以后，需用阿拉伯数字对主链碳原子进行编号。一般从离取代基最近的一端开始编号，但是若有几种可能时，应遵守最低系列原则（即碳链以不同方向编号时，若有多种可能系列，则需顺次逐项比较各系列的不同位次，最先遇到的位次最小者为最低系列）。例如：

$$\overset{1}{C}H_3-\overset{2}{C}H(CH_3)-\overset{3}{C}H_2-\overset{4}{C}H_2-\overset{5}{C}H_2-\overset{6}{C}H_2-\overset{7}{C}H(CH_3)-\overset{8}{C}H(CH_2CH_3)-\overset{9}{C}H_2-\overset{10}{C}H_3$$

$$\overset{9}{C}H_3-\overset{8}{C}H(CH_3)-\overset{7}{C}H_2-\overset{6}{C}H(CH_2CH_3)-\overset{5}{C}H_2-\overset{4}{C}H_2-\overset{3}{C}H(CH_3)-\overset{2}{C}H(CH_3)-\overset{1}{C}H_3$$

(3) 命名　一般按照以下规则来命名。

位次＋名称＋某烷
（位次＋名称：取代基；某烷：主链碳原子的数目）

若取代基相同时，同样需要先合并相同的取代基，并用"二、三、四……"表明其数目，其位次须用"1，2，3…"数字逐个注明；数字与汉字间用"-"隔开，数字间用"，"分开。但是，需要注意的是写取代基时，需满足次序规则，先小后大：

$(CH_3)_3C- > CH_3CH_2(CH_3)CH- > (CH_3)_2CH- > (CH_3)_2CHCH_2- > CH_3CH_2CH_2CH_2- > CH_3CH_2CH_2- > CH_3CH_2- > CH_3-$

即先写后面的基团，再写前面的基团。

例如：

$$\overset{7}{C}H_3\overset{6}{C}H_2\overset{5}{C}H(CH_3)-\overset{4}{C}H(\overset{5'}{C}H_2\overset{6'}{C}H(CH_3)\overset{7'}{C}H_3)-\overset{3}{C}H_2-\overset{2}{C}H(CH_3)\overset{1}{C}H_3$$

2,5-二甲基-4-异丁基庚烷

$$CH_3CH(CH_3)CH_2CH_2CH_2CH_2CH(CH_3)CH(CH_3)CH_2CH_3$$

2,7,8-三甲基癸烷

2.3　烷烃的结构

2.3.1　甲烷的结构和 sp³ 杂化轨道

烷烃中最简单的是甲烷，分子式为 CH_4，用物理方法测得甲烷分子为正四面体结构，碳原子位于正四面体的中心，和其相连的四个氢原子位于正四面体的四个角，四个C—H键的键长都为0.110nm，键角都为109.5°，如图2-1所示。

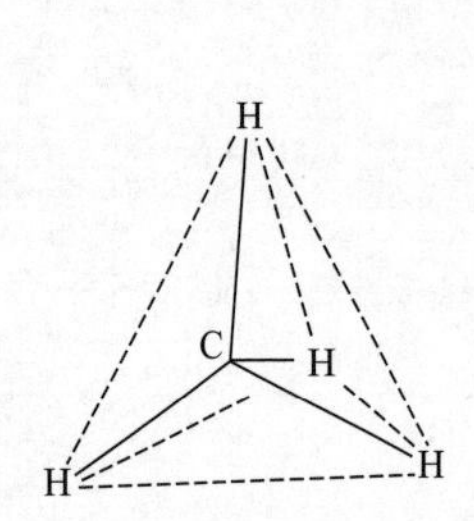

图2-1 甲烷结构示意图

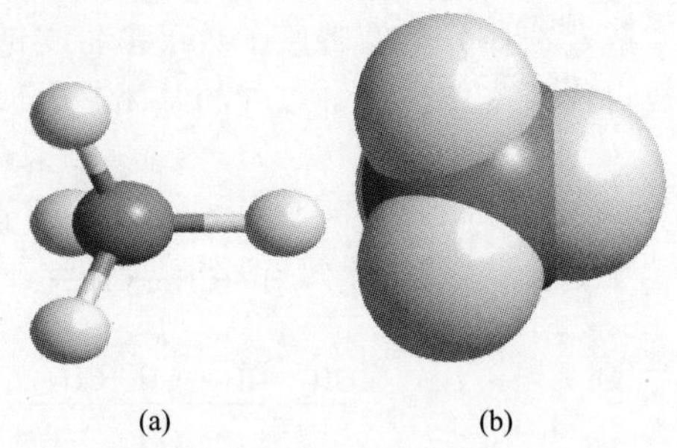

图2-2 甲烷的球棒模型（a）和比例模型（b）

还可以通过立体结构来研究烷烃分子，最常见的是Kekule（凯库勒）模型（即用球和棍棒来表示原子和键）和Stuart（斯陶特）模型（即用原子半径和键长的比例）来表示，其中Kekule模型又称为球棒模型，Stuart模型又称为比例模型，如图2-2所示。

2.3.2 碳原子轨道的sp^3杂化

甲烷的正四面体结构可以用杂化轨道来解释，即碳原子的电子构型是$1s^2 2s^2 2p_x^1 2p_y^1$，当碳原子和氢原子相结合时，最外层2s轨道上的电子由于与2p轨道上的电子能量相差较小，所以吸收部分的能量以后激发跃迁到2p轨道上，然后一个2s轨道上的电子和三个2p轨道上的电子进行杂化，形成四个能量相同的杂化轨道，形成的轨道称为sp^3杂化轨道，如图2-3所示。

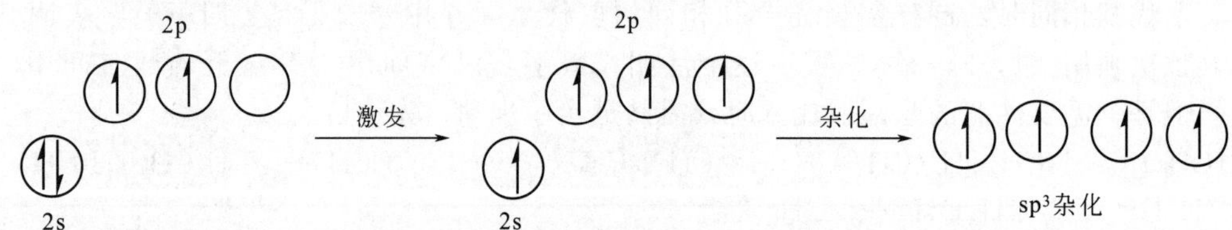

图2-3 碳原子的sp^3杂化

每个sp^3杂化轨道都含有一个未成对的电子，进一步说明碳原子是四价的。形成的sp^3杂化轨道的能量比2s轨道的能量高，但是比2p轨道的能量低。每个sp^3杂化轨道都含有1/4的s成分和3/4的p成分，其形状是一头大，一头小，具有更强的方向性，如图2-4(a)所示。形成甲烷的四个sp^3杂化轨道以碳原子为中心，四个sp^3杂化轨道大头分别伸向正四面体的四个顶角，其轨道对称轴之间的夹角为109.5°，如图2-4(b)所示。这样的分布可使四个sp^3杂化轨道尽可能彼此远离，电子云之间相互斥力最小，体系最稳定。

当四个氢原子分别沿着四个sp^3杂化轨道对称轴方向接近碳原子时，氢原子的1s轨道可以同碳原子的sp^3杂化轨道进行最大程度的重叠，形成4个相同的C—H键。因此，甲烷分子为正四面体构型，如图2-5所示。

C—H键的电子云分步具有圆柱形的轴对称，把具有这种特征的键称为σ键。以σ键相

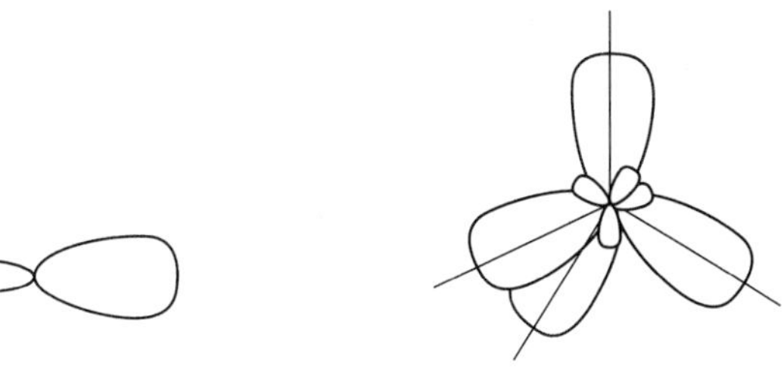

(a) 杂化轨道形状
(b) 四个sp^3杂化轨道在空间的分布

图 2-4　碳原子的 sp^3 杂化轨道

连的两个原子可以相对旋转而不影响电子云。这也决定了 σ 键具有以下特点：键能较大，可极化性较小，可以沿键轴自由旋转而不易被破坏。CH_4 中 C—H 和 C—C 键的成键情况如图 2-6 所示。

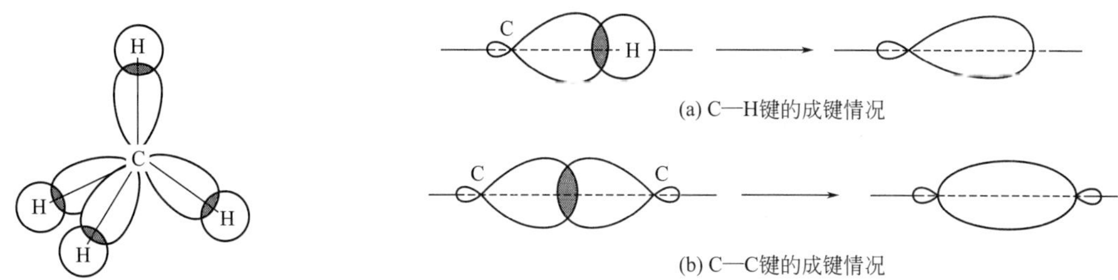

图 2-5　甲烷分子的示意图

图 2-6　C—H 键的成键情况和 C—C 键的成键情况

2.3.3　其他烷烃的结构

其他烷烃分子中的碳原子也都是以 sp^3 杂化轨道与碳或氢原子形成 σ 键，因此也具有四面体的结构。例如乙烷的结构如图 2-7 所示。

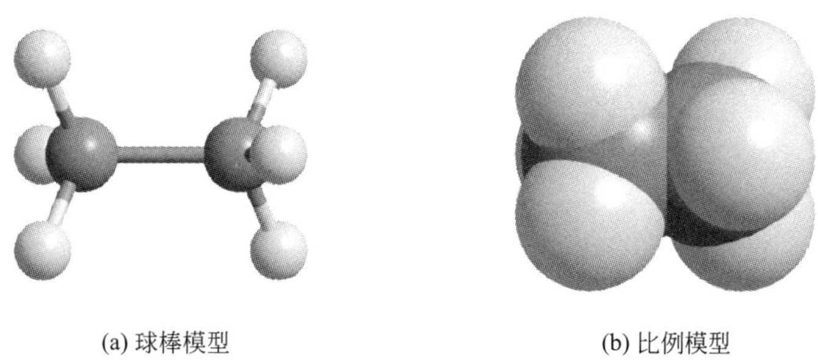

图 2-7　乙烷的模型

除甲烷以外，其他烷烃的每个碳原子上相连的原子或原子团并不完全相同，因此每个碳上的键角并不完全相同，但是接近 109.5°。据测定，除乙烷外，烷烃分子的碳链并不排布在一条直线上，而是曲折地排布在空间。这是由烷烃碳原子的四面体结构所决定的。如丁烷的结构如图 2-8 所示。

烷烃分子中各原子之间都以 σ 键相连接，所以两个碳原子可以相对旋转，形成了不同的

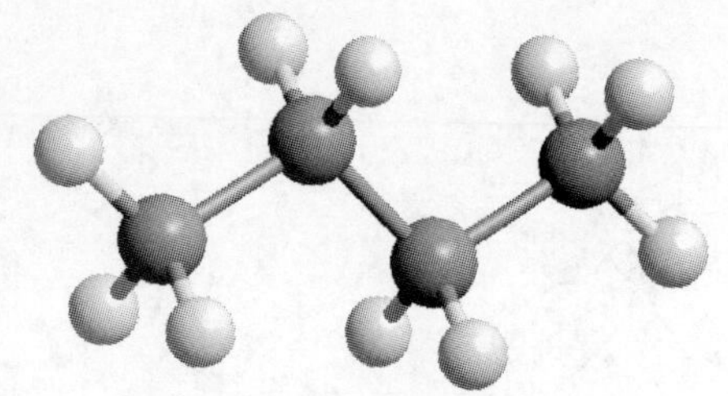

图 2-8 丁烷的球棒模型

空间排布。实际上，在室温下烷烃（除液态外）的各种不同排布方式经常不断地互相转变着。

虽然碳链实际上是曲折的，但为了方便，一般用键线式来书写分子的结构时，只要表示出碳链的锯齿形骨架，用锯齿形线的角（120°）及其键线表示碳链。端点代表碳原子，除氢原子之外的其他原子或原子团必须写出，例如：

2.4 烷烃的构象

含有两个或两个以上多价原子的有机化合物，由于围绕 σ 键旋转而使分子中其他原子或基团在空间排列不同，分子的这种特征称为构象。一个有机化合物分子有无数个构象，把这种分子组成相同、构造式相同、因构象不同产生的异构体称为构象异构体。研究分子的构象，有利于研究有机化合物的性质和反应。

2.4.1 乙烷的构象

乙烷是含有 C—C 单键最简单的化合物。由于 C—Cσ 键可以自由旋转，在旋转时，两个甲基上的氢原子的相对位置不断地变化，使其具有许多不同的空间排列。乙烷有无数个构象，但是有两种极端式构象。其中一种是交叉式构象，如图 2-9 所示，即一个甲基的氢原子正好处在另一个甲基的两个氢原子之间的中线上；另一种是重叠式构象，如图 2-10 所示，即两个碳原子上的各个氢原子处于重叠的位置。

图 2-9 乙烷的交叉式构象

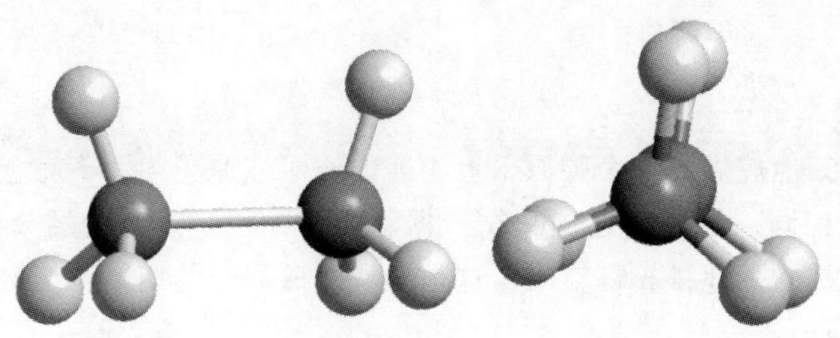

图 2-10 乙烷的重叠式构象

烷烃的各种构象常用透视式和纽曼投影式来表示。例如，乙烷的两种典型构象的透视式表示见图 2-11。

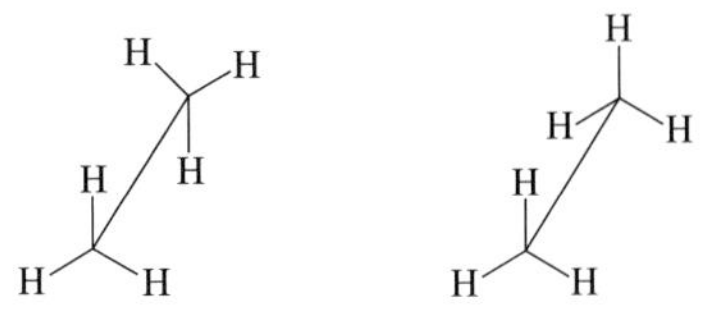

(a) 交叉式构象　　(b) 重叠式构象

图 2-11　乙烷构象的透视式表示

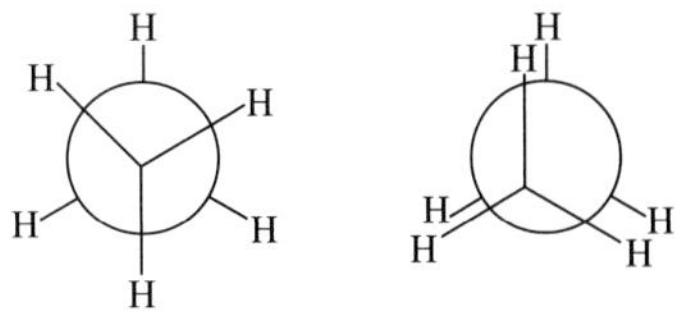

(a) 交叉式构象　　(b) 重叠式构象

图 2-12　乙烷构象的纽曼投影式表示

乙烷的两种典型构象的纽曼投影式表示见图 2-12。

用纽曼投影式表示时，圆圈表示 C—C 单键上的碳原子。由于前后两个碳原子重叠，纸面上只能画出一个圆圈，前面碳上的三个 C—H 键可以从圆心出发，彼此以 120°夹角向外伸展的三根线代表；后面碳上的三个 C—H 键，则用从圆周出发彼此以 120°夹角向外伸展的三根线代表。

交叉式与重叠式构象相比较，氢原子间的距离较远，斥力较小，因此能量较低。通过研究发现，两种构象能量差为 12.6kJ/mol。在热力学温度 0K 左右时，分子均以交叉式构象存在；常温时，两种构象以极快的速率相互转化；构象不可分离。乙烷分子的各种构象的能量曲线如图 2-13 所示。

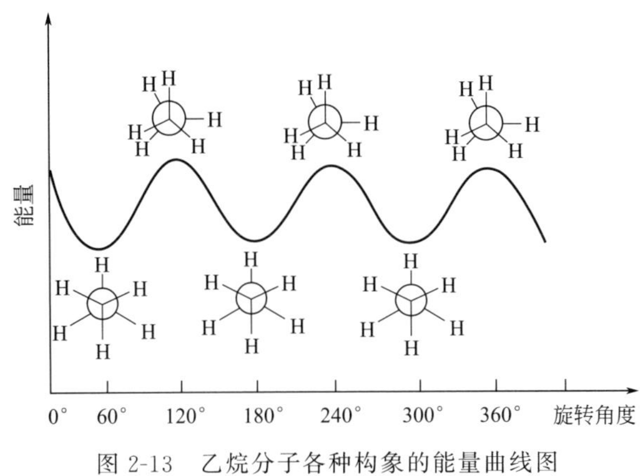

图 2-13　乙烷分子各种构象的能量曲线图

由图 2-13 分析可知，构象异构体的互相转换共价键不发生断裂，仅需旋转即可，并且在进行构象分析时，只需考虑优势构象。

2.4.2　丁烷的构象

丁烷的构象相较乙烷而言，就复杂多了。为了研究的方便，可以把丁烷看作是乙烷分子中两个碳上的氢原子被甲基取代，即将丁烷看作是 1,2-二甲基乙烷。以丁烷的 C2、C3 之间的 σ 键为键轴进行旋转，可以得到其极端式构象见图 2-14。

由图 2-14 可知，丁烷有四种极端式构象，即全重叠式（甲基和甲基重叠，氢原子和氢原子重叠）、部分重叠式（甲基和氢原子重叠）、邻位交叉式（两个甲基处于邻位）、对位交叉式（两个甲基处于对位）。在对位交叉式中，两个体积较大的甲基处于对位，距离最远，斥力就最小，能量就最低，最稳定；而在全重叠式中，两个体积较大的甲基完全重叠，斥力

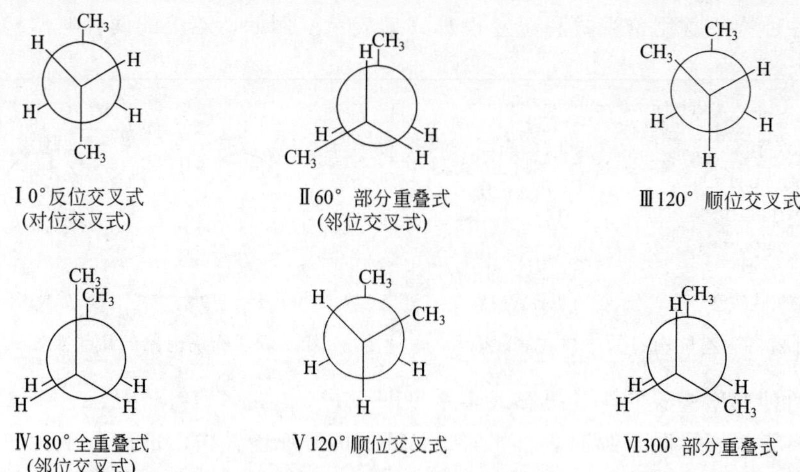

图 2-14　丁烷的构象

就最大，能量就最高，最不稳定。

丁烷的各种构象能量曲线图如图 2-15 所示，其能量高低为：全重叠式＞部分重叠式＞邻位交叉式＞对位交叉式。在室温时，各种构象之间仍然在不断地转变着。当然，也可以以 C1、C2 之间的 σ 键为键轴进行旋转来研究其构象。

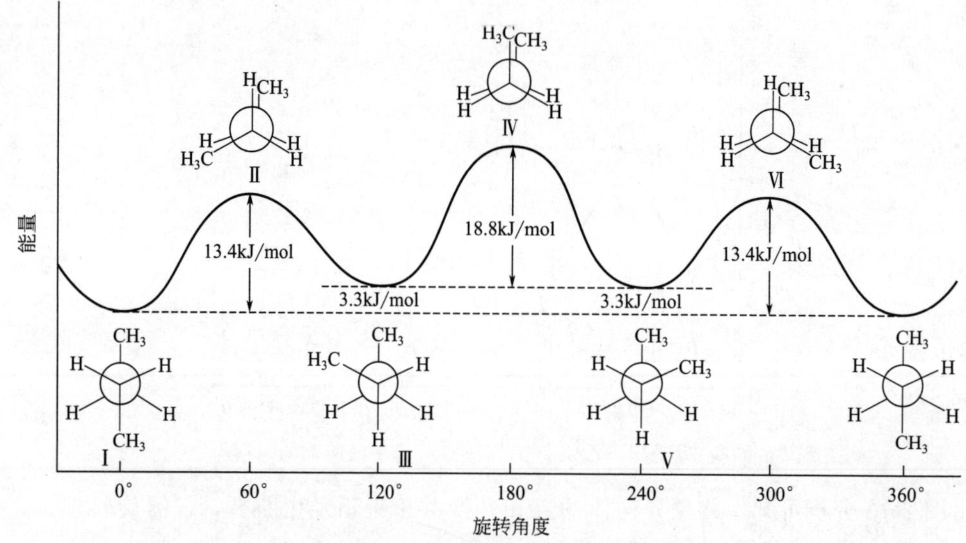

图 2-15　丁烷分子各种构象的能量曲线图

2.5　烷烃的物理性质

在有机化学中，讨论有机化合物物理性质，主要指其状态、沸点、熔点、相对密度和溶解度。通过测量其物理性质，可以对其进行鉴别或者分离。

2.5.1　烷烃的状态

在常温常压条件下，C_1～C_4 的直链烷烃是气体，C_5～C_{16} 的直链烷烃是液体，C_{17} 以上的直链烷烃是固体（见表 2-2）。

表 2-2　常见直链烷烃的物理性质

状态	名称	熔点/℃	沸点/℃	相对密度
气态	甲烷	−183	−161.5	0.424
	乙烷	−172	−88.6	0.546
	丙烷	−188	−42.1	0.501
	正丁烷	−135	−0.5	0.579
液态	正戊烷	−130	36.1	0.626
	正己烷	−95	68.7	0.659
	正庚烷	−91	98.4	0.684
	正辛烷	−57	125.7	0.703
	正壬烷	−54	150.8	0.718
	正癸烷	−30	174.1	0.730
	十一烷	−26	195.9	0.740
	十二烷	−10	216.3	0.749
	十六烷	18	280	0.775
固态	十七烷	22	292	0.777
	十八烷	28	308	0.777
	二十烷	37	342.7	0.786
	三十烷	66	446.4	0.810

2.5.2　烷烃的沸点

将直链烷烃的沸点与其碳原子数作图（见图 2-16），发现随着碳原子数增加沸点逐渐升高。

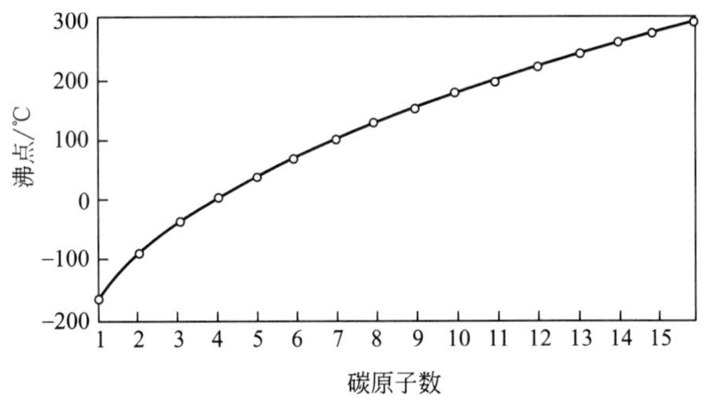

图 2-16　直链烷烃的沸点

另外，含相同碳原子的烷烃的同分异构体，支链越多，沸点越低。例如，戊烷的三个同分异构体的沸点如表 2-3 所示。

表 2-3 戊烷同分异构体的沸点

名称	正戊烷	异戊烷	新戊烷
结构	$CH_3CH_2CH_2CH_2CH_3$	$CH_3CHCH_2CH_3$（2位上连 CH_3）	$CH_3—C(CH_3)_2—CH_3$
沸点/℃	36.1	27.9	9.5

2.5.3 烷烃的熔点

与沸点相似，直链烷烃的熔点也是随着碳原子数的增加而升高的，同时也可发现，偶数碳原子数的烷烃的沸点比奇数碳原子的烷烃升的比较高一些，因为分子的对称性较好，如图 2-17 所示。

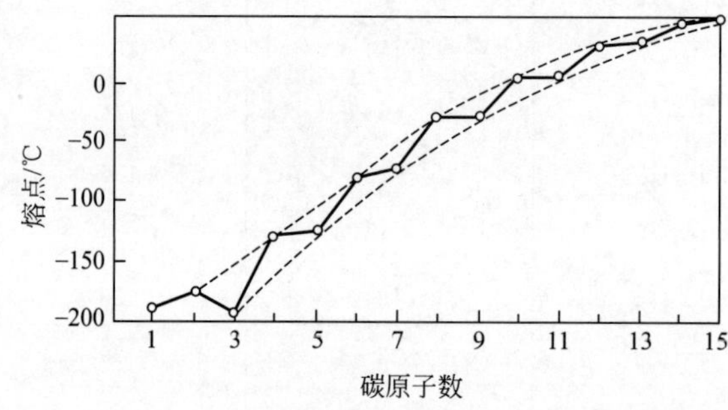

图 2-17 直链烷烃的熔点与分子中所含碳原子数的关系

一般情况下，分子式相同的烷烃，熔点是随着分子的对称性增加而升高的，分子对称性越好，分子在晶格中排列越紧密，熔点就越高。例如，戊烷的三个同分异构体的熔点如表 2-4 所示。

表 2-4 戊烷同分异构体的熔点

名称	正戊烷	异戊烷	新戊烷
结构	$CH_3CH_2CH_2CH_2CH_3$	$CH_3CHCH_2CH_3$（2位上连 CH_3）	$CH_3—C(CH_3)_2—CH_3$
熔点/℃	−130	−160	−17

2.5.4 烷烃的相对密度

由于分子间的作用力随着分子量的增加而增加，分子间的距离相对地减少，所以随着分子量的增加，相对密度也有所增加，但是都接近于 0.8 左右。

2.5.5 烷烃的溶解度

根据“相似相溶”原理，烷烃几乎不溶于水，但能溶于有机溶剂。而且在非极性溶剂中的溶解度比在极性溶剂中溶解度大。一般情况下，烷烃可溶于氯仿、乙醚、四氯化碳等一些有机溶剂中。其次，烷烃本身也是溶剂，例如在实验室中常用的石油醚就是含碳数较低的几种烷烃的混合物。

2.6 烷烃的化学性质

烷烃中由于所含有的C—C和C—H都是σ键，而σ键比较稳定。因此，在常温常压的条件下，烷烃的性质不活泼，甚至与强酸、强碱、强氧化剂和强还原剂都不反应。但是在特定的条件下，例如，高温、高压、光照或催化剂的条件下，烷烃也可以发生一些特定的反应。

2.6.1 氧化反应

在常温常压的条件下，烷烃一般不与氧化剂或空气中的氧发生化学反应，但在高温和足够的氧气中燃烧时，则可以生成二氧化碳和水，并产生大量的热。

$$CH_4 + 2O_2 \longrightarrow CO_2 + 2H_2O + 891kJ/mol$$

$$\text{(环己烷)} + 9O_2 \longrightarrow 6CO_2 + 6H_2O + 3954kJ/mol$$

这是甲烷（天然气的主要成分）作为能源以及汽油和柴油（主要成分是不同碳链的烷烃的混合物）等作为内燃机燃料燃烧的基本原理。低级烷烃的蒸气和空气混合至一定比例，遇火会发生爆炸，如煤矿中瓦斯爆炸。甲烷的爆炸极限是5.53%～14%；在这比例外，只会燃烧，不会爆炸。

在催化剂存在的条件下，适当控制反应的条件，也可以使烷烃氧化得到醇、醛、酮、羧酸等一系列含氧化合物。但是由于产物复杂，在实验室中制备的意义不大。然而，在工业中，可以按要求生产一些所需要的化合物。例如：

$$CH_4 + O_2 \xrightarrow[600℃]{NO} HCHO + H_2O$$

$$\text{(环己烷)} + O_2 \xrightarrow[150\sim160℃,\ 0.8\sim1MPa]{\text{钴催化剂}} \text{(环己醇)}-OH + \text{(环己酮)}=O$$

2.6.2 异构化反应

从一种异构体转变成另一种异构体的反应，称为异构化反应。烷烃在催化剂作用下可发生异构化反应，例如：

$$CH_3CH_2CH_2CH_3 \underset{270℃}{\overset{AlCl_3,\ HBr}{\rightleftharpoons}} CH_3\underset{\displaystyle CH_3}{\underset{|}{C}H}CH_3$$

炼油工业中往往利用烷烃的异构化反应，使石油馏分中的直链烷烃异构化为支链烷烃以提高汽油的质量。

2.6.3 裂化反应

烷烃分子在高温或高温和催化剂存在的条件下，可发生共价键断裂的反应，即裂化反应。一般生成分子更小的烷烃、烯烃和氢气。例如：

$$CH_3CH_2CH_2CH_3 \longrightarrow \begin{cases} CH_2=CHCH_3 + CH_4 \\ CH_2=CH_2 + CH_3CH_3 \\ CH_2=CHCH_2CH_3 + H_2 \end{cases}$$

通常将在 5MPa 及 500～600℃下进行的裂化反应，称为热裂化反应。石油分馏得到的煤油、柴油、重油等馏分均可作为热裂化反应的原料，但以裂化重油为主。热裂化虽然可以大大增加汽油的产量，但对汽油质量的提高并不理想。

将在催化剂存在下的裂化反应，称为催化裂化。在催化裂化反应中，碳链断裂的同时常伴有异构化、环化和脱氢等反应，生成带有支链的烷烃、烯烃和芳香烃等。催化裂化一般在 450～500℃、常压下进行。由此得到的汽油占汽油总量的 80%，而且汽油的质量也比较好。

将在更高温度下（>700℃）进行深度裂化的反应称为裂解。不同的石油馏分在不同条件下进行裂解，可以得到某些低级烯烃为主的裂解产物，如常见的乙烯、丙烯、丁烯、乙炔等这些基本化工原料。

2.6.4 取代反应

烷烃分子中的氢原子被其他原子或基团取代的反应称为取代反应。被卤素取代的反应称为卤代反应。

烷烃和卤素在黑暗中不发生反应，但是在强光或高热的条件下可以发生反应，尤其是氟和氯反应非常剧烈，甚至可能发生爆炸。反应式表示如下：

$$-\overset{|}{\underset{|}{C}}-H + X_2 \xrightarrow[\text{或热（200～400℃）}]{\text{光（}h\nu\text{）}} -\overset{|}{\underset{|}{C}}-X + HX$$

反应活性：X_2：$F_2 > Cl_2 > Br_2 > I_2$（I_2 一般不发生反应）

H：$3°H > 2°H > 1°H > CH_3-H$

自由基取代分子中的氢原子的反应，称为自由基取代反应。而烷烃的卤代反应就属于自由基取代反应，反应选择性较差，产物为一卤代物和多卤代物的混合物。烷烃的氟代反应太激烈，碘代反应则反应较慢，所以通常主要研究的是氯代反应和溴代反应。相比较而言，溴代反应的选择性较氯代反应的好。

2.6.4.1 甲烷的氯代反应 甲烷和氯气在强光或紫外光的照射下，发生剧烈反应，生成 HCl（氯化氢）和 C，并产生大量的热，而在黑暗中不反应。

$$CH_4 + 2Cl_2 \xrightarrow{\text{紫外光}} 4HCl + C + Q\text{（热）}$$

$$CH_4 + Cl_2 \xrightarrow{\text{黑暗中}} \text{不反应}$$

但在弱光、热或催化剂的作用下，甲烷可以和氯气反应生成氯代烷和氯化氢。

$$CH_4 + Cl_2 \xrightarrow[\text{或热}]{\text{光（}h\nu\text{）}} CH_3Cl + HCl$$

$$CH_4 + Cl_2 \xrightarrow[\text{或热}]{\text{光（}h\nu\text{）}} CH_2Cl_2 + HCl$$

$$CH_4 + Cl_2 \xrightarrow[\text{或热}]{\text{光（}h\nu\text{）}} CHCl_3 + HCl$$

$$CH_4 + Cl_2 \xrightarrow[\text{或热}]{\text{光（}h\nu\text{）}} CCl_4 + HCl$$

甲烷和氯气的反应产物一般为一氯甲烷、二氯甲烷、三氯甲烷和四氯化碳的混合物。反应有时很剧烈，控制不好会发生爆炸。

2.6.4.2 甲烷的氯代反应机理 化学反应所经历的途径或过程称为反应历程，也可称为反应机理。有机化学的反应比较复杂，由反应物到产物常常也不是一步就可以完成的。因此也就不仅一种途径，就需要我们通过了解反应的机理去认清反应的本质，掌握反应的规律进而控制和利用反应生成所需的产物。所以反应机理的研究是有机化学理论的重要组成部分。

研究表明，甲烷和氯气的反应是按照自由基取代反应机理进行的，一般包括三个阶段：即链引发、链增长、链终止。

链引发：① $Cl_2 \xrightarrow{光(h\nu)} Cl\cdot + Cl\cdot$

链增长：② $CH_4 + Cl\cdot \xrightarrow{E_1} \cdot CH_3 + HCl + \Delta H_1$

③ $\cdot CH_3 + Cl_2 \xrightarrow{E_2} CH_3Cl + \cdot Cl + \Delta H_2$

链终止：④ $Cl\cdot + \cdot Cl \longrightarrow Cl_2$

⑤ $CH_3\cdot + \cdot Cl \longrightarrow CH_3Cl$

⑥ $CH_3\cdot + \cdot CH_3 \longrightarrow CH_3CH_3$

链增长的②、③反复交替进行，直到 CH_4 消耗完为止。在链增长步骤②中，若 $\cdot Cl$ 自由进攻 CH_3Cl、CH_2Cl_2、$CHCl_3$ 则分别生成 CH_2Cl_2、$CHCl_3$ 和 CCl_4，所以烷烃的氯代反应产物通常是一个混合物。

在甲烷的氯代反应中的链增长阶段需要吸收一定的热，在链终止阶段则放出大量的热，总的结果是一个强放热反应，甲烷和氯气反应生成一氯甲烷的能量变化如图 2-18 所示。

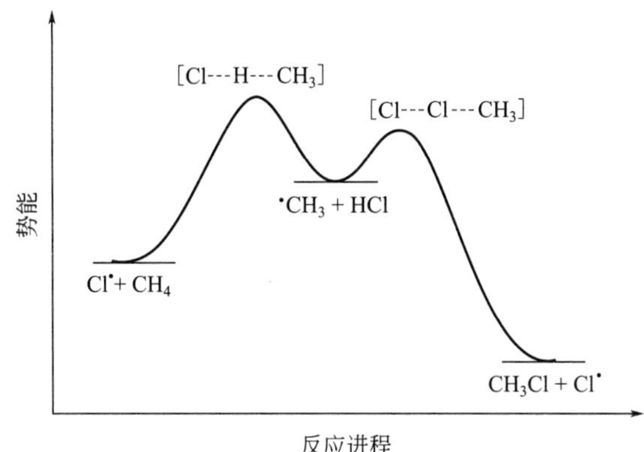

图 2-18　氯气与甲烷反应生成一氯甲烷的能量变化图

对于烷烃的卤代反应，碳原子上的氢原子的活性为：3°H＞2°H＞1°H＞CH_3—H。例如，$CH_3CH_2CH_3$ 和的氯代反应：

$$CH_3CH_2CH_3 + Cl_2 \xrightarrow[25℃]{光(h\nu)} \underset{45\%}{CH_3CH_2CH_2Cl} + \underset{55\%}{CH_3\underset{\displaystyle Cl}{\underset{|}{C}}HCH_3}$$

原料 $CH_3CH_2CH_3$ 中，2°H 和 1°H 的原子数目比是 1∶3，而 2°H 取代的产物占 55%，1°H 取代的产物只占 45%，说明 2°H 的活性大于 1°H 的活性。

$$CH_3-\underset{\displaystyle CH_3}{\overset{\displaystyle CH_3}{\overset{|}{\underset{|}{C}}}}-H + Cl_2 \xrightarrow[25℃]{光(h\nu)} \underset{36\%}{CH_3-\underset{\displaystyle CH_3}{\overset{\displaystyle CH_3}{\overset{|}{\underset{|}{C}}}}-Cl} + \underset{64\%}{CH_3-\underset{\displaystyle CH_2Cl}{\overset{\displaystyle CH_3}{\overset{|}{\underset{|}{C}}}}-H}$$

原料 $(CH_3)_3CH$ 中，3°H 和 1°H 的原子数目比是 1∶9，而 3°H 取代的产物占 36%，1°H 取代的产物只占 64%，说明 3°H 的活性远远大于 1°H 的活性。

烷烃的溴代反应比氯代反应难进行，但其反应选择性比氯代反应高，更具有实用价值。例如 $(CH_3)_3CH$ 的溴代反应。

$$CH_3-\underset{CH_3}{\overset{CH_3}{\underset{|}{\overset{|}{C}}}}-H + Br_2 \xrightarrow[127℃]{光(h\nu)} \underset{>99\%}{CH_3-\underset{CH_3}{\overset{CH_3}{\underset{|}{\overset{|}{C}}}}-Br} + \underset{痕量}{CH_3-\underset{CH_2Br}{\overset{CH_3}{\underset{|}{\overset{|}{C}}}}-H}$$

2.6.4.3　烷烃卤代反应的理论解释

(1) 烷烃中氢原子的活性　烷烃中氢原子的活性：3°H>2°H>1°H>CH_3—H。

① 烷烃上不同的C－H键的离解能不同，伯氢、仲氢和叔氢的离解能如下：

1°H　离解能 D=405.8kJ/mol

2°H　离解能 D=393.3kJ/mol

3°H　离解能 D=376.3kJ/mol

因为 3°H 的离解能最小，1°H 的离解能最大，所以 3°H 的活性最大。

② 在烷烃自由基取代反应的链增长的步骤中，伯氢、仲氢和叔氢去掉后形成的自由基分别是伯碳自由基、仲碳自由基和叔碳自由基，而碳自由基的稳定性是：$R_3C\cdot>R_2CH\cdot>RCH_2\cdot>CH_3\cdot$。

由于去掉叔氢后形成的是稳定性最大的叔碳自由基，所以 3°H 的活性最高。

(2) 卤素 (X_2) 的活性　卤素 (X_2) 的活性：$F_2>Cl_2>Br_2>I_2$ (I_2 一般不反应)。由于卤素 (X_2) 的键能和C－X的键能各不相同，所以反应的热焓也就不相同，一般来说放热反应较易进行，吸热反应较难进行。

氟代反应放热最大，而碘代反应是吸热反应，所以氟的活性最大，碘一般不反应。以下是烷烃和卤素进行一取代反应的焓变计算。

$$R-H+X-X \longrightarrow R-X+H-X+\Delta H$$

C—H 键能	X—X 键能	C—X 键能	H—X 键能
414	159 (F—F)	485 (X═F)	562 (X═F)
414	242 (Cl—Cl)	339 (X═Cl)	431 (X═Cl)
414	192 (Br—Br)	285 (X═Br)	366 (X═Br)
414	150 (I—I)	218 (X═I)	299 (X═I)

键能单位为 kJ/mol；ΔH 为反应焓变。

烷烃进行一卤代反应的焓变计算结果如下：

$$\Delta H(氟代)=(414+159)-(485+562)=-474\ (kJ/mol)$$
$$\Delta H(氯代)=(414+242)-(339+431)=-114\ (kJ/mol)$$
$$\Delta H(溴代)=(414+192)-(285+366)=-45\ (kJ/mol)$$
$$\Delta H(碘代)=(414+150)-(218+299)=+47\ (kJ/mol)$$

由以上计算结果可知氟代反应放热最大，而碘代反应是吸热反应。

(3) 烷烃的卤代反应选择性　烷烃的卤代反应选择性比较差，反应产物通常为一卤代和多卤代的混合物，溴代的比氯代的选择性好。

由于烷烃的氟代反应放热太大，难以控制，而碘代反应是吸热反应，不易进行，因此实际上烷烃的卤代反应主要指氯代反应和溴代反应。在烷烃的氯代反应和溴代反应中，形成的自由基·Cl和·Br的活性不同，·Cl自由基的活性大于·Br自由基，·Cl与各种H (伯H、仲H、叔H) 都可能发生反应，而·Br自由基的活性较小，一般只与仲H和叔H

发生反应，所以溴代反应的选择性较好。从反应产物的单一性讲，溴代反应比氯代反应的高。

在烷烃卤代反应的步骤中，卤自由基·X可以进攻烷烃分子和新形成的卤代烷分子，因此可以生成多卤代产物。所以，烷烃的卤代反应产物通常是含有多种卤代物的混合物。

2.7 烷烃的来源

石油和天然气是烷烃的主要来源。

天然气的主要成分是甲烷。天然气是古生物遗骸长期沉积地下，经慢慢转化及变质裂解而产生的气态烃类化合物，一般蕴藏在地下3000～4000m多孔隙岩层中。依其蕴藏状态，又可分为构造性天然气、水溶性天然气、煤矿天然气等三种。

石油是由含有碳、氢、氧等3种元素组成的生物遗体沉降于海底或湖底并被淤泥覆盖之后，氧元素分离，形成的烃类化合物。

习　题

1. 用系统命名法命名下列化合物，并指出其中的伯、仲、叔、季碳原子。

(1) 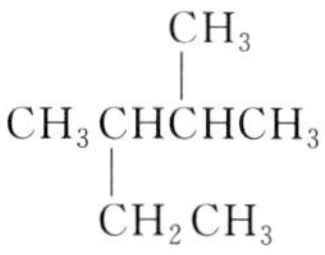 $CH_3CH(CH_2CH_3)CH(CH_3)CH_3$

(2) 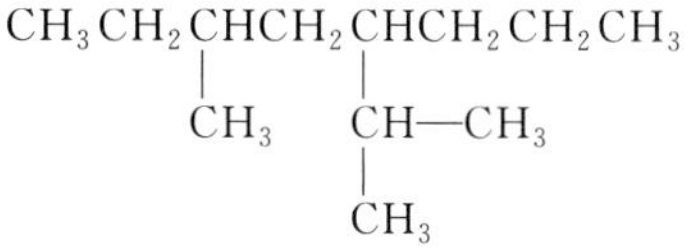 $CH_3CH_2CH(CH_3)CH_2CH(CH(CH_3)CH_3)CH_2CH_2CH_3$

(3) $CH_3CH(CH_3)CH_2CH(CH_2CH_3)CH_2CH(CH_3)CH_3$

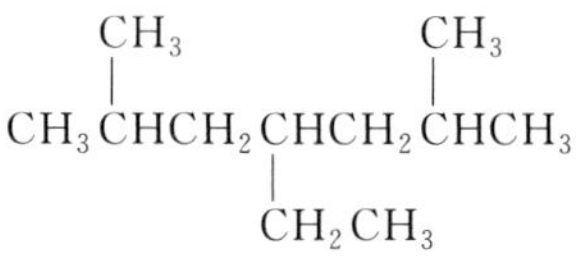

(4) 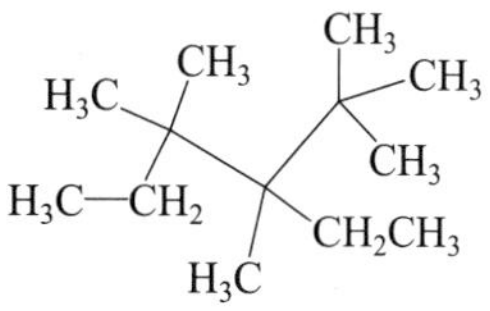 H_3C, CH_3, CH_3, CH_3, CH_3, $H_3C—CH_2$, CH_2CH_3, H_3C

(5)

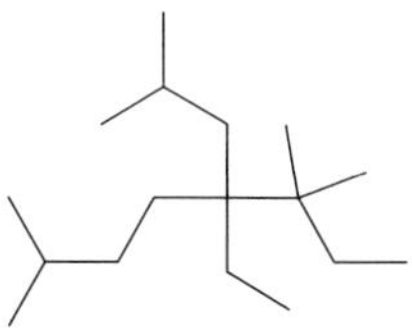

(6)

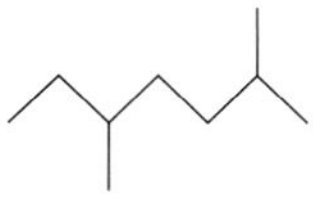

2. 写出下列化合物的结构式。

(1) 甲基乙基异丙基甲烷

(2) 2,2-二甲基-4-乙基庚烷

(3) 新戊烷

(4) 2,3,3-三甲基戊烷

3. 写出符合下列条件含6个碳原子的烷烃结构简式。

(1) 含有两个三级碳原子的烷烃；

(2) 含有一个异丙基的烷烃；

(3) 含有一个四级碳原子和一个二级碳原子的烷烃。

4. 将下列化合物的透视式表示改写成纽曼投影式表示，纽曼投影式表示改写成透视式表示。

(1) 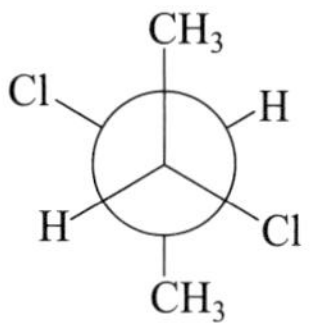 CH_3, Cl, H, H, Cl, CH_3

(2) CH_3, CH_3, H, H, Cl, Cl

(3) CH_3, CH_3, Cl, Cl, H, H

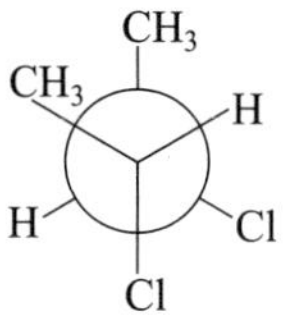

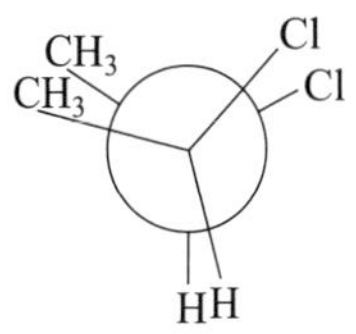

(4) (5)

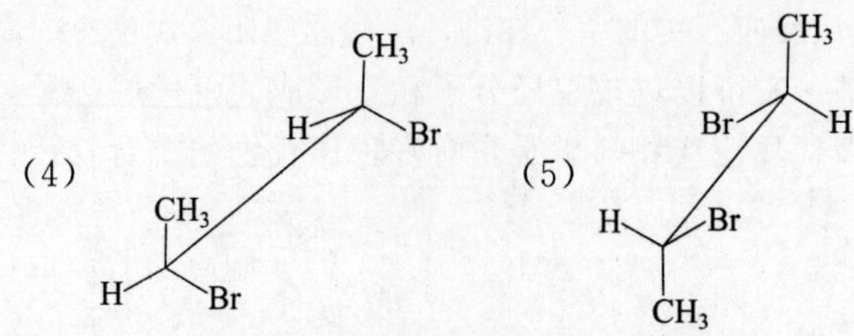

5. 以 C_2 与 C_3 的 σ 键为旋转轴，试分别画出2,3-二甲基丁烷和2,2,3,3-四甲基丁烷的典型构象，并指出哪一个为其最稳定的构象。

6. 比较下列各组化合物的沸点高低。

(1) a. 正庚烷 b. 正己烷 c. 2-甲基戊烷 d. 2,2-二甲基丁烷 e. 正癸烷

(2) a. $CH_3CH_2C(CH_3)_3$ b. $CH_3CH_2CH_2CH_2CH_2CH_3$ c. $CH_3CH_2CH_2CH_2CH_3$

7. 按稳定性大小排列下列自由基。

a. $\cdot CH_3$ b. $CH_3\dot{C}HCH_2CH_3$ c. $\cdot CH_2CH_2CH_2CH_3$ d. $CH_3—\underset{\cdot}{\overset{CH_3}{\overset{|}{C}}}—CH_3$

8. 在光照下，乙烷与氯发生反应生成一氯代反应，写出其反应的主要产物及其反应的机理。

3 烯 烃

教学目标及要求

1. 了解烯烃的制备；

2. 掌握烯烃结构与命名、Z/E 命名法；

3. 熟悉掌握单烯烃的化学性质、马氏规则及其解释，烯烃与酸、卤素、水、硫酸的加成，硼氢化亲电加成历程与碳正离子的稳定性，反马加成，丙烯的 α-卤代，由 $KMnO_4$ 氧化产物或臭氧化还原分解产物推定烯烃结构；

4. 掌握由脱 HX、脱水的方法制备烯烃。

重点与难点

顺反异构，Z/E 命名法，亲电加成两种历程，马氏规则及其解释，反马加成，烯烃的 α-卤代，共振论，烯烃的结构推导，制法；烯炔命名，重排反应，碳正离子稳定性；单烯烃异构现象，亲电加成反应历程。

分子中含有 C═C 双键官能团的不饱和烃称为烯烃。烯烃比含有相同碳原子数的烷烃要少两个氢原子，所以通式为 C_nH_{2n}。含有 C═C 的开链烃含有一个不饱和度。烯烃大多数反应都发生在 C═C 官能团上。本章讨论的烯烃主要指链状烯烃。

3.1 烯烃的构造异构和命名

3.1.1 烯烃的构造异构

同烷烃类似，分子组成上相差一个或多个 CH_2 的烯烃称为同系列，系列差仍是 CH_2。由于烯烃分子中含有 C═C 官能团，因此烯烃的构造异构不仅包括碳链的异构，还包括官能团的位置异构（即由于 C═C 双键的位置不同引起的同分异构）。例如，丁烯的三个同分异构体：

$$CH_3-CH_2-CH=CH_2 \qquad CH_3-CH=CH-CH_3 \qquad CH_3-\underset{\displaystyle CH_3}{\underset{|}{C}}=CH_2$$

1-丁烯　　　　2-丁烯　　　　2-甲基丙烯（异丁烯）

1-丁烯和 2-丁烯是由于 C═C 的位置不同而引起的异构，属于官能团位置异构；1-丁烯和异丁烯属于碳骨架异构。

3.1.2 烯烃的命名

烯烃的命名主要包括衍生物命名法和系统命名法，衍生物命名法不常用。

3.1.2.1 衍生物命名法 以乙烯为母体，则将其他烯烃看成是乙烯的烷基衍生物。例如：

$CH_3—CH═CH_2$甲基乙烯；$CH_3—CH═CH—CH_3$对称二甲基乙烯

$(CH_3)_2C═CH_2$不对称二甲基乙烯；$CH_3—CH_2—CH═CH—CH_3$对称甲基乙基乙烯

3.1.2.2 系统命名法 烯烃的命名规则与烷烃类似，命名时仍需遵守以下规则。

① 选主链：选择含 C═C 双键的最长碳链为主链。

② 编号：从靠近 C═C 双键的一端开始，使 C═C 具有最小的位次。

③ 命名：一般按照以下规则命名。

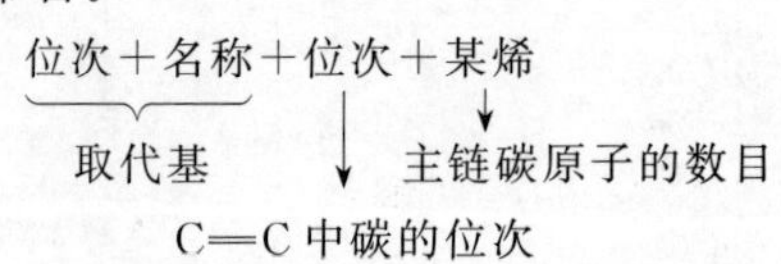

例如：

$CH_2═CHCH_2CH_2CH_3$	1-戊烯
$CH_3CH═CHCH_2CH_3$	2-戊烯
$CH_2═CHCH(CH_3)CH_3$	3-甲基-1-丁烯（3-甲基丁烯）
$CH_2═C(CH_3)CH_2CH_3$	2-甲基-1-丁烯（2-甲基丁烯）
$H_3CC(CH_3)═CHCH_3$	2-甲基-2-丁烯

注意：① 若双键位置在第一个碳上，则官能团的位次可以省略。

② 碳原子数超过十个的烯烃命名是需要在烯之前加“碳”字，称为“某碳烯”。例如：

$CH_2═C(CH_3)CH_2CH_2CH_2CH_2CH_2CH_2CH_2CH_3$，称为 2-甲基十一碳烯。

③ 将双键位于端位的烯烃称为 α-烯烃。例如：$CH_3CH_2CH═CH_2$ 为 α-丁烯。

3.1.2.3 烯基的命名 从烯烃分子中去掉一个氢原子后剩余的基团被称为烯基。需要编号时，常将连接基的碳原子定位 1 号。一些常见的烯基有：

$CH_2═CH—$	$CH_3—CH═CH—$	$CH_2═CH—CH_2—$	$CH_2═C(CH_3)—$
乙烯基	丙烯基	烯丙基	异丙烯基

3.2 烯烃的结构

C═C 双键是烯烃的官能团，现也是其结构特征。现以乙烯为例说明 C═C 双键的结构。

3.2.1 乙烯的结构

烯烃中最简单的化合物是乙烯，分子式为 C_2H_4，构造式为 $CH_2═CH_2$。用物理方法测得乙烯分子所有的碳原子和氢原子都分布在同一平面，其键长和键角如图 3-1 所示。

乙烯的分子模型如图 3-2 所示。

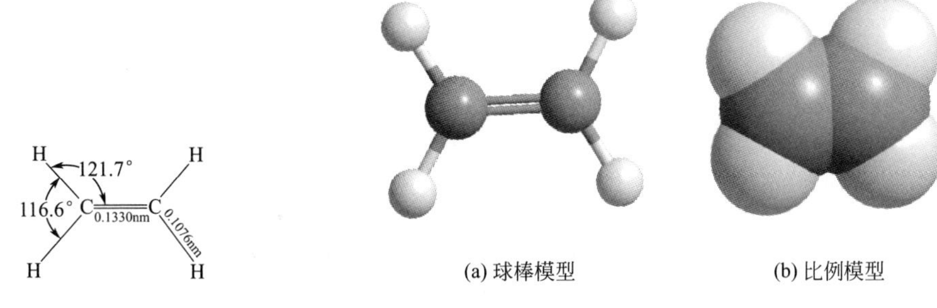

图 3-1 乙烯的结构图　　　　图 3-2 乙烯的分子模型

乙烯的平面结构可以用杂化轨道来解释。即碳原子的电子构型是 $1s^2 2s^2 2p_x^1 2p_y^1$，当碳原子和氢原子相结合时，最外层 2s 轨道上的电子由于与 2p 轨道上的电子能量相差较小，所以吸收部分的能量以后激发跃迁到 2p 轨道上，然后一个 2s 轨道上的电子和 2 个 2p 轨道上的电子进行杂化，形成三个能量相同的杂化轨道，形成的轨道称为 sp^2 杂化轨道，如图 3-3 所示。

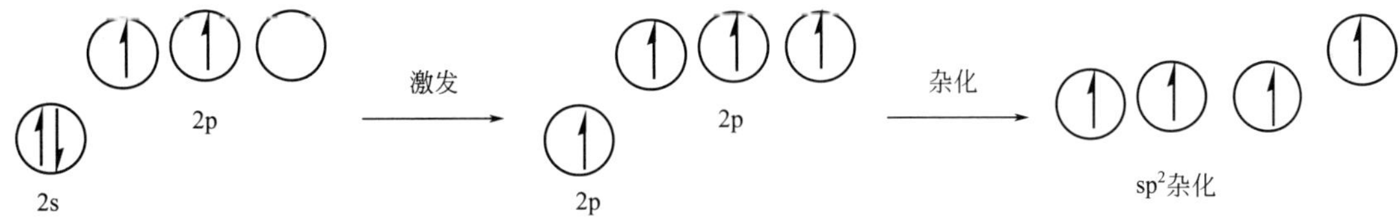

图 3-3 碳原子的 sp^2 杂化

sp^2 杂化轨道在空间具有平面三角形的结构，即三个轨道以碳原子的对称轴为中心，分别指向正三角形的三个角，之间的夹角为 120°，如图 3-4 所示。未参与杂化的 p 轨道垂直于 sp^2 杂化轨道所在的平面。

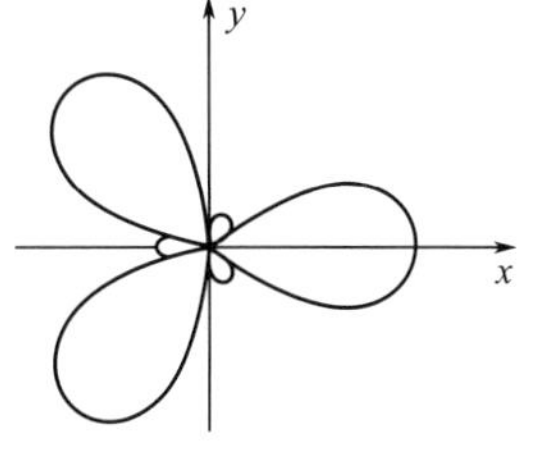

图 3-4 碳原子的 sp^2 杂化轨道

乙烯分子中的两个碳原子各以一个 sp^2 杂化轨道沿对称轴方向相互交盖形成一个 σ 键，又各以两个 sp^2 杂化轨道与氢原子的 s 轨道沿对称轴方向相互交盖形成两个 σ 键。碳原子中的未参与杂化的 p 轨道的对称轴垂直于 sp^2 杂化轨道所在的平面，且相互平行，两个 p 轨道从侧面相互平行交盖，肩并肩形成了新的键，即 π 键。在 π 键中，电子云分布在两个碳原子所在的平面的上下方，如图 3-5 所示。π 键没有对称轴，不能自由旋转。

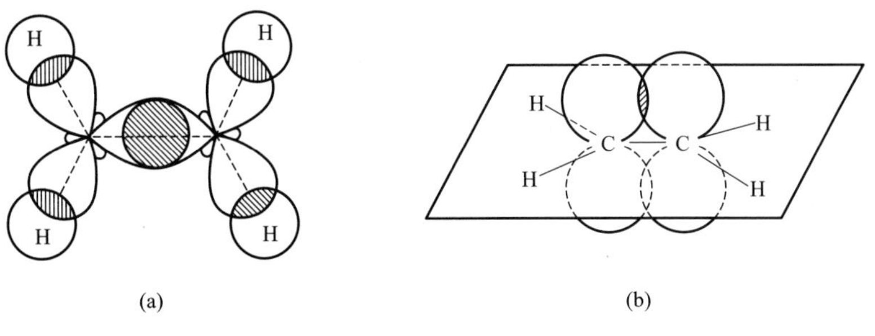

图 3-5 乙烯的 σ 键（a）和 π 键（b）

值得注意的是：σ 键电子云集中在两核之间，不易与外界试剂接近，如图 3-6(a) 所示；C═C 双键是由四个电子组成，相对单键来说，电子云密度更大，且构成 π 键的电子云暴露在乙烯分子所在的平面的上方和下方，如图 3-6(b) 所示，易受亲电试剂（σ^+）攻击，所以双键有亲核性（σ^-）。因此，相对烷烃来说，烯烃化学性质就比较活泼。

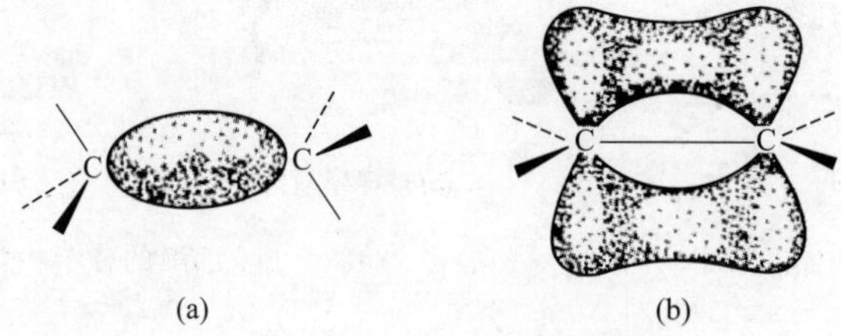

图 3-6　乙烯的 σ 键（a）和 π 键（b）电子云

3.2.2　顺反异构现象

由于 C═C 双键不能自由旋转，双键两端碳原子连接的四个原子处于同一平面上，因此，当双键的两个碳原子各连接不同的原子或基团时，可能产生不同的异构体。例如：

	H、H / C═C / CH_3、CH_3	H、CH_3 / C═C / CH_3、H
	顺-2-丁烯	反-2-丁烯
熔点：	−139℃	−106℃
沸点：	4℃	1℃
相对密度：	0.6213	0.6042

顺-2-丁烯和反-2-丁烯的分子式相同，分子中各原子的连接次序也相同，但物理性质不同，是不同的化合物。两个相同的基团处于双键同侧的称为顺式，反之为反式。这种由于双键的旋转受到限制而产生的异构现象称为顺反异构现象，形成的异构体称为顺反异构体。顺反异构体是不同的化合物，因此物理性质和化学性质也不尽相同。

并不是所有的烯烃都具有顺反异构，只有当两个双键碳原子连接两个相同的原子或基团时才有顺反异构，即以下三种情况才有顺反异构体存在：

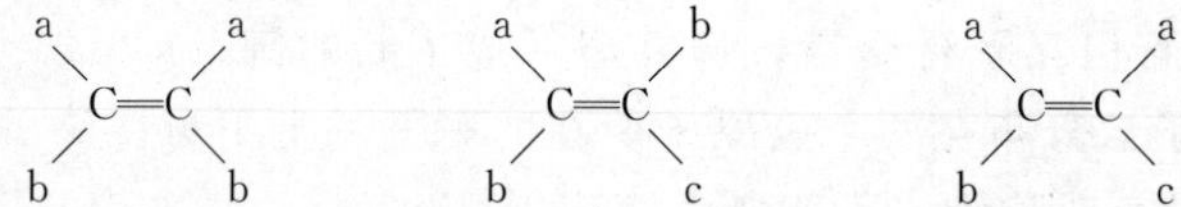

双键上的同一碳原子连接两个相同取代基的，没有顺反异构；只要双键上连接的四个取代基完全不同，不能用顺反命名。

3.3　Z/E 标记法——次序规则

虽然顺/反命名法比较简单，但它只适用与双键两端有相同原子或基团的烯烃。若烯烃双键碳原子上没有相同的原子或基团时，就需要用 *Z*/*E* 命名法。*Z*/*E* 命名法适用于所有有顺反异构体的烯烃。

IUPAC 将用 *Z* 和 *E* 两个字母标记顺反异构体的方法称为 *Z*/*E* 标记法。*Z*/*E* 标记法通过比较取代基团的先后次序来区别顺反异构体。

比较双键碳原子各自连接的两个原子或基团的优先次序，若两个次序优先的原子或基团在双键的同侧称为 Z 构型，反之称为 E 构型。命名时，只需将 Z 或 E 写在烯烃的名称之前即可。例如：

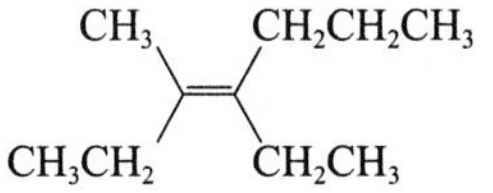

$$\underset{CH_3CH_2}{\overset{CH_3}{}}\!\!\diagdown C=C \diagup\!\!\underset{CH_2CH_3}{\overset{CH_2CH_2CH_3}{}} \qquad \underset{CH_3}{\overset{Br}{}}\!\!\diagdown C=C \diagup\!\!\underset{H}{\overset{Cl}{}}$$

左：CH_3（上）<CH_3CH_2（下）　　Br（上）>CH_3（下）

右：$CH_3CH_2CH_2$（上）>CH_3CH_2（下）　　Cl（上）>H（下）

命名：(E)-3-甲基-4-乙基-3-庚烯　　(Z)-1-氯-2-溴丙烯

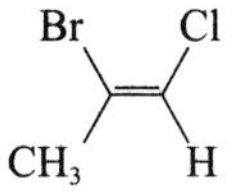

次序规则如下。

① 优先基团是和双键碳原子直接相连原子的原子序数决定的，大的在前，如果是同位素，则质量高的在前。例如，一些常见原子的优先次序为：

$$I>Br>Cl>S>P>F>O>N>C>D(氘)>H$$

② 若与双键碳原子直接相连第一原子的原子序数相同，则需比较第二个原子的原子序数，若仍相同，依次外推，直至比较出优先次序为止。例如：

$$—CH_2Cl>—CH_2OH>—CH_2NH_2>—CH_2CH_3>—CH_3$$

③ 若取代基为不饱和基团时，应把双键或三键原子看成是它以单键的形式和多个相同的原子相连，如：

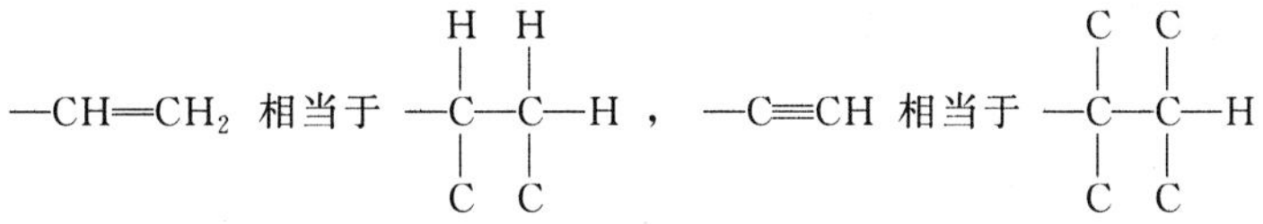

$$—CH═CH_2 \text{ 相当于 } —\underset{C}{\overset{H}{C}}—\underset{C}{\overset{H}{C}}—H \text{，} —C≡CH \text{ 相当于 } —\underset{C}{\overset{C}{C}}—\underset{C}{\overset{C}{C}}—H$$

按照这个规则，下列基团的次序规则为：

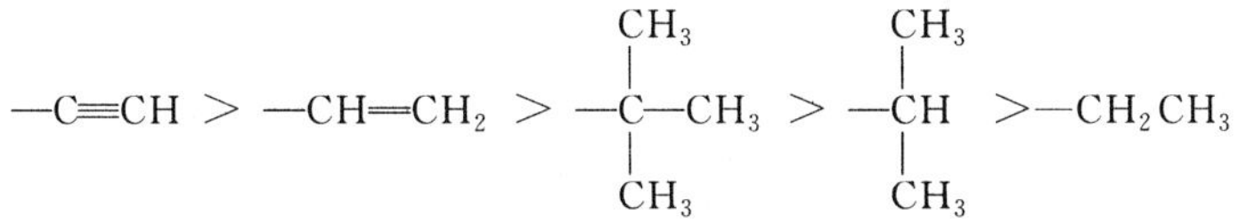

$$—C≡CH > —CH═CH_2 > —\underset{CH_3}{\overset{CH_3}{C}}—CH_3 > —\underset{CH_3}{\overset{CH_3}{CH}} >—CH_2CH_3$$

根据以上规则则，一些常见基团的先后次序为：

$—I>—Br>—Cl>—SO_3H>—F>—OCOR>—OR>—OH>—NO_2>—NR_2>—NHR>—CCl_3>—CHCl_2>—COCl>—CH_2Cl>—COOR>—COOH>—CONH_2>—COR>—CHO>—CR_2OH>—CHROH>—CH_2OH>—CR_3>—C_6H_5>—CHR_2>—CH_2R>—CH_3>—D>—H$。

3.4 烯烃的物理性质

烯烃的物理性质与烷烃的相似。在常温常压的条件下，C_2～C_4 的烯烃为气体，C_5～C_{18}的烯烃为液体。α-烯烃（即双键在链端的烯烃）的沸点比其他异构体的要低。直链烯烃的沸点要高于带支链的异构体，但差别不大。顺式异构体的沸点一般比反式的要高；而熔点较低。烯烃的相对密度都小于 1。烯烃几乎不溶于水，但可溶于（戊烷、四氯化碳、乙醚）等一些非极性溶剂。

常见烯烃的物理性质见表 3-1。

表 3-1 常见烯烃的物理性质

名称	构造式	熔点/℃	沸点/℃	相对密度
乙烯	$CH_2=CH_2$	−169	−102	0.570
丙烯	$CH_2CH=CH_2$	−185	−48	0.610
1-丁烯	$CH_2CH_2CH=CH_2$	−130	−6.5	0.625
1-戊烯	$CH_2(CH_2)_2CH=CH_2$	−166	30	0.643
1-己烯	$CH_2(CH_2)_3CH=CH_2$	−138	63.5	0.675
1-庚烯	$CH_2(CH_2)_4CH=CH_2$	−119	93	0.698
1-辛烯	$CH_2(CH_2)_5CH=CH_2$	−104	122.5	0.716
1-壬烯	$CH_2(CH_2)_6CH=CH_2$	−96	146	0.731
1-癸烯	$CH_2(CH_2)_7CH=CH_2$	−87	171	0.743
顺-2-丁烯	顺-$CH_2CH=CHCH_2$	−139	4	0.621
反-2-丁烯	反-$CH_2CH=CHCH_2$	−106	1	0.604
异丁烯	$(CH_3)_2C=CH_2$	−141	−7	0.627
顺-2-戊烯	顺-$CH_3CH=CHCH_2CH_3$	−151	37	0.655
反-2-戊烯	反-$CH_3CH=CHCH_2CH_3$	−140	36	0.647
3-甲基-1-丁烯	$(CH_3)_2CHCH=CH_2$	−135	25	0.648
2-甲基-2-丁烯	$(CH_3)_2C=CHCH_3$	−123	39	0.660

3.5 烯烃的化学性质

结构决定性质，所以烯烃的性质是由烯烃的结构决定的。在烯烃分子中，C═C 双键是其官能团，而 C═C 是由一个 σ 键和一个 π 键组成的，π 键比 σ 键活泼，容易受到亲电试剂的进攻。其特征反应为：

$$>C=C< + Y—Z \longrightarrow —\underset{Y}{\overset{|}{\underset{|}{C}}}—\overset{Z}{\underset{|}{\overset{|}{C}}}—$$

由上述反应可知，两种反应物结合生成一种产物的反应称为加成反应。在反应中，是断裂 Y—Z 的 σ 键和烯烃的 π 键而重新生成两个新的 σ 键，由于 σ 键比较稳定，因此上述反应是放热反应。使得烯烃容易发生加成反应，这是其特征反应。

3.5.1 催化加氢

在 Pt、Pd 或 Ni 等金属催化剂存在的条件下，烯烃可以和氢气加成生产相应的烷烃。例如：

$$CH_2=CH_2 + H_2 \xrightarrow{Ni} CH_3—CH_3$$

在进行催化加氢时，常将烯烃先溶于适当的溶剂（如乙醇、乙酸等），然后和催化剂一起在搅拌下通入氢气。该反应是在催化剂的表面进行的，两个氢原子加到烯烃分子的同侧，称之为顺式加成。该反应称为顺式加氢。例如：

$$>C=C< + H_2 \xrightarrow{Pt, Pd, Ni} >\underset{H}{C}—\underset{H}{C}<$$

一般催化剂的作用是降低反应的活化能，加快化学反应。如烯烃与氢加成反应需要很高的活化能，加入催化剂后，可以降低反应的活化能，使反应容易进行，见图 3-7。

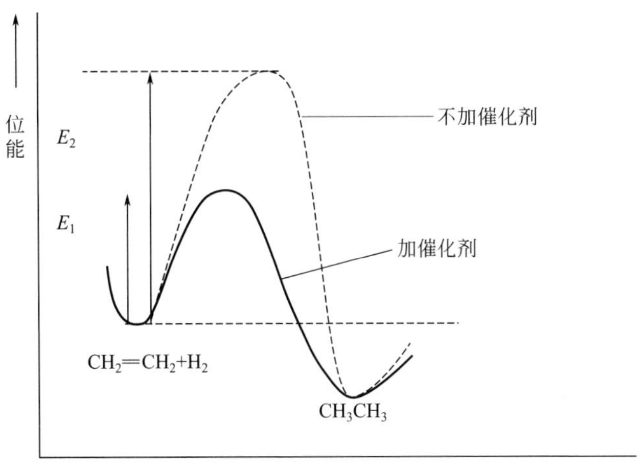

图 3-7　烯烃与氢气反应的能量图

3.5.2　亲电加成反应

C═C 双键中 π 键比较活泼，容易受到带正电或缺电子的亲电试剂的进攻而发生加成反应。这种由于亲电试剂的进攻而发生的加成反应称为亲电加成。

3.5.2.1　与 HX（卤化氢）的加成

（1）烯烃与 HX 反应生成卤代烷

$$\gt C{=}C\lt + H{-}X \longrightarrow \gt\underset{H}{\underset{|}{C}}{-}\underset{X}{\underset{|}{C}}\lt$$

HX＝HCl，HBr，HI

烯烃与 HX 的加成反应包括两个步骤：第一步是带有正电的 H^+ 与 C═C 双键 π 电子结合，使得 C═C 双键断裂，生成活性中间体 C^+，第二步是根据正负电荷相互吸引的原理，C^+ 与 X^- 相结合生成卤代烷。表达式如下：

$$\gt C{=}C\lt + H{-}X \xrightarrow{慢} {-}\overset{|}{\underset{\underset{H}{|}}{C}}{-}\overset{|}{\underset{+}{C}}{-}$$

$${-}\overset{|}{\underset{\underset{H}{|}}{C}}{-}\overset{|}{\underset{+}{C}}{-} + X^- \xrightarrow{快} {-}\overset{|}{\underset{\underset{H}{|}}{C}}{-}\overset{|}{\underset{\underset{X}{|}}{C}}{-}$$

（2）马氏规则（Markovnikov 规则）　丙烯等不对称烯烃与 HX 加成时可能生成两种产物，以 CH_2═$CHCH_3$、HBr 加成为例：

$$CH_2{=}CHCH_3 + HBr \longrightarrow \underset{主产物}{CH_3\underset{\underset{Br}{|}}{C}HCH_3} + \underset{副产物}{CH_3CH_2CH_2Br}$$

像丙烯这种 C═C 双键上两个碳原子所连接的取代基不同的烯烃称为不对称烯烃。马氏规则指出：当不对称烯烃与 HX 等其他质子酸加成时，质子氢主要加到含氢较多的双键碳上，其他负性基团主要加到含氢较少的双键碳上。例如：

$$CH_2{=}CHCH_2CH_3 + HBr \xrightarrow{CH_3COOH} \underset{80\%}{CH_3CHBrCH_2CH_3} + \underset{20\%}{BrCH_2CH_2CH_2CH_3}$$

$$CH_2{=}C(CH_3){-}CH_3 + HBr \xrightarrow{CH_3COOH} \underset{90\%}{CH_3{-}CBr(CH_3){-}CH_3} + \underset{10\%}{BrCH_2{-}CH(CH_3)CH_3}$$

由此可以得出，烯烃与 HX 加成时，虽然可以生成几种产物，但是只有一种主产物，这种反应称为区域选择性反应。在合成反应中，区域选择性越高，获得的产品的产率越高，纯度也高。

(3) 马氏规则的解释　以异丁烯与 HX 的加成为例来分析。

烯烃的亲电加成是分两步进行的，第一步是氢质子进攻烯烃中的 C═C 加成形成碳正离子，该反应是慢反应，决定了反应速率，因此所形成的碳正离子越稳定反应就越容易进行。H^+ 进攻异丁烯可以生成两种碳正离子：

$$CH_2{=}C(CH_3){-}CH_3 + HX \xrightarrow{-X^-} \begin{cases} CH_3{-}\overset{+}{C}(CH_3){-}CH_3 \\ CH_3{-}CH(CH_3){-}\overset{+}{C}H_2 \end{cases}$$

$(CH_3)_3C^+$ 是叔碳正离子，$(CH_3)_2CHCH_2^+$ 是伯碳正离子，而叔碳正离子比伯碳正离子更稳定，因此也就更容易生成。一般烷基碳正离子的稳定性次序是：叔碳正离子＞仲碳正离子＞伯碳正离子＞甲基碳正离子，即：

$$(CH_3)_3\overset{+}{C} > CH_3{-}\overset{+}{C}H{-}CH_3 > CH_3{-}\overset{+}{C}H_2 > \overset{+}{C}H_3$$

现用诱导效应解释碳正离子的稳定性。当碳原子带有正电荷时，该碳原子的结构通常为 sp^2 杂化。当甲基与 sp^2 杂化的碳原子相连时，由于甲基碳原子是 sp^3 杂化，sp^3 杂化的电负性小于 sp^2 杂化（sp^2 杂化轨道中的 s 成分比 sp^3 杂化轨道中的 s 成分大），因此甲基与 sp^2 杂化的碳原子相连时表现出供电性，使碳正离子上的正电荷进行分散而稳定。中心碳正离子连接的甲基越多，正电荷越分散，碳正离子也就越稳定。

也可用稳定性来解释：如图 3-8 所示，伯过渡态碳正离子需要的能量高，不易生成，不稳定；叔过渡态碳正离子需要的能量低，易生成稳定。

由此得知，H^+ 进攻双键时主要生成稳定性更大的碳正离子，即氢加到含氢较多的双键碳原子上，其他负性基团加到含氢较少的双键碳原子上，生成马氏规则的产物。

马氏规则还可以用另一种方式表述：当不对称烯烃与极性试剂加成时，试剂中的正离子或带部分正电荷的部分加到重键的带有负电荷的碳原子上，而试剂中的负离子或带部分负电荷的部分加到重键的带有正电荷的碳原子上。这个规则对不含氢原子的加成试剂和分子中含有吸电子基的不饱和烃的衍生物都适用。例如：

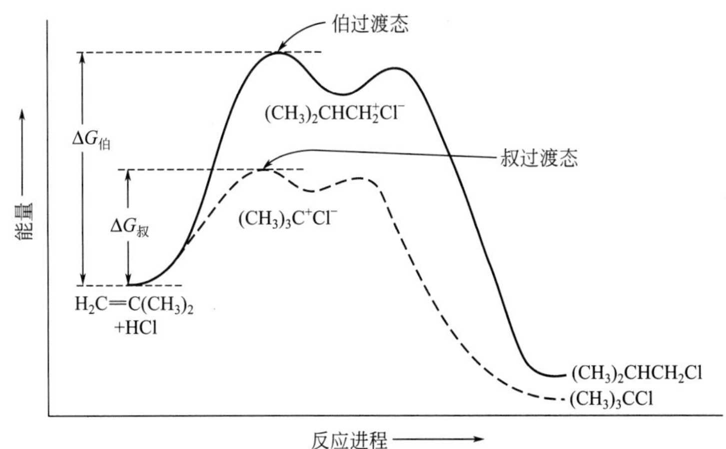

图 3-8　活性中间体与反应的取向

$$(CH_3)_2\overset{\delta^+}{C}{=}\overset{\delta^-}{C}H_2 + \overset{\delta^+}{I}\rightarrow\overset{\delta^-}{Cl} \longrightarrow CH_3-\underset{Cl}{\overset{CH_3}{C}}-\underset{I}{C}H_2$$

$$F_3\overset{\delta^-}{C}{=}\overset{\delta^+}{C}H_2 + \overset{\delta^-}{H}\rightarrow\overset{\delta^+}{X} \longrightarrow F_3C-\underset{H}{CH}-\underset{X}{CH_2}$$

（4）过氧化物效应　在光照或过氧化物存在下，不对称烯烃与 HBr 加成时，氢加到含氢较少的碳原子上，而 Br 加到含氢较多的碳原子上，即生成反马氏产物。将这种由于过氧化物的存在而引起的烯烃加成方向改变的效应称为过氧化物效应。该效应常用于合成 1-溴代烷：

$$CH_2{=}CHCH_3 + HBr \longrightarrow \begin{cases} \xrightarrow{\text{无过氧化物}} CH_3CHBrCH_3 \\ \xrightarrow[\text{或}(h\nu)]{\text{有过氧化物}} CH_3CH_2CH_2Br \end{cases}$$

通常使用的过氧化物是有机过氧化物，通式为 R—O—O—H 或 R—O—O—R，例如：

$$CH_3-\overset{O}{\overset{\|}{C}}-O-O-\overset{O}{\overset{\|}{C}}-CH_3 \qquad C_6H_5-\overset{O}{\overset{\|}{C}}-O-O-\overset{O}{\overset{\|}{C}}-C_6H_5$$

过氧化乙酰　　　　过氧化苯甲酰

在过氧化物或光照存在的条件下，生成的是反马氏产物，主要是由于其反应机理是按照自由基加成反应机理进行的。自由基加成反应机理如下：

链引发：① $R-O-O-R \longrightarrow RO\cdot$

② $RO\cdot + HBr \longrightarrow ROH + Br\cdot$

链增长：③ $RCH{=}CH_2 + Br\cdot \longrightarrow R\dot{C}H-CH_2Br$

④ $R\dot{C}H-CH_2Br + HBr \longrightarrow RCH_2CH_2Br + Br\cdot$

链终止：⑤ $Br\cdot + \cdot Br \longrightarrow Br-Br$

⑥ $R\dot{C}H-CH_2Br + Br\cdot \longrightarrow RCHBrCH_2Br$

⑦ $R\dot{C}H-CH_2BrH + R\dot{C}H-CH_2Br \longrightarrow \begin{matrix} R-CH-CH_2Br \\ | \\ R-CH-CH_2Br \end{matrix}$

自由基的稳定性是：叔自由基＞仲自由基＞伯自由基＞甲基自由基，即$(R)_3C\cdot$＞

$(R)_2CH\cdot > RCH_3\cdot > CH_3\cdot$。

因此在链增长的③步骤中生成了稳定性较大的自由基，使得最后得到了反马氏产物。

过氧化物效应只适用于 HBr，这是由于 HCl 键较强而难生成氯自由基，HI 键较弱容易生成碘自由基，但碘自由基不活泼不能与烯烃进行自由基加成，因此 HCl 和 HI 烯烃的加成不存在过氧化物效应。

3.5.2.2 与 H_2SO_4（硫酸）的加成 烯烃与 H_2SO_4 的加成也属于亲电加成，第一步是质子氢进攻烯烃双键生成碳正离子，生成的碳正离子与 $^-OSO_2OH$ 相互吸引生成硫酸氢酯。生成的硫酸氢酯水解生成相应的醇，该方法可用于合成醇。我们将该方法称为间接水合法：

$$\gt C{=}C\lt \xrightarrow{HO-\overset{\overset{O}{\|}}{\underset{\underset{O}{\|}}{S}}-OH} -\underset{H}{\overset{|}{\underset{|}{C}}}-\underset{OSO_2OH}{\overset{|}{\underset{|}{C}}}- \xrightarrow{H_2O} -\underset{H}{\overset{|}{\underset{|}{C}}}-\underset{OH}{\overset{|}{\underset{|}{C}}}-$$

不对称烯烃与 H_2SO_4 加成水解生成的产物符合马氏规则。例如：

$$CH_2{=}CHCH_3 \xrightarrow{HO-\overset{\overset{O}{\|}}{\underset{\underset{O}{\|}}{S}}-OH} CH_3\underset{OSO_2H}{\underset{|}{C}}HCH_3 \xrightarrow{H_2O} CH_3\underset{OH}{\underset{|}{C}}HCH_3$$

该反应常用于烯烃和烷烃的分离。在石油工业中得到的烷烃中混有烯烃，如果加入 H_2SO_4，烯烃由于可以与 H_2SO_4 反应生成相应的烷基酸而溶于 H_2SO_4，而烷烃不溶于 H_2SO_4，从而将其分离。

3.5.2.3 与 H_2O 水的加成 一般情况下，烯烃不与水反应，但在酸（常用 H_2SO_4 或 H_3PO_4）的催化下，烯烃与水直接加成生成醇，该方法称为直接水合法：

$$\gt C{=}C\lt + H_2O \xrightarrow{H^+} -\underset{H}{\overset{|}{\underset{|}{C}}}-\underset{OH}{\overset{|}{\underset{|}{C}}}-$$

不对称烯烃与水加成生成的产物符合马氏规则。例如：

$$CH_2{=}CHCH_3 + H_2O \xrightarrow[195℃,\ 2MPa]{H_3PO_4} CH_3\underset{OH}{\underset{|}{C}}HCH_3$$

3.5.2.4 与 X_2（卤素）的加成 烯烃与 X_2 加成生成二卤代烷。在加成反应时，两个卤原子分别从烯烃分子平面的两边加上去，这种加成称为反式加成：

$$\gt C{=}C\lt + X-X \longrightarrow \underset{X}{\underset{|}{C}}-\overset{X}{\overset{|}{C}}$$

F_2 与烯烃反应太剧烈，容易生成碳碳键断裂的产物；I_2 与烯烃的加成反应是可逆反应，但是总偏向烯烃一边；具有实际意义的是烯烃与 Cl_2 或 Br_2 的加成。例如：

$$CH_2{=}CHCH_3 + Br_2 \xrightarrow{CCl_4} CH_3\underset{Br}{\underset{|}{C}}H\underset{Br}{\underset{|}{C}}H_2$$

在室温时，烯烃与 Br_2 的 CCl_4 溶液反应后，溶剂由红棕色变为无色，该反应可用于鉴别 C═C 双键。

烯烃与 X_2 的加成反应分为两步：第一步是当 Br_2 与烯烃接近时，由于 π 键的作用，Br_2 分子发生极化，即一个溴原子带有部分正电荷，一个溴原子带有部分负电荷，带正电荷的溴原子与 π 键结合形成一个环状的溴鎓离子中间体，这一步是慢反应；第二步是溴负离子从背面进攻溴鎓离子中间体中的其中一个碳原子，生成反式二溴代产物，这一步是快反应。因此 Br^+ 和 Br^- 加到 C═C 双键的两侧。可以表述为：

第一步 $$>C=C< \xrightleftharpoons{Br-Br} >C=C< \cdots \overset{+}{Br}-\overset{-}{Br} \xrightleftharpoons{慢} \text{(环状溴鎓离子)}\ Br^+ + Br^-$$

第二步 $$Br^- + \text{(环状溴鎓离子)}\ Br^+ \xrightarrow{快} -\overset{|}{\underset{|}{C}}-Br,\ Br-\overset{|}{\underset{|}{C}}-$$

由于烯烃与 Br_2 的加成是由带有部分正电荷的溴原子进攻开始的，而这样的试剂具有亲电性，因此该反应也属于亲电加成反应。同样的，烯烃与 Cl_2 的加成也属于亲电加成，也得到反式产物。

乙烯与 Br_2 在 NaCl 的水溶液中加成，生成 1,2-二溴乙烷、1-氯-2-溴乙烷和 2-溴乙醇三种产物，即：

$$CH_2=CH_2 + Br_2 \xrightarrow[H_2O]{NaCl} \underset{Br}{CH_2}\overset{Br}{CH_2}\ \text{(BrCH}_2\text{CH}_2\text{Br)} + ClCH_2CH_2Br + HOCH_2CH_2Br$$

由此可以说明，两个溴原子不是同时加上去的，而是分步完成的。第一步是带有部分正电荷的溴原子与 π 键结合形成一个环状的溴鎓离子中间体，第二步是溶液中的负离子（Br^-、Cl^-、OH^-）进攻生成的中间体，即可得到三种产物。

3.5.2.5 与 HOX（次卤酸）的加成 烯烃与 HOX 加成生成卤代醇：

$$>C=C< + HOX(H_2O+X_2) \longrightarrow -\underset{X}{\overset{|}{C}}-\underset{OH}{\overset{|}{C}}-$$

不对称烯烃与 HOX 加成也符合马氏规则，即 X 原子加到含氢较多的碳原子上，OH 加到含氢较少的碳原子上，这是由于在 HOX 中，带有部分正电荷的是 X，带有部分负电荷的是 OH，例如：

$$CH_2=CHCH_3 + HOCl \longrightarrow CH_3\underset{OH}{CH}\underset{Cl}{CH_2}$$

在实际生产中，HOCl 不稳定，常用氯和水直接反应。例如，将乙烯和氯气直接通入水中产生 β-氯乙醇。反应的第一步是烯烃与氯气进行加成，生成环状的氯鎓离子中间体。第二步由于有大量的水存在，水进攻氯鎓离子中间体生成氯乙醇。由于溶液中还有 Cl^-，Cl^- 也可以进攻氯鎓离子生成副产物 1,2-二氯乙烷。

$$CH_2=CH_2 \xrightarrow[-Cl^-]{Cl_2} CH_2-CH_2\ (\overset{+}{Cl}\ \text{桥}) \xrightarrow[-H^+]{H_2O} \underset{Cl}{CH_2}\overset{OH}{CH_2}$$

主产物

$$CH_2-CH_2\ (\overset{+}{Cl}\ \text{桥}) \xrightarrow{Cl^-} \underset{Cl}{CH_2}\overset{Cl}{CH_2}$$

副产物

3.5.3 硼氢化氧化反应

烯烃也能与硼氢化物（简称硼烷）反应，但是常用的硼烷是乙硼烷即 B_2H_6 或写成 $(BH_3)_2$。如过量的乙烯与乙硼烷加成生成三乙基硼，将该反应称为硼氢化反应。

$$CH_2=CH_2 \xrightarrow{(BH_3)_2} CH_3CH_2BH_2 \xrightarrow{CH_2=CH_2} (CH_3CH_2)_2BH \xrightarrow{CH_2=CH_2} (CH_3CH_2)_3B$$

当不对称烯烃与硼烷加成时生成反马氏产物，即硼原子加到含氢较多的碳原子上，氢加到含氢较少的碳原子上。例如：

$$CH_2=CHCH_3 + (BH_3)_2 \longrightarrow CH_3CH_2CH_2BH_2$$

从表面上看生成的是反马氏产物，而实际上该反应仍然遵守马氏规则，这是因为在硼烷中，硼原子有空的外层轨道，是缺电子原子，具有亲电性，使得硼烷的亲电中心是硼原子而不是氢原子。另外，硼原子的电负性小于氢原子，使得氢原子带有部分负电荷，而硼原子带有部分正电荷，从而使硼原子加到含氢较多的碳原子上，氢加到含氢较少的碳原子上，生成了反马氏产物。

生成的烷基硼用过氧化氢的碱溶液处理得到醇，这两步反应称为硼氢化-氧化反应。硼氢化-氧化反应可以合成醇类化合物，但是通常合成的是伯醇。例如：

$$CH_2=CHCH_3 + (BH_3)_2 \xrightarrow{H_2O_2/OH^-} \underset{\large OH}{\underset{|}{C}}H_2CH_2CH_3$$

注意：烯烃与硼烷是一步加到 C=C 双键的碳原子上，且是顺式加成，例如：

$$\text{1-甲基环戊烯 } (CH_3, H) + (BH_3)_2 \longrightarrow \text{环戊烷}(CH_3, H; H, BH_2 \text{ 顺式})$$

3.5.4 氧化反应

烯烃中的双键可以被氧化而发生断裂，因氧化剂的种类和反应条件不同，生成的产物也不同。

3.5.4.1 $KMnO_4$ 氧化　烯烃被 $KMnO_4$ 氧化的反应，因 $KMnO_4$ 的浓度和反应条件的不同，产物也不同。一般在冷的、稀的中性或碱性的 $KMnO_4$ 溶液中，烯烃被氧化生成邻二醇，且是顺式产物。也可以用 OsO_4 氧化烯烃，所得到的醇的产率比 $KMnO_4$ 氧化产率高。例如：

$$R-CH=CH-R' \xrightarrow[OH^-,\ H_2O]{KMnO_4} \underset{OH\ OH}{RCHCHR'}$$

一般在热的、浓的酸性溶液中，C=C 双键断裂，生成酮、羧酸或者二氧化碳（端烯生成 CO_2）。反应时，$KMnO_4$ 的颜色由紫红色褪为无色，所以该反应也可用于鉴别 C=C 双键。例如：

$$CH_2=CHR \xrightarrow{KMnO_4} RCOOH + CO_2 + H_2O$$

$$\underset{R'}{\overset{R}{>}}C=C\underset{H}{\overset{R''}{<}} \xrightarrow{KMnO_4} R-\overset{O}{\overset{\|}{C}}-R' + R''-\overset{O}{\overset{\|}{C}}-OH$$

3.5.4.2 臭氧氧化　臭氧（O_3）也可以氧化烯烃，所得的产物可以水解为醛或酮，同时生成过氧化氢。为了防止生成的醛或酮被过氧化氢进一步氧化，水解时常加入锌粉，也可以在通入氢气的条件下加入一些催化剂如（Pt、Pd、Ni）来防止水解。即：

$$R^1R^3C{=}CR^3R^4 \xrightarrow{O_3} \left[\text{分子臭氧化物}\right] \longrightarrow \left[\text{臭氧化物}\right] \xrightarrow[Zn]{H_2O} R^1R^2C{=}O + O{=}CR^3R^4$$

该反应常用于推断烯烃的结构。例如：

$$\text{烯烃} \xrightarrow{O_3} \xrightarrow[Zn+H^+]{H_2O} H_2C{=}O + O{=}C(CH_3)_2$$

由此可以推断出，原来的烯烃的结构为：$H_2C{=}C(CH_3)_2$

3.5.4.3 催化氧化 工业上比较常用的是催化氧化的方法，烯烃可以被催化氧化合成一些含氧的化合物，但是随催化剂和反应条件的变化，产物也变化。例如：

$$CH_2{=}CH_2 + O_2 \xrightarrow[280\sim300℃]{Ag} \underset{\diagdown O \diagup}{CH_2{-}CH_2}$$

$$CH_2{=}CH_2 + O_2 \xrightarrow[100\sim125℃]{PdCl_2\text{-}CuCl_2} CH_3CHO$$

$$CH_2{=}CHCH_3 + O_2 \xrightarrow[120℃]{PdCl_2\text{-}CuCl_2} R{-}\overset{O}{\overset{\|}{C}}{-}CH_3$$

3.5.4.4 环氧化 过氧酸（简称过酸）可以将烯烃氧化生成1,2-环氧化合物，该反应称为环氧化反应。常用的过氧酸有：过氧甲酸、过氧乙酸、过氧苯甲酸、过氧间氯苯甲酸、过氧三氟乙酸等。该反应一般在非水溶剂中进行，且通常用来合成环氧化物。例如：

$$CH_2{=}CH{-}R + R{-}\overset{O}{\overset{\|}{C}}{-}O{-}OH \longrightarrow R{-}\underset{\diagdown O \diagup}{CH{-}CH_2}$$

3.5.5 聚合反应

在催化剂或引发剂存在的条件下，烯烃中的 π 键打开，通过加成自身形成高分子化合物，将烯烃这种自身连接形成高分子化合物的反应称为聚合反应。聚合反应中的单分子化合物称为单体，聚合后得到的产物称为聚合物。例如：

$$n\,CH_2{=}CH_2 \xrightarrow[\text{高压，}\triangle]{O_2} {+}CH_2{-}CH_2{+}_n$$

单体 聚合体

$$n\,CH_2{=}CHCH_3 \xrightarrow[\text{高压，}\triangle]{Al(C_2H_5)_3\text{-}TiCl_4} {+}\underset{CH_3}{\underset{|}{CH}}{-}CH_2{+}_n$$

单体 聚合体

3.5.6 α-H 原子的反应

与 C═C 双键中的碳原子直接相连的碳原子叫 α-碳原子，α-碳上的氢叫作 α-氢原子或 α-H。α-氢原子受双键影响，性质比较活泼。在一定条件下可以发生卤代反应和氧化反应。

3.5.6.1 α-H的卤代反应　在高温（或光照）、气相和低浓度的条件下，含α-氢原子的烯烃与卤素反应，烯烃上的α-氢原子被卤素取代，发生α-H的取代反应，即：

$$\gt C{=}C{-}\underset{\alpha\text{位}}{\overset{|}{\underset{|}{C}}}{-} + X_2\text{（稀）}\xrightarrow[h\nu]{\text{高温}} \gt C{=}C{-}\overset{|}{\underset{|}{C}}{-}X$$

例如，丙烯与氯气在500℃时进行的反应：

$$CH_2{=}CHCH_3 + Cl_2 \xrightarrow{500℃} CH_2{=}CH\underset{Cl}{\underset{|}{CH_2}}$$

烯烃中α-氢原子的溴代，可以用NBS（*N*-溴代丁二酰亚胺）作溴化剂。例如：

$$CH_2{=}CHCH_3 + \underset{\text{NBS}}{\text{NBS}} \xrightarrow[CCl_4]{h\nu} CH_2{=}CH\underset{Br}{\underset{|}{CH_2}} + \text{丁二酰亚胺}$$

3.5.6.2 α-H的氧化反应　在一定的条件下，烯烃上的α-H也可以发生氧化反应生成含氧化合物，所生成的氧化产物也会随催化剂和反应条件的变化而变化。

$$CH_2{=}CHCH_3 + O_2 \xrightarrow[350℃，0.25MPa]{Cu_2O} CH_2{=}CHCHO$$

$$CH_2{=}CHCH_3 + O_2 \xrightarrow[550\sim750℃，0.7\sim1.4MPa]{\text{磷钼酸铋}} CH_2{=}CHCOOH$$

在氨气存在的条件下，烯烃中的α-H的氧化称为氨氧化反应，例如：

$$CH_2{=}CHCH_3 + O_2 + NH_3 \xrightarrow[440℃，63\sim74kPa]{\text{磷钼铋系列催化剂}} CH_2{=}CHCN$$

3.6 烯烃的来源和制法

3.6.1 烯烃的工业来源和制法

乙烯、丙烯和丁烯等低级烯烃都是化学工业的重要原料，过去主要是由炼制过程中产生的炼厂气和热裂气分离得到的，而现在主要由石油的各种馏分裂解和原油直接裂解获得。例如：

$$CH_3CH_2CH_2CH_3 \longrightarrow \begin{cases} CH_2{=}CHCH_2CH_3 + H_2 \\ CH_4 + CH_2{=}CHCH_3 \\ CH_3CH_3 + CH_2{=}CH_2 \end{cases}$$

3.6.2 烯烃的实验室制法

在实验室中常用醇脱水和卤代烷脱卤化氢来合成烯烃。

① 醇脱水：

$$CH_3CH_2OH \xrightarrow[170℃]{\text{浓}H_2SO_4} CH_2{=}CH_2$$

$$CH_3CH_2OH \xrightarrow[300\sim400℃]{Al_2O_3} CH_2{=}CH_2$$

② 卤代烷脱卤化氢：

$$CH_3\underset{\displaystyle Br}{\underset{|}{C}}HCH_3 + KOH \xrightarrow[\triangle]{CH_3CH_2OH} CH_2{=}CHCH_3$$

习　题

1. 用系统命名法命名下列化合物，如有顺反异构用 Z-E 标记。

(1) $(CH_3)_2CHCH{=}CHCH_3$

(2) $CH_3CH_2CH{=}CHCH_2\overset{\displaystyle CH_3}{\overset{|}{\underset{\displaystyle CH_3}{\underset{|}{C}}}}{-}CH_3$

(3) $CH_2{=}\underset{\displaystyle CH_2CH_3}{\underset{|}{C}}CH_2\overset{\displaystyle CH_3}{\overset{|}{C}}HCH_2CH_3$

(4) $CH_2{=}CHCH_2\underset{\displaystyle CH_3}{\underset{|}{C}}HCH_3$

(5) $(H_3C)(H_3CH_2C)C{=}C(CH_2CH_3)(CH(CH_3)_2)$（$H_3C$ 与 CH_2CH_3 在上方，H_3CH_2C 与 $CH(CH_3)_2$ 在下方）

(6) $(CH_3)(CH_3CH_2)C{=}C(CH_2CH_3)(CH_2CH_2CH_2CH_3)$（$CH_3$ 与 CH_2CH_3 在上方，CH_3CH_2 与 $CH_2CH_2CH_2CH_3$ 在下方）

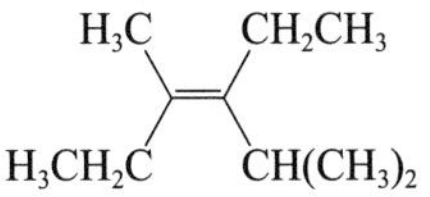

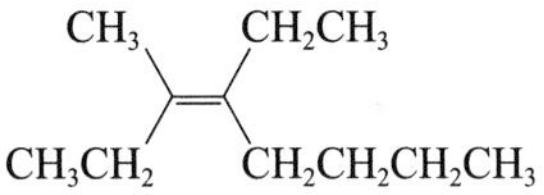

2. 写出下列化合物的结构式。

(1) 异丁烯　　(2) (E)-3,6,6-三甲基-4-异丙基-3-庚烯

(3) 对称甲基乙基乙烯　　(4) (E)-2-溴 2-戊烯

3. 判断下列化合物有无顺反异构体，若有写出它们的顺反异构体，并用 Z-E 标记命名。

(1) 2-戊烯　(2) 1-丁烯　(3) $CH_3CH{=}C(CH_3)_2$　(4) $CH_3CH{=}\underset{\displaystyle CH_3}{\underset{|}{C}}{-}\overset{\displaystyle CH_3}{\overset{|}{C}}H{-}CH_3$

4. 完成下列反应。

(1) $CH_2{=}CHCH_2CH_3 \xrightarrow[(2)\ OH^-]{(1)\ 1/2B_2H_6}$

(2) $CH_2{=}\underset{\displaystyle CH_3}{\underset{|}{C}}{-}CH_2CH_3 + Cl_2 + H_2O \longrightarrow$

(3) 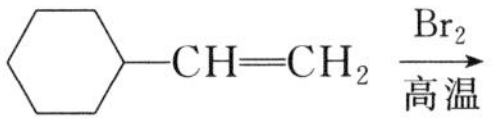 环己基$-CH{=}CH_2 \xrightarrow[\text{高温}]{Br_2}$

(4) $CH_2{=}CHCH(CH_3)_2 \xrightarrow[(2)\ H_2O_2,\ OH^-]{(1)\ BH_3\text{-}THF}$

(5) 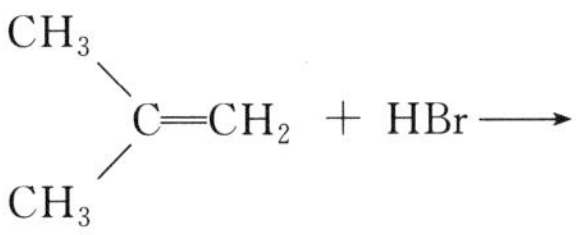 $(CH_3)_2C{=}CH_2 + HBr \longrightarrow$

(6) $CH_3CH_2CH{=}CHCH_2CH_3 \xrightarrow{KMnO_4}$

(7) 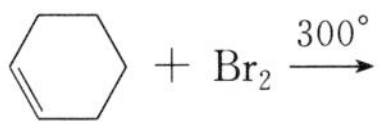 环己烯 $+ Br_2 \xrightarrow{300^\circ}$

(8) $CH_2{=}CHCH_2CH_3 \xrightarrow{HOCl}$

(9) 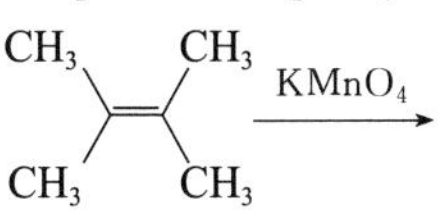 $(CH_3)_2C{=}C(CH_3)_2 \xrightarrow{KMnO_4}$

(10) $CH_2{=}CHCH_3 \xrightarrow[Ni]{H_2}$

(11) $CH_2{=}CHCH_2CH_3 \xrightarrow[500℃]{Br_2}$

(12) $CH_2{=}C(CH_3)CH_2CH_3 \xrightarrow{HCl}$

(13) 1-甲基-2-亚甲基环戊烷（环戊烷上 CH_3 与 $=CH_2$） $\xrightarrow[500℃]{Cl_2}$ $\xrightarrow[ROOR]{HBr}$

(14) $CH_3CH{=}C(CH_3)CH_3 \xrightarrow[(2)\ H_2O/Zn]{(1)\ O_3}$

5. 比较下列碳正离子的稳定性。

(1) a. $(CH_3)_3\overset{+}{C}$　　b. $CH_3CH_2CH_2\overset{+}{C}H_2$　　c. $CH_3\overset{+}{C}HCH_2CH_3$

(2) a. $CH_3CH{=}CH\overset{+}{C}H_2$　　b. $CH_2{=}CH\overset{+}{C}H_2$　　c. $CH_2{=}CHCH_2\overset{+}{C}H_2$

6. 比较下列化合物与 HBr 进行亲电加成反应的活性大小。

(1) 1-己烯、2-甲基-2-戊烯、2,3-二甲基-2-丁烯和 2-己烯。

(2) 乙烯、丙烯、2-丁烯和丙烯醛。

7. 碳正离子是否属于路易斯酸？为什么？

8.

(1) 用简单的化学方法鉴别正己烷和 1-己烯。

(2) 正己烷中混有少量的 1-己烯，怎样用简单的化学方法除去正己烷中的 1-己烯。

9. A 和 B 两个化合物的分子式都是 C_6H_{12}，A 经臭氧氧化并与 Zn 粉和水反应后得到 CH_3CHO 和 $CH_3COCH_2CH_3$，B 经 $KMnO_4$ 氧化只得到 CH_3CH_2COOH，试推测 A 和 B 的构造式，并写出各步反应式。

10. 试写出下列化学反应的反应机理。

$$CH_2{=}CHC(CH_3)_3 + H_2O \xrightarrow{H^+} (CH_3)_2C(OH)C(CH_3)_2 + (CH_3)_3CCH(OH)CH_3$$

11. 由指定原料合成下列化合物。

(1) 亚甲基环戊烷 $\longrightarrow$ 环戊酮

(2) $CH_3CH_2CH_2Br \longrightarrow CH_3CHBrCH_2Br$

(3) $CH_3CH_2CH_2OH \longrightarrow CH_3CH_2CH_2Br$

4 炔烃和二烯烃

教学目标及要求

1. 掌握炔烃分子结构及命名；
2. 掌握二烯烃的分类及命名；
3. 熟悉掌握炔烃化学性质：加成反应、氧化反应、金属炔化物的生成；
4. 熟悉掌握共轭二烯烃的1，2加成及1，4加成、双烯合成。

重点与难点

炔烃化学性质，共轭二烯烃的1，2加成及1，4加成；共轭效应与超共轭效应。

分子中含有 C≡C 三键官能团的不饱和烃称为炔烃，而分子中同时含有两个 C═C 不饱和双键的烃称为二烯烃，它们的通式都为 C_nH_{2n-2}。含相同碳原子数的炔烃和二烯烃互为同分异构体。

4.1 炔烃

4.1.1 炔烃的构造异构和命名

4.1.1.1 炔烃的构造异构 炔烃的构造异构体与烯烃的相似，也是包括碳链异构和官能团位置异构（即由于 C≡C 三键的位置不同引起同分异构体）。例如，戊炔的三个同分异构体：

$CH \equiv CCH_2CH_2CH_3$　1-戊炔

$CH_3C \equiv CCH_2CH_3$　2-戊炔

$CH \equiv CCH(CH_3)CH_3$（3位上连 CH_3）　3-甲基-1-丁炔

同时值得注意的是：炔烃的异构体比同碳原子数的烯烃要少，因为 C≡C 中的碳原子不存在分支。

4.1.1.2 炔烃的命名 同烯烃一样，炔烃的命名也主要包括衍生物命名法和系统命名法，但是衍生物命名法仅适用于比较简单的炔烃。

（1）衍生物命名法 炔烃的衍生物命名法是以乙炔为母体，将其他炔烃看成是乙炔的烷基衍生物。例如：

$CH \equiv CCH(CH_3)CH_3$　异丙基乙炔

$CH_3—C \equiv CCH(CH_3)CH_2CH_3$　甲基仲丁基乙炔

（2）系统命名法 炔烃的系统命名法与烯烃相似，命名时步骤如下。

① 选主链：选择含 C≡C 三键的最长碳链为主链。

② 编号：从靠近 C≡C 三键的一端开始，使 C≡C 具有最小的位次。

③ 命名：一般按照以下规则命名。

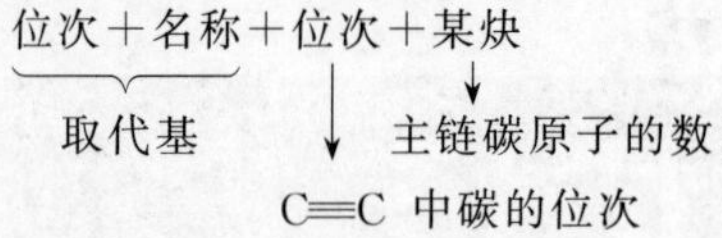

位次＋名称＋位次＋某炔（"位次＋名称"为取代基；第二个"位次"为 C≡C 中碳的位次；"某"为主链碳原子的数目）

例如：

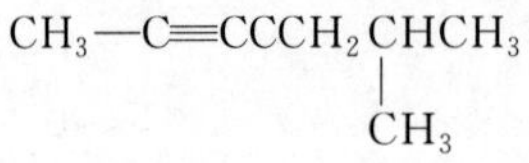

$CH_3—C≡CCCH_2CH(CH_3)CH_3$

5-甲基-2-己炔

$CH_3—C(CH_3)_2—C≡C—C(CH_3)_2—CH_3$

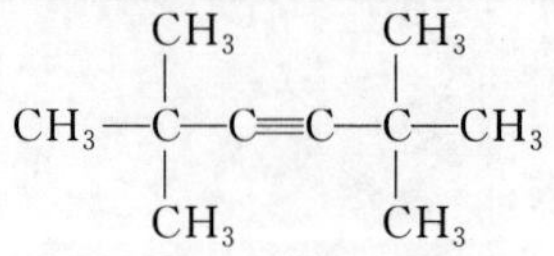

2,2,5-三甲基-3-己炔

分子中同时含有 C═C 和 C≡C 的化合物称为烯炔，命名时步骤如下。

① 选主链：选择同时含有 C═C 和 C≡C 的最长碳链为主链。

② 编号：要使 C═C 和 C≡C 的位次和最小，若 C═C 和 C≡C 具有相同的位次时，先使 C═C 的编号最小。

③ 命名：先命名烯再命名炔，编号时，按照以下规则命名。

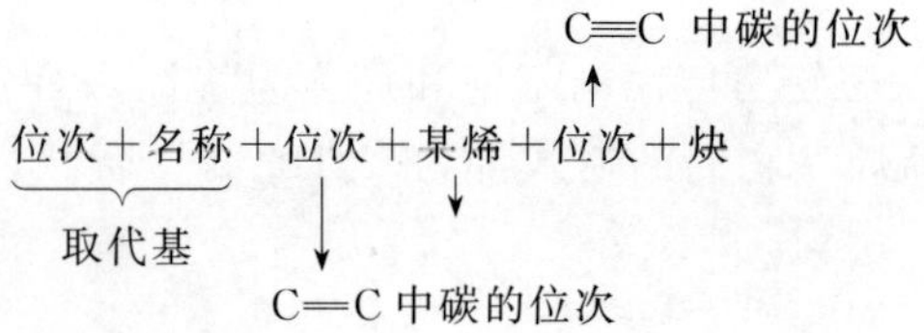

位次＋名称＋位次＋某烯＋位次＋炔（"位次＋名称"为取代基；第二个"位次"为 C═C 中碳的位次；第三个"位次"为 C≡C 中碳的位次）

例如：

$CH≡C—CH═CH—CH_3$

3-戊烯-1-炔

$CH≡CCH═CH_2$

1-丁烯-3-炔

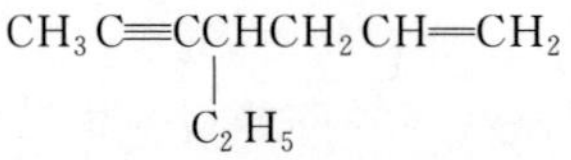

$CH_3C≡CCH(C_2H_5)CH_2CH═CH_2$

4-乙基-1-庚烯-5-炔

$CH_3C≡CCH(CH═CH_2)CH_2CH═CHCH_3$

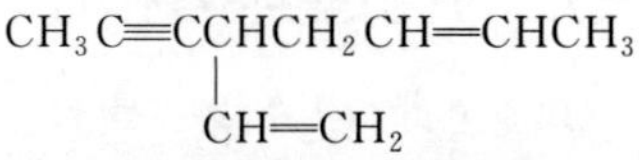

5-乙烯基-2-辛烯-6-炔

（3）炔基的命名　与烯烃相似，从炔烃分子中去掉一个氢原子后剩余的基团被称为炔基。需要编号时，常将连接基的碳原子定位 1 号。一些常见的炔基有：

$CH≡C—$	$CH≡C—CH_2—$	$CH_3—C≡C—$
乙炔基	炔丙基（3-丙炔基）	丙炔基（1-丙炔基）

4.1.2　炔烃的结构

炔烃中最简单的是乙炔，分子式为 C_2H_2，构造式为 CH≡CH 。用物理方法测得乙炔分子是一个线性分子，所有的碳原子和氢原子都分布在同一条直线上，其键长和键角如图 4-1 所示。

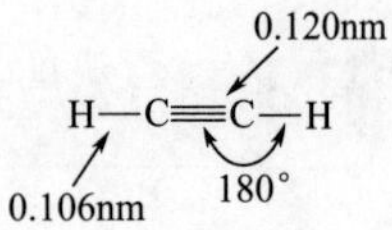

H—C≡C—H（0.120nm；0.106nm；180°）

图 4-1　乙炔的结构

乙炔的分子模型如图 4-2 所示。

乙炔的线型结构可以用杂化轨道来解释。碳原子的电子构型是 $1s^2 2s^2 2p_x^1 2p_y^1$，最外层 2s 轨道上的电子由于与 2p 轨道上的电子能量相差较小，所以吸收部分的能量以后激发跃迁到 2p 轨道上，然后一个 2s 轨道上的电子和 1 个 2p 轨道上的电子进行杂化，形成两个能量相同的杂化轨道，形成的轨道称为 sp 杂化轨道，

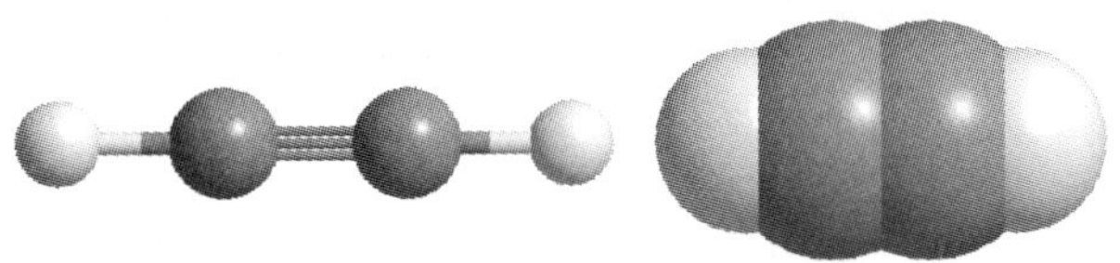

图 4-2　乙炔的分子模型

如图 4-3 所示。sp 杂化轨道在空间具有直线形的结构，未参与杂化的两个 2p 轨道垂直与 sp 杂化轨道所在的直线。

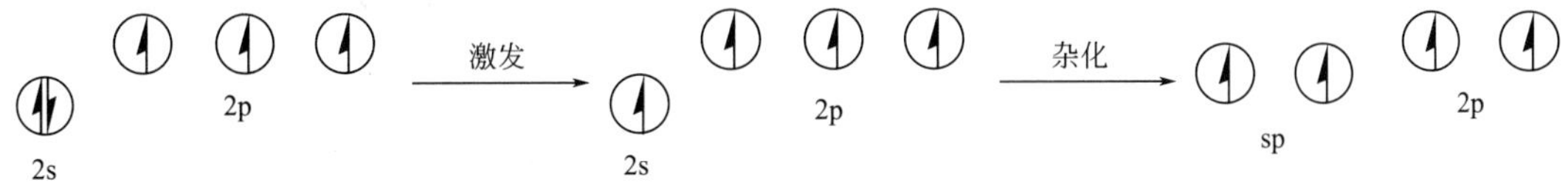

图 4-3　碳原子的 sp 杂化

乙炔分子中的碳原子各以一个 sp 杂化轨道沿对称轴方向相互交盖形成一个 σ 键，又各以一个 sp 杂化轨道与氢原子的 1s 轨道沿对称轴方向相互交盖形成两个 σ 键。两个碳原子中的未参与杂化的两个 2p 轨道的对称轴互相垂直，且分别与另一个碳的 sp 杂化轨道侧面肩并肩重叠，形成两个相互垂直的 π 键。两个 π 键的电子云沿 C—C σ 键周围呈上下左右对称分布，使得炔烃没有顺反异构体。所以 C≡C 三键是由一个 σ 键和两个 π 键组成的，如图 4-4 所示。

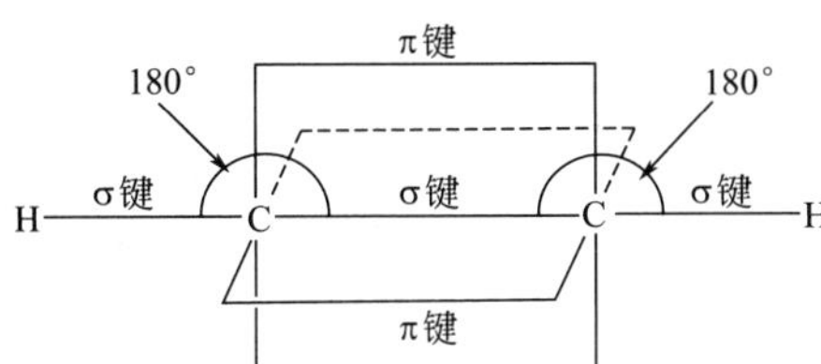

图 4-4　乙炔分子中的 σ 键和 π 键

4.1.3　炔烃的物理性质

炔烃的物理性质和烷烃、烯烃基本相似。

① 常温常压下，C_2～C_4 是气体；C_5～C_{17}是液体；C_{18}以上是固体；

② 炔烃的沸点随着分子中碳原子数的增大而升高；碳原子数相同时，端炔沸点更低；

③ 炔烃的相对密度随碳原子数增加而增大，但都小于 1∶4；炔烃不溶于水，但易溶于有机溶剂。

常见炔烃的物理性质见表 4-1。

表 4-1　常见炔烃的物理性质

名称	构造式	熔点/℃	沸点/℃	相对密度
乙炔	CH≡CH	−82	−75	0.618
丙炔	CH≡CCH_3	−101.5	−23	0.706
1-丁炔	CH≡CCH_2CH_3	−122	9	0.678

续表

名称	构造式	熔点/℃	沸点/℃	相对密度
1-戊炔	$CH\equiv CCH_2CH_2CH_3$	−98	40	0.695
1-己炔	$CH\equiv CCH_2CH_2CH_2CH_3$	−124	72	0.719
1-庚炔	$CH\equiv CCH_2CH_2CH_2CH_2CH_3$	−80	100	0.733
1-辛炔	$CH\equiv CCH_2CH_2CH_2CH_2CH_2CH_3$	−70	126	0.747
1-壬炔	$CH\equiv CCH_2CH_2CH_2CH_2CH_2CH_2CH_3$	−65	151	0.763
1-癸炔	$CH\equiv CCH_2CH_2CH_2CH_2CH_2CH_2CH_2CH_3$	−36	182	0.770
2-丁炔	$CH_3C\equiv CCH_3$	−24	27	0.694
2-戊炔	$CH_3C\equiv CCH_2CH_3$	−101	55	0.714
2-己炔	$CH_3C\equiv CCH_2CH_2CH_3$	−92	84	0.730
3-己炔	$CH_3CH_2C\equiv CCH_2CH_3$	−51	81	0.725

4.1.4 炔烃的化学性质

炔烃是含有 C≡C 三键的不饱和烃，而 C≡C 三键是由一个 σ 键和两个 π 键组成的，所以炔烃具有与烯烃相似的性质，如亲电加成反应，但炔烃的亲电加成反应能力比烯烃的弱。C≡C 含有两个 π 键，所以又有其特征反应，如叁键碳上氢原子的活泼性更强。

4.1.4.1 催化加氢 通常在 Pt、Pd 或 Ni 等催化剂存在的条件下，炔烃可以与氢气反应得到烯烃，进一步反应得到烷烃。通常状况下，主要生成烷烃，例如：

$$RC\equiv CR' \xrightarrow[\text{Pt, Pd 或 Ni}]{H_2} RCH\!=\!CHR' \xrightarrow[\text{Pt, Pd 或 Ni}]{H_2} RCH_2CH_2R'$$

$$CH_3-C\equiv C-CH_3 \xrightarrow[\text{Pt, Pd 或 Ni}]{H_2} CH_3-CH\!=\!CH-CH_3 \xrightarrow[\text{Pt, Pd 或 Ni}]{H_2} CH_3CH_2CH_2CH_3$$

若用特殊的催化剂，如 Lindlar 催化剂（用喹啉或醋酸铅部分毒化的 Pd-$CaCO_3$，使 Pd 的催化活性降低）或 Ni_2B 催化剂（用硼氢化钠还原乙醇溶液中乙酸镍），还原后得到顺式烯烃。例如：

$$CH_3-C\equiv C-CH_3 \xrightarrow[H_2]{\text{Lindlar}} \text{(顺式) } \begin{matrix} CH_3 & & CH_3 \\ & C\!=\!C & \\ H & & H \end{matrix}$$

在液氨溶液中用碱金属 Li、Na、K 等还原炔烃，得到反式烯烃。例如：

$$CH_3-C\equiv C-CH_3 \xrightarrow[NH_3]{Na} \begin{matrix} CH_3 & & H \\ & C\!=\!C & \\ H & & CH_3 \end{matrix}$$

4.1.4.2 亲电加成

（1）加 X_2 的加成 炔烃与 X_2 的加成反应机理与烯烃的类似，也属于亲电加成，若控制反应条件和 X_2 的用量，可以得到二卤代烃或四卤代烃。即：

$$-C\equiv C- \xrightarrow{X_2} -\underset{X}{C}\!=\!\underset{X}{C}- \xrightarrow{X_2} -\overset{X}{\underset{X}{C}}-\overset{X}{\underset{X}{C}}-$$

例如：

$$CH_3-C\equiv C-CH_3 + Br_2 \xrightarrow{25℃} CH_3\underset{Br}{\overset{Br}{C}}-\underset{Br}{\overset{Br}{C}}CH_3$$

在室温下，炔烃与 Br_2 的 CCl_4 溶液反应后，溶剂由红棕色变为无色，该反应也可用于鉴别 C≡C 双键。

由于炔烃的亲电加成反应能力比烯烃的弱，所以分子中同时含有 C═C 和 C≡C 时，卤素原子首先加到双键碳上。例如：

$$CH_2=CH-CH_2-C\equiv CH + Br_2 \xrightarrow[-20℃]{CCl_4} CH\equiv CCH_2\underset{Br}{C}H\underset{Br}{C}H_2$$

(2) 与 HX（卤化氢）的加成　由于炔烃中含有两个 π 键，所以炔烃首先与一分子的 HX 加成得到一卤代烯烃，得到的卤代烯烃再与另一分子的 HX 加成时得到卤代烷烃。不对称炔烃与 HX 加成也遵守马氏规则。例如：

$$-C\equiv C- \xrightarrow{HX} -\underset{H}{C}=\underset{X}{C}- \xrightarrow{HX} -\underset{H}{\overset{H}{C}}-\underset{X}{\overset{X}{C}}-$$

X=Cl，Br，I

若加入催化剂，可以加快化学反应，例如：

$$CH\equiv CCH_3 \xrightarrow[HCl]{HgCl_2} CH_2=\underset{Cl}{C}CH_3 \xrightarrow[HCl]{HgCl_2} CH_3\underset{Cl}{\overset{Cl}{C}}CH_3$$

在过氧化物和光照的条件下，不对称炔烃与 HBr 加成同样得到反马氏产物。

$$CH\equiv CCH_3 + HBr \xrightarrow[-60℃]{光} \underset{H}{\overset{CH_3}{C}}=\underset{H}{\overset{Br}{C}}$$

(3) 与 H_2O（水）的加成　炔烃和水的反应比较难进行，需要加入硫酸汞的硫酸溶液作催化剂。反应时，首先是水与炔烃进行亲电加成，生成烯醇式化合物（即含有 $\rangle C=C\langle_{OH}$ 结构的化合物）。烯醇式化合物不稳定，容易重排，生成比较稳定的醛或酮的结构。一般乙炔与水加成生成醛，其他炔烃与水加成生成酮，且优先在 C≡C 中含有碳原子数较多的一端生成酮。例如：

$$-C\equiv C- + H_2O \xrightarrow[H_2SO_4]{HgSO_4} \left[-\underset{OH}{C}=\underset{H}{C}-\right] \xrightarrow{重排} -\overset{O}{\overset{\|}{C}}-\underset{H}{\overset{H}{C}}-$$

$$RC\equiv CH + H_2O \xrightarrow[H_2SO_4]{HgSO_4} \left[R-\underset{OH}{C}=\underset{H}{C}-H\right] \xrightarrow{重排} R-\overset{O}{\overset{\|}{C}}-CH_3$$

$$CH\equiv CH + H_2O \xrightarrow[H_2SO_4]{HgSO_4} \left[H-\underset{OH}{C}=\underset{H}{C}-H\right] \xrightarrow{重排} H-\overset{O}{\overset{\|}{C}}-CH_3$$

(4) 硼氢化氧化反应　炔烃也能与硼氢化物（简称硼烷）发生化学反应。一般硼原子加到含氢的碳原子上，氢加到不含氢的碳原子上。生成的反马氏产物用 H_2O_2-NaOH 处理得到醛或酮。例如：

$$RC\equiv CH \xrightarrow{B_2H_6} \left(\begin{matrix} R & & H \\ & C=C & \\ H & & \end{matrix} \right)_3 B \xrightarrow[OH^-]{H_2O_2} RCH_2-\overset{O}{\overset{\|}{C}}-H$$

$$RC\equiv CR' \xrightarrow{B_2H_6} \left(\begin{matrix} R & & R' \\ & C=C & \\ H & & \end{matrix} \right)_3 B \xrightarrow[OH^-]{H_2O_2} RCH_2-\overset{O}{\overset{\|}{C}}-R'$$

4.1.4.3　亲核加成　炔烃除了能与亲电试剂加成外，还可以与亲核试剂加成。

（1）与醇的反应　在碱性的条件下，炔烃能与醇加成生成醚。例如，炔烃能与甲醇加成生成甲基烯基醚。

$$CH\equiv CH + CH_3OH \xrightarrow[60℃]{20\%\ KOH} CH_2=CHOCH_3$$

$$CH\equiv CR + CH_3OH \xrightarrow[60℃]{20\%\ KOH} CH_2=\underset{\underset{R}{|}}{C}OCH_3$$

反应机理可描述如下：

$$CH_3OH + OH^- \longrightarrow CH_3O^- + H_2O$$

$$CH\equiv CR + CH_3O^- \xrightarrow{慢} \overset{-}{C}H=\underset{\underset{R}{|}}{C}OCH_3$$

$$\overset{-}{C}H=\underset{\underset{R}{|}}{C}OCH_3 + CH_3OH \xrightarrow{快} CH_2=\underset{\underset{R}{|}}{C}OCH_3 + CH_3O^-$$

带负电荷的甲氧基负离子 CH_3O^- 能供给电子，具有亲近原子核的倾向，所以是亲核试剂，因此将该反应称为亲核加成。

（2）与醋酸的反应　在高温和催化剂存在的条件下，乙炔与乙酸反应生成乙酸乙烯酯，即：

$$CH\equiv CH + CH_3COOH \xrightarrow[170\sim230℃]{乙酸锌\text{-}活性炭} CH_2=CHO-\overset{O}{\overset{\|}{C}}-CH_3$$

（3）与氢氰酸的反应　在氯化亚铜和氯化铵的条件下，乙炔与氢氰酸反应生成丙烯腈，即：

$$CH\equiv CH + H-C\equiv N \xrightarrow[\triangle]{CuCl/NH_4Cl} CH_2=CH-C\equiv N$$

4.1.4.4　氧化反应　炔烃中的 C≡C 可以被氧化而发生断裂，同时因氧化剂的种类和反应条件不同，生成不同的产物。

（1）$KMnO_4$ 氧化　$KMnO_4$ 的氧化性较强，氧化时 C≡C 断裂，生成羧酸，与端炔反应时则有二氧化碳生成，即：

$$RC\equiv CR' \xrightarrow{KMnO_4/H_2O} RCOOH + R'COOH$$

$$RC\equiv CH \xrightarrow{KMnO_4/H_2O} RCOOH + CO_2$$

反应时，$KMnO_4$ 的颜色由紫红色褪为无色，所以该反应也可用于鉴别 C≡C 三键。

$$HC\equiv CC_2H_5 \xrightarrow{KMnO_4/H_2O} CH_3CH_2COOH + CO_2$$

（2）臭氧化　臭氧（O_3）也可以氧化炔烃，所得产物水解为羧酸，即：

$$RC\equiv CR' \xrightarrow{O_3} R—\underset{\text{O—O}}{C\overset{O}{\frown}C}—R' \xrightarrow{H_2O} RCOOH + R'COOH$$

4.1.4.5　聚合反应　炔烃也可以发生聚合反应，但是炔烃一般只生成二聚、三聚或四聚这些小分子的化合物。聚合产物也因催化剂和反应条件的改变而改变。例如：

$$2\ CH\equiv CH \xrightarrow{CuCl/NH_4Cl} CH_2=CH—C\equiv CH$$

$$3\ CH\equiv CH \xrightarrow{Ni(CO)_2[(C_6H_5)_3P]_2} \text{(苯)}$$

$$4\ CH\equiv CH \xrightarrow{Ni(CN)_4} \text{(环辛四烯)}$$

4.1.4.6　三键碳上氢原子的强活泼性　在炔烃分子中，将与 C≡C 碳原子直接相连的氢原子称为炔氢。炔氢性质比较活泼，在强碱的条件下，氢原子被金属原子取代，生成金属炔化物。即：

$$CH\equiv CR \xrightarrow[\text{或 }Na/NH_3]{NaNH_2/\text{液 }NH_3} RC\equiv CNa$$

$$CH\equiv CH \xrightarrow[\text{液 }NH_3]{NaNH_2} CH\equiv CNa \xrightarrow[\text{液 }NH_3]{NaNH_2} NaC\equiv CNa$$

常用金属炔化物与卤代烃反应合成一些碳链增长的炔烃，生成的炔烃可以进一步反应生成所需要的产物。例如：

$$CH\equiv CR \xrightarrow[\text{或 }Na/NH_3]{NaNH_2/\text{液 }NH_3} RC\equiv CNa \xrightarrow{R'X} RC\equiv CR'$$

$$CH\equiv CCH_3 \xrightarrow{NaNH_2/\text{液 }NH_3} CH_3C\equiv CNa \xrightarrow{CH_3CH_2Cl} CH_3C\equiv CCH_2CH_3$$

含有炔氢的炔烃可以与银和铜等过渡金属反应生成金属炔化物。例如，含有炔氢的炔烃与硝酸银的氨溶液反应生成白色的炔化银沉淀，与氯化亚铜的氨溶液反应生成棕红色的炔化铜沉淀：

$$RC\equiv CH \begin{cases} \xrightarrow{AgNO_3+NH_3\cdot H_2O} RC\equiv CAg\downarrow + NH_4NO_3 + H_2O \\ \xrightarrow{CuCl+NH_3\cdot H_2O} RC\equiv CCu\downarrow + NH_4Cl + H_2O \end{cases}$$

该反应常用于鉴别炔烃，也可以用于鉴别端炔和一般的炔烃。

过渡金属炔化物在干燥状态下受热或受震动容易爆炸，实验后，可以用稀酸分解。例如：

$$RC\equiv CAg + HNO_3 \longrightarrow RC\equiv CH$$

$$RC\equiv CCu + HCl \longrightarrow RC\equiv CH$$

4.1.5　炔烃的来源和制备

4.1.5.1　乙炔的制备　乙炔是重要的炔烃，工业上用煤、石油或天然气为原料来制备乙炔。天然气的主要成分是甲烷，在高温的条件下裂解可以生成乙炔，即：

$$CH_4 \xrightarrow{1500℃} CH\equiv CH + H_2$$

也可以用碳化钙生成乙炔。例如：

$$CaO + C \xrightarrow{2000\sim3000℃} CaC_2 + CO$$

$$CaC_2 + H_2O \longrightarrow CH\equiv CH + Ca(OH)_2$$

4.1.5.2　其他炔烃的制备　由邻二卤代烃或偕二卤代烃脱卤化氢制备炔烃，例如：

$$\underset{\quad\;\; |\;\;\;\; |}{CH_3CHCH_2}\atop{\quad Br\;\; Br} \xrightarrow[\triangle]{KOH/CH_3CH_2OH} CH\equiv CCH_3$$

$$CH_3\underset{|\atop Cl}{C}HCH_2—Cl \xrightarrow[\triangle]{KOH/CH_3CH_2OH} CH\equiv CCH_3$$

4.2　二烯烃

分子中含有两个C═C双键的不饱和烃称为二烯烃，也可称为双烯烃。二烯烃又可分为链状烃和环状烃，例如：

$CH_2═CH—CH═CH_2$　　1,3-丁二烯

（环状结构）　　1,4-环己二烯

链状二烯烃的通式为：C_nH_{2n-2}，与相同碳原子数的炔烃互为同分异构体。

4.2.1　二烯烃的分类和命名

4.2.1.1　二烯烃的分类　根据分子中所含的C═C的相对位置的不同，二烯烃可以分为三类，即：

（1）累积二烯烃　两个双键连在同一个碳原子上，如：

$CH_2═C═CH_2$　　丙二烯

$CH_2═C═CH—CH_3$　　1,2-丁二烯

（2）共轭二烯烃　两个双键被一个单键隔开，如：

$CH_2═CH—CH═CH_2$　　1,3-丁二烯

$CH_2═\underset{|\atop CH_3}{C}—CH═CH_2$　　2-甲基-1,3-丁二烯

（3）隔离二烯烃　两个双键被两个或两个以上的单键隔开，如：

$CH_2═CH—CH_2—CH═CH_2$　　1,4-戊二烯

$CH_3—CH═CH—\overset{CH_3\atop |}{\underset{|\atop CH_3}{C}}—CH═CH_2$　　3,3，二甲基-1,4-己二烯

由于两个双键之间的相互影响，使得共轭二烯烃表现出一些特殊的性质，所以主要研究共轭二烯烃。

4.2.1.2　二烯烃的命名　二烯烃的命名与烯烃的命名相似，命名步骤如下。

① 选主链：选择含有两个C═C双键的最长碳链为主链。

② 编号：从靠近C═C双键的一端开始，使C═C具有最小的位次。

③ 命名：按照以下规则命名。

(顺/反或 Z/E)+位次+名称+位次+某烯

主链碳原子的数目

C═C 中碳的位次

注意，由于二烯烃中含有两个 C═C 基团，C═C 是其官能团，所以应标出两个 C═C 双键的位次，例如：

反，反-2,4-己二烯
(2E,4E)-2,4-己二烯

顺，反-2,4-己二烯
(2Z,4E)-2,4-己二烯

4.2.2 共轭二烯烃的结构和共轭效应

4.2.2.1 1,3-丁二烯的结构 共轭二烯烃中最简单的化合物是1,3-丁二烯，分子式为 C_4H_6，构造式为 CH_2═CH—CH═CH_2。用物理方法测得1,3-丁二烯分子中所有的碳和氢原子都分布在同一平面，其分子模型如图4-5所示，键长和键角如图4-6所示。

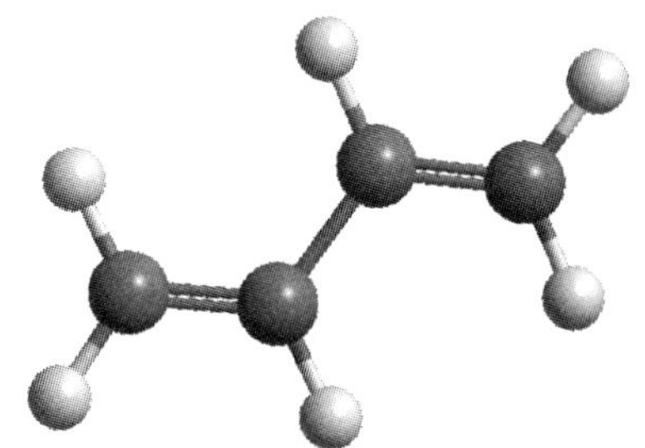

图4-5 1,3-丁二烯的球棒模型

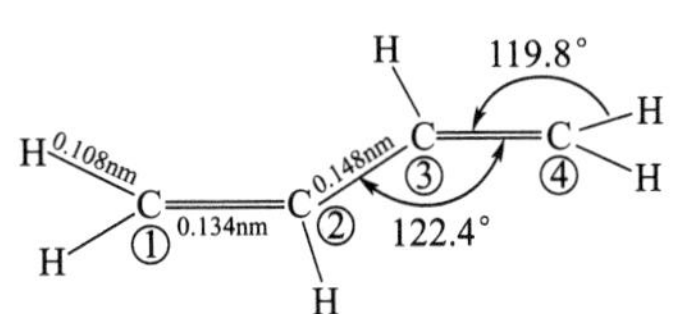

图4-6 1,3-丁二烯的结构

1,3-丁二烯的平面结构可以用杂化轨道来解释。在1,3-丁二烯分子中四个碳原子都是 sp^2 杂化的，每个碳原子以 sp^2 杂化轨道与相邻的碳原子的 sp^2 杂化轨道相互交盖形成一个 σ 键，剩余的 sp^2 杂化轨道与氢原子的 s 轨道沿对称轴方向相互交盖形成两个 σ 键。sp^2 杂化轨道是平面三角形的结构。因此1,3-丁二烯的三个 C—Cσ 键和六个 C—Hσ 键在一个平面。每个碳原子中未参与杂化的 p 轨道垂直与 sp^2 杂化轨道所在的平面，而四个 p 轨道相互平行，从侧面交盖形成 π 键，如图4-7所示。

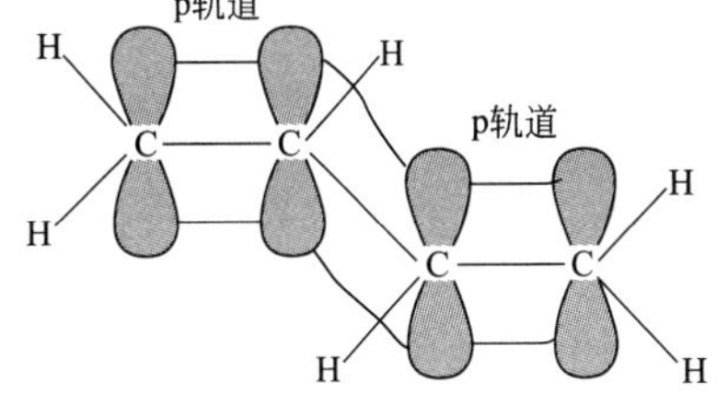

图4-7 1,3-丁二烯分子中的四个 p 轨道交盖形成 π 键

4.2.2.2 1,3-丁二烯的共轭效应 1,3-丁二烯结构中 π 键不是固定在两个碳原子之间而是扩展到四个碳原子之间的现象称为电子的离域或键的离域。电子离域形成的 π 键称为大 π 键。像1,3-丁二烯这样的分子称为共轭分子。在不饱和化合物中，有三个或三个以上相互平行的 p 轨道形成的大 π 键的体系称为共轭体系。共轭体系一般具有以下特点：①参与共轭体系的 p 轨道相互平行且垂直于分子所在的平面；②相邻的 p 轨道肩并肩相互交盖重叠。键的离域使分子体系能量降低，稳定性增加，键长趋于平均化，这种现象称为共轭效应。共轭效应使链上的电荷出现正负交替的现象。常见的共轭效应有 π-π 共轭和 p-π 共轭。

(1) π-π 共轭　单双键相互交替的共轭体系称为 π-π 共轭体系。π-π 共轭体系适用于双键和三键，而且共轭体系中可以含有杂原子，例如：

$$CH_2{=}CH{-}CH{=}CH{-}CH{=}CH_2 \qquad CH_2{=}CH{-}CH{=}O \qquad CH_2{=}CH{-}C{\equiv}N$$

在共轭体系中，π 电子的离域可以用弯箭头表示，弯箭头从双键到与双键直接相连的原子上，π 电子的离域方向为箭头所指的方向。例如：

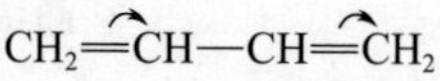

$$CH_2{=}CH{-}CH{=}CH_2$$

(2) p-π 共轭　与双键碳原子相连的原子有 p 轨道时，p 轨道与 π 键的 p 轨道肩并肩重叠形成 p-π 共轭体系。例如：

$$CH_2{=}CH{-}\ddot{O}{-}CH_3 \qquad CH_2{=}CH{-}\overset{+}{C}H_2 \qquad CH_2{=}CH{-}\overset{-}{C}H_2 \qquad CH_2{=}CH{-}\dot{C}H_2$$

p-π 共轭体系有以下三种情况。

① 多电子共轭 π 键（图 4-8）。通常指电子数大于原子数，双键或三键碳原子上连接的原子带有孤对电子，或与双键或三键碳原子连接带有负电荷的原子，例如：

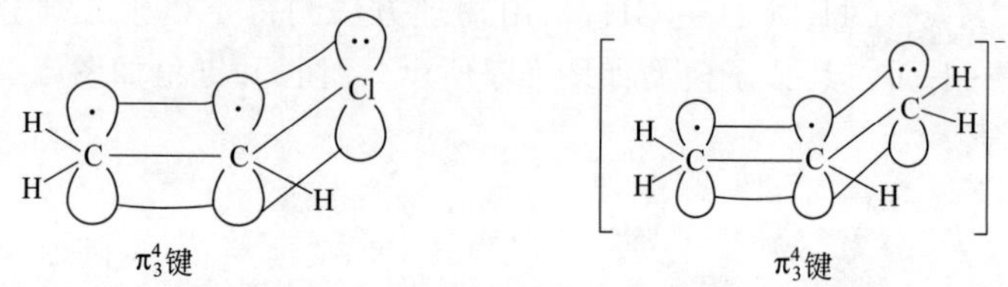

图 4-8　多电子的 p-π 共轭体系

② 缺电子共轭 π 键（图 4-9）。通常指电子数小于原子数，双键或三键碳原子上连接的原子带有空的 p 轨道，例如：

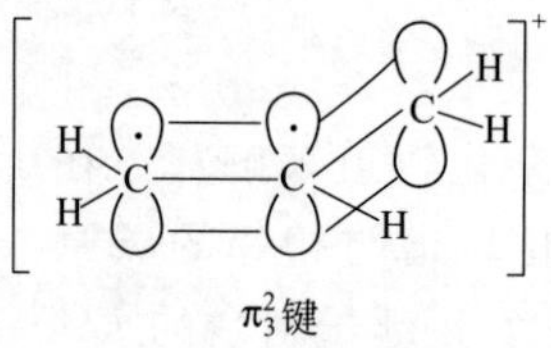

π_3^2键

图 4-9　缺电子的 p-π 共轭体系

③ 一般的共轭 π 键（图 4-10）。通常指电子数等于原子数，双键或三键碳原子上连接带有自由基的原子，例如：

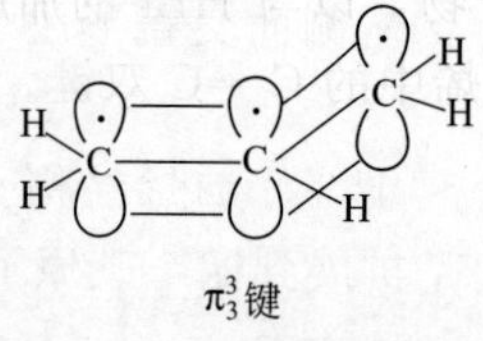

图 4-10　一般的 p-π 共轭体系

(3) 超共轭体系　将 C—Hσ 键旋转到使 sp^3 杂化轨道与 π 键中的 p 轨道相互交盖重叠产生电子离域的现象称为超共轭。由于 C—Hσ 键与 p 轨道交盖重叠少，所以超共轭效应比较弱。常见的超共轭效应有：σ-π 超共轭和 σ-p 超共轭。

① σ-π 超共轭（图 4-11）。在分子中 $CH_2{=}CHCH_3$ 中 CH_3 的 C—H 键的 σ 轨道与 C═C

双键的 π 轨道重叠形成 σ-π 超共轭。

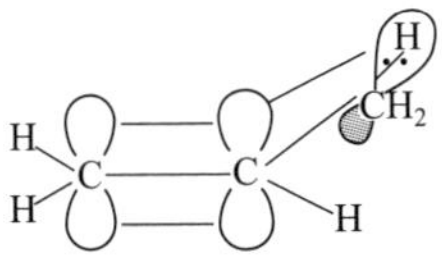

图 4-11 $CH_2=CHCH_3$ 中的 σ-π 超共轭

② σ-p 超共轭（图 4-12）。有 α 碳氢键的自由基、碳正离子和碳负离子都有 σ-p 超共轭。

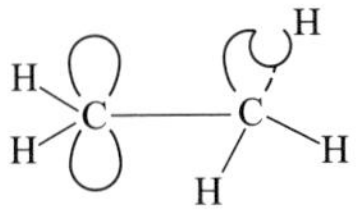

图 4-12 $CH_3CH_2^+$ 中的 σ-p 超共轭

和自由基碳原子相连的 α 碳氢键越多，超共轭效应就越多，越有利于电荷的分散，体系的能量越低，分子结构越稳定。所以碳正离子、碳负离子和自由基的稳定性次序一致：叔碳正离子＞仲碳正离子＞伯碳正离子＞CH_3^+、叔碳负离子＞仲碳负离子＞伯碳负离子＞CH_3^-、叔碳自由基＞仲碳自由基＞伯碳自由基＞$CH_3\cdot$。

4.2.3 共轭二烯烃的性质

共轭二烯烃中含有 C=C 双键，因此具有烯烃的性质，但是由于共轭二烯烃中存在共轭体系，有一个大的 π 键，所以共轭二烯烃具有一些特殊的性质。

4.2.3.1 1,2-加成和 1,4-加成 共轭二烯烃可以与 X_2、HX 等亲电试剂加成生成两种产物：即 1,2-加成产物和 1,4-加成产物。

$$CH_2=CH-CH=CH_2+Br_2 \longrightarrow \underset{\underset{\text{1,2-加成产物}}{}}{\underset{Br}{CH_2}-\underset{Br}{CH}-CH=CH_2} + \underset{\text{1,4-加成产物}}{\underset{Br}{CH_2}-CH=CH-\underset{Br}{CH_2}}$$

$$CH_2=CH-CH=CH_2+HBr \longrightarrow \underset{\text{1,2-加成产物}}{\underset{H}{CH_2}-\underset{Br}{CH}-CH=CH_2} + \underset{\text{1,4-加成产物}}{\underset{H}{CH_2}-CH=CH-\underset{Br}{CH_2}}$$

1,2-加成产物是同一试剂加在同一个 C=C 双键的碳原子上的产物，而 1,4-加成产物是同一试剂加在共轭双键的两端碳原子上，使得原来的双键变成单键，单键变成双键的产物。可以用加成反应机理来解释生成的产物，以与 HBr 的加成为例。

第一步：H^+ 试剂进攻 1,3-丁二烯中的 C=C 双键。

$$CH_2=CH-CH=CH_2+HBr \longrightarrow \begin{cases} CH_2=CH-\overset{+}{C}H-CH_3+Br^- \\ \underset{\text{不稳定}}{CH_2=CH-CH_3-\overset{+}{C}H_2+Br^-} \end{cases}$$

p-π 共轭效应使得形成的碳正离子中间体的碳上的电子发生了分散，电荷更加的稳定，即 $CH_2=CH-{}^+CH-CH_3$。

$$\underset{1}{CH_2}=\underset{2}{CH}-\underset{3}{\overset{+}{C}H}-CH_3 \longleftrightarrow \overset{\delta^+}{CH_2}=CH_2=\overset{\delta^+}{C}H-CH_3 \longleftrightarrow \underset{1}{\overset{+}{C}H_2}-\underset{2}{CH}=\underset{3}{CH}-CH_3$$

第二步：由于正负电荷之间的吸引作用，生成的 Br^- 加成到带有部分正电荷的碳原子上，可以加到 1 号碳原子上，也可以加到 3 号碳原子上，所以有两种产物生成，即：

$$CH_2{=\!=}CH_2{=\!=}\overset{+}{C}H{-}CH_3 + Br^- \longrightarrow \begin{cases} \underset{|}{CH_2}{-}\underset{|}{CH}{-}CH{=}CH_2 \quad & \text{1,2-加成产物} \\ \;H \qquad\quad Br & \\ CH_2{-}CH{=}CH{-}CH_2 \quad & \text{1,4-加成产物} \\ \;|\qquad\qquad\qquad\quad\; | & \\ \;H \qquad\qquad\qquad\; Br & \end{cases}$$

图 4-13 是 1,3-丁二烯与 HBr 亲电加成反应的能量变化图。

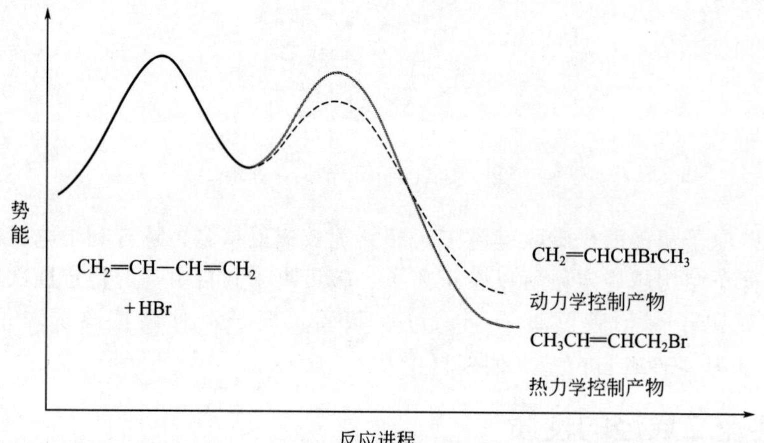

图 4-13　1,3-丁二烯与 HBr 亲电加成的能量变化图

从图 4-13 中可以观察到：低温下以 1,2-加成为主，这是由于反应需要的活化能较低；高温下则是以 1,4-加成为主，这是由于 1，4 加成产物更稳定。

4.2.3.2　双烯合成反应　共轭二烯烃及其衍生物可以和某些具有 C═C 和 C≡C 结构的不饱和化合物进行 1,4-加成，生成环状化合物，该反应称为双烯合成反应（狄尔斯-阿尔德反应）。在双烯合成反应中，共轭二烯烃及其衍生物称为双烯体，与共轭二烯烃反应的具有 C═C 和 C≡C 结构的不饱和化合物称为亲双烯体。

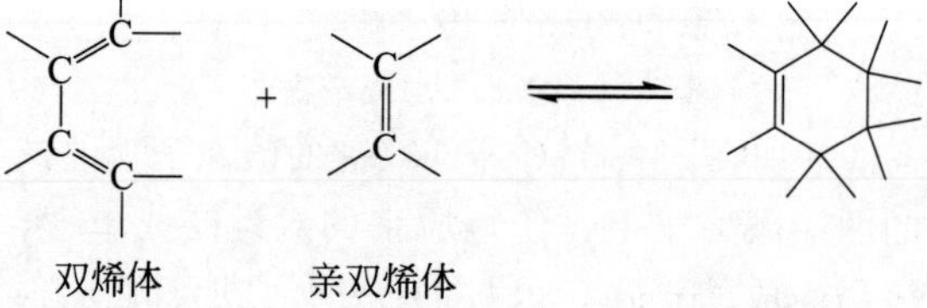

双烯体　　亲双烯体

例如：

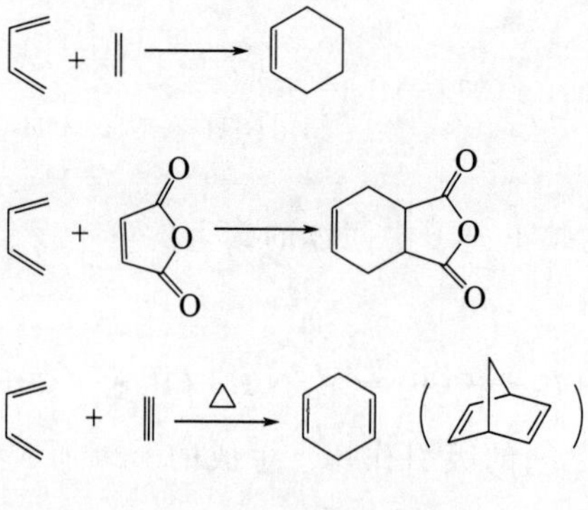

△

共轭二烯烃上连有供电子基团，亲双烯体上连有吸电子基团时，有利于双烯合成反应的进行。双烯合成反应常用于合成环状化合物。

4.2.3.3 聚合反应 与单烯烃一样，共轭二烯也可以发生聚合反应。该反应常用于合成橡胶，例如：

丁腈橡胶——丁二烯+丙烯腈聚合：

$$nCH_2{=}CH{-}CH{=}CH_2 + nCH_2{=}\underset{\displaystyle CN}{\underset{|}{CH}} \longrightarrow \left[\!-CH_2{-}CH{=}CH{-}CH_2{-}CH_2{-}\underset{\displaystyle CN}{\underset{|}{CH}}-\!\right]_n$$

ABS 树脂——丁二烯+丙烯腈+苯乙烯聚合：

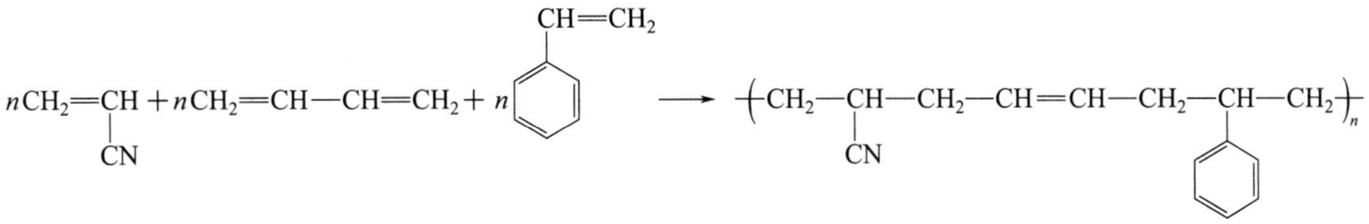

$$nCH_2{=}\underset{\displaystyle CN}{\underset{|}{CH}} + nCH_2{=}CH{-}CH{=}CH_2 + n\,C_6H_5{-}CH{=}CH_2 \longrightarrow \left[\!-CH_2{-}\underset{\displaystyle CN}{\underset{|}{CH}}{-}CH_2{-}CH{=}CH{-}CH_2{-}\underset{\displaystyle C_6H_5}{\underset{|}{CH}}{-}CH_2-\!\right]_n$$

习　题

1. 用系统命名法命名下列化合物。

(1) $C_2H_5{-}CH{=}CH{-}CH{=}CH{-}C_2H_5$（两个双键上的 H 均处于反式位置，如图结构式所示）

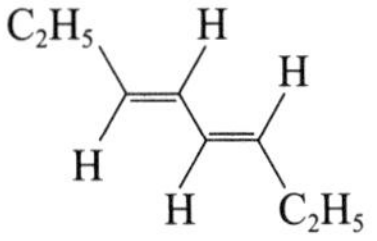

(2) $CH_2{=}\overset{\displaystyle CH_3}{\overset{|}{C}}{-}\underset{\displaystyle CH_3}{\underset{|}{C}}{=}CH_2$

(3) $H_3C{-}\overset{\displaystyle CH_3}{\underset{\displaystyle CH_3}{\overset{|}{\underset{|}{C}}}}{-}C{\equiv}C{-}CH_3$

(4) $HC{\equiv}C{-}\underset{\displaystyle CH_3}{\underset{|}{C}}{=}CH{-}CH_3$

(5) $H_3C{-}C{\equiv}C{-}\overset{\displaystyle H}{\underset{\displaystyle C_2H_5}{\overset{|}{\underset{|}{C}}}}{-}CH_2CH{=}CH_2$

(6) $H_3CC{\equiv}C\underset{\displaystyle CH_3}{\underset{|}{C}}HCH_2CH_3$

2. 写出下列化合物的结构式。

(1) 3-甲基-1,4-己二烯　　(2) 乙烯基乙炔

(3) 乙基叔丁基乙炔　　(4) 2-乙基-1,3-丁二烯

3. 完成下列化学反应。

(1) $CH_3CH_2C{\equiv}CCH_3 \xrightarrow[HgSO_4,\ H_2SO_4]{H_2O}$

(2) $CH_3C{\equiv}CCH_3 \xrightarrow[Lindlar]{H_2}$

(3) $CH_3C{\equiv}CCH_3 \xrightarrow[HgSO_4]{H_2O,\ H_2SO_4}$

(4) $CH_2{=}\underset{\displaystyle CH_3}{\underset{|}{C}}{-}CH{=}CH_2 \xrightarrow{HBr}$

(5) $HC{\equiv}CCH_2CH_2CH_3 \xrightarrow[\text{乙酸锌}]{CH_3CCOH}$

(6) $CH_2{=}CH{-}C{\equiv}C{-}CH_3 \xrightarrow[Lindlar]{H_2}$

(7) $CH_2=C(Br)-C\equiv CH \xrightarrow{HBr\ (1mol)}$

(8) $CH_2=CH-CH=C(CH_3)-CH_3 \xrightarrow{Br_2}$

(9) $CH_2=CH-CH=CH_2 + CH_2=CH-COOH \longrightarrow$

(10) 2,3-二甲基-1,3-丁二烯 + $CH_2=CH-COOCH_3$ $\xrightarrow{\triangle}$

(11) 环戊二烯 + 顺丁烯二酸酐 $\xrightarrow{\triangle}$

(12) H_3C、H_3C取代的丁二烯 + 顺式 $CH(COOCH_3)=CH(COOCH_3)$ $\longrightarrow$

(13) 丁二烯 + $CH_2=CH-COCH_3$ $\longrightarrow \xrightarrow{Br_2}$

(14) 1,3-环己二烯 + $CH_2=CH-CO-CH_3$ $\longrightarrow$

4. 比较下列各组化合物分别与 HBr 进行亲电加成反应时的反应活性顺序。

(1) a. $CH_3CH=CHCH_3$　　b. $CH_2=C(CH_3)-C(CH_3)=CH_2$

c. $CH_3CH=CH-CH=CH_2$　　d. $CH_2=CH-CH=CH_2$

(2) a. 1,3-丁二烯　b. 2-丁烯　c. 2-丁炔

5. 下列两组化合物分别与 1,3-丁二烯［(1) 组］或顺丁烯二酸酐［(2) 组］进行双烯合成反应，请比较反应活性。

(1) a. $CH_2=CH-CH_3$　　b. $CH_2=CH-CN$　　c. $CH_2=CH-CH_2Cl$

(2) a. $CH_2=C(CH_3)-CH=CH_2$　　b. $CH_2=CH-CH=CH_2$　　c. $CH_2=C(C(CH_3)_3)-C(C(CH_3)_3)=CH_2$

6. 用化学方法鉴别下列化合物。

(1) 乙基环己烷（C_2H_5）　1-乙基环己烯（C_2H_5）　1-乙炔基环己烯（$C\equiv CH$）　1,3-环己二烯

(2) 环己烷　1-己烯　1-己炔　2-己炔　2,4-己二烯

7. 用指定的试剂合成下列化合物。

(1) 由乙炔合成 1,2-环氧乙烷

(2) 由 $CH\equiv CH$ 合成 $CH_3CH_2CH(Br)CH_3$

8. 3-甲基-1,3-丁二烯与一分子氯化氢加成，只生成 3-甲基-3-氯-1-丁烯和 3-甲基-1-氯-2-

丁烯，而没有 2-甲基-3-氯-1-丁烯和 3-甲基-1-氯-2-丁烯。试简单解释原因，并写出可能的反应机理。

9. 有（A）和（B）两个化合物，它们互为构造异构体，都能使溴的四氯化碳溶液褪色。（A）与 $Ag(NH_3)_2NO_3$ 反应生成白色沉淀，用 $KMnO_4$ 溶液氧化生成丙酸（CH_3CH_2COOH）和二氧化碳；（B）不与 $Ag(NH_3)_2NO_3$ 反应，而用 $KMnO_4$ 溶液氧化只生成一种羧酸。试写出（A）和（B）的构造式及各步反应式。

10. 某化合物（A）的分子式为 C_5H_8，在液氨中与金属钠作用后，再与 1-溴丙烷反应，生成分子式为 C_8H_{14} 的化合物（B）。用高锰酸钾氧化（B）得到分子式为 $C_4H_8O_2$ 的两种不同的羧酸（C）和（D）。（A）在硫酸汞存在下与稀硫酸作用，可得到分子式为 $C_5H_{10}O$ 的酮（E）。试写出（A）～（E）的构造式及各步反应式。

5 脂环烃

教学目标及要求

1. 掌握环烷烃的分类，单环烷烃、桥环烃和螺环烃的命名；

2. 掌握环烷烃的异构现象（顺反异构、构象异构）；

3. 掌握环烷烃的化学性质；

4. 理解环烷烃的分子结构、环的大小与稳定性的关系、环己烷的构象（椅式、船式、直立键和平伏键）。

重点与难点

环烷烃的分子结构、化学性质及异构现象，环己烷的构象。

结构上具有环状碳骨架，其性质与开链烃（脂肪烃）相似的烃类，统一称为脂环烃。

5.1 脂环烃的分类、命名和异构现象

5.1.1 脂环烃的分类

5.1.1.1 根据环分子中碳原子的饱和度分类

① 饱和脂环烃——环烷烃，如环已烷、环丁烷等。

② 不饱和脂环烃——环烯烃和环炔烃，如环已烯、环戊烯和环已炔、环戊炔等。

5.1.1.2 根据碳环数目分类

① 单环烃——分子中只有一个环的烃，可分为小环（C_3～C_4）、普通环（C_5～C_7）、中环（C_8～C_{11}）、大环（C_{12}以上）。

② 多环烃——分子中含有两个或两个以上的环，分为桥环烃和螺环烃。

5.1.2 脂环烃的命名

5.1.2.1 单环脂环烃的命名

① 以碳环作为母体，环上侧链作为取代基命名。

② 根据分子中成环碳原子数目，称为环某烷；把取代基的名称写在环烷烃的前面。

③ 取代基较多时，命名时应把取代基的位置标出，取代基位次按“最低系列”原则列出，基团顺序按“次序规则”小的优先列出。

④ 如果分子中有不饱和键存在，应该保持不饱和键的位次最小，取代基的位次和最低。

例如：

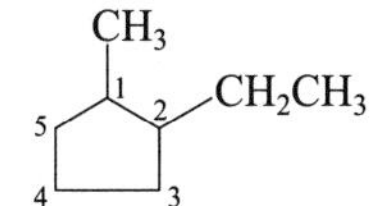
1-甲基-2-乙基环戊烷

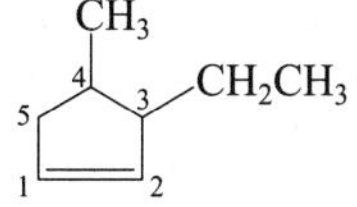
4-甲基-3-乙基环戊烯

5.1.2.2 多环烃的命名

(1) 桥环烃（二环、三环等） 分子中含有两个或多个碳环的多环化合物中，其中两个环共用两个或多个碳原子的化合物称为桥环化合物。

① 编号原则：从桥的一端开始，沿最长桥编至桥的另一端，再沿次长桥至桥的另一端，最短的桥最后编号，编号的顺序以取代基位置号码满足最低系列原则。

② 命名：根据成环碳原子总数目称为环某烷，加词头双环。在环字后面的方括号中标出除桥头碳原子外的桥碳原子数（大的数目排前，小的排后，数字之间用黑圆点隔开），固定格式为“双环［a.b.c］某烃”（a＞b＞c）。例如：

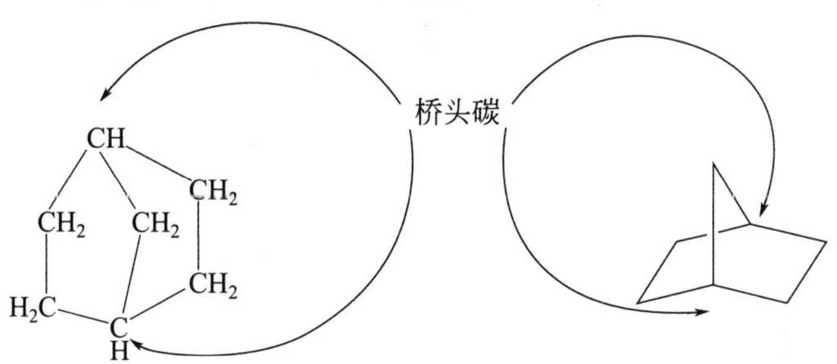

双环[2.2.1]庚烷

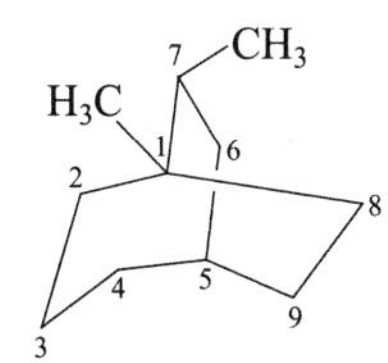
1,7-二甲基双环[3.2.2]壬烷

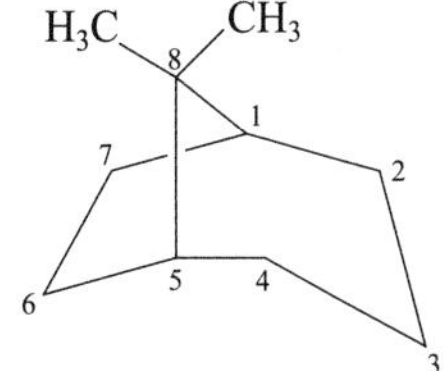
8,8-二甲基双环[3.2.1]辛烷

(2) 螺环烃 两个环共用一个碳原子的环烷烃称为螺环烃，共用碳原子称为螺原子。

① 编号原则：从较小环中与螺原子相邻的一个碳原子开始，先编小环经过螺原子，再沿大环至所有环碳原子。

② 命名：成环碳原子的总数称为环某烷，加上词头“螺”，在方括号中标出各碳环中除螺碳原子以外的碳原子数目（小的排前，大的排后，数字之间用黑圆点隔开），其他同桥环烃的命名一致。

5.1.3 脂环烃的顺反异构现象

由于碳原子连接成环，环上C—C单键不能自由旋转，只要环上有两个碳原子各连有不同的原子或基团，就有构型不同的顺反异构体，例如：

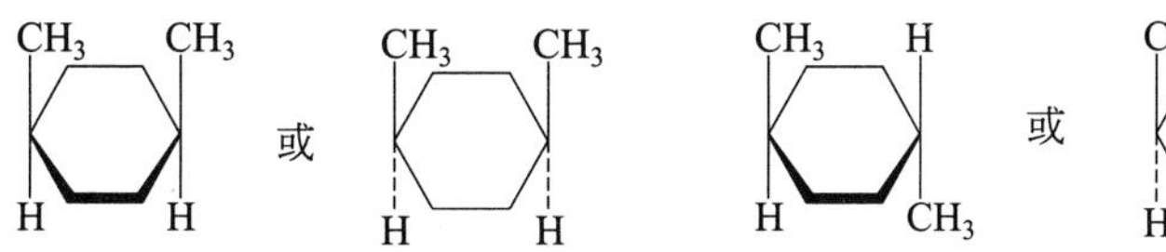

顺-1,4-二甲基环己烷　　反-1,4-二甲基环己烷

5.2 脂环烃的性质

5.2.1 脂环烃的物理性质

环烷烃的熔点和沸点都比相应的烷烃要高一些，随着环上碳原子数的增多，熔沸点升高。偶数碳环对称性好，所以熔点增加幅度更大，相对密度也比相应的烷烃高，但比水轻。一些常见环烷烃的物理性质见表 5-1。

表 5-1 一些常见环烷烃的物理性质

名称	熔点/℃	沸点/℃	相对密度
环丙烷	−127.6	−32.7	0.720
环丁烷	−50	12	0.720
环戊烷	−93.9	49.2	0.746
环己烷	6.5	80.7	0.779
环庚烷	−12	118.5	0.810
环辛烷	14.3	149	0.835
甲基环戊烷	−142.4	71.8	0.749
甲基环己烷	−126.6	100.9	0.769

5.2.2 脂环烃的化学性质

普通脂环烃具有开链烃的通性，饱和环烷烃主要是起自由基取代反应，很难被氧化剂氧化；不饱和脂环烃主要是加成和氧化反应。另外，小环的环烷烃由于张力的原因而导致环的破裂，也叫开环反应。

5.2.2.1 环烷烃的取代反应

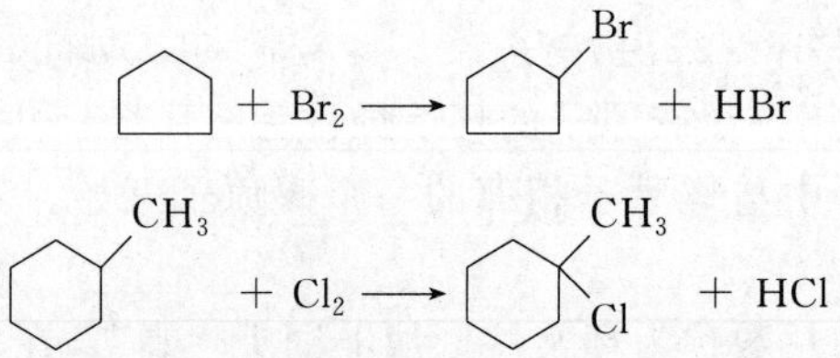

$$\text{环戊烷} + Br_2 \longrightarrow \text{溴代环戊烷(Br)} + HBr$$

$$\text{甲基环己烷}(CH_3) + Cl_2 \longrightarrow \text{1-甲基-1-氯环己烷}(CH_3, Cl) + HCl$$

5.2.2.2 不饱和脂环烃的加成和取代反应

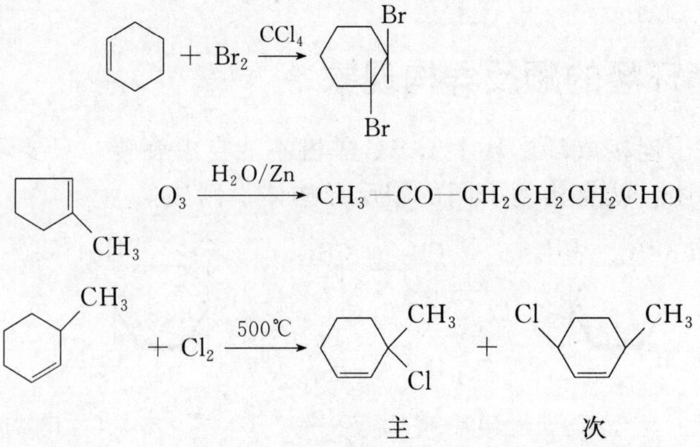

$$\text{环己烯} + Br_2 \xrightarrow{CCl_4} \text{1,2-二溴环己烷}(Br, Br)$$

$$\text{1-甲基环戊烯}(CH_3) \xrightarrow[O_3]{H_2O/Zn} CH_3{-}CO{-}CH_2CH_2CH_2CHO$$

$$\text{3-甲基环己烯}(CH_3) + Cl_2 \xrightarrow{500℃} \underset{\text{主}}{(CH_3, Cl)} + \underset{\text{次}}{(Cl, CH_3)}$$

$$\text{1-甲基环戊二烯} + HCl \longrightarrow \text{3-氯-1-甲基环戊烯（主）} + \text{3-氯-3-甲基环戊烯（次）}$$

5.2.2.3　环烷烃的开环反应（也叫加成-开环反应）

（1）加氢

$$\triangleright + H_2 \xrightarrow[80℃]{Ni} CH_3CH_2CH_3$$

$$\square + H_2 \xrightarrow[200℃]{Ni} CH_3CH_2CH_2CH_3$$

$$\text{环戊烷} + H_2 \xrightarrow[>300℃]{Pd} CH_3CH_2CH_2CH_2CH_3$$

（2）加卤素

$$\triangleright + Br_2/CCl_4 \longrightarrow \underset{Br}{CH_2}-CH_2-\underset{Br}{CH_2}$$

$$\text{1,1,2-三甲基环丙烷} + Br_2/CCl_4 \longrightarrow (CH_3)_2C-\overset{CH_3}{CH}-CH_2$$

$$\square + Br_2/CCl_4 \xrightarrow{\triangle} \underset{Br}{CH_2}-CH_2-CH_2-\underset{Br}{CH_2}$$

$$\left.\begin{matrix}\text{环戊烷}\\ \text{环己烷}\end{matrix}\right\} + Br_2/CCl_4 \xrightarrow{\triangle} \text{不发生加成-开环反应，而是取代反应}$$

三元环和四元环可以使溴的四氯化碳溶液褪色，而五、六元环不反应，这一区别可用于鉴别环烷烃。

（3）加 H X、H_2SO_4

$$\text{1,2-二甲基环丙烷} + HBr \longrightarrow CH_3-\underset{Br}{\overset{CH_3}{CH}}-\overset{CH_3}{CH_2}-CH_3$$

$$\text{1,1,2-三甲基环丙烷} + H_2SO_4 \longrightarrow CH_3-\underset{OSO_3H}{\overset{CH_3}{C}}-CH_2-\overset{CH_3}{CH}-CH_3 \xrightarrow[\triangle]{H_2O} H_3C-\underset{OH}{\overset{CH_3}{C}}-\overset{CH_3}{CH}-CH_3$$

（4）氧化反应。环丙烷对氧化剂稳定，不被高锰酸钾、臭氧等氧化剂氧化。例如：

$$\text{环丙基}-CH=C(CH_3)_2 \xrightarrow{KMnO_4} \text{环丙基}-COOH + O=C(CH_3)_2$$

故可用高锰酸钾溶液来区别烯烃与环丙烷衍生物。

5.3　脂环烃的结构

从环烷烃的化学性质可以看出，环丙烷最不稳定，环丁烷次之，环戊烷比较稳定，环己烷以上的大环都稳定，这反映了环的稳定性与环的结构有着密切的联系。

5.3.1 Baeyer 张力学说

Baeyer 根据正四面体的模型假设 C 原子在成环后都在同一平面。环丙烷 60°，环丁烷 90°，环戊烷 108°，环己烷 120°。这些与正常的四面体角的偏差，引起分子的张力，称为角张力。偏离角 α=(109.5°－键角)/2，即化合物的实际成键角度偏离正常的 sp^3 碳原子键角 109.5°越大，角张力就越大，分子就越不稳定。各环烷烃每个 C—C 键向内压缩或向外扩张的偏差度数如下：

环丙烷偏离角（109.5°－60°)/2＝＋24.8°

环丁烷偏离角（109.5°－90°)/2＝＋9.8°

环戊烷偏离角（109.5°－108°)/2＝＋0.8°

环己烷偏离角为－5.3°，环庚烷偏离角为－9.5°，环癸烷偏离角为－17.3°。

因此，环的稳定性：环戊烷＞环丁烷＞环丙烷。

Baeyer 张力学说中的错误：①假设不符合实际（假设环是平面的，实际环是非平面的）；②历史的局限。

5.3.2 环烷烃的结构

从现代共价键的概念来看，饱和碳原子都采取 sp^3 杂化方式，C—C—C 的键角都应该在 109.5°左右。经过现代物理实验方法证实，三个碳原子在同一平面上，如图 5-1 所示。经过计算，环丙烷分子中的碳环的键角为 105.5°，H—C—H 键角为 114°，在环丙烷分子中碳原子究竟是以怎样的杂化方式成键的呢？一般认为碳原子在环丙烷中都是成 sp^3 杂化轨道的，它们的对称轴不可能在同一条直线上，而是以弯曲方向重叠，结果是重叠较少，分子稳定性就差，如图 5-1 所示。环丙烷碳原子虽然也是 sp^3 杂化，但 C—C—C 的键角都是 105.5°。此时分子内部产生一种试图恢复正常 sp^3 杂化的 C—C—C 键角 109.5°的张力，这种张力称为“角张力”。角张力使环丙烷的内能升高，分子稳定性变差，容易开环。此外，环丙烷 C—C 键轨道向外弯曲，不可能“头对头”重叠，只能倾斜重叠，交盖面面积较小，有点类似于烯烃的 π 键，给亲电试剂的进攻创造了更大的空间，所以可以发生类似于烯烃的亲电加成反应。

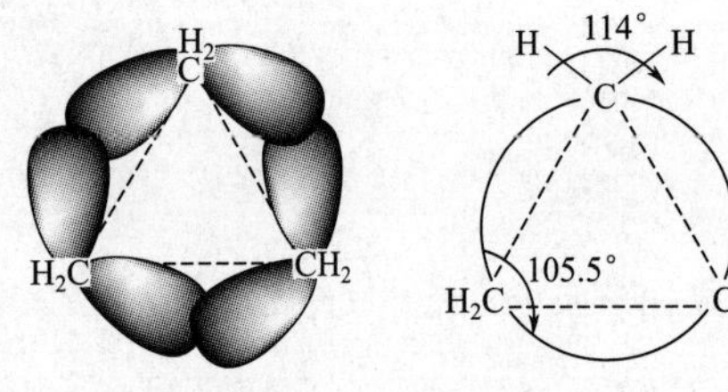

图 5-1　环丙烷结构

5.3.3 环丁烷和环戊烷的结构

与环丙烷相似，环丁烷分子中也存在着张力，但比环丙烷的小。随着成环原子数目的增加，角张力逐渐减小。环丁烷分子中四个碳原子不在同一平面上（见图 5-2）。根据结晶学

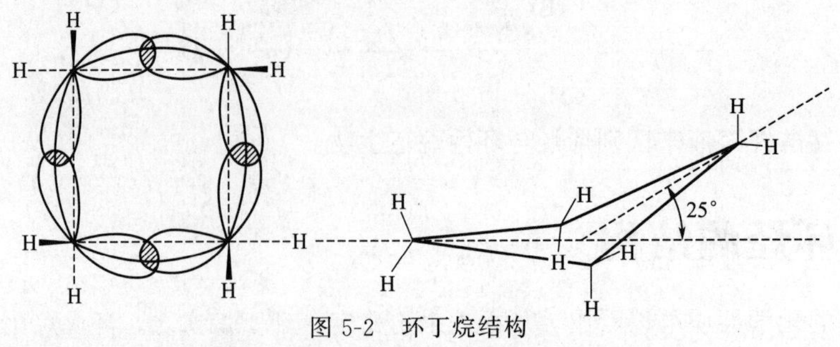

图 5-2　环丁烷结构

和光谱学的证明，环丁烷是以折叠状构象存在的，这种非平面型结构可以减少 C—H 的重叠，使扭转张力减小。环丁烷分子中 C—C—C 键角为 111.5°，角张力也比环丙烷的小，所以环丁烷比环丙烷要稳定些。总张力能为 108kJ/mol。

环戊烷分子中，C—C—C 夹角为 108°，接近 sp^3 杂化轨道间夹角 109.5°，环张力甚微，是比较稳定的环。但若环为平面结构，则其 C－H 键都相互重叠，会有较大的扭转张力，所以，环戊烷是以折叠式构象存在的，为非平面结构，其中有四个碳原子在同一平面，另外一个碳原子在这个平面之外，呈信封式结构（见图 5-3）。这种构象的张力很小，总张力能 25kJ/mol，扭转张力在 2.5kJ/mol 以下，因此，环戊烷的化学性质稳定。

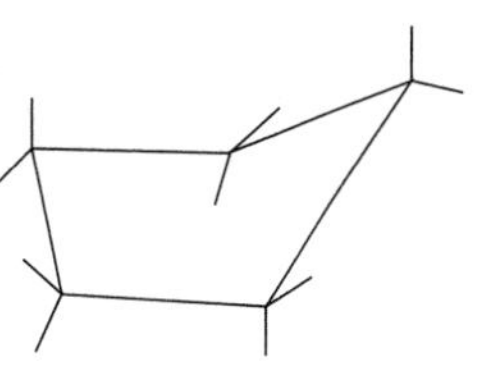

图 5-3　环戊烷结构

5.4　环己烷的构象

在环己烷分子中，六个碳原子不在同一平面内，碳碳键之间的夹角可以保持 109.5°，环没有张力，因此环很稳定。

5.4.1　两种极限构象——椅式和船式

环己烷有两种极限构象：椅式和船式，椅式稳定性大于船式。

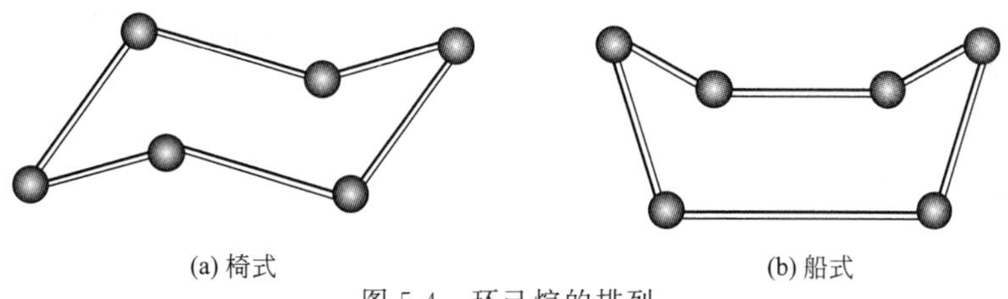

图 5-4　环己烷的排列

① 椅式构象稳定的原因：相邻碳原子上的 C—H 键全部为交叉式，空间位阻较小。

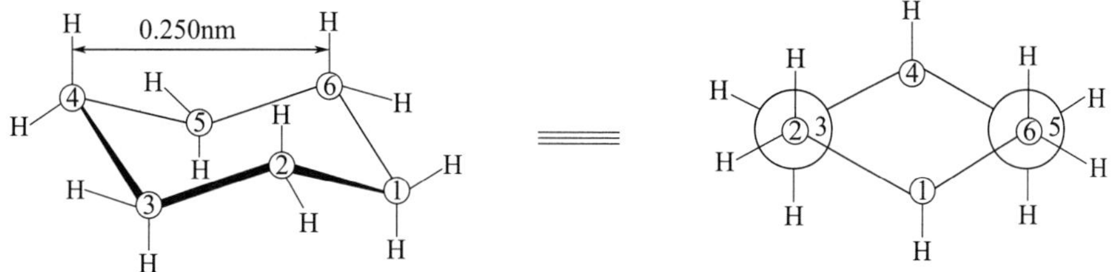

② 船式构象不稳定的原因：相邻碳原子上的 C—H 键全部为重叠式，空间位阻较大。

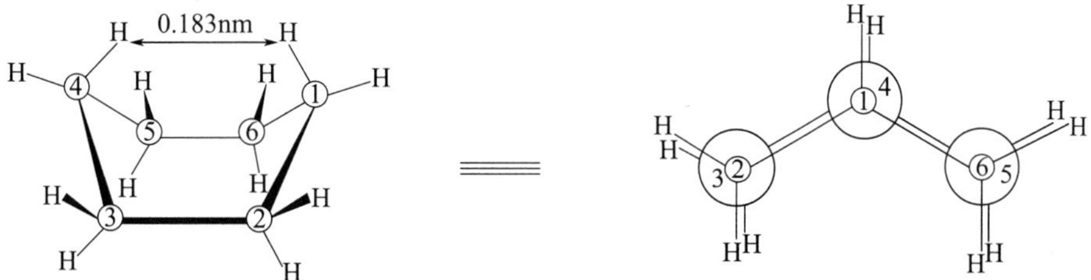

5.4.2　平伏键（*e* 键）与直立键（*a* 键）

在椅式构象中 C—H 键分为两类。第一类六个 C—H 键与分子的对称轴平行，叫作直

立键或 a 键（其中三个向环平面上方伸展，另外三个向换环平面下方伸展）；第二类六个 C—H 键与直立键形成接近 109.5°的夹角，平伏着向环外伸展，叫作平伏键或 e 键。

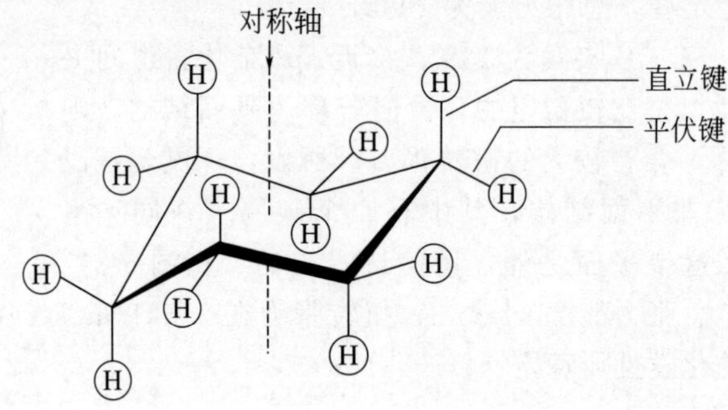

在室温时，环己烷的椅式构象可通过 C—C 键的转动（而不经过碳碳键的断裂），由一种椅式构象变为另一种椅式构象，在互相转变中，原来的 a 键变成了 e 键，而原来的 e 键变成了 a 键。

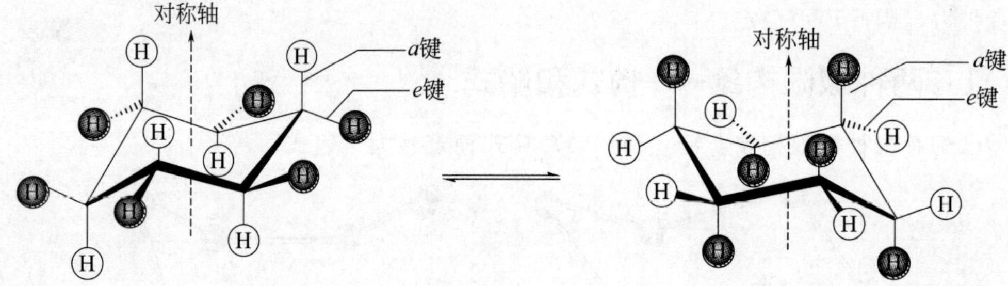

当六个碳原子上连的都是氢时，两种构象是同一构象。连有不同基团时，则构象不同。

5.4.3 取代环己烷的构象

5.4.3.1 一元取代环己烷的构象 一元取代环己烷中，取代基可占据 a 键，也可占据 e 键，但占据 e 键的构象更稳定。

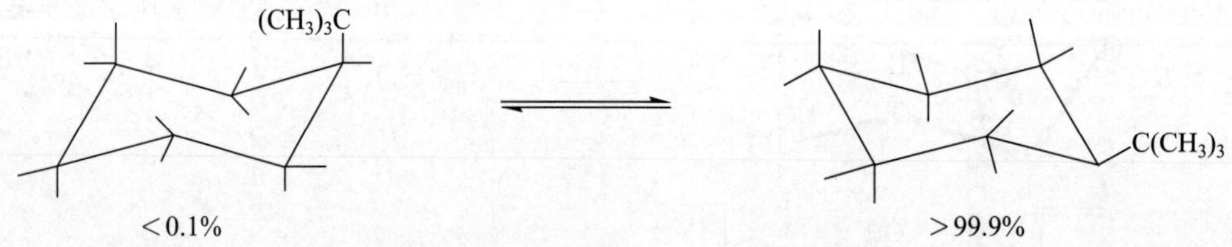

从下图中原子在空间的距离数据可清楚看出，a 键取代基与同方向的 a 键 α-H 距离较近。取代基越大 e 键型构象为主的趋势越明显。

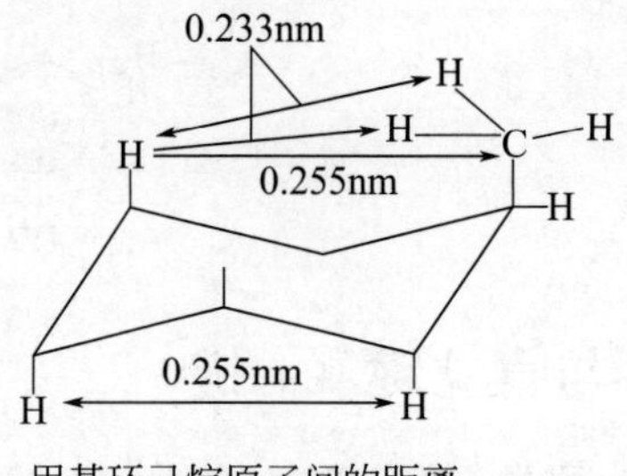

甲基环己烷原子间的距离

5.4.3.2　二元取代环己烷的构象

（1）1,2-二取代

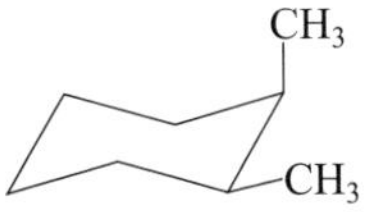

顺式　　只能是a,e构象

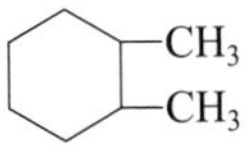

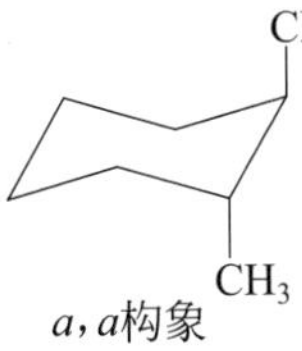

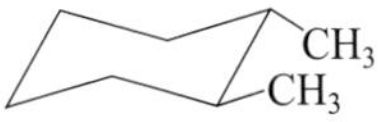

反式　　a,a构象　　e,e构象(优势构象)

（2）1,3-二取代

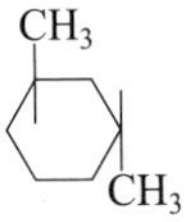

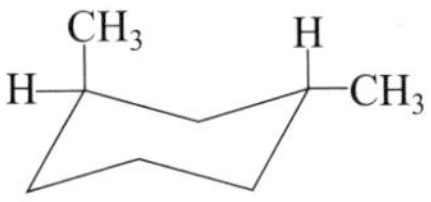

反式　　只能是e,a构象

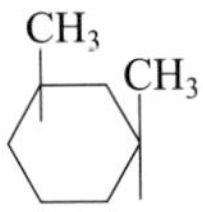

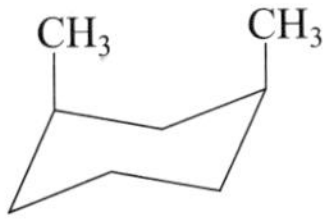

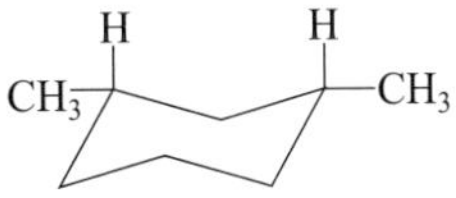

顺式　　a,a构象　　e,e构象(优势构象)

其他二元、三元等取代环己烷的稳定构象，可用上述方法得知。

综上所述，环己烷有两种极限构象（椅式和船式），椅式为优势构象。在椅式构象中，e 键要比 a 键稳定。因此，大基团处在 e 键要比处在 a 键上的构象稳定，e 键上取代基越多越稳定。

5.5　脂环烃的制备

5.5.1　分子内的偶联（小环的合成）

5.5.1.1　分子内的烷基化

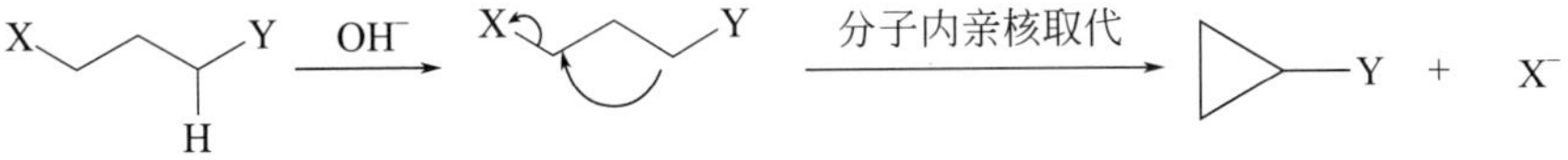

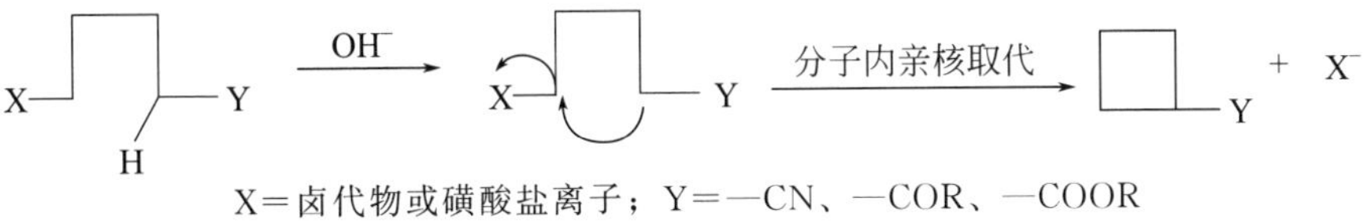

X＝卤代物或磺酸盐离子；Y＝—CN、—COR、—COOR

5.5.1.2　武慈型环合成法

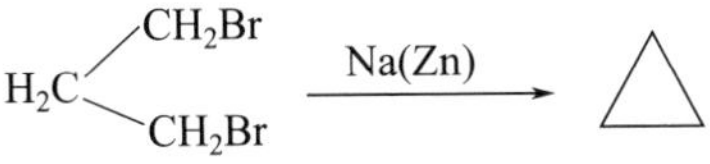

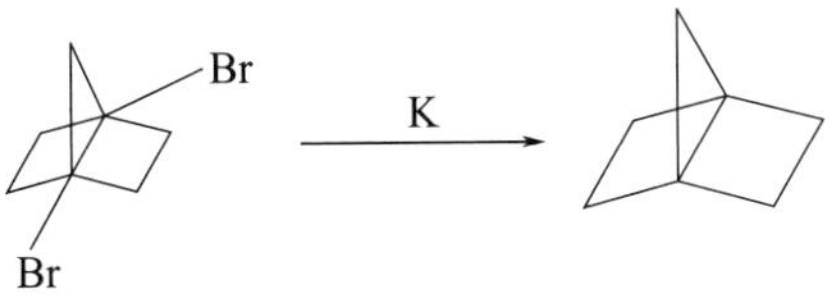

$$H_2C(CH_2Br)_2 \xrightarrow{Na(Zn)} \triangle$$

5.5.2 双烯合成反应

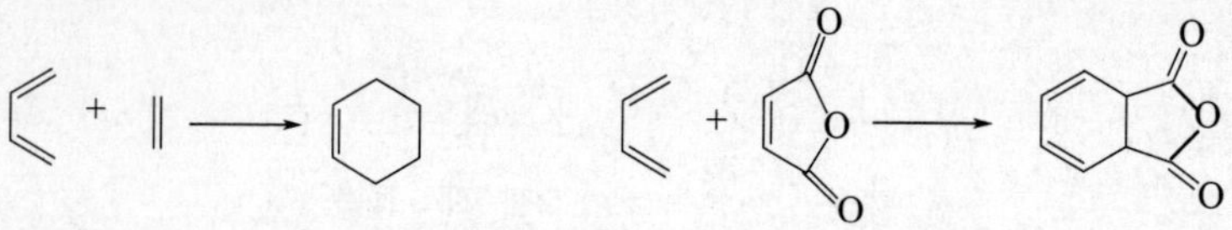

90%

双烯合成是合成六元环的一种有效的方法：

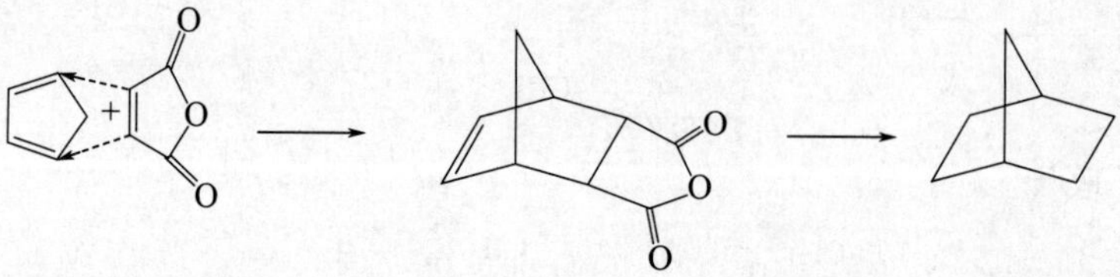

双烯合成之所以重要，还由于它的立体专一性。所谓立体专一性是指那些立体异构体不同的起始原料，反应后分别得到立体异构不同的产物，这样就能够有计划地控制反应产物。

5.5.3 卡宾合成法

$$CH_2N_2 \xrightarrow{\text{光或热}} :CH_2 + N_2$$

卡宾对烯的加成如下：

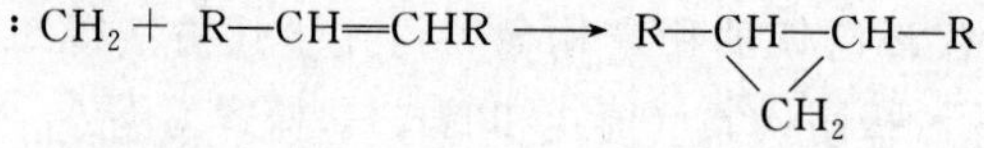

$$:CH_2 + R—CH═CHR \longrightarrow R—CH—CH—R \text{（}CH_2\text{桥连）}$$

5.5.4 脂环烃之间的转化

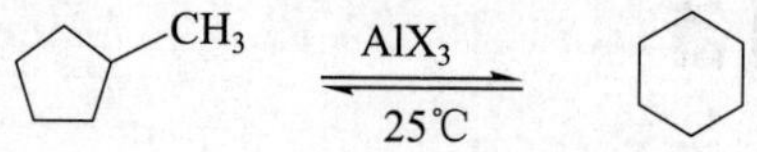

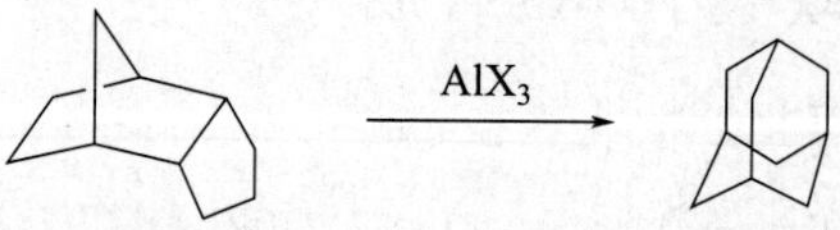

$$\text{甲基环戊烷} \underset{25℃}{\overset{AlX_3}{\rightleftharpoons}} \text{环己烷}$$

$\xrightarrow{AlX_3}$

四氢化双环戊乙烯　　金刚烷

5.5.5 其他

5.5.5.1 付-克酰基化

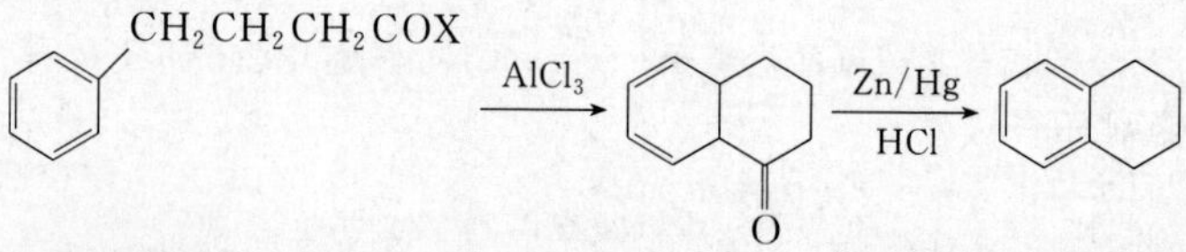

$CH_2CH_2CH_2COX$ $\xrightarrow{AlCl_3}$ $\xrightarrow[HCl]{Zn/Hg}$

5.5.5.2 芳烃的还原

$\xrightarrow{H_2/Pt}$

$\xrightarrow{H_2/Pt}$

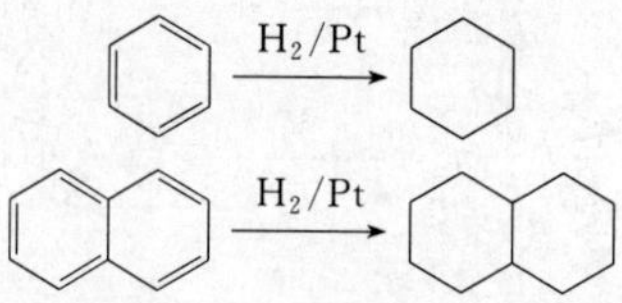

习　　题

1. 命名下列化合物。

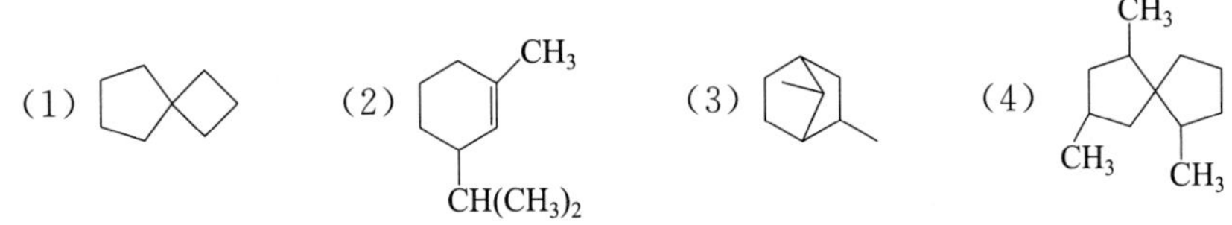

2. 写出下列化合物最稳定构象。

(1) 甲基环己烷　　　　(2) 顺-1,2-二甲基环己烷

(3) 顺-1-甲基-2-异丙基环己烷　　　　(4) 反-1-甲基-3-叔丁基环己烷

3. 写出下列反应的主要产物。

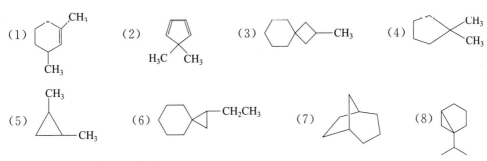

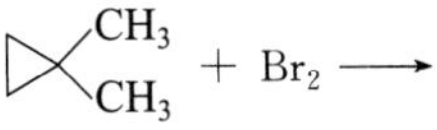

$$\text{(1,1-二甲基环丙烷)} + Br_2 \longrightarrow$$

4. 写出分子式为 C_5H_{10} 的所有异构体，并命名。

5. 命名下列化合物。

(1) 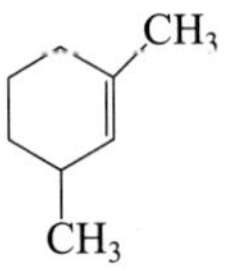　CH_3，CH_3　　(2) 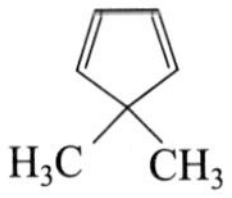　H_3C　CH_3　　(3)　$-CH_3$ 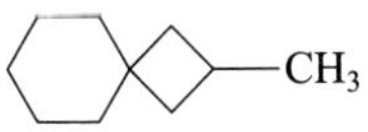　　(4) 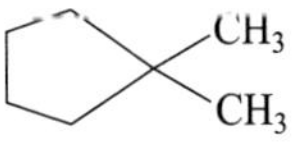　CH_3，CH_3

(5) 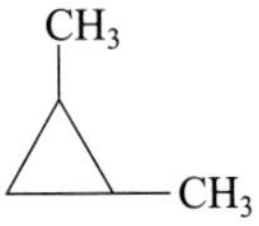　CH_3，CH_3　　(6) 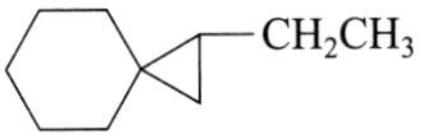　$-CH_2CH_3$　　(7) 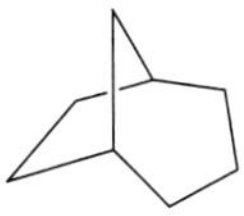　　(8)

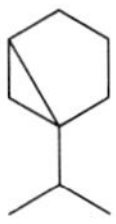

6. 写出下列化合物的结构。

(1) 1,1-二甲基环己烷　　(2) 叔丁基环己烷　　(3) 3-甲基-1,4-环己二烯

(4) 3-甲基双环［4.4.0］癸烷　　(5) 双环［3.2.1］辛烷

(6) 2-甲基-9-乙基螺［4.5］-6-癸烯

7. 下列取代环己烷的构象中，哪一个为最优构象？为什么？

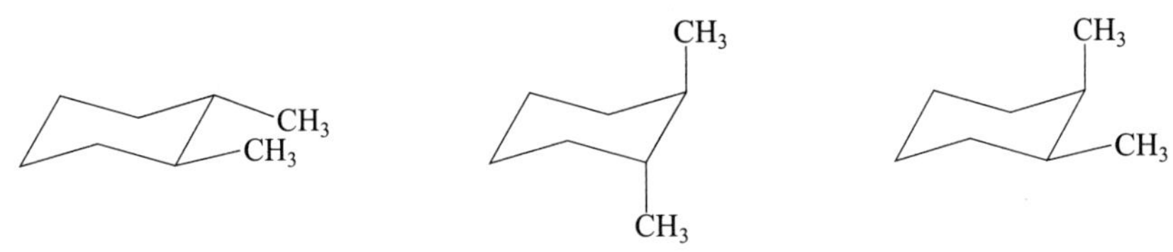

8. 完成下列反应。

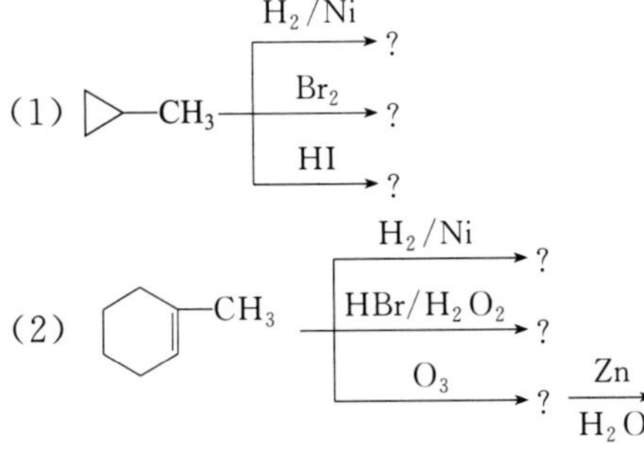

(3) $\square$—$CH{=}CH_2$ $\xrightarrow[H^+]{KMnO_4}$

(4) (环己烯) + Br_2 $\xrightarrow{300℃}$

(5) (环戊二烯) —— $\xrightarrow{CH_2{=}CHCN}$

$\xrightarrow{CH_2{=}CHCOOCH_3}$

9．试用简单的化学方法区别环丙烷、丙烷和丙烯。

6 芳烃

教学目标及要求

1. 熟悉苯的结构（闭环共轭体系），分子轨道理论的解释；

2. 熟悉苯的化学性质，苯环上的亲电取代反应（卤代、硝化、磺化、烷基化及酰基化）及侧链反应（侧链氧化、侧链卤化）；

3. 理解亲电取代历程；

4. 理解苯环上取代反应的定位规律；

5. 了解多环芳烃和稠环芳烃（萘、蒽、菲）的性质。

重点与难点

1. 苯分子结构、苯环上取代反应的历程、定位规律；

2. 苯的结构、苯环上取代反应的定位规律。

芳烃，也叫芳香烃，一般是指分子中含苯环结构的烃类化合物。苯是芳香族化合物的母体。芳烃最初是指从天然树脂（香精油）中提取的、具有芳香气的物质，现在芳烃的概念是指具有芳香性的一类环状化合物，它们不一定具有香味，也不一定含有苯环结构。芳香烃具有的特征性质称为芳香性（易取代，难加成，难氧化）。芳烃按其结构（是否有苯环及苯环的多少和连接方式）可分类如下：

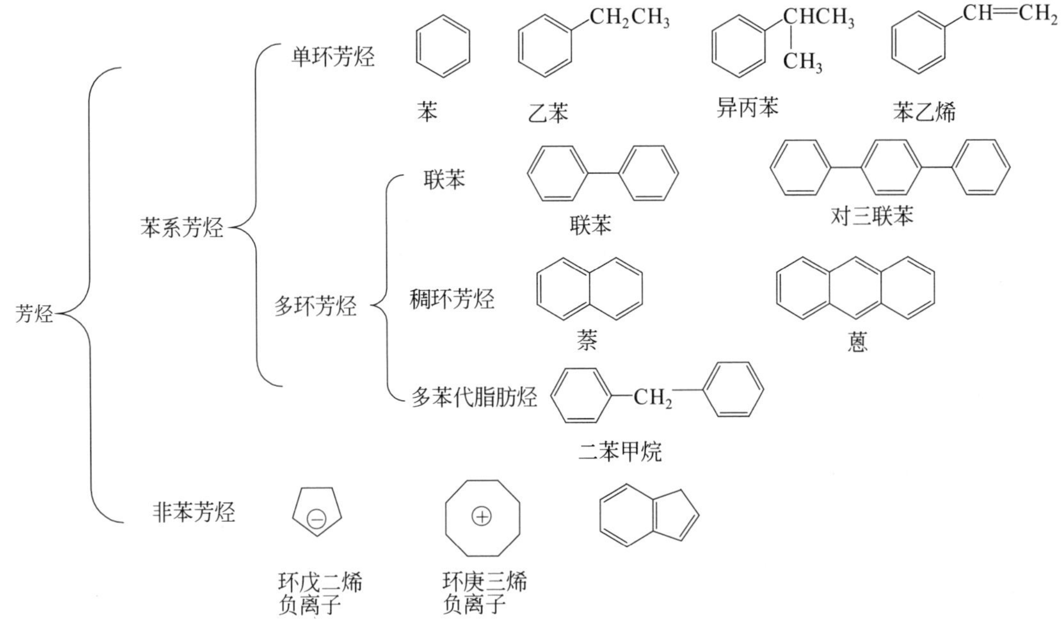

6.1 苯的结构

6.1.1 苯的凯库勒式

1865 年凯库勒从苯的分子式 C_6H_6 出发，根据苯的一元取代物只有一种，说明六个碳原子和六个氢原子所处的化学环境相同，提出了苯的环状构造式。

可以简写为

6.1.2 苯分子结构的价键观点

现代物理方法（射线法、光谱法、偶极距的测定）表明，苯分子是一个平面正六边形构型，键角都是 120°，碳碳键长都是 0.1397nm，见图 6-1。

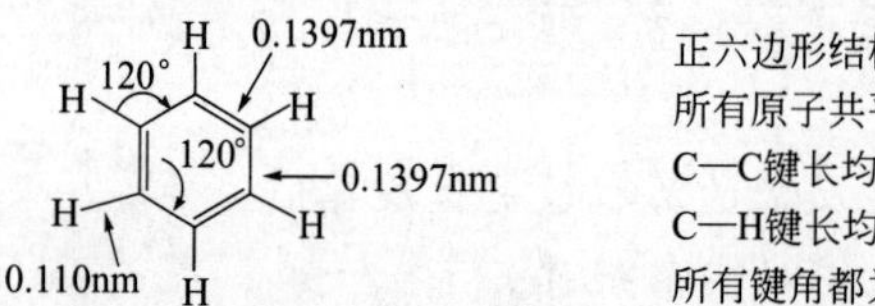

图 6-1　苯环的结构图

① 杂化轨道理论苯分子中的碳原子都是以 sp^2 杂化轨道成键的，故键角均为 120°，所有原子均在同一平面上。未参与杂化的 p 轨道都垂直于碳环平面，彼此“肩并肩”重叠，形成一个封闭的大共轭体系，由于共轭效应，π 电子高度离域，电子云完全平均化，故无单双键之分（见图 6-2）。

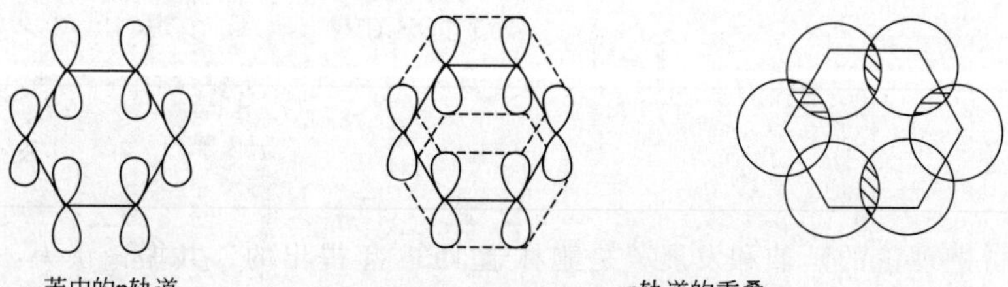

图 6-2　苯的 p 轨道及其重叠图

② 分子轨道理论分子轨道理论认为，分子中六个 p 轨道线形组合成六个 π 分子轨道，用 ψ_1、ψ_2、ψ_3、ψ_4、ψ_5、ψ_6 表示，如图 6-3 所示。其中三个成键轨道，能量比相应的原子轨道要低；三个反键轨道，能量比相应的原子轨道要高。图中虚线表示分子轨道的节面，节面越多、分子轨道的能量越高。在基态时，苯分子的六个 π 电子成对填入三个成键轨道，其能量比原子轨道低，所以体系能量较低，苯分子的结构很稳定。

苯分子的大 π 键是三个成键轨道叠加的结果，由于 π 电子都是离域的，所以碳碳键长完全相同，键长也完全相等（0.139nm），比正常的碳碳单键（0.154nm）要短，比正常的碳碳双键（0.133nm）要长。

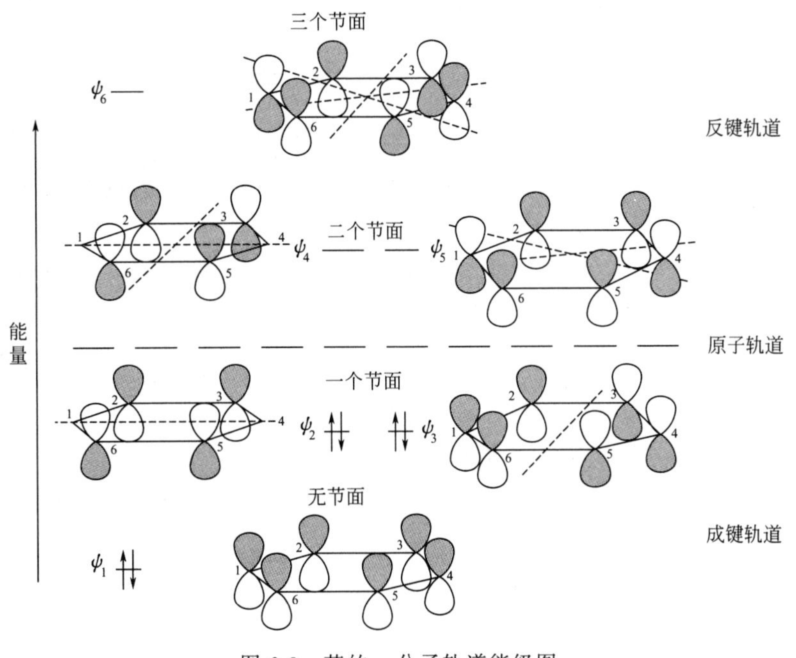

图 6-3 苯的 π 分子轨道能级图

注：虚线表示节面

6.1.3 从氢化热看苯的稳定性

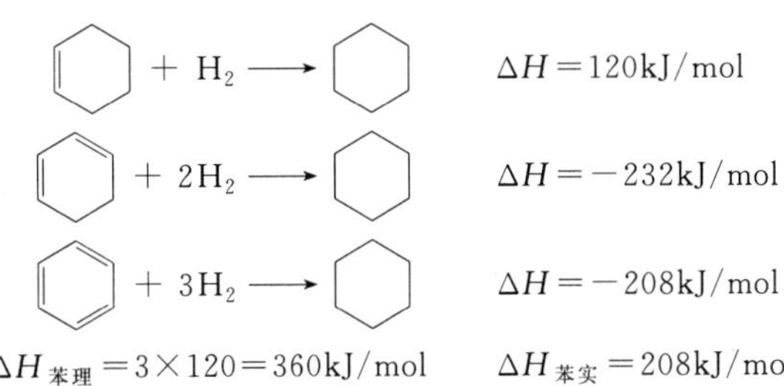

$\Delta H_{苯理}=3\times120=360kJ/mol$　　$\Delta H_{苯实}=208kJ/mol$

苯的稳定化能（离域能或共振能）=360－208=152（kJ/mol）。

6.1.4 苯的共振式和共振论的简介

共振论是价键理论的延伸和发展，是鲍林于 1931 年提出的。共振论认为：像苯这样含有大 π 键的分子结构，无法用一个经典构造式来表示，它的真实结构是若干个根据价键理论写出的可能结构叠加而得到的共振杂化体。这些可能的经典构造式叫极限构造式。任何单独一个极限构造式都不能完全正确地反映分子的真实结构，只有所有极限结构叠加而得到的共振杂化体才能更确切地反映分子的真实结构。极限构造式的叠加叫共振。用双箭头 ⟷ 表示，使用时不要与动态平衡符号 ⇌ 混淆。

6.1.4.1 共振论的基本要点

① 当一个分子、离子或自由基按照理论可以写出两个以上经典结构式时，这些经典结构式构成了一个共振杂化体，共振杂化体接近实际分子。

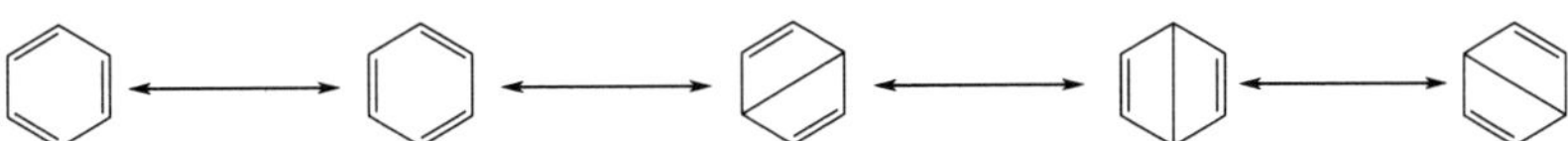

② 书写极限式时，必须严格遵守经典原子结构理论。原子核的相对位置不能改变，只允许电子排布上有所差别。

③ 分子的稳定程度可用共振能表示。衡量分子共振能高低的经验规律如下。

a. 参与共振的共价键越多则能量越低，如 C═C—C═C 的能量低于 $\overset{+}{C}$—C—C—$\overset{-}{C}$。

b. 相邻原子成键能量低，如 的能量低于 。

c. 符合电负性预计的能量低，即电负性大的带负电、电负性小的带正电，如 C═C—$\overset{+}{C}$—$\overset{-}{C}$ 的能量低于 C═C—$\overset{-}{C}$—$\overset{+}{C}$。

d. 除氢外，符合八偶体电子构型的能量低，如 C═C—C═C 的能量低于 $\overset{+}{C}$—C—C—$\overset{-}{C}$，碳正离子最外层只有 6 个电子，不符合八偶体规律。

e. 相邻原子带相同电荷的结构能量高。

苯的共振能为 150.4kJ/mol。

6.1.4.2 共振论解释苯的结构

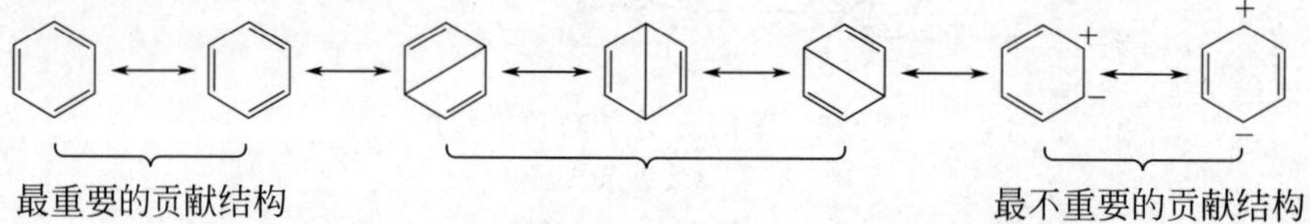

6.2 单环芳烃的异构和命名

6.2.1 单环芳烃的同分异构现象

苯是最简单的芳香烃，苯的同系物可以看作是苯环上的氢原子被烃基取代的衍生物。苯的一元取代物只有一种，没有同分异构，二元取代物有三种异构体，三元取代物有三种异构体。

① 烃基苯有烃基的异构。例如：

$CH_2CH_2CH_3$　　CH_3 | $CH—CH_3$

② 二烃基苯有三种位置异构。例如：

③ 三取代苯有三种位置异构。例如：

6.2.2 单环芳烃的命名

6.2.2.1 芳基的概念 芳烃分子去掉一个氢原子所剩下的基团称为芳基（Aryl），用 Ar 表示。重要的芳基有：

苯基苄基

6.2.2.2 一元取代苯的命名

① 当苯环上连的是烷基（R—）、—NO_2、—X 等基团时，则以苯环为母体，叫作某基苯。例如：

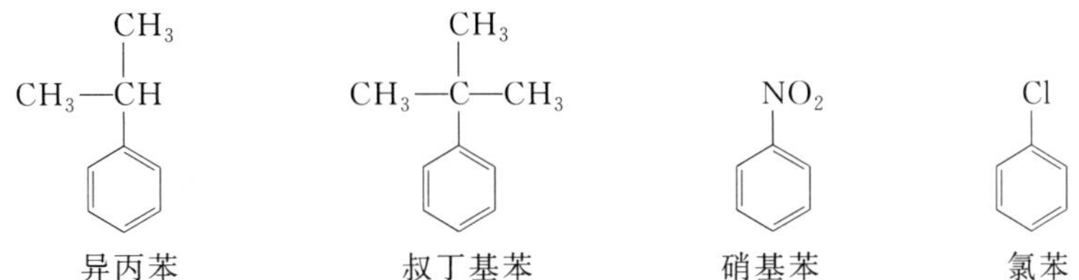

异丙苯　叔丁基苯　硝基苯　氯苯

② 当苯环上连有—COOH、—SO_3H、—NH_2、—OH、—CHO、—CH═CH_2 或 R 较复杂时，则把苯环作为取代基。例如：

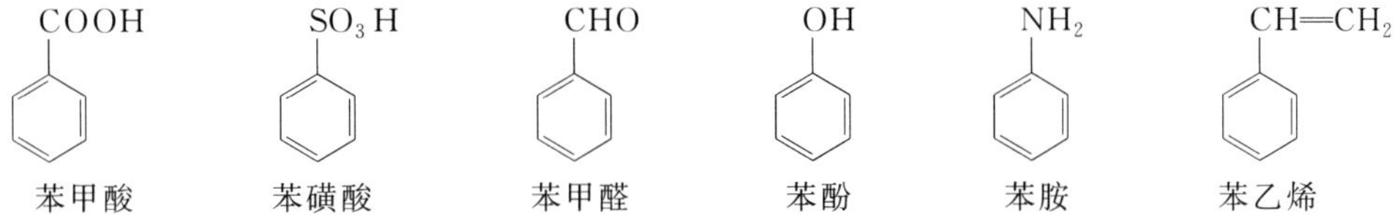

苯甲酸　苯磺酸　苯甲醛　苯酚　苯胺　苯乙烯

6.2.2.3 二元取代苯的命名 取代基的位置用邻、间、对或“1，2”“1，3”“1，4”表示。例如：

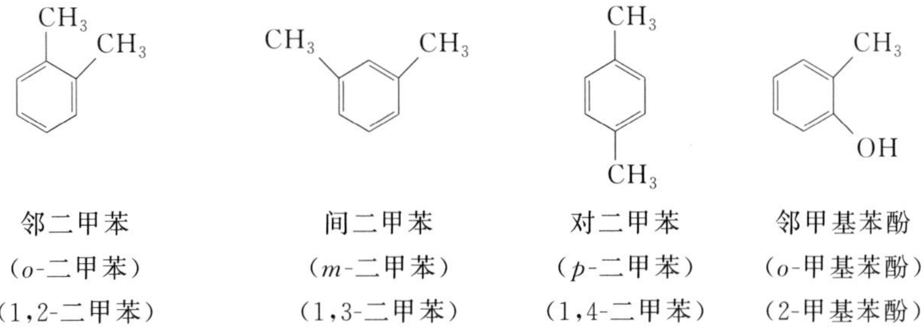

邻二甲苯（*o*-二甲苯）（1,2-二甲苯）　间二甲苯（*m*-二甲苯）（1,3-二甲苯）　对二甲苯（*p*-二甲苯）（1,4-二甲苯）　邻甲基苯酚（*o*-甲基苯酚）（2-甲基苯酚）

6.2.2.4 多取代苯的命名

① 取代基的位置用邻、间、对或 2，3，4……表示。

② 母体选择原则。按以下排列次序，排在后面的为母体，排在前面的作为取代基。

选择母体的顺序如下：

—NO_2、—X、—OR（烷氧基）、—R（烷基）、—NH_2、—OH、—COR、—CHO、—CN、—$CONH_2$（酰胺）、—COX（酰卤）、—COOR（酯）、—SO_3H、—COOH、—N^+R_3 等。

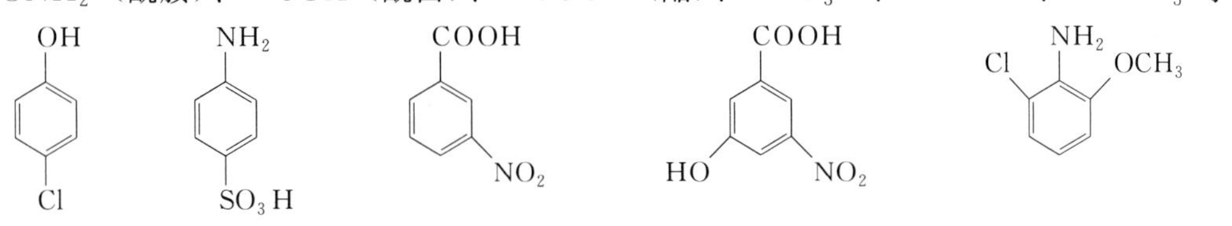

对氯苯酚　对氨基苯磺酸　间硝基苯甲酸　3-硝基-5-羟基苯甲酸　2-甲氧基-6-氯苯胺

6.3 单环芳烃的性质

6.3.1 单环芳烃的物理性质

苯及其同系物一般是无色并具有特殊芳香气味的液体，它们的蒸气有毒，密度为 0.86～0.89g/cm^3，比水轻，不溶于水，可溶于乙醇和乙醚，很易燃烧。芳烃含碳比例高，燃烧时产生浓烟。分子中存在共轭体系，因此具有较高的折射率。

在二取代苯的三种异构体中，对位异构体的对称性最大，分子排列整齐、紧密，因此熔点比其他两个异构体高。常见单环芳烃的物理性质见表 6-1。

表 6-1 常见单环芳烃的物理性质

化合物	沸点/℃	熔点/℃	密度/(g/cm^3)	折射率 n_D^{20}
苯	80.1	5.5	0.8765	1.5011
甲苯	110.6	−95.0	0.8669	1.4961
乙苯	136.2	−95.0	0.8670	1.4959
邻二甲苯	144.4	−25.2	0.8802	1.5055
间二甲苯	139.1	−47.9	0.8642	1.4972
对二甲苯	138.3	13.3	0.8611	1.4958
正丙苯	159.2	−99.5	0.8620	1.4920
异丙苯	152.4	−96.0	0.8618	1.4915
2-乙基甲苯	165.2	−80.8	0.8807	1.5046
3-乙基甲苯	161.3	−95.5	0.8645	1.4966
4-乙基甲苯	162.0	−62.3	0.8614	1.4959
1,2,3-三甲苯	176.1	−25.4	0.8944	1.5139
1,2,4-三甲苯	169.3	−43.8	0.8758	1.5139
1,3,5-三甲苯	164.7	−44.7	0.8652	1.4994
正丁苯	183.0	−83.0	0.8601	1.4898
2-丁基苯	173.0	−75.5	0.8621	1.4902
异丁苯	172.8	−51.5	0.8532	1.4866
叔丁基苯	169.0	−57.8	0.8665	1.4927
十二烷基苯	331.0	−7.0	0.8551	1.4824
苯乙烯	145.2	−30.6	0.9060	1.5468
苯乙炔	142.1	−44.8	0.9281	1.5485

6.3.2 单环芳烃的化学性质

芳烃的化学性质主要是芳香性，即易取代、而难加成、难氧化的性质。

6.3.2.1 亲电取代反应

(1) 硝化反应 苯环上的氢原子被硝基取代的反应叫硝化反应，通常用混酸（浓硝酸和浓硫酸的混合物）作硝化剂。例如，苯和混酸作用生成硝基苯。硝基苯是一种具有苦杏仁气味的淡黄色液体，相对密度比水高，几乎不溶于水，有毒，能与血液中的血红素作用，主要用于制造苯胺。如果提高反应温度并用发烟硝酸和浓硫酸作硝化剂，则生成间二硝基苯。烷基苯比苯易硝化。

苯 + 浓 HNO_3 $\xrightarrow[55\sim60℃]{浓\ H_2SO_4}$ 硝基苯

硝基苯 $\xrightarrow[浓\ H_2SO_4/95℃]{发烟\ HNO_3}$ 间二硝基苯 $\xrightarrow[发烟\ H_2SO_4]{发烟\ HNO_3/110℃}$ 1,3,5-三硝基苯　极少量

甲苯 $\xrightarrow[30℃]{混酸}$ 邻硝基甲苯 + 对硝基甲苯 $\xrightarrow[60℃]{混酸}$ 2,4-二硝基甲苯 $\xrightarrow[110℃]{混酸}$ 2,4,6-三硝基甲苯

(2) 卤代反应　苯在铁粉或三卤化铁催化下，可与氯（或溴）发生卤代反应，到氯苯（或溴苯），同时放出卤化氢。

卤代反应中，卤素活性为 $F_2>Cl_2>Br_2>I_2$。氟代反应不易控制，碘代反应可逆，因此，常见反应是 Cl_2 或 Br_2 取代。

苯 $\xrightarrow[55\sim60℃]{Fe或FeCl_3}$ 苯—Cl + HCl

苯 $\xrightarrow[55\sim60℃]{Fe或FeBr_3}$ 苯—Br + HBr

苯 $\xrightarrow[\triangle]{Fe或FeCl_3}$ Cl—苯—Cl (40%) + 邻二氯苯 (50%) + 2HCl

侧链芳烃的卤代反应，条件不同，产物也不同，这是由于两者反应历程不同，光照卤代为自由基历程。侧链较长的芳烃光照卤代主要发生在 α 碳原子上。例如：

C_6H_5—CH_2CH_3 $\xrightarrow{Cl_2/光}$ C_6H_5—$CHClCH_3$ (91%) + C_6H_5—CH_2CH_2Cl (9%)

C_6H_5—CH_2CH_3 $\xrightarrow{Br_2/光}$ C_6H_5—$CHBrCH_3$ (100%)

C_6H_5—$CH_2CH_2CH(CH_3)CH_3$ $\xrightarrow{Br_2/光}$ C_6H_5—$CHBrCH_2CH(CH_3)CH_3$

（3）磺化反应　苯与浓硫酸共热或与发烟硫酸作用，苯环上的氢原子被磺基（$-SO_3H$）取代，生成苯磺酸，这一反应叫作磺化反应。若提高温度继续反应，则生成间苯二磺酸。

$$C_6H_6 \underset{180℃}{\overset{浓\ H_2SO_4}{\rightleftharpoons}} C_6H_5-SO_3H$$

$$C_6H_6 \underset{30\sim50℃}{\overset{H_2SO_4,\ SO_3}{\rightleftharpoons}} C_6H_5-SO_3H$$

该反应属于可逆反应，生成的水使 H_2SO_4 变稀，磺化速率变慢，水解速率加快，故常用发烟硫酸进行磺化，以减少逆反应的发生。烷基苯比苯易磺化。

$$CH_3-C_6H_5 \xrightarrow{浓\ H_2SO_4} \text{邻-}CH_3C_6H_4SO_3H + CH_3-C_6H_4-SO_3H\ (\text{对位})$$

反应温度	产物比例	
0℃	43%	53%
25℃	32%	62%
100℃	13%	79%

磺化反应是可逆的，苯磺酸与稀硫酸共热时可水解脱下磺酸基。

$$C_6H_5-SO_3H \xrightarrow[180℃]{稀\ H_2SO_4} C_6H_6$$

此反应常用于有机合成上控制环上某一位置不被其他基团取代，或用于化合物的分离和提纯。

（4）付瑞德-克拉夫茨（C. Friede-J. M. Crafts）反应　1877 年法国化学家傅瑞德和美国化学家克拉夫茨发现了制备烷基苯和芳酮的反应，简称为傅-克反应。前者叫傅-克烷基化反应，后者叫傅-克酰基化反应。

① 烷基化反应。苯与烷基化试剂在路易斯酸的催化下生成烷基苯的反应称为傅-克烷基化反应。常用的催化剂是无水 $AlCl_3$，此外 $FeCl_3$、BF_3、无水 HF、$SnCl_4$、$ZnCl_2$、H_3PO_4、H_2SO_4 等都有催化作用。常用的烷基化试剂有卤代烷、烯烃、醇和环氧乙烷。烷基化反应是在芳环上引入烷基的重要方法。

$$C_6H_6 \xrightarrow[AlCl_3]{CH_3CH_2Br} C_6H_5-CH_2CH_3$$

当引入的烷基为三个碳以上时，引入的烷基会发生碳链异构现象，原因是反应中的活性中间体碳正离子发生重排，产生更稳定的碳正离子后，再进攻苯环形成产物。例如：

$$C_6H_6 \xrightarrow[AlCl_3]{CH_3CH_2CH_2Cl} \underset{35\%}{C_6H_5-CH_2CH_2CH_3} + \underset{65\%}{C_6H_5-CH(CH_3)CH_3}$$

烷基化反应的特点：

a. 亲电试剂是碳正离子，要重排，不能得到直链的烷基化产物；

b. 不易停留在一元阶段，通常在反应中有多烷基苯生成；

c. 苯环上含有比卤素强的吸电子基（如：$-NO_2$、$-SO_3H$、$-COOH$、$-COR$ 等）

时，烷基化反应不发生；

d. 卤代烃的活性为：RF＞RCl＞RBr＞RI（芳卤代烃和烯炔卤代烃不能反应）；

e. 苯环上连有—NH_2 及—OH 等基团时，它们与 $AlCl_3$ 络合，影响反应的进行。

② 酰基化反应。常用的酰基化试剂有酰卤和酸酐。酰基化反应是合成芳香酮的重要方法。

$$C_6H_6 \xrightarrow[AlCl_3]{CH_3COCl} C_6H_5-\overset{\overset{O}{\|}}{C}CH_3$$

$$CH_3-C_6H_5 \xrightarrow[AlCl_3]{(CH_3CO)_2O} CH_3-C_6H_4-\overset{\overset{O}{\|}}{C}CH_3$$

酰基化反应的特点：

a. 亲电试剂是羰基碳正离子，不重排，得到羰基化产物；

b. 不发生多羰基化反应；

c. 苯环上含有比卤素强的吸电子基（如：—NO_2、—SO_3H、—COOH、—COR 等）时，酰基化反应不发生；

d. 酰基化试剂的活性为：RCOX＞$(RCO)_2O$＞RCOOH；

e. 苯环上连有—NH_2 及—OH 等基团时，它们与 $AlCl_3$ 络合，影响反应的进行。

f. 产物纯、产量高。

（5）氯甲基化　氯甲基化是指在无水氯化锌存在下，芳烃与甲醛（通常用三聚甲醛代替）及氯化氢作用，生成苄氯的反应，也属于烷基化反应。

$$C_6H_6 + HCHO \xrightarrow{ZnCl/HCl} C_6H_5-CH_2Cl$$

6.3.2.2　苯环的亲电取代反应历程　苯及其同系物在进行卤代、硝化、磺化和傅-克反应时，所用的试剂、催化剂和产物虽然各不相同，但都有一个共同的特点，就是苯环上的一个氢原子被试剂中带有正电荷的部分所取代。

从苯的结构可以知道，苯环碳原子所在平面的上下方，分布着两个“救生圈”形的 π 电子云，它容易接受亲电试剂（E^+）的进攻。这种亲电性进攻类似烯烃亲电加成中的第一步，不过紧接着不是负离子进攻苯环，而是苯上脱去质子（H^+）而形成取代产物。亲电取代历程如下：

① 亲电试剂本身在催化剂作用下解离出亲电的正离子 E^+。

② 亲电试剂 E^+ 进攻苯环，很快和苯环上的 π 电子形成 π 配合物。此时，无新键形成，π 配合物仍保持苯环结构，在一般情况不能单独分离出来。

③ E^+ 进一步从苯环的大 π 体系中获得两个电子，与苯环上的一个碳原子形成 σ 键，称为 σ 配合物，它是真实存在的活性中间体。在 σ 配合物中，和亲电试剂相连的碳原子，由原来的 sp^2 杂化变为 sp^3 杂化，所以 σ 配合物是 4 个电子共用 5 个 p 轨道的正离子中间体。在结构式中可用虚线部分表示五个碳组成一个共轭体系，正电荷分散在 5 个碳原子中间，而不是集中在某一个碳原子上。这是决定反应速率的关键步骤。

④ σ 配合物的能量比苯高，不稳定，很容易失去一个质子，恢复苯环的稳定结构，生成取代苯。

苯亲电取代反应进程能量变化见图 6-4。

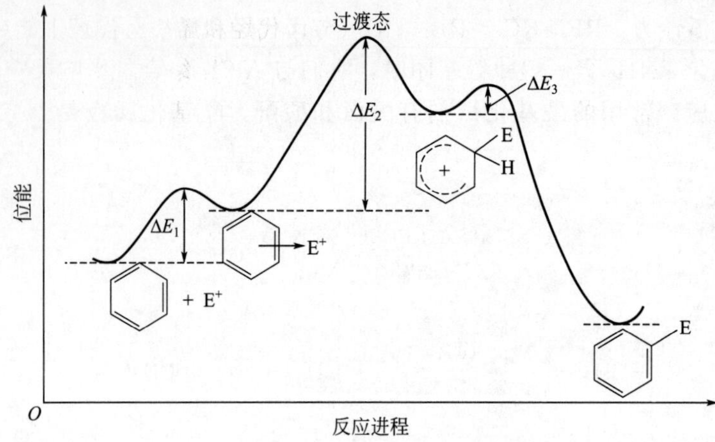

图 6-4　苯亲电取代反应进程能量变化

总历程可以表示如下：

$$+ E^+ \longrightarrow \quad E^+ \longrightarrow \quad \overset{H}{} E \xrightarrow{H^+} \quad E$$

p配合物　　　　s配合物

6.3.2.3　苯环的加成反应　苯环易发生取代反应，难发生加成反应，但并不是不能发生加成反应，在特定条件下，也能发生某些加成反应。

$$\xrightarrow[180\sim250℃]{H_2/Ni}$$

$$\xrightarrow[50℃]{Cl_2/光}$$ H　Cl　H　Cl　Cl　H　H　Cl　H　Cl　H　Cl

六六六对人畜有害，
世界禁用，
我国从 1983 年开始禁用。

6.3.2.4　芳烃侧链的 α-H 反应

(1) 芳烃侧链的氧化反应　苯环一般不易氧化，但有 α-H 的烷基苯的烷基比苯环容易氧化，在强氧化剂如高锰酸钾、重铬酸钾硫酸、硝酸、三氧化铬乙酸氧化下，或者用空气催化氧化时，不论烷基的碳链多长，产物都是苯甲酸。苯环上若有长短不等的侧链，长侧链(尤其是带支链者) 先被氧化。当与苯环相连的侧链无 α-H 时，该侧链不能被氧化。这一反应除用来合成芳香酸外，可用于烷基苯的烷基数目、位置的鉴定。

$$—CH_2CH_3 \xrightarrow{KMnO_4/H^+} —COOH$$

$$—\underset{\large CH_3}{CHCH_3} \xrightarrow{KMnO_4/H^+} —COOH$$

$$—CH_2CH_2CH_2CH_3 \xrightarrow{KMnO_4/H^+} —COOH$$

$$(CH_3)_3C— —CH_2CH_3 \xrightarrow{KMnO_4/H^+} (CH_3)_3C— —COOH$$

若两个烃基处在邻位，氧化的最后产物是酸酐。

$$\text{邻二乙苯} \xrightarrow[350\sim450℃]{O_2, V_2O_5} \text{邻苯二甲酸酐}$$

苯环一般不易氧化，但在特特殊条件下，也能发生氧化反应。

$$\text{苯} \xrightarrow[450\sim500℃]{O_2/V_2O_5} \text{顺丁烯二酸酐} + CO_2 + H_2O$$

(2) 芳烃侧链 α-H 取代反应　在较高温度、过氧化物或光照射下，烷基苯可与卤素发生取代反应，但取代的并不是苯环上的 H，而是 α-H。此反应与甲烷的氯化相似，烷基苯的 α-H 取代反应也是按游离基反应历程进行的。

$$C_6H_5-CH_3 + Cl_2 \xrightarrow{\text{光}} C_6H_5-CH_2Cl$$

6.4　苯环的亲电取代定位效应

一取代苯有两个邻位、两个间位和一个对位，在发生一元亲电取代反应时，都可接受亲电试剂进攻，如果取代基对反应没有影响，则生成物中邻、间、对位产物的比例应为 2∶2∶1。但从前面的性质讨论可知，原有取代基不同，发生亲电取代反应的难易就不同，第二个取代基进入苯环的相对位置也不同。

$$\text{苯} \xrightarrow[60℃]{\text{混酸}} C_6H_5NO_2 \xrightarrow[95℃]{\text{发烟 }NO_3+H_2SO_4} \text{间二硝基苯}\ (95\%)$$

硝基苯的硝化比苯困难，新引入的取代基主要进入原取代基的间位。

$$C_6H_5CH_3 \xrightarrow[30℃]{\text{混酸}} \text{邻硝基甲苯}\ (57\%) + CH_3-C_6H_4-NO_2\ (40\%)$$

甲苯的硝化比苯容易，新引入的取代基主要进入原取代基的邻、对位。

可见，苯环上原有取代基决定了第二个取代基进入苯环的位置，也影响着亲电取代反应的难易程度。把原有取代基决定新引入取代基进入苯环位置的作用称为取代基的定位效应。

6.4.1　定位规律

当一元取代苯 PhX 再引进一个取代基（Y）时，从结构上看可以进入原取代基的邻位、间位和对位三个不同的位置。如果环上 5 个 H 被取代的机会等同，从统计学的观点看，生成的三种异构体的比例应该是邻位：间位：对位＝40％（2/5）：40％（2/5）：20％（1/5）。但实际上，这三个位置被取代的概率并不均等。第二个取代基进入苯环的位置主要由苯环上原有的取代基的性质来决定，原有的取代基称为定位基。根据原有取代基对苯环亲电取代反应的影响——即新引入取代基导入的位置和反应的难易，取代基分为三类定位基。

6.4.1.1　第一类定位基（邻、对位定位基，给电子基，活化苯环）　这类定位基使新引入的取代基主要进入原基团邻位和对位（邻对位产物之和大于 60％），使取代反应比苯易进行。

A 为给电子基

定位能力次序大致为（从强到弱）：

$-\bar{O}$，$-NR_2$，—NHR，$-NH_2$，—OH，—OR，—NHCOR，—OCOR，—R，$-CH_3$

CH_3 苯 $\xrightarrow[30℃]{混酸}$ 邻硝基甲苯 + 间硝基甲苯 + 对硝基甲苯

58%　　4%　　38%

6.4.1.2　第二类定位基（间位定位基，吸电子基，钝化苯环）　第二类定位基使新引入的取代基主要进入原基团间位（间位产物大于 50%），使取代反应比苯难进行。

B 为吸电子基

定位能力次序大致为（从强到弱）：

$-\overset{+}{N}R_3$，$-NO_2$，$-CF_3$，$-CCl_3$，—CN，$-SO_3H$，—CHO，—COR，—COOH，$-CONH_2$

NO_2 苯 $\xrightarrow[95℃]{混酸}$ 邻二硝基苯 + 间二硝基苯 + 对二硝基苯

6%　　93%　　1%

6.4.1.3　第三类定位基（邻、对位定位基，吸电子基，但使苯环略微钝化）　此类基团主要是指不饱和碳基（如：烯基、炔基、苯基等）、卤素及卤代甲基（如$-CH_2X$、$-CHX_2$、$-CX_3$ 等），使新引入的取代基主要进入原基团邻位和对位，取代反应比苯难进行。

Cl 苯 $\xrightarrow[95℃]{混酸}$ 邻硝基氯苯 + 间硝基氯苯 + 对硝基氯苯

30%　　0%　　70%

6.4.2　定位效应的解释

苯环上取代基的定位效应，可从生成的 σ 配合物的稳定性来解释。从共振论的观点来看，亲电试剂 E^+ 进攻取代基 A 的邻位，生成的碳正离子是下列三种极限结构的共振杂化体，在三种极限结构中，若 A 是给电子基，碳正离子（a）与 A 直接相连，正电荷分散较好，体系能量低，比较稳定，它在共振杂化体中的贡献也最大，使邻位取代物容易生成，三种共振杂化体稳定性顺序为（a）>（b）>（c）。若 A 是吸电子基，碳正离子（a）与 A 直接相连，正电荷更加集中，体系能量更高，更不稳定，邻位取代物不容易生成。所以，给电子基 A 是邻位定位基。

E^+ 进攻取代基 A 的邻位：(a) ⟷ (b) ⟷ (c)

亲电试剂 E^+ 进攻取代基 A 的对位时，生成的碳正离子是下列三种极限结构的共振杂化体，在三种极限结构中，若 A 是给电子基，碳正离子（b）与 A 直接相连，正电荷分散较好，体系能量低，比较稳定。它在共振杂化体中的贡献也最大，使对位取代物容易生成，三种共振杂化体稳定性顺序为（b）>（a）=（c）。若 A 是吸电子基，碳正离子（b）与 A 直接相连，正电荷更加集中，体系能量更高，更不稳定，对位取代物不容易生成。所以，给电子基 A 是对位定位基。

E^+ 进攻取代基 A 的对位：

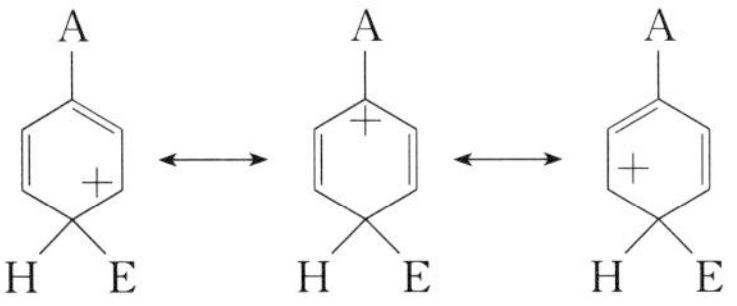

（a）　（b）　（c）

亲电试剂 E^+ 进攻取代基 A 的间位时，生成的碳正离子是下列三种极限结构的共振杂化体，在三种极限结构中，若 A 是给电子基，三种碳正离子没有与 A 直接相连的，不利于正电荷分散，体系能量较高，结构不稳定，间位取代物较难生成。若 A 是吸电子基，苯环上的共轭电子向吸电子基 A 转移，使得苯环电子云密度降低，使苯环钝化。碳正离子（c）与吸电子基 A 的空间距离达到苯环的最大值，相对来说，有利于正电荷稳定，体系能量相对较低，相对于邻、对位取代物更容易生成，三种共振杂化体稳定性顺序为（c）>（b）>（a）。所以，吸电子基 A 是间位定位基。

E^+ 进攻取代基 A 的间位：

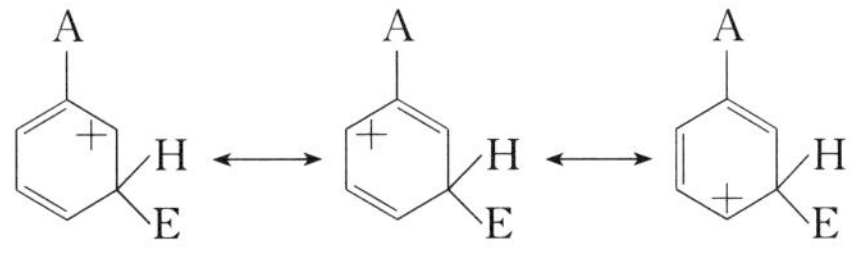

（a）　（b）　（c）

综上所述，第一类定位基是邻对位取代基，是给电子基，使苯环活化；第二类定位基是间位取代基，是吸电子基，使苯环活化。第三类定位基虽然是吸电子基，但它们都有孤对电子或 π 电子，与苯环形成大共轭体系，使体系能量降低，是邻、对位定位基（参照邻、对位取代）。

6.4.3　取代定位效应的应用

学习定位规则，不仅可以用来解释某种现象，而且更重要的是应用它来预测反应的主要产物，选择合理的合成路线，指导多官能团化合物的合成。现主要介绍二元取代苯的定位规律。

苯环上已连有两个取代基，引入第三个取代基时，有下列几种情况：

① 原有两个基团的定位效应一致，例如：

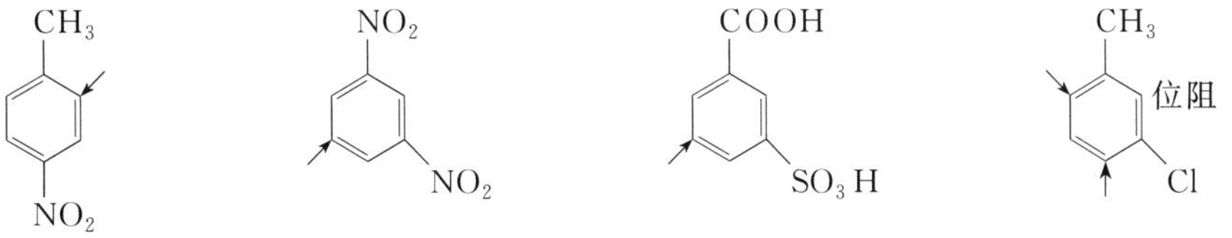

CH_3 / NO_2　　NO_2 / NO_2　　COOH / SO_3H　　CH_3 / Cl 位阻

② 原有两个取代基同类，而定位效应不一致，则主要由强定位基决定新基团的进入位置。例如：

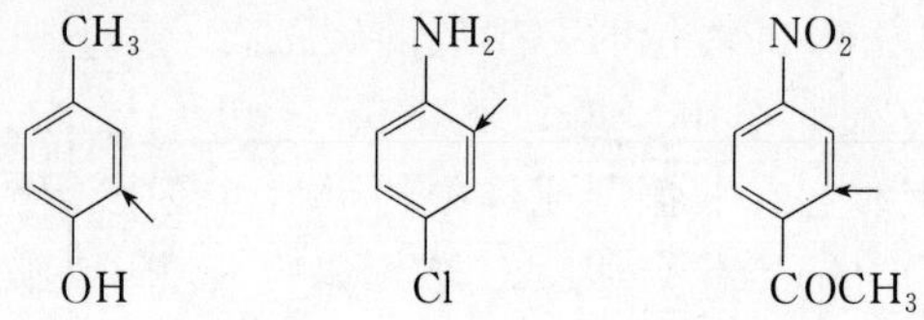

③ 原有两个取代基不同类，且定位效应不一致时，新基团的进入由邻对位定位基决定。例如：

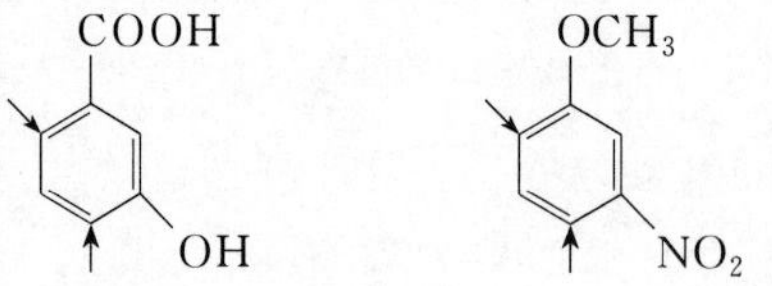

[例 1]

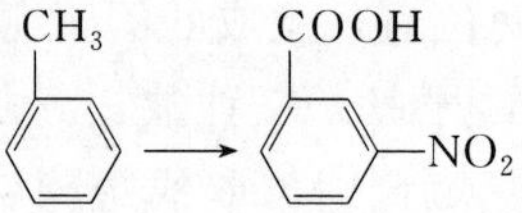

先氧化，后硝化。

[例 2] 以苯为原料，合成邻硝基氯苯及对硝基氯苯时，应先氯代，后硝化。如要合成间硝基氯苯，则应先硝化，后氯代。

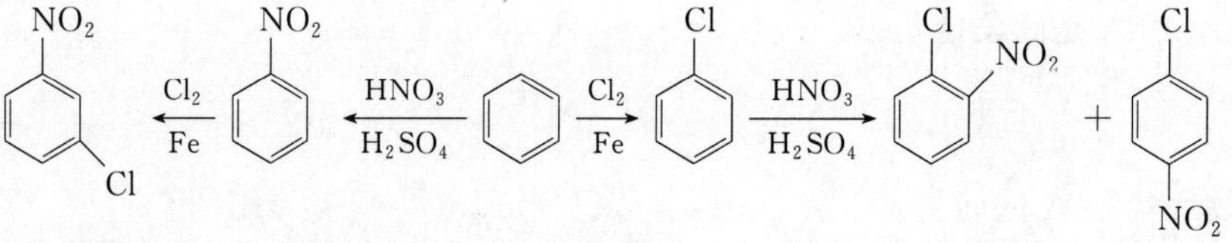

这三个产物是合成染料和农药等的原料。

[例 3] 以甲苯为原料合成 3,5-二硝基苯甲酸，应先氧化，后硝化。如要合成 2,4-二硝基苯甲酸则应先硝化，后氧化。

[例 4] 由苯合成间硝基对氯苯磺酸。

分析：苯环上有三个取代基，氯是邻对位定位基，而硝基、磺基是间位定位基。氯在硝基的邻位、磺基的对位，所以不能先硝化或磺化。而硝基（或磺基）在氯的邻位（或对位），故第一步应先氯代。

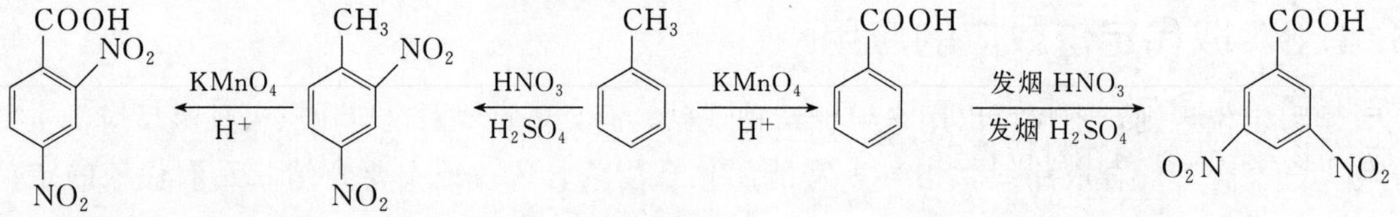

第二步是先引入硝基还是磺基呢？如先硝化，则得到邻位和对位两种异构体，这不是我们所希望的。如果先磺化，由于氯原子使苯环钝化，磺化需要在较高的温度下进行。氯苯在100℃磺化，几乎都生成对位异构体——对氯苯磺酸。故应先磺化。

第三步进行硝化，由于对氯苯磺酸中氯原子和磺基的定位方向是一致的，故硝化时，氯的对位已被磺基占领，故硝基进入氯的邻位，即得间硝基对氯苯磺酸。合成路线如下：

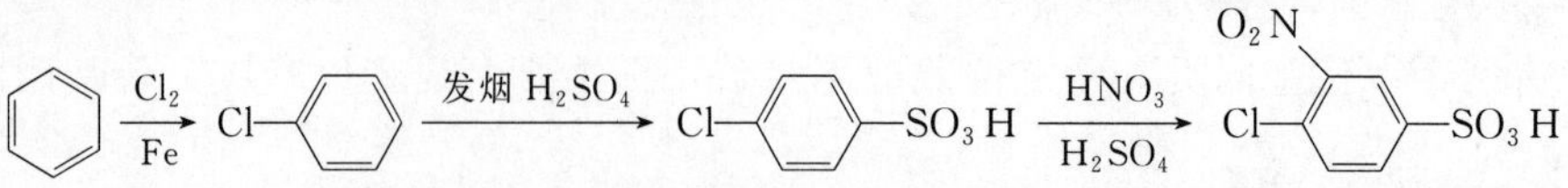

6.5 多环芳烃和稠环芳烃

6.5.1 多环芳烃

多环芳烃一般是指多个苯环通过单键直接相连，或通过碳链相连的化合物，如联苯、三联苯、三苯甲烷、二苯甲酮等。它们的化学性质和取代苯的化学性质一致。例如：联苯就是苯基苯，苯基属于第三类定位基，是邻对位定位基，吸电子基使苯环钝化，所以联苯比苯更难发生亲电取代反应。

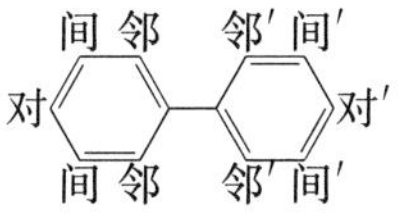

间 邻　邻′ 间′
对　　　　　对′
间 邻　邻′ 间′

注意：联苯的两个苯环可以通过单键旋转，所以，两个苯环可以在一个平面上，也可以不在一个平面上，如果苯环的四个邻位连有四个大基团，则两个苯环就不在一个平面上，而且由于大基团的空间位阻的影响，两苯环之间单键不能旋转，此时的联苯结构就会有对映异构体。例如，6,6′-二硝基-2,2′-联苯二甲酸的异构体：

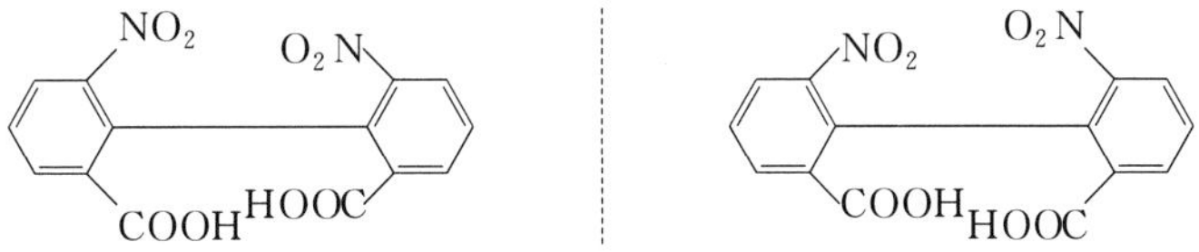

NO_2　O_2N　COOH　HOOC　|　NO_2　O_2N　COOH　HOOC

联苯的亲电取代反应如下：

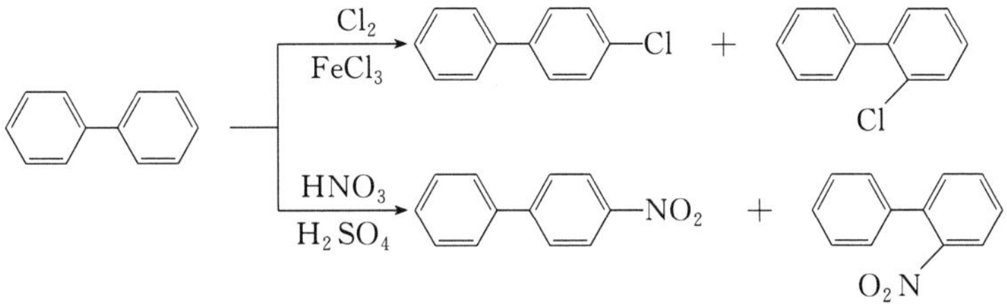

$\xrightarrow[FeCl_3]{Cl_2}$ —Cl + (Cl)

$\xrightarrow[H_2SO_4]{HNO_3}$ —NO_2 + (O_2N)

取代联苯在进行亲电取代反应时要注意，原取代基是邻、对位定位基，使直接相连的苯环活化，第二个取代基则进入同环的邻位（因为对位已经被另一个苯环占有）。如果原取代基是间位定位基，使直接相连的苯环钝化，第二个取代基则进入异环的邻、对位。由于空间效应的影响，大基团在对位稳定。

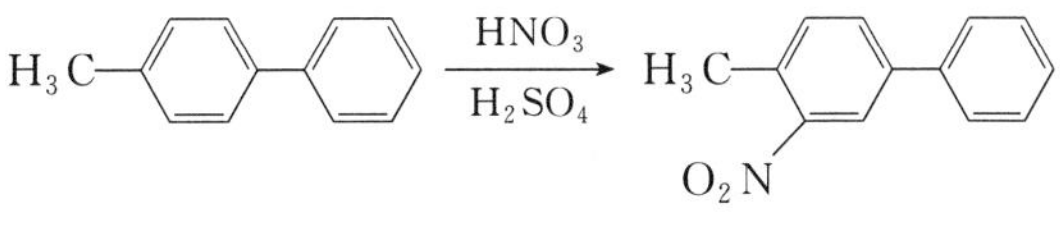

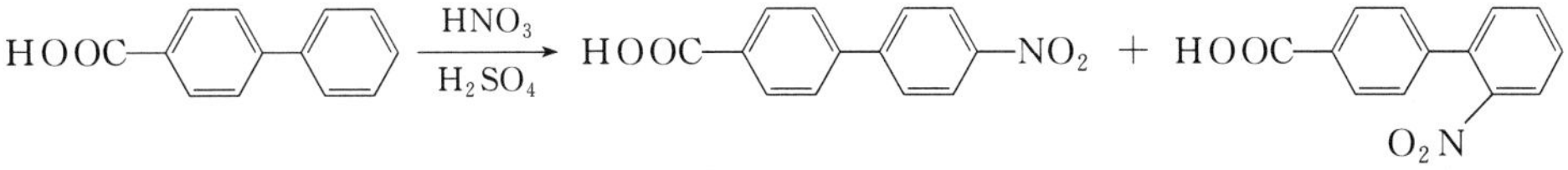

H_3C— $\xrightarrow[H_2SO_4]{HNO_3}$ H_3C— (O_2N)

HOOC— $\xrightarrow[H_2SO_4]{HNO_3}$ HOOC— —NO_2 + HOOC— (O_2N)

由于三苯甲烷结构（见图 6-5）的特殊性，甲烷碳上连有三个大共轭体系的苯环，共轭体系可以分散碳正离子、碳负离子或碳游离基电荷。所以，无论是碳正离子、碳负离子，还是碳游离基，都非常稳定。

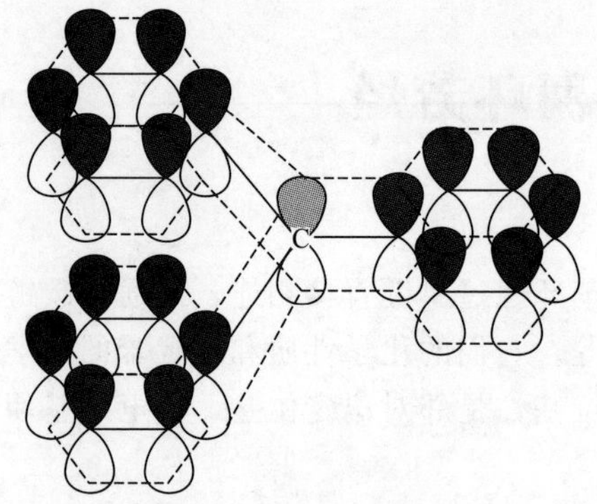

图 6-5　三苯甲烷结构

三苯甲基碳正离子、碳负离子制备如下：

$$(C_6H_5)_3CH \xrightarrow{Na/乙醚} (C_6H_5)_3CNa \xrightarrow{液氨} (C_6H_5)_3C^-$$

$$(C_6H_5)_3CH \xrightarrow[CCl_4]{无水\ AlCl_3} (C_6H_5)_3CCl \xrightarrow{液\ SO_2} (C_6H_5)_3C^+$$

6.5.2　稠环芳烃

稠环芳烃一般是指环并环形成多芳环化合物，如：萘、蒽、菲等。

6.5.2.1　萘

(1) 萘的结构　萘的分子式为 $C_{10}H_8$，其结构和苯相似，是一个平面分子。萘分子中每一个碳原子各以 sp^2 杂化轨道与相邻的碳原子及氢原子形成三个 σ 键，每个碳原子还剩下一个未参与杂化的 p 轨道，其对称轴垂直于 σ 键所在的平面，它们 p 轨道“肩并肩”相互重叠形成一个闭合大 π 键，见图 6-6。萘的稳定性比苯差，因为离域能约为 255.2kJ/mol，比苯

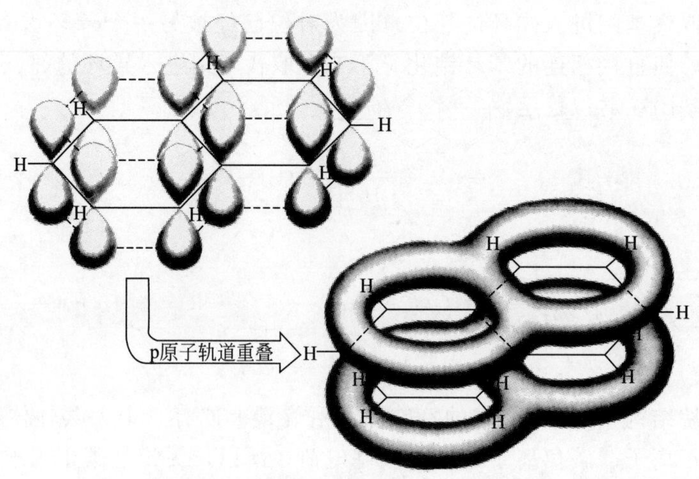

图 6-6　萘分子的 p 轨道和 π 电子云

的离域能（150.7kJ/mol×2＝301.1kJ/mol）要小。

萘分子虽然是一个闭合的共轭体系，但环上电子云密度的分布并不完全平均化，所以萘分子中各C—C键的键长不完全相等，介于0.137～0.142nm之间，而且各个碳原子在分子中所处的位置及化学环境也不完全相同。其中，1、4、5、8四个位置是等同的，叫α位；2、3、6、7四个位置是等同的，叫β位。因此萘的一元取代物就有α和β两种异构体。9、10位上没有氢原子，没有取代产物。

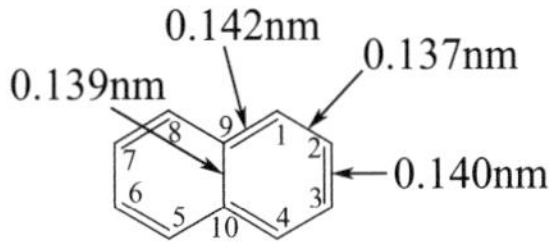

0.142nm　0.137nm　0.139nm　0.140nm

萘的一元取代物只有两种异构体；而对于二元取代物来说，若两个取代基相同，有10种异构体，若两个取代基不同，有14种异构体。

（2）萘的性质　萘主要存在于煤焦油中，纯萘为白色片状晶体，熔点80℃，沸点218℃，易升华，有特殊气味，不溶于水，易溶于热的乙醇或乙醚。萘是一种重要的化工原料。萘有驱虫作用，俗称“卫生球”，不过因萘致癌，1993年起我国禁用。

① 加成反应。萘比苯易加成，在不同的条件下，可发生部分或全部加氢。

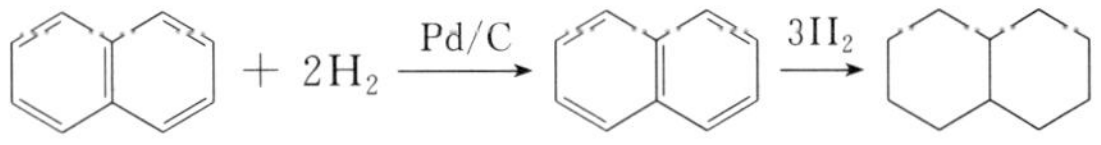

$$\text{萘} + 2H_2 \xrightarrow{Pd/C} \text{四氢化萘} \xrightarrow{3H_2} \text{十氢化萘}$$

四氢化奈　十氢化奈

② 氧化反应。萘比苯易氧化，萘环上含有邻、对位定位基时，同环氧化；含间位定位基时，异环氧化。

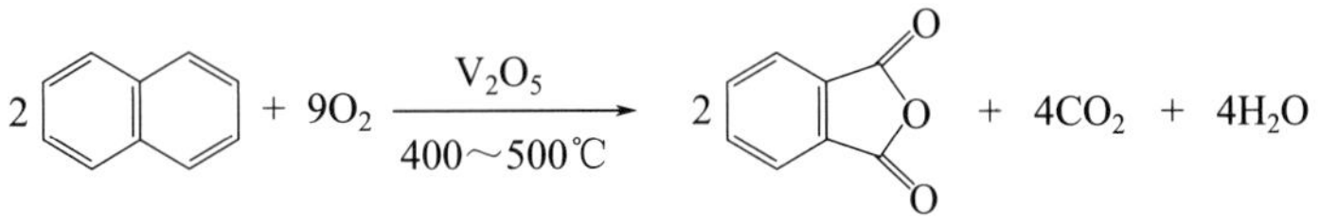

$$2\,\text{萘} + 9O_2 \xrightarrow[400\sim500℃]{V_2O_5} 2\,\text{邻苯二甲酸酐} + 4CO_2 + 4H_2O$$

邻苯二甲酸酐
重要的有机化工原料

③ 取代反应。萘比苯更容易发生卤化、硝化、磺化等亲电取代反应；萘的α位比β位活性高，一般得到α取代产物，但长时间反应容易转化成β位取代产物，因为β位取代物比α位稳定。

a. 硝化反应。萘与混酸在常温下就可以反应，产物几乎全是α-硝基萘。

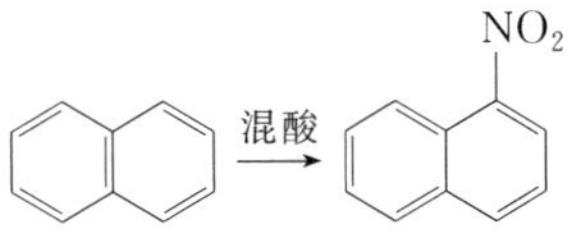

$$\text{萘} \xrightarrow{\text{混酸}} \alpha\text{-硝基萘}\ (NO_2)$$

b. 磺化反应。磺化反应的产物与反应温度有关。低温时多为α-萘磺酸，较高温度时则主要是β-萘磺酸，α-萘磺酸在硫酸里加热到165℃时，大多数转化为β-异构体。其反应式如下：

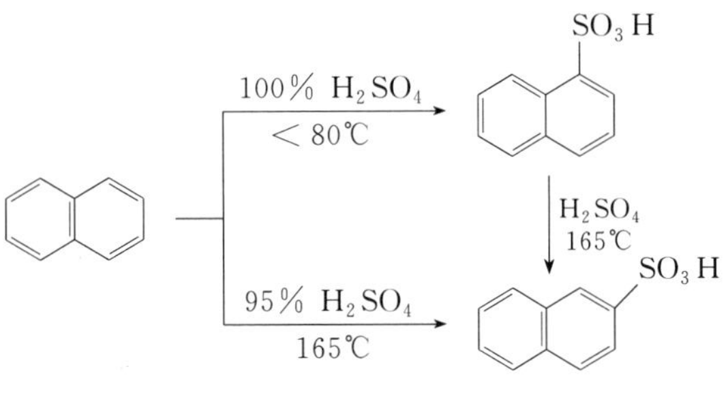

$$\text{萘} \xrightarrow[<80℃]{100\%\ H_2SO_4} \alpha\text{-萘磺酸}\ (SO_3H)$$

$$\alpha\text{-萘磺酸} \xrightarrow[165℃]{H_2SO_4} \beta\text{-萘磺酸}$$

$$\text{萘} \xrightarrow[165℃]{95\%\ H_2SO_4} \beta\text{-萘磺酸}\ (SO_3H)$$

高温生成 β-异构体的原因是，磺化反应是可逆反应，但在低温时，逆反应不显著。而 α 位比 β 位活泼，故主要得 α-取代物。α-萘磺酸中的磺基体积较大，处在异环 α-氢原子的范德华半径之内，空间位阻大。β-萘磺酸的空间位阻较小，所以 β-萘磺酸比 α-萘磺酸稳定。

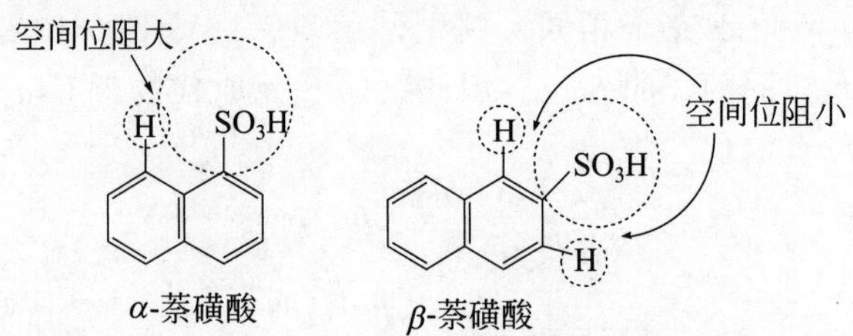

萘的磺化反应是一个 α-取代和 β-取代的竞争反应（见图 6-7），在低温下磺化为动力学控制，主要生成 α-萘磺酸，反应活化能低（$E_1<E_2$），生成速率快，逆反应（脱附）不显著。在较高温度下磺化为热力学控制，α-萘磺酸和 β-萘磺酸都易生成，但 α-萘磺酸逆反应显著，转变为萘，且 β-萘磺酸没有 α-H 的空间干扰，比 α-萘磺酸稳定，生成后也不易脱去磺酸基（逆反应很小）。

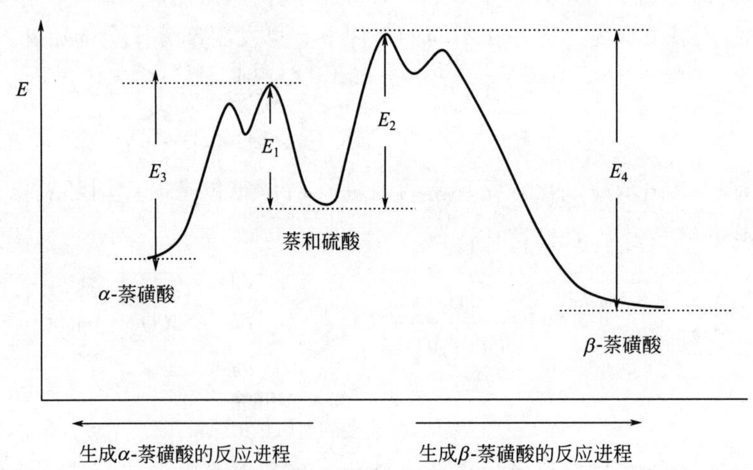

图 6-7　萘的磺化反应能量图

（3）萘环上的定位规则　萘衍生物进行取代反应的定位作用要比苯衍生物复杂。

原则上第二取代基的位置要由原有取代基的性质和位置以及反应条件来决定，但由于 α 位的活性高，在一般条件下，第二取代基容易进入 α 位。环上的原有取代基如果是给电子基，发生“同环取代”；如果是吸电子基，发生“异环取代”。此外，还要考虑空间效应的影响。

① 若萘环上的 α 位上已有给电子基时，第二个取代基主要进入同环的另一 α 位；若萘环上的 β 位上已有给电子基时，第二个取代基如果是一个小基团（如卤素、硝基、甲基等），主要进入同环的相邻 α 位，第二个取代基如果是一个大基团（如磺酸基、羰基、叔丁基等），主要进入异环的 α 位。

CH_3 $\xrightarrow[H_2SO_4]{HNO_3}$ CH_3 / NO_2 + CH_3 / NO_2

主产物　　　　少

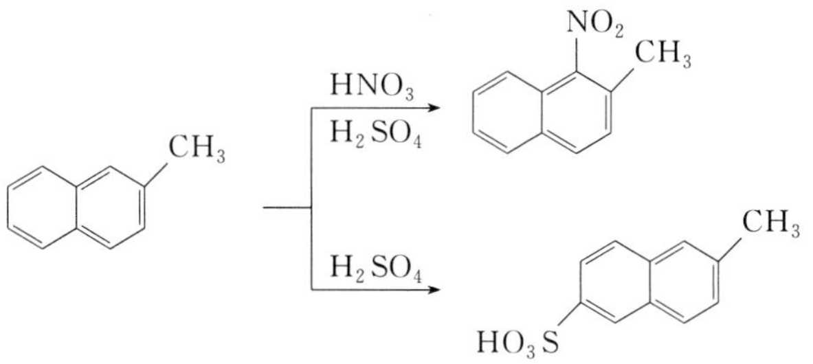

主产物

主产物，
但产率不高，
只有 30%

② 若萘环上的已有吸电子基时，无论在 α 位，还是 β 位，第二个取代基主要进入异环的 α 位。

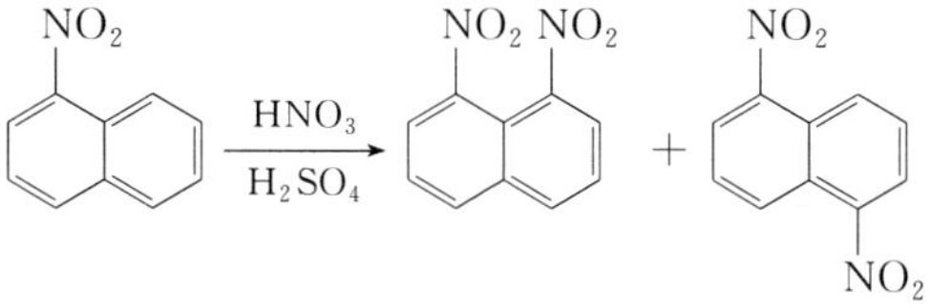

少　　主产物

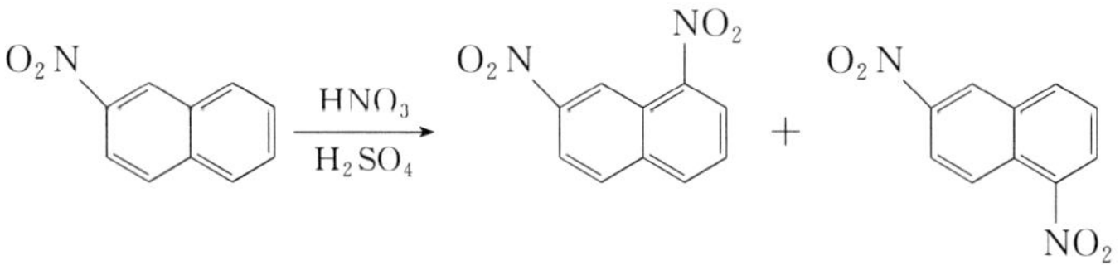

6.5.2.2 蒽和菲　蒽和菲都存在于煤焦油中。蒽为白色晶体，熔点 217～218℃，沸点 340℃，不溶于水，难溶于乙醇和乙醚，易溶于热苯。在紫外光照射下，发出强烈的蓝色荧光。

菲为白色片状晶体，熔点 101.5℃，沸点 336℃，易溶于苯和四氯化碳，溶液发蓝色的荧光。

蒽和菲的分子式都是 $C_{14}H_{10}$，互为同分异构体，它们都具有三个并联的苯环，但连接的方式不同，其构造式分别为：

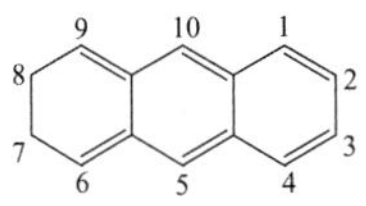

蒽的线型结构

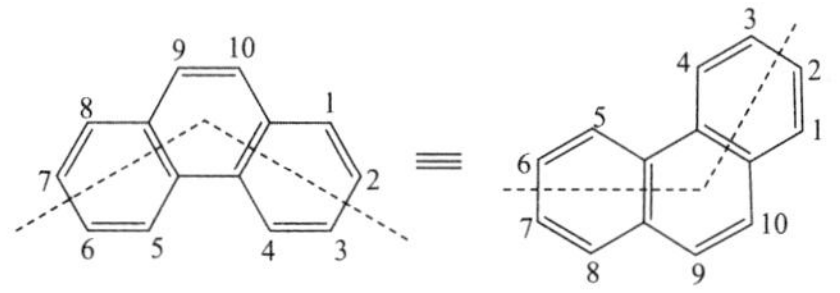

菲的角型结构

蒽的 1、4、6、9 位等同，称 α 位；2、3、7、8 位等同，称 β 位；5、10 位等同，称 γ 位。蒽的一元取代物只有 3 种异构体。

菲分子中有 5 对相对应的位置，即 1 和 8，2 和 7，3 和 6，4 和 5，9 和 10。因此菲的一元取代物有 5 种异构体。

蒽、菲分子与萘分子相似，也是闭合的共轭体系。所有碳原子都在同一平面上，没有典型的单键和双键。环上各个碳原子电子云密度不均匀，因而各碳原子的活性也不同，9、10 位最活泼，表现出显著的不饱和性。这两个位置容易被氧化，催化加氢还原，甚至低温下也可与氯、溴等卤素起加成反应。

（1）氧化反应

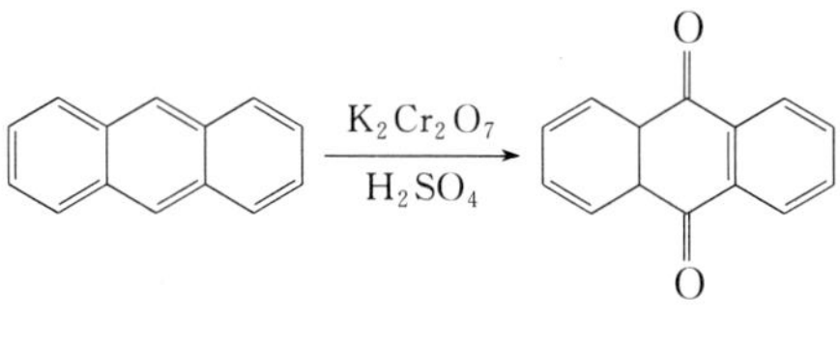

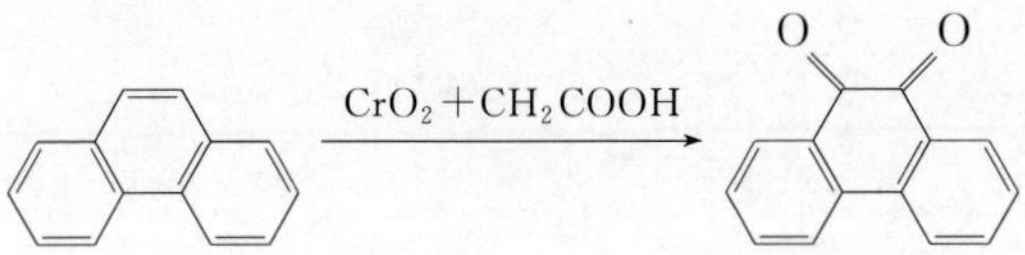

$$\xrightarrow{CrO_2+CH_2COOH}$$

(2) 催化加氢

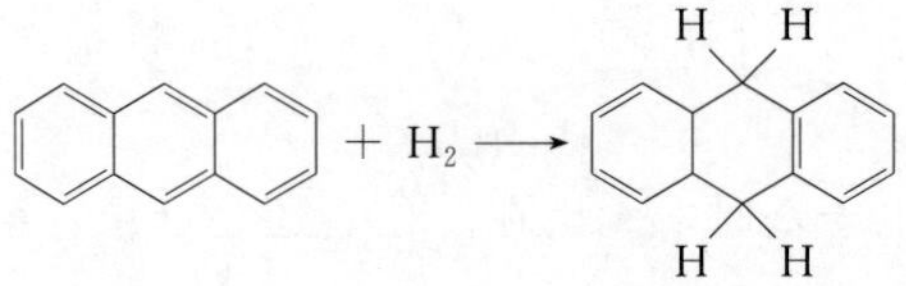

$$+ H_2 \longrightarrow$$

(3) 卤素加成

$$+ Br_2 \xrightarrow[0℃]{CCl_4}$$

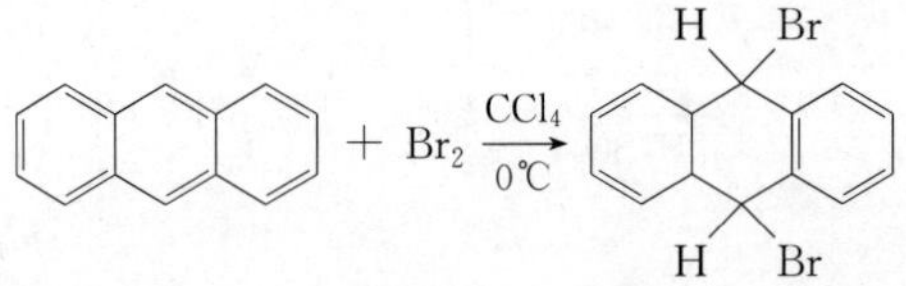

6.5.2.3 其他稠环芳烃 稠环芳烃除萘、蒽、菲外，还有很多，它们也存在于煤焦油中。但重要性较差，因此只将构造式和名称写在下面供参考。

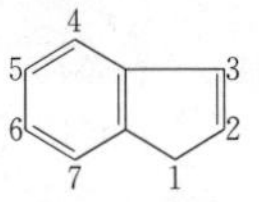

茚 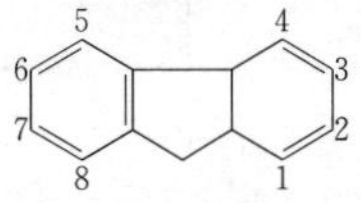 芴 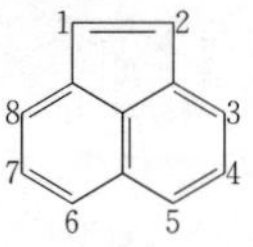 苊

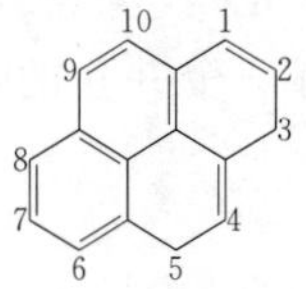

芘 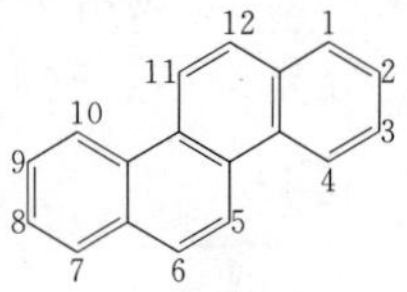 䓛 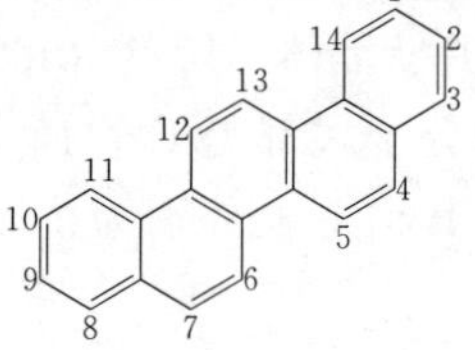 苉

由煤焦油中分离出的苯并［a］芘为致癌物。它是浅黄色固体，熔点 179℃，微量存在于煤焦油某些高沸点的馏分中。汽油机和柴油机排出的废气、烟草燃烧和烧焦的食物中，也含有微量的苯并［a］芘。吸烟之害，除了烟草不完全燃烧生成一氧化碳和氰等有毒气体外，主要是生成的焦油中含致癌烃——苯并［a］芘。苯并［a］芘与黄曲霉素、亚硝胺、二噁英、烟碱并列为一级致癌物，是污染大气的主要致癌物质。测定空气中苯并［a］芘的含量被环保部门列为重要空气指标之一。

6.6 非苯系芳烃

6.6.1 休克尔规则

1931 年，休克尔用简单的分子轨道计算了单环多烯烃的 π 电子能级，从而提出了一个判断芳香性体系的规则，称为休克尔规则。

休克尔提出，环状多烯烃要有芳香性，必须满足三个条件。

① 成环原子共平面或接近于平面，平面扭转不大于 0.1nm；

② 环状闭合共轭体系；

③ 环上 π 电子数为 $4m+2$（$m=0$、1、2、3……）。

符合上述三个条件的环状化合物，就有芳香性，这就是休克尔规则。例如：

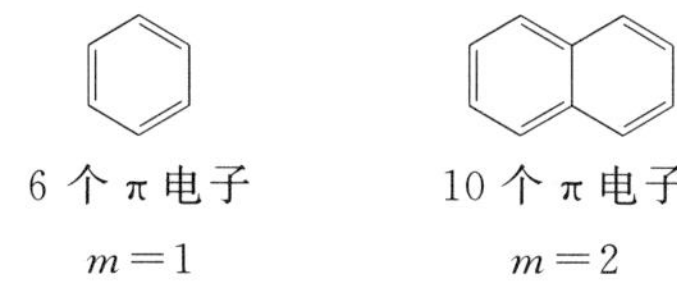

6.6.2 非苯芳烃

所有的碳原子（n 个）处在（或接近）一个平面、形成一个平面的离域体系、π 电子数为 $4m+2$ 的环状多烯烃，就具有芳香性，若这些环状多烯烃不是苯系化合物，则它们称为非苯系芳烃。由于每个碳原子都具有一个与平面垂直的 p 原子轨道（未参加杂化），它们就可以组成 n 个分子轨道（见图 6-8）。

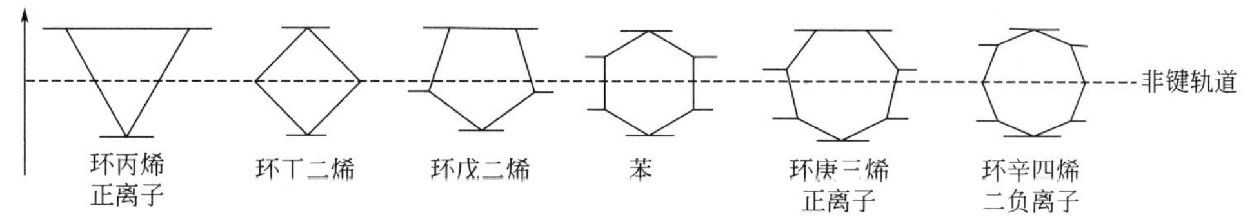

图 6-8 环多烯（C_nH_n）的 π 分子轨道能级图

其中 n 相当于简并成对的成键轨道和非键轨道的对数（或组数），环多烯的通式就成为：C_nH_n。环多烯化合物（符合通式 C_nH_n）π 电子数的计算：

$$
\begin{aligned}
\pi\text{ 电子数} &= \text{环中碳原子数}(n)+\text{负电荷数} \\
&= \text{环中碳原子数}(n)-\text{正电荷数}
\end{aligned}
$$

上式中的碳原子数 n 为采取 sp^2 杂化的碳原子数，即参加离域体系的碳原子数。比如：环戊二烯其碳原子总数是 5，π 电子数为 4，它有一个碳原子为 sp^3 杂化，它的分子式 C_5H_6，不符合通式 C_nH_n。π 电子数重新排列在分子轨道上，先排能量低的轨道，再排能量高的轨道。由图 6-9 可见，充满简并的成键轨道和非键轨道的电子数正好是 4 的倍数，而充

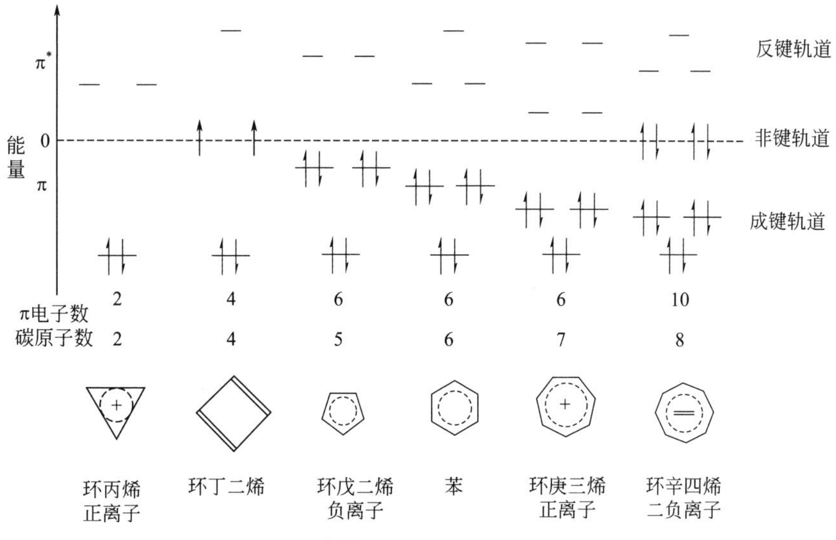

图 6-9 环多烯（C_nH_n）的 π 分子排布图

满能量最低的成键轨道需要两个电子，这就是 $4m+2$ 数目合理性所在。

［**例 6-1**］ 判断环丁二烯的芳香性。

π 电子数为 4，两个 π 电子占据能量最低的成键轨道，两个简并的非键轨道各有一个 π 电子，这是个极不稳定的双基自由基，是非芳香性化合物。

凡电子数符合 $4m$ 的离域的平面环状体系，基态下它们的组简并轨道都如环丁二烯那样缺少两个电子，也就是说，都含有半充满的电子构型，这类化合物不但没有芳香性，而且它们的能量都比相应的直链多烯烃要高得多，即它们的稳定性很差，所以通常叫做反芳香性化合物。

［**例 6-2**］ 判断环辛四烯的芳香性。环辛四烯二负离子呢？

环辛四烯为非平面分子，π 电子数为 8，$4m$ 规则不适用，不是反芳香性化合物，具有烯烃的性质，是非芳香性化合物。

环辛四烯二负离子的形状为平面八边形，10 π 个电子，符合休克尔规则，具有芳香性。

下面介绍几种常见的环状多烯的芳香性及性质。

6.6.2.1 环丙烯正离子 环丙烯正离子有芳香性，π 电子数为 2。

空轨道

6.6.2.2 戊二烯负离子

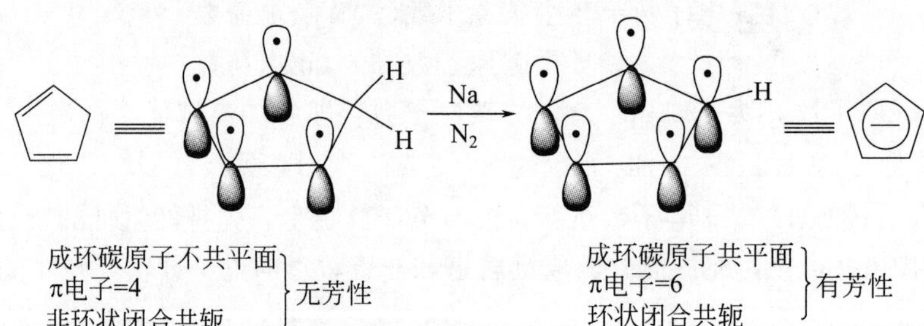

6.6.2.3 环庚三烯正离子

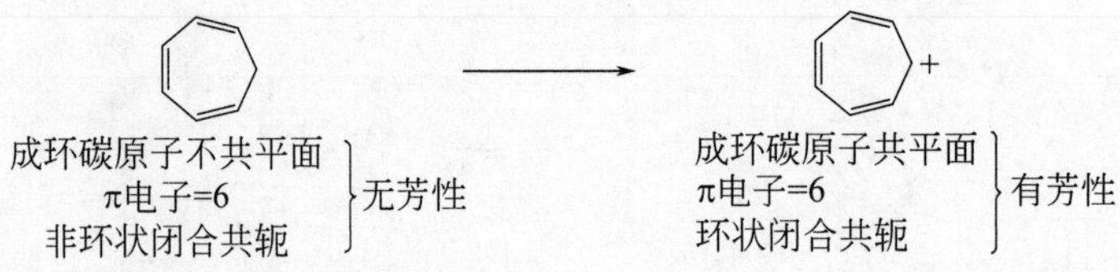

6.6.2.4 环辛四烯双负离子

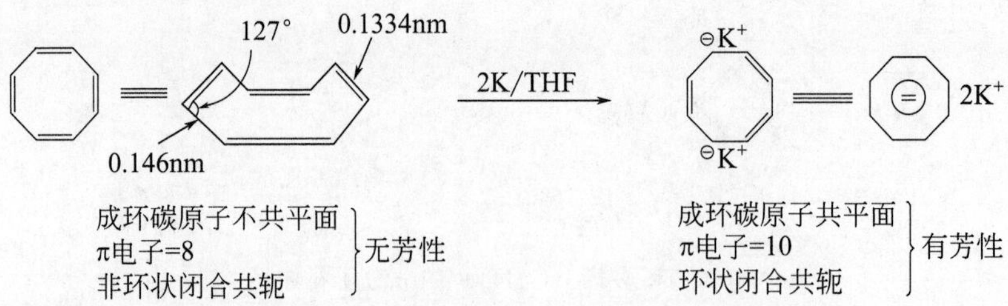

6.6.2.5　薁

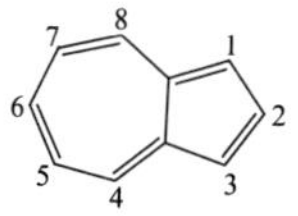

薁为天蓝色片状固体，熔点 90℃，含 10 个 π 电子，成环碳原子都在同一平面，是闭合共轭体系，有芳香性。薁有明显的极性，其中五元环是负性的，七元环是正性的，可表示如下：

薁有明显的芳香性，表现在能起亲电取代反应上。例如，薁能起酰基化反应，取代基进入 1,3-位：

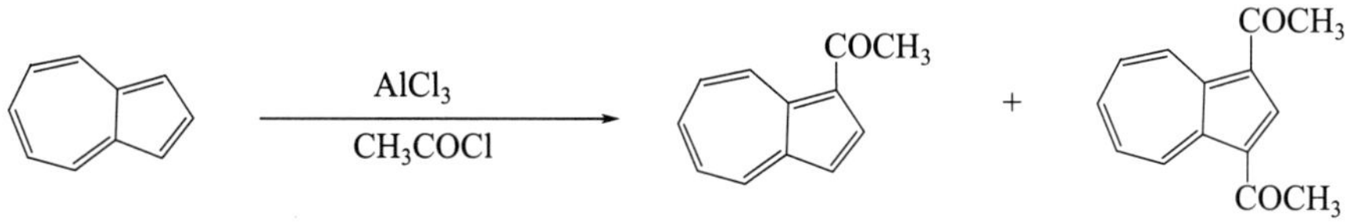

薁的衍生物如 1,4-二甲基-7-异丙基薁存在于香精中，当含有万分之一时，就显蓝色，它又叫愈创蓝油烃，是治疗烧伤、烫伤和冻疮的药物。

6.6.2.6　轮烯　具有交替的单双键的多烯烃，通称为轮烯。轮烯的分子式为 $(CH)_x$ ($x \geqslant 10$)，命名是将碳原子数放在方括号中，称为某轮烯。例如：$x=10$ 的轮烯叫 [10] 轮烯。

轮烯是否有芳香性，决定于下列条件。

① π 电子数符合 $4m+2$ 规则。

② 碳环共平面（平面扭转不大于 0.1nm）。

③ 轮内氢原子间没有或很少有空间排斥作用。

下面介绍几种常见的轮烯的芳香性及性质。

(1) [10] 轮烯

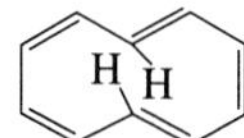

[10] 轮烯 π 电子为 10，$m=2$。但由于轮内氢原子间的斥力大，使环发生扭转，使得碳原子不能共平面，故无芳香性。

(2) [14] 轮烯

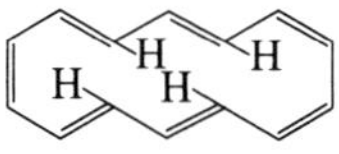

[14] 轮烯 π 电子为 14，$m=3$，但由于轮内氢原子间的斥力大，使环发生扭转，使得碳原子不能共平面，因此没有芳香性。

(3) [18] 轮烯

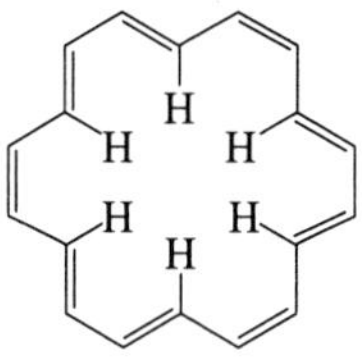

[18] 轮烯 π 电子为 18，$m=4$，轮内氢原子间的斥力微弱，环接近于平面，故有芳香性。[18] 轮烯受热至 230℃仍然稳定，可发生溴代、硝化等反应，足可见其芳香性。

6.7 芳烃的来源

芳烃主要来源于石油和煤等化石燃料。苯可以看作是一切芳香族化合物的母体，分子中的氢可以被烃基取代，得到各种烃基取代的苯。

① 煤焦油分馏产品。煤焦油分馏产品的温度范围及成分见表 6-2。

表 6-2 煤焦油分馏产品的温度范围及成分

馏分	馏分温度范围/℃	馏分成分
轻油	<180	苯、甲苯、二甲苯等
中油	180～230	酚类
重油	230～270	萘类
蒽油	270～360	蒽、菲等

② 石油芳构化。在石油的催化裂化、重整过程中，有许多小分子的链状化合物，可以通过脱氢、异构化、芳构化等过程制备芳烃。

习 题

1. 命名下列化合物或写出结构式。

(1) 2,6-二甲基萘 (2) 4-硝基-2-氯甲苯 (3) 2-甲基-3,4-二氯苯甲酸

(4) 对异丙基甲苯 (5) 2,3-二甲基-1-苯基-1-戊烯 (6) 2,4,6-三硝基甲苯

(7) 2-氯苯磺酸 (8) 对氨基苯磺酸 (9) 异丁基苯 (10) 顺-5-甲基-1-苯基-2-庚基

(11) 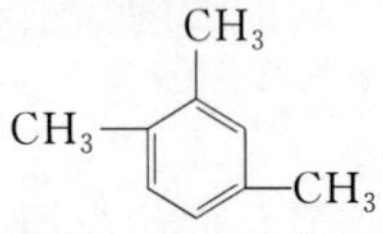 [结构式：CH_3、CH_3、CH_3 取代苯] (12) 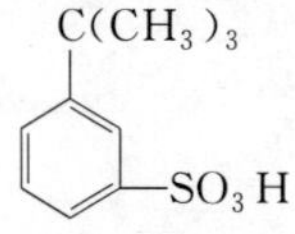 [结构式：$C(CH_3)_3$、SO_3H 取代苯] (13) 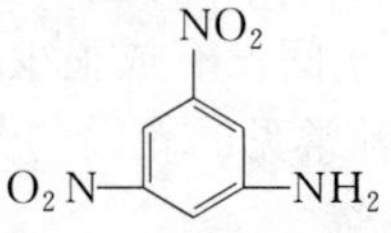 [结构式：NO_2、O_2N、NH_2 取代苯]

(14) 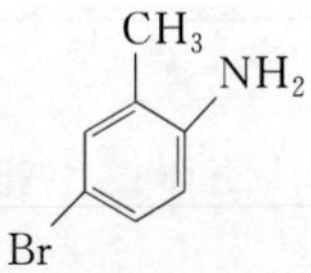 [结构式：CH_3、NH_2、Br 取代苯] (15) 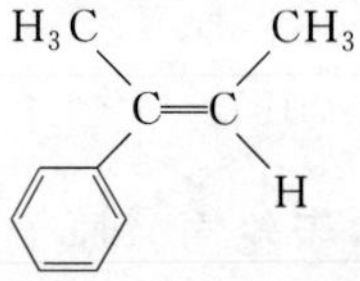 [结构式：H_3C、CH_3、C=C、H、苯基] (16) 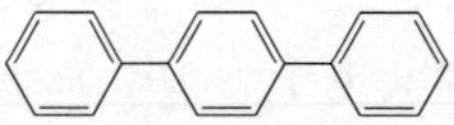 [结构式：三联苯]

2. 写出下列化合物的一氯代反应的主要产物。

(1) 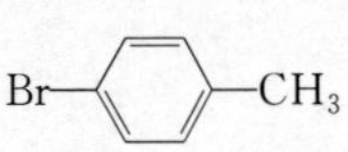 Br—C₆H₄—CH_3 (2) [结构式：NO_2、SO_3H 取代苯] (3) H_3C—C₆H₄—SO_3H

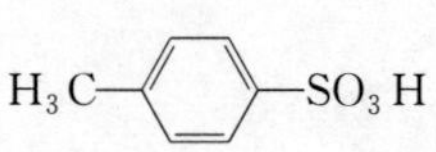

(4) 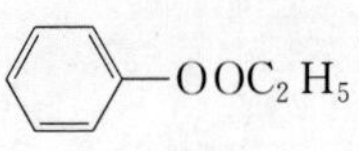 C₆H₅—OOC_2H_5 (5) [结构式：O_2N 取代联苯] (6) 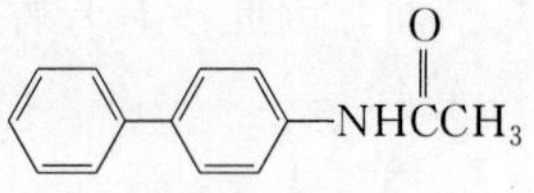 C₆H₅—C₆H₄—NHC(=O)CH_3

(7) 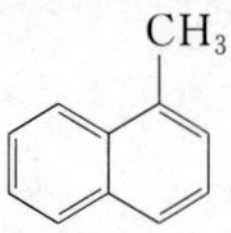 [结构式：CH_3 取代萘] (8) 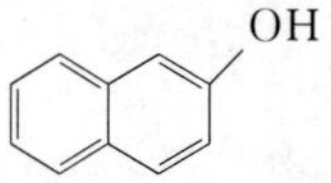 [结构式：OH 取代萘] (9) 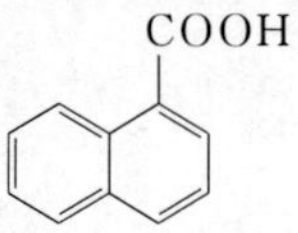 [结构式：COOH 取代萘]

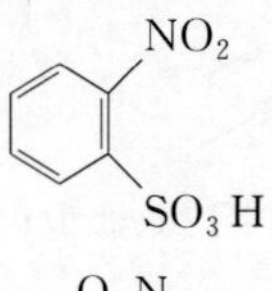

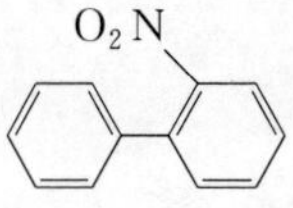

3. 以溴化反应活性降低次序，排列下列化合物。

(1) a. (Cl-苯) b. (CH$_3$-苯) c. (H-苯) d. (OH-苯) e. (NO_2-苯)

(2) a. (Br-苯) b. (COOH-苯) c. (H-苯) d. (间硝基苯甲酸，COOH, NO_2) e. $H_3C-C_6H_4-NH_2$

4. 完成下列反应。

(1) $H_3C-C_6H_4-CH(CH_3)_2 + KMnO_4 \longrightarrow ?$

(2) 苯 $\xrightarrow[FeBr_3]{CH_3Br} ? \xrightarrow[H_2SO_4]{HNO_3} ? + ? \xrightarrow[H_2SO_4]{SO_3} ? + ?$

(3) $C_6H_5CH_2CH_3 + Br_2 \longrightarrow$ 光照 → ?；Fe → ?

(4) $C_6H_5-C_6H_4-NO_2 + HNO_3 \xrightarrow{H_2SO_4} ?$

(5) $H_3C-C_6H_4-CH_3 + HCl \xrightarrow[\triangle]{无水 ZnCl_2} ?$

(6) 苯 $\xrightarrow[HF]{(CH_3)_2C{=}CH_2} ? \xrightarrow[AlCl_3]{BrCH_2CH_3} ? \xrightarrow[H_2SO_4,\ H_2O,\ \triangle]{K_2Cr_2O_7} ?$

(7) $C_6H_5-CH{=}CH_2 \xrightarrow[(2)\ Zn/H_2O]{(1)\ O_3} ? + ?$

(8) 苯 $+ CH_3CH_2COCl \xrightarrow{AlCl_3} ? \xrightarrow[H_2SO_4]{HNO_3} ?$

(9) (1-甲基萘，CH_3) $\xrightarrow[H_2SO_4]{HNO_3} ?$

(10) (1-萘甲酸，COOH) $\xrightarrow[Fe]{Br_2} ?$

5. 用简便化学方法区别下列各组化合物。

(1) $C_6H_5CH_2CH_3$　$C_6H_5CH{=}CH_2$　$C_6H_5C{\equiv}CH$

(2) 环己二烯、苯、1-己炔

(3) 苯、甲苯、苯乙炔

6. 画出环庚三烯正离子和环庚三烯负离子的结构，并说明谁的稳定性大，为什么？

7. 在催化剂硫酸的存在下，加热苯和异丁烯的混合物生成叔丁基苯。写出全部反应过程，并用文字说明叔丁基苯的形成过程。

8. 以苯、甲苯或萘为原料合成下列有机物（无机试剂可任选）。

(1) 对氯苯磺酸；(2) 间溴苯甲酸；(3) 对硝基苯甲酸；(4) 2-溴-6-硝基苯甲酸；(5) 5-硝基-2-萘磺酸

9. 由苯和必要的原料合成下列化合物。

（1） 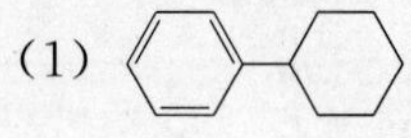 （2） 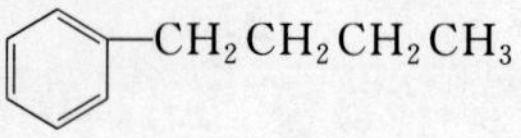 $-CH_2CH_2CH_2CH_3$ （3） 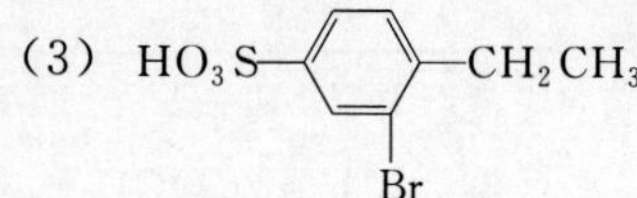

10. 判断下列化合物或离子是否有芳香性。

（1） 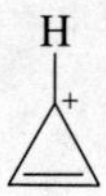 （2）  （3） 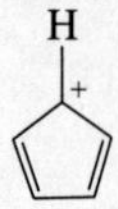 （4） 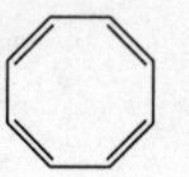 （5） 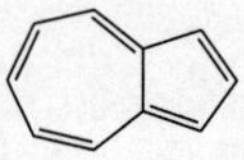 （6）

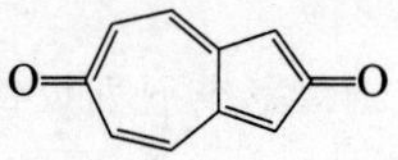

7 卤代烃

教学目标及要求

1. 掌握卤代烷的分类和命名；
2. 熟悉掌握卤代烷的化学性质：亲核取代反应、生成格氏试剂的反应、消除反应；
3. 掌握卤代烃制法（溴化剂 NBS、氯甲基化等）；
4. 理解 S_N2、S_N1 的意义与立体化学，理解影响亲核取代反应活性的因素、消除反应；
5. 掌握卤代烯烃及卤代芳香烃化学性质：烃基结构与化学性质的关系、p-π 共轭。

重点与难点

卤代烃的亲核取代反应历程；p-π 共轭。

卤代烃是烃分子中一个或多个氢原子被卤原子取代而生成的化合物，自然界中存在极少，主要是人工合成的。

$$RCH_2—H \longrightarrow RCH_2—X$$

（X=F　Cl、Br、I）

R—X 因 C—X 键是极性键，性质较活泼，能发生多种化学反应，转化成各种其他类型的化合物，所以卤代烃是有机合成中的重要中间体，在有机合成中起着桥梁的作用。同时卤代烃在工业、农业、医药和日常生活中都有广泛的应用，是一类重要的化合物。

7.1 卤代烃的分类、命名及同分异构现象

7.1.1 卤代烃的分类

① 卤代烃按分子中所含卤原子的数目，分为一卤代烃和多卤代烃。

② 卤代烃按分子中卤原子所连烃基类型，可分为以下几种。

卤代烷烃：$R—CH_2—X$

卤代烯烃：乙烯式 $R—CH=CH—X$　　烯丙式 $R—CH=CH—CH_2—X$

孤立式 $R—CH=CH—(CH_2)_n—X$　$n \geqslant 2$

卤代芳烃：$C_6H_5—X$　　$C_6H_5—CH_2X$

③ 卤代烃按卤素所连的碳原子的类型，分为以下几种。

$R—CH_2—X$	$R_2CH—X$	$R_3CH—X$
伯卤代烃	仲卤代烃	叔卤代烃
一级卤代烃（1°）	二级卤代烃（2°）	三级卤代烃（3°）

7.1.2 卤代烃的命名

7.1.2.1 普通命名或俗名 简单的卤代烃用普通命名或俗名命名，称为卤代某烃或某基卤。

$CHCl_3$ 三氯甲烷（氯仿）

$CH_3CH_2CH_2Cl$ 正丙基氯

$(CH_3)_2CHCl$ 异丙基氯

$(CH_3)_3CBr$ 叔丁基溴

$CH_2=CHCH_2Br$ 烯丙基溴

$C_6H_5-CH_2Cl$ 氯化苄（苄基氯）

7.1.2.2 卤代烃的系统命名法 卤代烷烃的命名与烷烃的命名一致，把卤素作为取代基选取最长的碳链为主链，编号一般从离取代基最近的一端开始，取代基的列出按“顺序规则”小的基团先列出。例如：

$CH_3CH_2CH(CH_3)CH(Cl)CH_3$

3-2-氯戊烷

$CH_3CH(Cl)CH_2CH(CH_3)CH_2CH_3$

4-甲基-2-氯己烷

$CH_3CH_2CH(CH_3)CH_2CH(Cl)CH_2CH_3$

3-甲基-5-氯庚烷（√）

3-氯-5-甲基庚烷（×）

$CH_3CH_2CH(Cl)CH(Br)CH_2CH_3$

3-氯-4-溴己烷（√）

3-溴-4 氯己烷（×）

卤代烯烃的命名与烯烃的命名一致，以烯烃为母体，卤素作为取代基，以双键位次最小编号。

$CH_2=CHCH(CH_3)CH_2Cl$

3-甲基-4-氯-1-丁烯（√）

2-甲基-1-氯-3-丁烯（×）

（环己烯环上连有 Cl 和 CH_3）

4-甲基 5-氯环己烯

卤代芳烃的命名时，与芳烃的命名一致，以芳烃为母体，卤素作为取代基。侧链卤代芳烃命名时，卤原子和芳环都作为取代基。

7.1.3 同分异构现象

卤代烃的同分异构体数目比相应的烷烃的异构体要多，例如，一卤代烃除了碳链异构外，还有卤原子的位置异构。在此，不再多作介绍。

7.2 卤代烷的性质

7.2.1 卤代烷的物理性质

卤代烷一般为无色液体，蒸气有毒。沸点较相应的烷烃高，随着碳原子数的增加而升高，而且 RI＞RBr＞RCl＞RF，直链异构体沸点最高，支链越多沸点越低。相同碳原子数

1°RX>2°RX>3°RX。卤代烃密度大于相同碳原子数的烷烃，一般情况下，RCl、RF 密度小于 1，而 RI、RBr 的密度大于 1。卤代烃不溶于水，可溶于有机溶剂。

7.2.2 卤代烷的化学性质

卤代烃的化学性质活泼，且反应主要发生在 C—X 键上的。这是由 $C^{\delta+} \rightarrow X^{\delta-}$ 结构决定的。

① 分子中 C—X 键为极性共价键，碳带部分正电荷，易受到带负电荷或孤电子对的试剂的进攻。

卤代烷：	CH_3CH_2Cl	CH_3CH_2Br	CH_3CH_2I	CH_3CH_3
偶极矩 μ（D）：	2.05	2.03	1.91	0

② 分子中 C—X 键的键能（C—F 除外）都比 C—H 键小。

键	C—H	C—Cl	C—Br	C—I
键能（kJ/mol）	414	339	285	218

故 C—X 键比 C—H 键容易断裂而发生各种化学反应。

7.2.2.1 亲核取代反应

$$RX + :Nu \longrightarrow RNu + X^-$$

$$:Nu = HO^-、RO^-、—CN、NH_3、—ONO_2$$

:Nu 称为亲核试剂。由亲核试剂进攻引起的取代反应称为亲核取代反应（一般用 S_N 表示）。

（1）水解反应

$$RCH_2—X + NaOH \xrightarrow{水} RCH_2OH + NaX$$

加入 NaOH 亲核试剂由水中氧的孤对电子变成了 OH^-，增强了亲核试剂的进攻能力，加快了反应速率，使反应更完全。此反应是制备醇的一种方法，但制备一般醇无合成价值，因为一般情况下，卤代物的价格要比相应的醇贵些，可用于制取引入—OH 比引入卤素困难的醇。

（2）与氰化钠反应

$$RCH_2—X + NaCN \xrightarrow{醇} \underset{腈}{RCH_2CN} + NaX$$

反应产物和卤代烃相比，分子中增加了一个碳原子，是有机合成中增长碳链的方法之一。氰基可进一步转化为—COOH，—$CONH_2$ 等基团。

（3）与氨反应

$$RCH_2—X + NH_3（过量）\longrightarrow RCH_2NH_2 + NH_4X$$

（4）与醇钠（RONa）反应

$$RCH_2—X + R'ONa \longrightarrow RCH_2OR' + NaX$$

伯卤代烷一般会发生此反应，而叔卤代烷与醇钠反应时，主要发生消除反应生成烯烃。

（5）与 $AgNO_3$-醇溶液反应

$$RCH_2—X + AgNO_3 \xrightarrow{醇} \underset{硝酸酯}{RCH_2ONO_2} + AgX\downarrow$$

此反应可用于鉴别卤化物。卤原子不同或烃基不同的卤代烃，其亲核取代反应活性有所差异。苄基卤、烯丙基卤、叔卤代烷室温下立即反应，出现沉淀，仲卤代烷加热立即出现沉淀，伯卤代烷加热后片刻出现沉淀。

卤代烃的反应活性如下：同一卤素，烷基不同时，卤代物的反应活性顺序为烯丙基卤、苄基卤>R_3C-X>R_2CH-X>RCH_2-X；而同一烷基，卤素不同时，卤代物的反应活性顺序为 R—I>R—Br>R—Cl。

上述反应都是由亲核试剂的负离子部分或未共用电子对去进攻 C—X 键中电子云密度较小的碳原子而引起的。这些进攻试剂都有较大的电子云密度，能提供一对电子给 C—X 键中带正电荷的碳，把这种能提供负离子或未共用电子对的试剂称为亲核试剂。由亲核试剂的进攻而引起的取代反应称为亲核取代反应，简称为 S_N（S 表示取代，N 表示亲核的）。

反应通式如下：

$$R{-}L + {:}Nu \longrightarrow R{-}Nu + L^-$$

$$RCH_2X + {}^-OH \longrightarrow RCH_2OH + X^-$$

反应物　　亲核试剂　　产物　　离去基

底物　　进攻基团

7.2.2.2　消除反应　从分子中脱去一个简单分子生成不饱和键的反应称为消除反应，用 E 表示。

卤代烃与 NaOH（KOH）的醇溶液作用时，脱去卤素与 β 碳原子上的氢原子而生成烯烃。

$$R{-}\underset{H}{CH}{-}\underset{X}{CH_2} + NaOH \xrightarrow{醇} R{-}CH{=}CH_2 + NaX + H_2O$$

$$R{-}\underset{H}{\overset{H}{C}}{-}\underset{X}{\overset{H}{C}}{-}\underset{X}{CH}{-}\underset{H}{\overset{H}{C}}{-}R + KOH \xrightarrow{醇} R{-}CH{=}CH{-}CH{=}CH{-}R + NaX + H_2O$$

（环己烷，β 位 H、β′ 位 H，相邻两碳上各一个 X）$+ 2NaOH \xrightarrow{醇}$（1,3-环己二烯）$+ 2NaX + H_2O$

（1）消除反应的活性：3°RX>2°RX>1°RX。

（2）仲、叔卤代烷脱卤化氢时，遵守扎依采夫（Sayzeff）规则，即主要产物是生成双键碳上连接烃基最多的烯烃。例如：

$$CH_3CH_2CH_2\underset{Br}{CH}CH_3 \xrightarrow[乙醇]{KOH} \underset{69\%}{CH_3CH_2CH{=}CHCH_3} + \underset{31\%}{CH_3CH_2CH_2CH{=}CH_2}$$

$$CH_3CH_2{-}\underset{Br}{\overset{CH_3}{C}}{-}CH_3 \xrightarrow[乙醇]{KOH} \underset{71\%}{CH_3CH{=}\underset{CH_3}{C}{-}CH_3} + \underset{29\%}{CH_3CH_2CH{=}CH_2}$$

（1-氯-1,2-二甲基环己烷，取代基 CH_3、CH_3、Cl）$\xrightarrow[乙醇]{KOH}$（1,2-二甲基环己烯，取代基 CH_3、CH_3）+（2,3-二甲基环己烯，取代基 CH_3、CH_3）+（2-甲基亚甲基环己烷，取代基 CH_3、$=CH_2$）

主要产物　　次要产物　　极少生成

消除反应与取代反应在大多数情况下是同时进行的，互为竞争反应，哪种产物占优，则与反应物结构和反应条件有关。

7.2.2.3　与金属的反应　卤代烃能与某些金属发生反应，生成有机金属化合物——金属原子直接与碳原子相连接的化合物。

（1）与金属镁的反应

$$R—X + Mg \longrightarrow RMgX \qquad X=Cl, Br$$

RMgX称为格林尼亚（Grignand）试剂，简称格氏试剂。格氏试剂的结构还不完全清楚，一般认为是由 R_2Mg、MgX、$(RMgX)_n$ 多种成分形成的平衡体系混合物，一般用RMgX表示。

苯、四氢呋喃（THF）和其他醚类也可作为溶剂。乙醚的作用是与格氏试剂配合成稳定的溶剂化物，既是溶剂，又是稳定化剂。$C^{\delta-} \rightarrow Mg^{\delta+}$ 键具有很强的极性，C电负性为2.5，Mg电负性为1.2，所以格氏试剂非常活泼，能起多种物质发生化学反应。

① 与含活泼氢的化合物作用

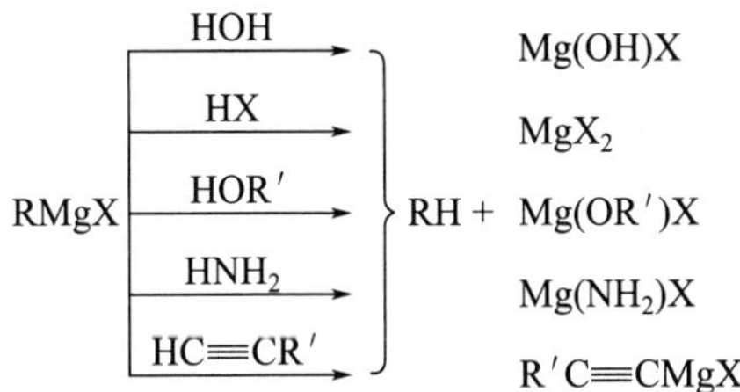

上述反应是定量进行的，可用于有机分析中测定化合物所含活泼氢的数量（活泼氢测定法）。例如：

$$CH_3MgI + A—H \longrightarrow CH_4\uparrow + Al$$

定量的测定甲烷的体积，可推算出所含活泼氢的个数。

格氏试剂遇水就分解，所以，在制备和使用格氏试剂时都必须用无水溶剂和干燥的容器。操作要采取隔绝空气中湿气的措施。

② 与醛、酮、酯、二氧化碳、环氧乙烷等反应。RMgX与醛、酮、酯、二氧化碳、环氧乙烷等反应，可生成醇、酸等一系列化合物。所以RMgX在有机合成上用途极广。格林尼亚因此而获得1912年的诺贝尔化学奖（41岁）。

③ 与氧气反应格氏试剂易被空气中的氧气所氧化。

$$RMgX \xrightarrow{1/2\ O_2} ROMgX \xrightarrow{H_2O} ROH + Mg(OH)X$$

④ 合成其他有机金属化合物。

$$RMgCl + AlCl_3 \longrightarrow R_3Al + MgCl_2$$

$$RMgCl + CdCl_2 \longrightarrow R_2Cd + MgCl_2$$

$$RMgCl + SnCl_4 \longrightarrow R_4Sn + MgCl_2$$

（2）与金属钠的反应（Wurtz武兹反应）

$$2R—X + 2Na \longrightarrow R—R + 2NaX$$

此反应可用来从卤代烷制备含偶数碳原子、结构对称的烷烃（只适用于同一伯卤代烷，不同烷基无实用价值）。

（3）与金属锂反应　卤代烷与金属锂在非极性溶剂（无水乙醚、石油醚、苯）中作用可生成有机锂化合物：

$$C_4H_9X + 2Li \xrightarrow{石油醚} C_4H_9Li + LiX$$

① 有机锂的性质与格氏试剂很相似，反应性能更活泼，遇水、醇、酸等含有活泼氢的化合物立即分解。

② 有机锂可与金属卤化物作用生成各种有机金属化合物。

③ 重要的有机锂试剂——二烷基铜锂（很好的烷基化剂）。

$$2RLi+CuI \xrightarrow{\text{无水乙醚}} \underset{\text{二烷基铜锂}}{R_2CuLi}+LiI$$

二烷基铜锂主要用于制备复杂结构的烷烃：

$$R_2CuLi+R'X \longrightarrow R—R'+RCu+LiX$$

注意：① R 可以是 1°、2°、3°烃

② R'X 是 1°卤代烃或者是不活泼的卤代烃，如：RCH═CHX。例如：

$$(CH_3)_2CuLi+CH_3(CH_2)_3CH_2I \longrightarrow \underset{98\%}{CH_3(CH_2)_4CH_3}+CH_3Cu+LiI$$

$$(CH_3)_2CuLi + \text{氯代环己烷} \longrightarrow \underset{75\%}{\text{甲基环己烷}} + CH_3Cu + LiCl$$

此反应叫做科瑞（Corey）-郝思（House）合成法。

7.2.2.4　卤代烷的还原反应　卤代烷可以被还原为烷烃。还原剂采用氢化锂铝，反应只能在无水介质中进行。常用还原剂有氢化锂铝（$LiAlH_4$）、硼氢化钠（$NaBH_4$）、H_2/Ni（Pd）或 Zn/HCl。

$$R—X+LiAlH_4 \longrightarrow R—H$$

$$C_6H_5—CH(Cl)—CH_3 + LiAlD_4 \xrightarrow{THF} \underset{79\%\text{光学活性}}{C_6H_5—CH(D)—CH_3}$$

7.3　亲核取代反应历程

卤代烷的亲核取代反应是一类重要反应，由于这类反应可用于各种官能团的转变以及碳碳键的形成，在有机合成中具有广泛的用途，因此，对其反应历程的研究也就比较充分。

在亲核取代反应中，研究得最多的是卤代烷的水解，在反应的动力学、立体化学以及卤代物的结构、溶剂等对反应速率的影响等方面都有不少的资料。化学动力学的研究及许多实验表明，卤代烷的亲核取代反应是按两种历程进行的。即双分子亲核取代反应（S_N2 反应）和单分子亲核取代反应（S_N1 反应）。

7.3.1　双分子亲核取代反应（S_N2 反应）

实验证明：伯卤代烷的水解反应为 S_N2 历程。

$$RCH_2Br+OH^- \longrightarrow RCH_2OH+Br^-$$

$$v=k[RCH_2Br][OH^-]$$

因为 RCH_2Br 的水解速率与 RCH_2Br 和 OH^- 的浓度有关，所以叫做双分子亲核取代反应（S_N2 反应）。

7.3.1.1　反应机理　亲核试剂从卤素的反面进攻，卤素离开（新键的形成和旧键的断裂同步进行），无中间体生成，经过一个不稳定的“过渡态”。

$HO^{\ominus} + H_3C{-}Br \longrightarrow \left[\overset{\delta^-}{HO}\cdots CH_3 \cdots \overset{\delta^-}{Br}\right] \longrightarrow HO{-}CH_3 + Br^{\ominus}$

过渡态

其反应过程中的轨道重叠变化如下图所示：

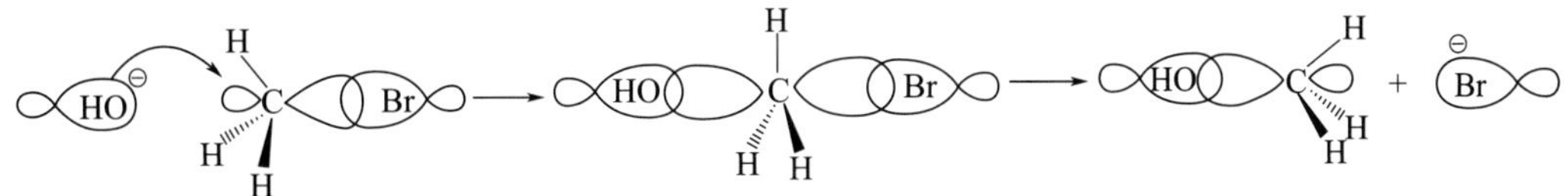

7.3.1.2　S_N2 反应的能量变化　S_N2 反应的能量变化可用位能-反应进程曲线图表示（见图 7-1）。

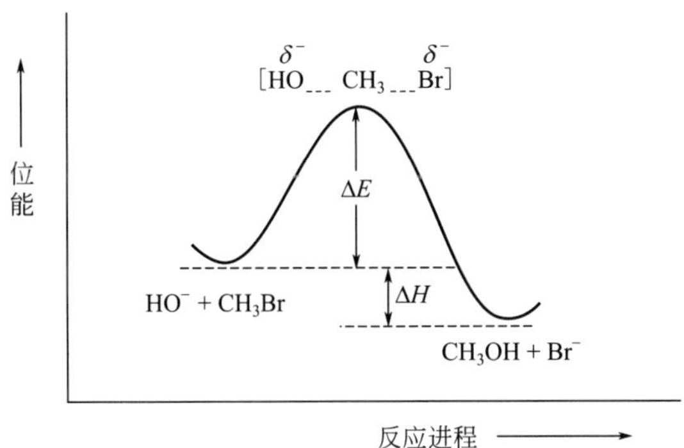

图 7-1　S_N2 反应进程中的能量变化

7.3.1.3　S_N2 反应的立体化学

（1）异面进攻反应（Nu^- 从离去基团 L 的背面进攻反应中心）

$Nu^- + C{-}L \longrightarrow \overset{\delta^-}{Nu}\cdots C \cdots \overset{\delta^-}{L} \longrightarrow Nu{-}C + L^-$

（2）构型翻转（产物的构型与底物的构型相反——瓦尔登 Walden 转化）

例如：

$HO^{\ominus} + H(C_6H_{13})(CH_3)C{-}Br \xrightarrow{S_N2} HO{-}C(C_6H_{13})(H)(CH_3) + Br^{\ominus}$

(−)-2-溴辛烷　$\alpha=-34.2°$　　　(+)-2-辛醇　$\alpha=+99°$

实例说明，通过水解反应，手性中心碳原子的构型发生了翻转。根据大量立体化学和动力学研究材料，可以得出下面的结论：按双分子历程进行亲核取代反应，总是伴随着构型的翻转。也就是说，完全的构型转化往往可作为双分子亲核取代反应的标志。

7.3.2　单分子亲核取代反应（S_N1 反应）

实验证明，3°RX，如 $CH_2{=}CHCH_2X$ 和苄卤的水解是按 S_N1 历程进行的。

$$CH_3-\overset{\displaystyle CH_3}{\underset{\displaystyle CH_3}{\overset{|}{\underset{|}{C}}}}-Br + OH^- \longrightarrow CH_3-\overset{\displaystyle CH_3}{\underset{\displaystyle CH_3}{\overset{|}{\underset{|}{C}}}}-OH + Br^-$$

$$v=k[(CH_3)_3C—Br]$$

因其水解反应速率仅与反应物卤代烷的浓度有关，而与亲核试剂的浓度无关，所以称为单分子亲核取代反应（S_N1 反应）。

7.3.2.1　反应机理　S_N1 反应是分两步完成的。

第一步：

$$CH_3-\overset{\displaystyle CH_3}{\underset{\displaystyle CH_3}{\overset{|}{\underset{|}{C}}}}-Br \xrightarrow{\text{慢}} \left[CH_3-\overset{\displaystyle CH_3}{\underset{\displaystyle CH_3}{\overset{|}{\underset{|}{\overset{\delta^+}{C}}}}}\cdots\overset{\delta^-}{Br}\right] \longrightarrow CH_3-\overset{\displaystyle CH_3}{\underset{\displaystyle CH_3}{\overset{|}{\underset{|}{C^+}}}} + Br^-$$

过渡态(1)

第二步：

$$CH_3-\overset{\displaystyle CH_3}{\underset{\displaystyle CH_3}{\overset{|}{\underset{|}{C^+}}}} + OH^- \xrightarrow{\text{快}} \left[CH_3-\overset{\displaystyle CH_3}{\underset{\displaystyle CH_3}{\overset{|}{\underset{|}{\overset{\delta^+}{C}}}}}\cdots\overset{\delta^-}{OH}\right] \longrightarrow CH_3-\overset{\displaystyle CH_3}{\underset{\displaystyle CH_3}{\overset{|}{\underset{|}{C}}}}-OH$$

过渡态(2)

反应的第一步是卤代烃电离生成活性中间体碳正离子，第二步是碳正离子再与氢氧根负离子反应生成产物。故 S_N1 反应中有活性中间体——碳正离子生成。

7.3.2.2　S_N1 反应的能量变化

S_N1 反应的能量变化可用位能-反应进程曲线图表示（见图 7-2）。

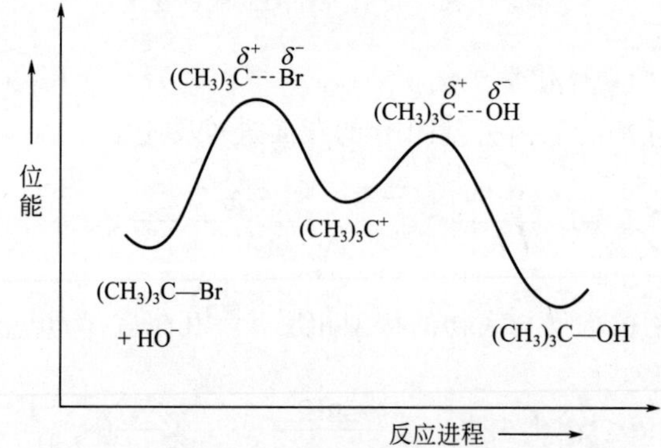

图 7-2　S_N1 反应进程中的能量变化

7.3.2.3　S_N1 反应的立体化学

（1）外消旋化（构型翻转 ＋构型保持）　因 S_N1 反应第一步生成的碳正离子为平面构型（正电荷的碳原子为 sp^2 杂化的），第二步亲核试剂从平面两面进攻的概率相等。

$$R_1R_2R_3C—Br \longrightarrow R_1R_2R_3C^+ \xrightarrow{HO^-\ (a,\ b)} HO—CR_1R_2R_3 + R_1R_2R_3C—OH$$

a构型转化　　b构型保持

外消旋体

（2）部分外消旋化（构型翻转＞构型保持） S_N1 反应在有些情况下不能完全外消旋化，其构型翻转概率大于构型保持，因而其反应产物具有旋光性。例如：

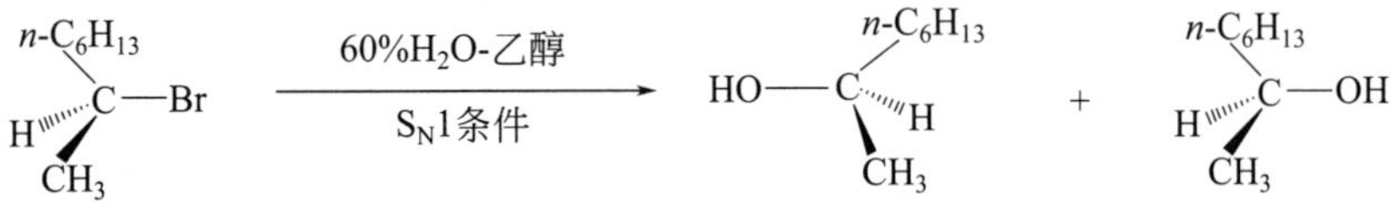

(−)-2-溴辛烷 $\xrightarrow[S_N1条件]{60\%H_2O\text{-}乙醇}$ (+)-2-辛醇 67% ＋ (−)-2-辛醇 33%

左旋 2-溴辛烷在 S_N1 条件下水解，得到 67％构型翻转的右旋 2-辛醇、33％构型保持的左旋 2-辛醇，其中有 33％构型翻转的右旋 2-辛醇与左旋 2-辛醇组成外消旋体，还剩下 34％的右旋 2-辛醇，所以，其水解产物有旋光性。

① 理论解释——离子对历程。离子对历程认为，反应物在溶剂中的离解是分步进行的。可表示为：

$$R—X \rightleftharpoons |R^+\ X^-| \rightleftharpoons |R^+||X^-| \rightleftharpoons |R^+|+|X^-|$$

紧密离子对　溶剂分隔离子对

在紧密离子对中 R^+ 和 X^- 之间尚有一定键连，因此仍保持原构型，亲核试剂只能从背面进攻，导致构型翻转。

在溶剂分隔离子对中，离子被溶剂隔开，如果亲核试剂介入溶剂的位置进攻中心碳，则产物保持原构型，由亲核试剂介入溶剂的背面进攻，就发生构型翻转。

另外，有一些特定结构的物质，如中心碳原子的附近有一个带负电或孤对电子的原子，这个原子的负电荷能够稳定中心碳正离子，就会发生邻位效应。当反应邻位效应参与时，虽然是 S_N1 反应，但产物的构型也会发生翻转。例如：

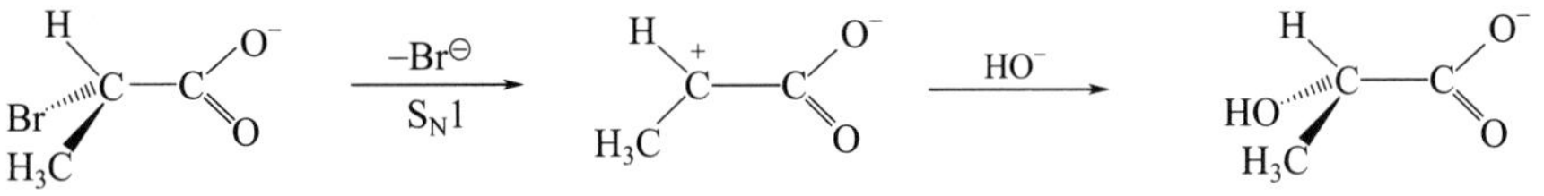

$\xrightarrow[S_N1]{-Br^\ominus}$ 碳正离子 $\xrightarrow{HO^-}$ 100%构型保持

② 理论解释——邻近基团的参与。分子内中心碳原子邻近带负电荷的基团（下例为羧基负离子）像 Nu：一样从连接溴原子（离去基团）的背面向中心碳原子进攻，进行了分子内的类似于 S_N2 的反应，生成不稳定的内酯。

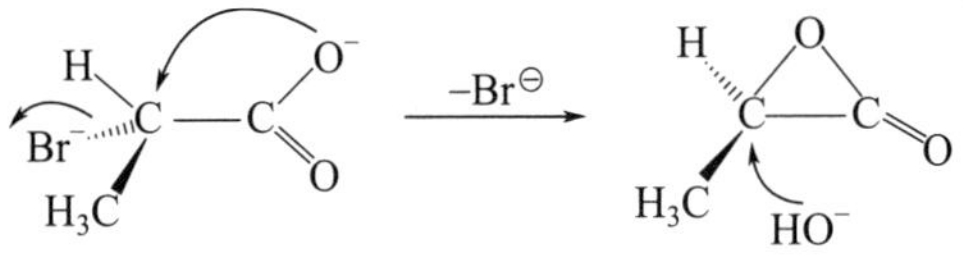

$\xrightarrow{-Br^\ominus}$

在内酯中手性碳原子的构型发生了翻转，碳正离子的构型被固定，因此，亲核试剂（^-OH）就只能从原来溴原子离去的方向进攻，手性碳原子的构型再一次发生翻转，经过两次翻转，结果 100％保持原来的构型不变。

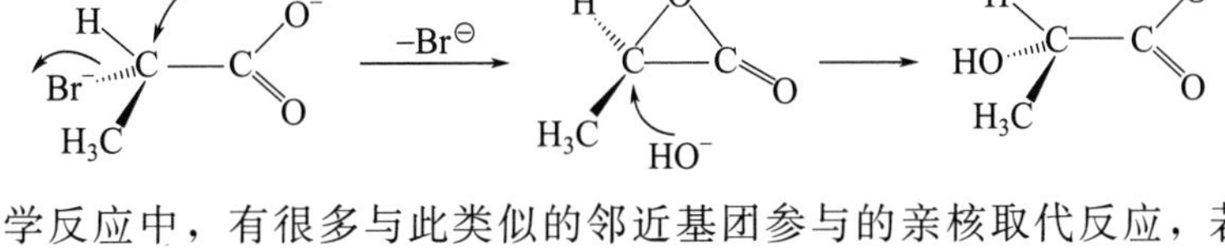

$\xrightarrow{-Br^\ominus}$ $\longrightarrow$

在有机化学反应中，有很多与此类似的邻近基团参与的亲核取代反应，若反应物分子内中心碳原子邻近有—COO^-、—O^-、—OR、—NR_2、—X、碳负离子等基团存在，且空间距离适当，这些基团就可以借助它们的负电荷或孤电子对参与分子内的亲核取代反应。反应结果除得到亲核取代产物外，还常常导致环状化合物的形成。

7.3.2.4 S_N1 反应的特征——有重排产物生成 因 S_N1 反应经过碳正离子中间体，会发生分子重排，生成一个较稳定的碳正离子，因而有重排产物生成。

$$CH_3-\underset{CH_3}{\overset{CH_3}{\underset{|}{\overset{|}{C}}}}-CH_2Br \xrightarrow[S_N1]{C_2H_5O^-} CH_3-\underset{CH_3}{\overset{CH_3}{\underset{|}{\overset{|}{C}}}}-\overset{+}{C}H_2 \begin{cases} \xrightarrow{C_2H_5O^-} CH_3-\underset{CH_3}{\overset{CH_3}{\underset{|}{\overset{|}{C}}}}-CH_2OC_2H_5 \\ \xrightarrow{\text{重排}} CH_3-\overset{CH_3}{\overset{|}{\underset{+}{C}}}-CH_2CH_3 \xrightarrow{C_2H_5O^-} CH_3-\underset{OC_2H_5}{\overset{CH_3}{\underset{|}{\overset{|}{C}}}}-CH_2CH_3 \\ \quad \xrightarrow{-H} CH_3-\overset{CH_3}{\overset{|}{C}}=CHCH_3 \end{cases}$$

7.4 影响亲核取代反应的因素

一个卤代烷的亲核取代反应究竟是 S_N1 历程还是 S_N2 历程，是烃基的结构、亲核试剂的性质、离去基团的性质和溶剂的极性等因素决定的。

7.4.1 烃基结构的影响

7.4.1.1 对 S_N1 的影响 S_N1 反应的难易决定于中间体碳正离子的形成难易及稳定性。碳正离子越容易形成，对 S_N1 越有利；碳正离子越稳定，对 S_N1 越有利。

碳正离子的稳定性顺序是：

$$PhCH_2^+ \approx CH_2=CHCH_2^+ > R_3C^+ > R_2CH^+ > RCH_2^+ > CH_3^+$$

卤代烷的活性次序是：

$$PhCH_2X \approx CH_2=CHCH_2X > R_3CX > R_2CHX > RCH_2X > CH_3X$$

例如：

$$R-Br + H_2O \xrightarrow{\text{甲酸}} R-OH + HBr$$

实验测得：反应物	$(CH_3)_3CBr$	$(CH_3)_2CHBr$	CH_3CH_2Br	CH_3Br
S_N1 相对速率	10^8	45	17	1

7.4.1.2 对 S_N2 反应的影响 S_N2 反应难易决定于过渡态形成的难易。

当反应中心碳原子（α-C 或 β-C）上连接的烃基越多或者烃基越大时，亲核试剂反面进攻的空间位阻就越大，过渡态越难形成，S_N2 反应就难以进行。例如：

$$R-Br + KI \xrightarrow{\text{丙酮}} R-I + HBr$$

反应物	CH_3Br	CH_3CH_2Br	$(CH_3)_2CHBr$	$(CH_3)_3CBr$
S_N2 相对速率	150	1	0.01	0.001

当伯卤代烷的 β 位上有侧链时，取代反应速率明显下降。例如：

$$R-Br + C_2H_5O^{\ominus} \xrightarrow[55℃]{\text{无水乙醇}} ROC_2H_5 + Br^{\ominus}$$

反应物	CH_3CH_2Br	$CH_3CH_2CH_2Br$	$CH_3\overset{CH_3}{\overset{|}{C}}HCH_2Br$	$CH_3\underset{CH_3}{\overset{CH_3}{\underset{|}{\overset{|}{C}}}}CH_2Br$
S_N2 相对速率	100	28	3	0.00042

因此，普通卤代烃的 S_N 反应，一般如下：

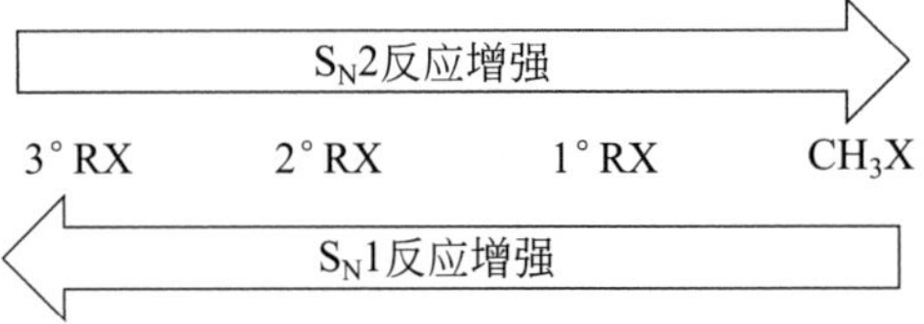

7.4.2 离去基团的影响

离去基团 X—的性质对 S_N1 反应和 S_N2 反应产生相似的影响，离去基团容易离去，对 S_N1 和 S_N2 都有促进作用。卤代烷的活性次序（即卤素的离去活性顺序）是：

$$RI > RBr > RCl > RF$$

对卤素离去性能强弱可由 C—X 键的强弱来判断，键的强弱可由离解能的大小和键长的长短来判断。离解能越大、键长越短，离去性能越差。

C—X：	C—F	> C—Cl	> C—Br	> C—I
离解能（kJ/mol）：	485	339	285	218
键长（pm）：	138	177	194	214

常见离去基团的活性顺序：

NO_2—⟨苯环⟩—SO_3— > ⟨苯环⟩—SO_3— > CH_3—⟨苯环⟩—SO_3—

$> —I > —\overset{+}{O}H_2 > —OH > —Br > —Cl > (—F)$

7.4.3 亲核试剂的影响

亲核试剂是指试剂的亲正电性能力，在有机化学中，正电一般指带部分正电荷的碳原子，如 C—X、C—OH、C═O、C≡O 等的碳原子。碱性是指试剂的亲 H^+ 能力。

在亲核取代反应中，亲核试剂的作用是提供一对电子与 RX 的带部分负电荷的中心碳原子成键，若试剂给电子的能力强，则成键快，亲核性就强。

S_N1 反应的速率只与卤代烷的浓度有关，因此亲核试剂的强弱和浓度的大小对 S_N1 反应无明显的影响。

S_N2 反应的速率既与卤代烷的浓度有关，又与亲核试剂的浓度有关，因此亲核试剂的浓度越大，体积越小，亲核能力越强，对 S_N2 反应越有利。

试剂的亲核性与下列因素有关。

① 试剂所带电荷的影响。带负电荷的亲核试剂要比带孤对电子的中性的亲核试剂的亲核能力强。例如，$OH^- > H_2O$、$RO^- > ROH$ 等。

② 电子效应和空间效应的影响。电子效应：给电子基团有利于负电荷的集中，可以提高试剂的亲核性及碱性；吸电子基团有利于负电荷的分散，使试剂的亲核性及碱性下降。试剂的碱性是指与质子结合的能力；试剂的亲核性是指与正电性碳原子结合的能力。例如：$C_2H_5O^- > HO^- > C_6H_5O^- > CH_3COO^- > ROH > H_2O$。

在元素周期表中，同周期元素，随原子序数增大，原子半径减小，电负性增大，核对核外电子的束缚力增强，给出电子的能力减弱，亲核能力减弱，碱性也减弱。

亲核性和碱性大小：（可由其共轭酸的强弱来判断）

$$R_3C^- > R_2N^- > RO^- > F^- \qquad NH_2^- > OH^- > F^- \qquad NH_3 > H_2O$$

空间效应：体积越大对试剂亲核性的发挥越不利，即亲核性越小，但碱性却增强。亲核性大小是指进攻中心碳原子的能力大小。中心碳原子不但体积大，而且轨道具有方向性，因此亲核试剂体积大不利于进攻中心碳原子。碱性大小是指与 H^+ 结合的能力大小。H^+ 的体积非常小，是所有基团中体积最小的，而且轨道是球形的，没有方向性，所以试剂的体积大小对结合 H^+ 影响不大。

$$\xrightarrow{\text{碱性增强}} \quad CH_3O^- \quad C_2H_5O^- \quad (CH_3)_2CHO^- \quad (CH_3)_3CO^- \quad \xleftarrow[\text{亲核性增强}]{}$$

③ 试剂的可极化性影响。极化度大的原子或基团，因形变而易于接近反应中心，从而降低了达到过渡状态所需要的活化能，故亲核能力增强。碱性相近的亲核试剂，其可极化性越大，则亲核能力越强。原子半径越大，原子核对外层电子的束缚就越小，原子的可极化程度就越大，亲核能力就越强。

在元素周期表中，同主族元素，随原子序数的增大，原子半径增大，核对核外电子的束缚力减小，可极化性增强，给出电子的能力增强，亲核能力增强。但碱性却减弱，主要原因是轨道匹配性不好。

$$\xrightarrow{\text{碱性增强}} \quad I^- > Br^- > Cl^- > F^- \quad \xleftarrow[\text{亲核性增强}]{} \qquad\qquad \xrightarrow{\text{碱性增强}} \quad SH^- > OH^- \quad \xleftarrow[\text{亲核性增强}]{}$$

7.4.4 溶剂的影响

溶剂的极性强有利于稳定碳正离子中间体，对 S_N1 历程有利。对 S_N2 历程来说，一般形成过渡态是一个电荷分散的过程，这样的过程需要极性低的溶剂稳定过渡态，溶剂极性太强或没有极性，都不利于过渡态的稳定。

例如：

$$C_6H_5CH_2Cl \xrightarrow{OH^-} \begin{cases} \xrightarrow[S_N1]{H_2O} C_6H_5CH_2OH + Cl^- \\ \xrightarrow[S_N2]{\text{丙酮}} C_6H_5CH_2OH + Cl^- \end{cases}$$

综上，亲核取代反应 S_N1 和 S_N2 的比较见表 7-1。

表 7-1 亲核取代反应 S_N2 和 S_N1 的比较

序号	比较内容	S_N2	S_N1
1	键的断裂与形成	亲核试剂进攻导致 C—X 键的断裂	C—X 键先断裂，形成 C^+，亲核试剂再与 C^+ 结合
2	动力学级数	二级	一级
3	立体化学	构型翻转	外消旋化
4	重排现象	无	有时重排(碳链改变)
5	过渡态，中心碳原子空间构型	由 $sp^3 \rightarrow sp^2$，五个基团形成的三角双锥，空间拥挤	由 $sp^3 \rightarrow sp^2$，形成 C^+，三个基团形成平面三角形，空间不拥挤
6	不同卤素的卤代物	RI＞RBr＞RCl	RI＞RBr＞RCl

续表

序号	比较内容	S_N2	S_N1
7	同一卤素的卤代物	$CH_3X > CH_3CH_2X > Me_2CHX > Me_3CX$	$Me_3CX > Me_2CHX > CH_3CH_2X > CH_3X$
8	卤代物的浓度增加	速率增加	速率增加
9	亲核试剂的浓度增加	速率增加	基本不变
10	溶剂极性增加	速率降低	速率增加
11	升高温度对速率的影响	速率增加	速率增加(仅从能量考虑)

7.5 卤代烃的制法

卤代烃在自然界极少存在，主要是由化学合成而得到的。

7.5.1 由烃制备

7.5.1.1 烷烃的光卤代 烷烃的光卤代，是游离基反应，生成多取代产物，没有实际意义。

7.5.1.2 芳烃、烯烃 α-H 的卤代 芳烃、烯烃 α-H 的卤代反应是游离基反应，常用的引发剂有紫外光、过氧化物、偶氮二异丁腈等，常用的卤代试剂有卤素单质、NBS、NCS 等。例如：

$$-\overset{|}{C}=\overset{|}{C}-\underset{H}{\overset{|}{C}}- + \text{NBS (N-溴代丁二酰亚胺)} \longrightarrow -\overset{|}{C}=\overset{|}{C}-\underset{Br}{\overset{|}{C}}- + \text{丁二酰亚胺 (N—H)}$$

$$\text{环戊烯} \xrightarrow[CCl_4,\ 引发剂]{NBS} \text{3-溴环戊烯}$$

$$CH_3CH_2CH{=}CHCH_3 \xrightarrow[CCl_4,\ 沸腾]{NBS} CH_3\underset{Br}{CH}CH{=}CHCH_3 + CH_3CH_2CH{=}CH\underset{Br}{CH_2}$$

7.5.1.3 芳烃在 Fe 催化下进行的芳环亲电取代 例如：

$$\text{苯} + Cl_2 \xrightarrow{FeCl_3} \text{氯苯} + HCl$$

7.5.1.4 不饱和烃与 HX 或 X_2 的亲电加成反应 例如：

$$CH_3CH{=}CH_2 + HBr \begin{cases} \xrightarrow{FeCl_3} CH_3\underset{Br}{CH}-CH_3 \\ \xrightarrow{过氧化物} CH_3CH-CH_2Br \end{cases}$$

7.5.1.5 氯甲基化反应——制苄氯的方法 例如：

$$\text{苯} + HCHO + HCl \xrightarrow[60℃]{ZnCl_2} \underset{70\%}{C_6H_5CH_2Cl} + \underset{少量}{ClCH_2C_6H_4CH_2Cl\ (对位)} + H_2O$$

苯环上有第一类取代基时，反应易进行；有第二类取代基和卤素时则反应难进行。

7.5.2 由醇制备

7.5.2.1 醇与 HX 作用 实验室制取溴乙烷，常用溴化钠和浓硫酸的混合物与乙醇一起加热。此类反应用质子酸或路易斯酸作催化剂：

$$CH_3CH_2OH+HBr \rightleftharpoons CH_3CH_2Br+H_2O$$

$$CH_3(CH_2)_3OH+HCl \xrightarrow[\triangle]{ZnCl_2} CH_3(CH_2)_3Cl+H_2O$$

7.5.2.2 醇与卤化磷作用 例如：

$$ROH+PBr_3 \longrightarrow RBr+P(OH)_3$$

实际反应是：

$$3ROH+P+3/2X_2 \rightleftharpoons 3RX+P(OH)_3 \quad X=Br,Cl$$

$$ROH+PX_5 \longrightarrow RX+POX_3+HX$$

7.5.2.3 醇与亚硫酰氯作用 例如：

$$CH_3CH_2CH_2CH_2OH+SOCl_2 \longrightarrow CH_3CH_2CH_2CH_2Cl+SO_2\uparrow+HCl\uparrow$$

此反应的优点是产率高、易提纯。

7.5.3 碘代烷的制备

氯代烷或溴代烷的丙酮溶液与碘化钠共热可得到碘代烷，由于 NaI（或 KI）溶于丙酮而反应后生成的氯化钠或溴化钠（KCl、KBr）的溶解度很小，这样可使平衡移动而促使反应向右进行。这是制备碘代烷比较方便且产率较高的方法。

$$RCH_2X+NaI \longrightarrow RCH_2I+NaX \ (X=Cl、Br)$$

例如：

$$CH_3CH_2CH_2CH_2Br+NaI \longrightarrow CH_3CH_2CH_2CH_2I+NaBr$$

此反应一般适用于伯卤代烷。

7.6 重要的卤代烃

7.6.1 三氯甲烷

三氯甲烷俗名氯仿，为无色具有甜味的液体，沸点 61℃，不燃烧、不溶于水，可用作抗生素、香料、油脂、树脂、橡胶的溶剂和萃取剂，不过现在多改用二氯甲烷为溶剂。氯仿还用于烟雾剂的发射药、谷物的熏蒸剂和校准温度的标准液，医药上曾用作溶剂和全身麻醉剂，毒性较大，目前已绝少使用。工业上以三氯乙醛水解制得：

$$CCl_3CH=O+NaOH \longrightarrow CHCl_3+HCOONa$$

氯仿光照下易与氧反应放出极毒的光气（$COCl_2$），因此氯仿应保存在棕色瓶中，且最好装满。工业品常加入 1% 的乙醇以破坏可能生成的光气（光气与乙醇生成无毒的碳酸二乙酯），使用前可加入少量浓硫酸振摇后水洗，经氯化钙或碳酸钾干燥，即可得不含乙醇的氯仿。生成光气的反应：$CHCl_3+O_2 \longrightarrow COCl_2+HCl$

7.6.2 四氯甲烷

四氯甲烷俗名四氯化碳，可由甲烷氯代得到，也可在催化剂存在下将氯气通入二硫化碳制得。

四氯化碳是无色液体，沸点76.8℃，不溶于水，是很好的有机溶剂，常用来洗去衣服上的油渍；不过它会损伤肝、肾，有致癌性，因此现在清洗改用毒性稍小的三氯乙烯。四氯化碳不能燃烧，蒸气比空气重，能使燃烧物与空气隔开，曾用作灭火剂；但在灭火时，常与水作用产生光气，必须注意通风。四氯化碳与金属钠在温度较高时能剧烈反应直至爆炸，不能用来扑灭金属钠着火。1984年起，我国不再生产、销售四氯化碳灭火器。

我国现在使用二氟一氯一溴甲烷灭火剂，其毒性较四氯化碳要小，加热后不会产生可导电的离子，因此它也可用作电气设备的灭火剂。

7.6.3 氯苯

氯苯为无色液体，沸点131.7℃，具有苦杏仁味。第一次世界大战期间主要用于生产军用炸药所需的苦味酸。1940年至1980年，大量用于生产DDT，是优良溶剂和传热介质，还可用于制造苯酚、硝基氯苯、苯胺、硝基酚、油漆、干洗剂、快干油墨、橡胶助剂等。

7.6.4 氯乙烯

氯乙烯是最重要的卤代烯烃，工业上90%以上由乙烯氧氯化法制备：

$$CH_2{=}CH_2 + Cl_2 \xrightarrow{FeCl_3} \underset{\mid \atop Cl}{CH_2}{-}\underset{\mid \atop Cl}{CH_2} \xrightarrow[\text{裂解}]{550℃} CH_2{=}\underset{\mid \atop Cl}{CH} + HCl$$

氯乙烯沸点为－13.9℃，常温下为无色气体，其聚合物聚氯乙烯外文（缩写）PVC，消耗量仅次于聚乙烯、聚丙烯。硬聚氯乙烯用于管材、门窗型材、管接头、电气零件等；软聚氯乙烯用于汽车内饰品、手袋、薄膜、电线电缆、医用制品等。

$$n\,CH_2{=}\underset{\mid \atop Cl}{CH} \longrightarrow \left[CH_2{-}\underset{\mid \atop Cl}{CH} \right]_n$$

7.6.5 二氟二氯甲烷（氟利昂）

二氟二氯甲烷是氟氯碳化合物（缩写为CFC，商品名Freon，音译为“氟利昂”）的代表，是美国杜邦公司小托马斯·米基利红极一时、最终被淘汰的两大发明之一（另一项发明为四乙基铅）。美国供暖制冷工程协会1967年规定，分子式为 $C_mH_nF_xCl_yBr_z$ 的制冷剂代号为 $R(m-1)(n+1)(x)B(z)$，据此二氟二氯甲烷可记为R12。

二氟二氯甲烷是无色、无臭、无毒且非常稳定的气体，沸点－29.8℃，很易被压缩，又无腐蚀性。20世纪30年代至70年代广泛用作冰箱制冷剂及气溶胶喷雾剂（如杀虫剂、喷发胶、空气清新剂等在加压容器内使用的喷射剂）。这类物质性质稳定，在低层大气中不分解，最终上升到平流层，在日光辐射下C—Cl键均裂产生氯自由基，催化臭氧分子分解：

$$Cl + O_3 \longrightarrow ClO + O_2,\quad ClO + O \longrightarrow Cl + O_2$$

总反应：

$$O + O_3 \longrightarrow 2O_2$$

这一反应严重破坏了能吸收紫外辐射的臭氧层，强烈的紫外线照射会损害人和动物的免疫功能，诱发皮肤癌和白内障，破坏地球上的生态系统。1987年9月16日，在加拿大蒙特利尔，24国代表签署了保护臭氧层的议定书，中国从2010年起淘汰R12，改用环保性能更好的代替品R134a（四氟乙烷 CH_2FCF_3）。

7.6.6 聚四氟乙烯

聚四氟乙烯（缩写为 PTFE，商品名 Teflon，音译为“特富龙”），是杜邦公司意外发现的。它是白色或浅灰色固体，平均分子量为 400 万～1000 万，最大特点是耐腐蚀性好，除熔融的金属钾、钠外，不与强酸、强碱和其他化学药品作用，甚至在“王水”中煮沸也无变化。它不溶于任何溶剂，也不燃烧，耐高温可达 260℃，耐低温达－190℃，是已知摩擦系数最小的固体物质，有良好的电绝缘性和耐磨性，是当之无愧的“塑料王”。它可用于制造不粘锅、干式变压器、高温发射火箭的内壁涂层，是北京水立方的外墙材料。

四氟乙烯的制备方法如下：

$$CHCl_3 + HF \xrightarrow{SbCl_3} CHF_2Cl + HCl$$

$$CHF_2Cl \xrightarrow{600\sim800℃} F_2C{=}CF_2 + HCl$$

$$nCF_2{=}CF_2 \xrightarrow{(NH_4)_2S_2O_8} {-\!\!\!\left[\right.} CF_2-CF_2 {\left.\right]\!\!\!-}_n$$

习　题

1. 命名下列化合物。

(1) $H_3C-C(CH_3)_2-CH_2Br$　(2) $(CH_3)(H)C{=}C(C_2H_5)(Br)$　(3) $CH_3-CH(Br)-CH(CH_2Cl)-CH_2CH_2CH_3$（C上标H）

(4) 螺环化合物（环丁烯与环丙烷螺连，环丙烷上有 $-CH_3$ 和 $-Cl$）　(5) 1,1-二（C_2H_5）取代环戊烷，环上另有 $-Br$　(6) 环己基 $-CH_2Cl$

(7) $C_6H_5-CH_2CH_2CHCH_3$（CH 上连 Br）　(8) $Br-C_6H_4-CH_3$（对位）

2. 写出下列化合物的结构式。

(1) 烯丙基溴　(2) 苄氯　(3) 氯仿

(4) 1-苯基-2-氯乙烷　(5) 乙基溴化镁　(6) (*R*)-2-溴戊烷

3. 用化学反应式表示 $CH_3CH_2CH_2Br$ 与下列试剂反应的主要产物。

(1) $NaOH+H_2O$　(2) KOH＋醇　(3) Na（加热）　(4) Mg＋乙醚

4. 写出下列物质与 1molNaOH 水解的反应方程式。

(1) $CH_2CH_2CH_2CH_2Cl$　(2) $BrCH{=}CHCHBrCH_2CH_3$

(3) $ClCH_2CH_2-C_6H_4-CH_2Cl$（对位）

5. 将下列两组化合物按照与 KOH 醇溶液作用时，消除卤化氢的难易次序排列，并写出产物的结构式。

(1) a. 2-溴戊烷　b. 2-甲基-2-溴丁烷　c. 1-溴戊烷

(2) a. $H_3C-CH(CH_3)-CH_2CH_2Br$　b. $H_3C-CBr(CH_3)-CH_2CH_3$　c. $CH_3-CH(CH_3)-CHBr-CH_3$

6. 将下列各组化合物按照与指定试剂反应的活性大小排列次序，并解释理由。

(1) 按与 $AgNO_3$ 的醇溶液反应活性大小排列下列化合物。

① a. 1-溴丁烷；b. 1-氯乙烷；c. 1-碘丁烷

② a. 2-溴丁烷；b. 溴乙烷；c. 2-甲基-2-溴丁烷

(2) 按与 KI 的丙酮溶液反应活性大小排列下列化合物。

a. 2-甲基-3-溴戊烷；b. 2-甲基-1-溴戊烷；c. 叔丁基溴

7. 完成下列反应式。

(1) $CH_3CH_2CH{=}CH_2 + Br_2 \xrightarrow{500℃} ? \xrightarrow{C_2H_5OH} ? \xrightarrow{HBr} ?$

(2) $H_3C{-}CH(CH_3){-}CHCl{-}CH_3 \xrightarrow[\triangle]{KOH/C_2H_5OH}$

(3) 1-甲基-2-亚甲基环戊烷 $\xrightarrow[500℃]{Cl_2}$

(4) $C_6H_5CH_2CH_3 \xrightarrow[500℃]{Cl_2} ? \xrightarrow[H_2O]{KOH}$

(5) $C_2H_5MgBr + CH_3C{\equiv}CH \longrightarrow$

(6) $C_6H_5CH_3 \xrightarrow[ZnCl_2 \cdot HCl]{HCHO} ? \xrightarrow[丙酮]{NaI} ? \xrightarrow{NaCN} ? \xrightarrow{H^+/H_2O} ?$

(7) $(CH_3)_3CCl + Mg \xrightarrow{纯醚}$

(8) 7,7-二溴双环[4.1.0]庚烷 $\xrightarrow{(CH_3)_2CuLi}$

8. 将下列各组化合物按 S_N1 反应活性下降次序排列。

(1) $p\text{-}NO_2C_6H_4CH_2Cl$　　$C_6H_5CH_2Cl$　　$p\text{-}ClC_6H_4CH_2Cl$

(2) $C_6H_5CH_2CH_2Br$　　$C_6H_5CHBrCH_3$　　$C_6H_5CH_2Br$

9. 将下列各组化合物按 S_N2 反应活性下降次序排列。

(1) $C_6H_{11}CHBrCH_3$　　$C_6H_{11}CH_2Br$　　$C_6H_{11}CBr(CH_3)_2$

(2) $CH_3CH_2CH_2CH_2Br$　　$CH_3CH_2CH(CH_3){-}CH_2Br$　　$CH_3CH_2{-}C(CH_3)_2{-}CH_2Br$

(3) $C_6H_{11}F$　　$C_6H_{11}Cl$　　$C_6H_{11}Br$　　$C_6H_{11}I$

10. 用化学方法区别下列各组化合物。

(1) 正丁烷和正丁基氯

(2) 烯丙基氯和氯化苄

(3) 对溴甲苯和溴化苄

11. 将下列卤代烃按 E1 机理消除 HBr 时的反应速率由快到慢排序。

(1)

a. 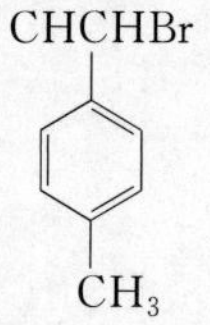 对甲基苯基 CH_3CHBr（4-$CH_3C_6H_4CHBr$，图示为 CHCHBr 连于对甲苯基）　b. 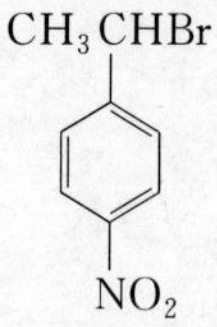 CH_3CHBr 连于对硝基苯基（4-$NO_2C_6H_4$）　c. 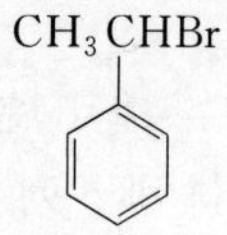 CH_3CHBr 连于苯基　d. 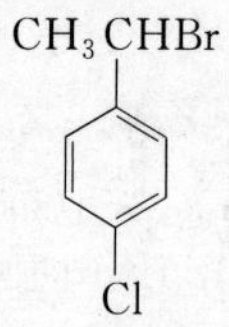 CH_3CHBr 连于对氯苯基（4-ClC_6H_4）

(2)

a. 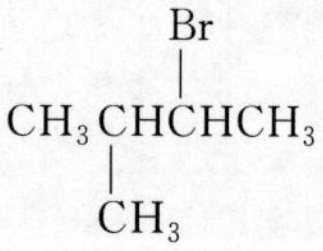 $CH_3CH(CH_3)CHBrCH_3$　b. 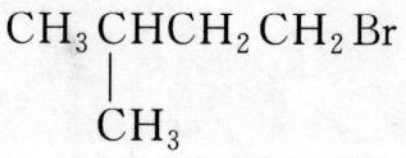 $CH_3CH(CH_3)CH_2CH_2Br$　c. 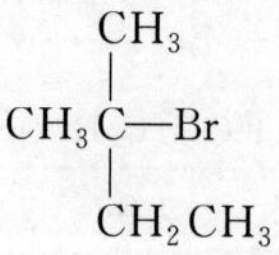 $CH_3C(CH_3)(Br)CH_2CH_3$

12. 为下列反应提出一个合理的反应机理。

(1) 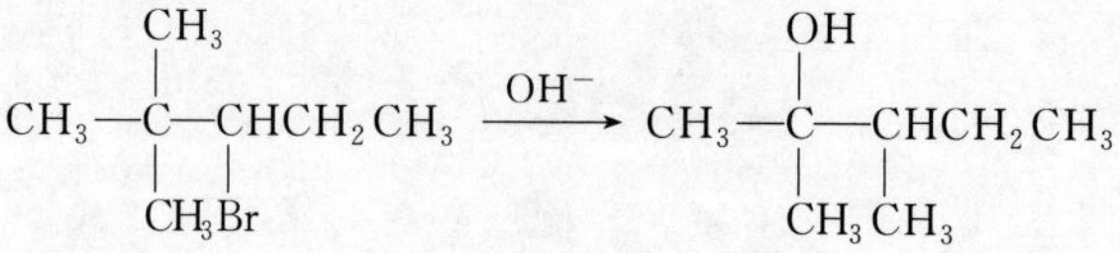 $CH_3-C(CH_3)(CH_2Br)-CHCH_2CH_3 \xrightarrow{OH^-} CH_3-C(OH)(CH_3)-CH(CH_3)CH_2CH_3$

(2) $CH_3CH(Br)CH{=}CH_2 \xrightarrow{NaOH/H_2O} CH_3CH(OH)CH{=}CH_2 + CH_3CH{=}CHCH_2OH$

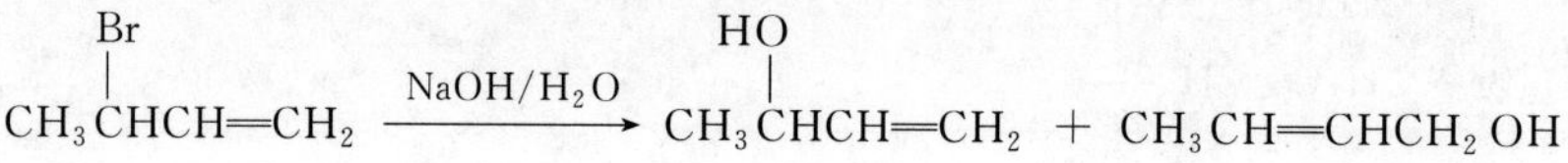

8 醇、酚、醚

教学目标及要求

1. 掌握 IUPAC 官能团顺序；

2. 掌握醇的化学性质，即与活泼金属、卤代烃的反应，掌握 Lucas 试剂鉴定 C3～C6 伯仲叔醇，掌握醇的脱水、氧化，二元醇的特殊反应；

3. 醇的制备，即烯烃硼氢化-氧化制醇、醛酮与格氏试剂反应制醇；β-消除；酚羟基的反应与苯酚的制法；醚的制备，由威廉森合成法合成醚，不对称环氧丙烷开环反应；

4. 了解冠醚与相转移催化剂。

重点与难点

醇、酚、醚的化学性质；醇、酚、醚的制备；酚羟基的保护；醇、酚、醚的鉴定。

8.1 醇

8.1.1 醇的结构、分类和命名

8.1.1.1 醇的结构 醇可以看成是烃分子中的氢原子被羟基（—OH）取代后生成的衍生物（R—OH）。

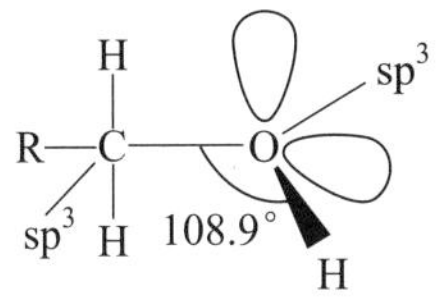

O 离子为 sp^3 杂化，由于在 sp^3 杂化轨道上有未共用电子对，两对之间产生斥力，使得∠C—O—H 小于 109.5°。

8.1.1.2 醇的分类

① 根据羟基所连碳原子种类分为：一级醇（伯醇）、二级醇（仲醇）、三级醇（叔醇）。

② 根据分子中烃基的类别分为：脂肪醇、脂环醇、和芳香醇（芳环侧链有羟基的化合物，羟基直接连在芳环上的不是醇而是酚）。

③ 根据分子中所含羟基的数目分为：一元醇、二元醇和多元醇。

两个羟基连在同一碳上的化合物不稳定，这种结构会自发失水，故同碳二醇不存在。另外，烯醇是不稳定的，容易成为比较稳定的醛和酮。

8.1.1.3 醇的命名

① 俗名。如乙醇俗称酒精，丙三醇称为甘油等。

② 简单的一元醇用普通命名法命名。例如：

$(CH_3)_2CHCH_2OH$ 异丁醇　　$(CH_3)_3COH$ 叔丁醇　　环己醇（环己基—OH）　　苄醇（苯基—CH_2OH）

③ 系统命名法。结构比较复杂的醇，采用系统命名法。选择含有羟基的最长碳链为主链，以羟基的位置最小编号，保持所有取代基位次之和最小，称为某醇。例如：

$CH_3CH(CH_3)CH(OH)CH_2CH(Cl)CH_3$ 2-甲基-5-氯-3-己醇

$CH_2{=}CHCH(OH)CH_3$ 4-戊烯-2-醇

$C_6H_5CH(OH)CH_3$ 1-苯基乙醇（α-苯乙醇）

$C_6H_5CH_2CH_2OH$ 2-苯基乙醇（β-苯乙醇）

多元醇的命名，要选择含—OH 尽可能多的碳链为主链，羟基的位次要标明。例如：

$CH_2(OH)CH_2CH_2(OH)$ 1,3-丙二醇

顺-1-甲基-1,2-环己二醇

8.1.2 醇的物理性质

C_1～C_4 的醇为具有酒味的液体，C_5～C_{11} 的醇为具有不愉快气味的油状液体，C_{12} 以上的醇为无臭无味的蜡状固体。

随分子量的增加，醇的沸点升高（见图 8-1）。含支链的醇比直链醇的沸点低，支链越多，沸点越低如正丁醇沸点为 117.3℃，异丁醇沸点为 108.4℃，叔丁醇沸点为 88.2℃。羟基越多，沸点越高，如乙醇沸点为 78℃，乙二醇沸点为 197℃，丙三醇沸点为 290℃。醇的沸点比相应的烷烃的沸点高 100～120℃（形成分子间氢键），如乙烷的沸点为－88.6℃，而乙醇的沸点为 78.3℃。醇的沸点也比分子量相近的烷烃的沸点高，如乙烷（分子量为 30）的沸点为－88.6℃，甲醇（分子量为 32）的沸点为 64.9℃。

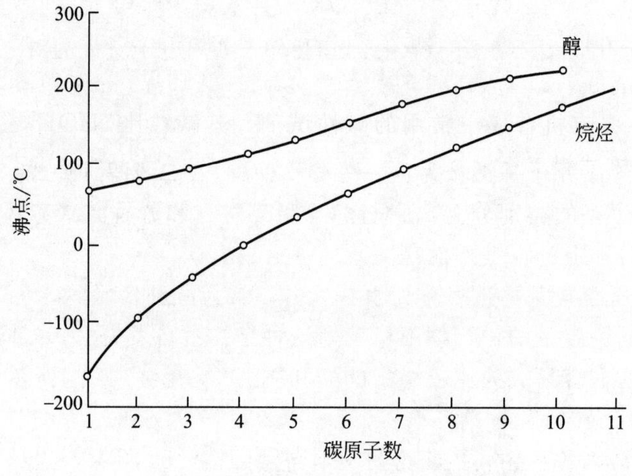

图 8-1　醇和烷烃的沸点对比图

甲醇、乙醇、丙醇与水以任意比混溶（与水形成氢键），C_4 以上则随着碳链的增长溶解度减小（烃基增大，其遮蔽作用增大，阻碍了醇羟基与水形成氢键）；分子中羟基越多，在水中的溶解度越大。烷醇的密度大于烷烃，但小于 1；芳香醇的密度大于 1。

某些低级醇，如甲醇、乙醇，能与氯化镁、氯化钙、硫酸铜等无机盐形成类似于结晶水的结晶化合物，称为结晶醇，如 $MgCl_2 \cdot 6CH_3OH$ 和 $CaCl_2 \cdot 4CH_3CH_2OH$ 等。结晶醇不溶于有机溶剂而溶于水。利用这一性质可分离醇与其他有机物。例如：乙醚中的少量乙醇，加入 $CaCl_2$ 便可除去少量乙醇。但是，也正是由于这个性质，不可用无水氯化钙干燥低级醇。

8.1.3 醇的化学性质

醇的化学性质主要由羟基官能团所决定，同时也受到烃基的一定影响，从化学键来看，主要反应是发生 C—OH、O—H、C—H 的断裂。

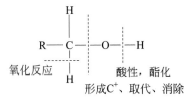

$$
\begin{array}{c}
\mathrm{H} \\
| \\
\mathrm{R—C—O—H} \\
| \\
\mathrm{H}
\end{array}
$$

氧化反应　　酸性，酯化　　形成C^+、取代、消除

α-H 具有一定活性是受 C—O 键极性的影响。分子中的 C—O 键和 O—H 键都是极性键，由于 R 基是给电子基，使得氧原子上电子云更加集中，使得醇羟基中的 O—H 键比水更加牢固，因而醇分子中主要有两个反应中心。

8.1.3.1　与活泼金属的反应　醇与水都含有羟基，都属于极性化合物，但水的酸性要比醇强。醇与水具有相似的性质，如与活泼金属（Na、K、Mg、Al 等）反应，放出氢气：

$$CH_3CH_2OH + Na \longrightarrow CH_3CH_2ONa + H_2\uparrow$$

$$CH_3CH_2OH + K \longrightarrow CH_3CH_2OK + H_2\uparrow$$

Na 与醇的反应比与水的反应缓慢得多，反应所生成的热量不足以使氢气自燃，故常利用醇与 Na 的反应销毁残余的金属钠。

$CH_3CH_2O^-$ 的碱性比 OH^- 强，所以醇钠极易水解，例如：

$$\underset{\text{强碱}}{CH_3CH_2ONa} + \underset{\text{强酸}}{H_2O} \rightleftharpoons \underset{\text{弱酸}}{CH_3CH_2OH} + \underset{\text{弱碱}}{NaOH}$$

醇的反应活性：CH_3OH＞伯醇（乙醇）＞仲醇＞叔醇（叔丁醇）

pK_a：　15.09　　　15.93　　　　＞19

醇钠（RONa）是有机合成中常用的碱性试剂，其碱性比 NaOH 还强；也可作为引入烷基（RO^-）的亲核试剂。

金属镁、铝也可与醇作用生成醇镁、醇铝。

$$2\,CH_3—\underset{\underset{OH}{|}}{\overset{\overset{CH_3}{|}}{CH}} + 2Al \longrightarrow 2\,(CH_3—\underset{\underset{O}{|}}{\overset{\overset{CH_3}{|}}{CH}})_3Al + 3H_2\uparrow$$

异丙醇铝（常用作还原剂）

羟基的氢原子活性取决于 O—H 键的断裂难易程度。叔醇羟基的氧受到三个供电子基团的影响，氧原子上的电子云密度高度集中，氢原子和氧原子结合得也较牢。而伯醇羟基的氧原子只受到一个供电子基团的影响，氧原子上的电子云密度相对较低，O—H 的氢受到的束缚较小，所以易被取代。

液态醇的酸性强弱顺序：1°醇＞2°醇＞3°醇。

醇的反应活性为：甲醇＞伯醇＞仲醇＞叔醇。

8.1.3.2　与氢卤酸反应（制卤代烃的重要方法）　醇与卤化氢反应是一个可逆反应，结果是卤素取代羟基，生成一个卤代物，其中，卤化氢可用对应的盐和浓硫酸代替。

$$ROH + HX \longrightarrow RX + H_2O$$

醇与氢卤酸反应的影响因素有以下几方面。

① 反应速率与氢卤酸的活性和醇的结构有关。

HX 的反应活性：HI＞HBr＞HCl。例如：

$$CH_3CH_2CH_2CH_2OH + HI \xrightarrow{\triangle} CH_3CH_2CH_2CH_2I + H_2O$$

$$CH_3CH_2CH_2CH_2OH + HBr \xrightarrow[H_2SO_4]{\triangle} CH_3CH_2CH_2CH_2I + H_2O$$

$$CH_3CH_2CH_2CH_2OH + HCl \xrightarrow[ZnCl_2]{\triangle} CH_3CH_2CH_2CH_2Cl + H_2O$$

醇的活性次序：苄醇或烯丙基醇＞叔醇＞仲醇＞伯醇＞CH_3OH。例如，醇与卢卡斯（Lucas）试剂（浓盐酸和无水氯化锌）的反应：

$$\left.\begin{array}{l}3°ROH\\2°ROH\\1°ROH\end{array}\right\}\xrightarrow{\text{卢卡斯试剂}}\left\{\begin{array}{l}\text{立即出现浑浊，或分层}\\\text{片刻后出现浑浊，或分层}\\\text{加热后出现浑浊，或分层}\end{array}\right.$$

Lucas 试剂可用于鉴别伯、仲、叔醇，但一般仅适用于 3～6 个碳原子的醇。原因：1 或 2 个碳的产物（卤代烷）的沸点低、易挥发，大于 6 个碳的醇（苄醇除外）不溶于卢卡斯试剂，易混淆实验现象。

② 醇与 HX 的反应为亲核取代反应，一般情况下，伯醇为 S_N2 历程；叔醇、苄醇、烯丙醇为 S_N1 历程；仲醇多为 S_N1 历程。

按 S_N1 历程进行的反应，中间体是碳正离子，很容易发生重排。常见的重排有氢原子重排、环的重排、甲基的重排以及苯环的重排，例如：

a. 氢原子重排

$$CH_3-\underset{H}{\overset{CH_3}{C}}-\underset{OH}{\overset{H}{C}}-CH_3 \xrightarrow{HCl} CH_3-\underset{Cl}{\overset{CH_3}{C}}-\underset{H}{\overset{H}{C}}-CH_3 \quad \left(\text{没有}\ CH_3-\underset{H}{\overset{CH_3}{C}}-\underset{Cl}{\overset{H}{C}}-CH_3\right)$$

b. 环的重排

$$\square-\underset{CH_3}{\overset{CH_3}{C}}-OH \xrightarrow{HCl} \text{(1-氯-2,2-二甲基环戊烷)}\ \text{(主产物)}$$

四元环（110kJ/mol）重排成五元环（27kJ/mol），张力能降低，分子更稳定；另外，中间体 3°碳正离子重排为 2°碳正离子，能量升高，使分子不稳定。两个因素相比较，降低的能量大于升高的能量，分子总能量降低，分子重排。

$$\triangleright-CH_2-OH \xrightarrow[-H_2O]{H^+} \triangleright-CH_2^+ \xrightarrow{\text{重排}} \square^+ \xrightarrow{Cl^-} \square-Cl$$

如果三元环（115.5kJ/mol）重排成四元环（110kJ/mol），张力能降低，但降低幅度较小，同时，碳正离子由1°重排为2°碳正离子能量也降低，因此，分子总能量降低，分子一定会重排。

c. 甲基重排

$$CH_3-\underset{CH_3}{\overset{CH_3}{\underset{|}{\overset{|}{C}}}}-CH_2OH + HBr \longrightarrow \underset{\text{次要产物}}{CH_3-\underset{CH_3}{\overset{CH_3}{\underset{|}{\overset{|}{C}}}}-CH_2Br} + \underset{\text{主要产物}}{CH_3-\underset{Br}{\overset{CH_3}{\underset{|}{\overset{|}{C}}}}-CH_2CH_3}$$

d. 苯基的重排

$$CH_3-\underset{OH}{\overset{Ph}{\underset{|}{\overset{|}{C}}}}-\underset{OH}{\overset{Ph}{\underset{|}{\overset{|}{C}}}}-CH_3 \xrightarrow{\text{硫酸}} CH_3-\underset{+}{\overset{Ph}{\overset{|}{C}}}-\underset{OH}{\overset{Ph}{\underset{|}{\overset{|}{C}}}}-CH_3 \xrightarrow{\text{重排}} CH_3-\underset{Ph}{\overset{Ph}{\underset{|}{\overset{|}{C}}}}-\underset{OH}{\overset{+}{\underset{|}{C}}}-CH_3 \longrightarrow CH_3-\underset{Ph}{\overset{Ph}{\underset{|}{\overset{|}{C}}}}-\underset{O}{\underset{\|}{C}}-CH_3$$

8.1.3.3 与卤化磷或亚硫酰氯反应 醇可以与（PX_3）三碘（或溴）化磷、（PCl_5）五氯化磷或（$SOCl_2$）亚硫酰氯反应生成对应的卤代物，此反应不发生重排。在实际应用中，常用红磷和溴（或碘）代替三卤化磷。

$$ROH+PX_3(P+X_2)\longrightarrow RX+P(OH)_3 \quad (X=I,Br)$$

$$ROH+PCl_5 \longrightarrow RCl+POCl_3+HCl\uparrow$$

$$ROH+SOCl_2 \longrightarrow RCl+SO_2\uparrow+HCl\uparrow$$

8.1.3.4 与酸反应（酯化反应）

（1）与无机酸反应 醇可以与硫酸、硝酸、磷酸等含氧无机酸反应，生成无机酸酯。

$$CH_3CH_2OH+HOSO_2OH \rightleftharpoons \underset{\text{硫酸氢乙酯}}{CH_3CH_2OSO_2OH}+H_2O$$

$$\downarrow CH_3CH_2OH$$

$$\underset{\text{硫酸二乙酯}}{(CH_3CH_2O)_2SO_2}+H_2O$$

高级醇的硫酸酯是常用的合成洗涤剂之一。如 $C_{12}H_{25}OSO_2ONa$（十二烷基硫酸钠）。

$$\begin{array}{l}CH_2OH\\|\\CHOH\\|\\CH_2OH\end{array} + HNO_3 \longrightarrow \underset{\text{三硝酸甘油酯}}{\begin{array}{l}CH_2ONO_2\\|\\CHONO_2\\|\\CH_2ONO_2\end{array}} + H_2O$$

$$C_4H_9OH+H_3PO_4 \rightleftharpoons \underset{\text{磷酸三丁酯}}{(C_4H_9O)_3P=O}+H_2O$$

（2）与有机酸反应 醇可以在浓硫酸的作用下，与有机羧酸脱去一分子水，生成羧酸酯。

$$ROH+CH_3COOH \underset{\text{稀硫酸}}{\overset{\text{浓硫酸}}{\rightleftharpoons}} CH_3COOR+H_2O$$

8.1.3.5 脱水反应 醇在质子酸或露易斯酸存在的条件下容易发生脱水反应。醇脱水有两种方式：一种是在较高的温度下，发生分子内脱水而生成烯烃；另一种是在较低温度下发生分子间脱水而生成醚类。

（1）分子间脱水　在140℃、浓硫酸的作用下，醇可发生双分子反应，即一个醇分子脱去氢、另一个脱去羟基，生成醚和水的反应。

$$\underset{\mathrm{H}}{\mathrm{CH_2}}-\underset{\mathrm{OH}}{\mathrm{CH_2}} \xrightarrow[\text{或 } Al_2O_3\text{，}240\sim260℃]{H_2SO_4\text{，}140℃} CH_3CH_2OCH_2CH_3 + H_2O$$

（2）分子内脱水（消除反应）　在170℃、浓硫酸的作用下，醇可发生单分子反应，醇分子脱去羟基和β-碳上的氢，生成烯烃和水。

$$\underset{\mathrm{H}}{\mathrm{CH_2}}-\underset{\mathrm{OH}}{\mathrm{CH_2}} \xrightarrow[\text{或 } Al_2O_3\text{，}360℃]{H_2SO_4\text{，}170℃} CH_2=CH_2 + H_2O$$

醇的脱水反应活性：　$3°R-OH>2°R-OH>1°R-OH$。例如：

$$CH_3CH_2CH_2CH_2OH \xrightarrow[140℃]{75\%\ H_2SO_4} CH_3CH=CHCH_3$$

$$CH_3CH_2\underset{\mathrm{OH}}{\mathrm{CH}}CH_3 \xrightarrow[100℃]{60\%\ H_2SO_4} CH_3CH=CHCH_3$$

$$(CH_3)_3COH \xrightarrow[85\sim90℃]{20\%\ H_2SO_4} H_3C-\overset{\mathrm{CH_3}}{\mathrm{C}}=CH_2$$

醇的消除反应有以下几个特点。

① 当醇中有两种或两种以上的β-H时，与卤代物脱卤化氢相似，消除反应符合札依采夫规则，即从含氢较少的相邻碳原子上脱去氢，生成双键碳原子上连有的取代基尽可能多的烯烃。例如：

$$CH_3CH_2\underset{\mathrm{OH}}{\mathrm{CH}}CH_3 \xrightarrow{H^+} \underset{80\%}{CH_3CH=CHCH_3} + \underset{20\%}{CH_3CH_2CH=CH_2}$$

$$C_6H_5-CH_2\underset{\mathrm{OH}}{\mathrm{CH}}CH_3 \xrightarrow{H^+} \underset{\text{主要产物}}{C_6H_5-CH=CHCH_3} + \underset{\text{次要产物}}{C_6H_5-CH_2CH=CH_2}$$

$$\text{1-甲基环己醇} \xrightarrow{H^+} \underset{\text{主要产物}}{\text{1-甲基环己烯}} + \underset{\text{次要产物}}{\text{亚甲基环己烷}}$$

② 用硫酸催化脱水时，有重排产物生成；用氧化铝作催化剂时，却不发生重排。

$$CH_3CH_2\underset{\mathrm{CH_3}}{\mathrm{CH}}CH_2OH \xrightarrow{H_2SO_4\text{，}170℃} \underset{\text{主要产物}}{CH_3CH=\underset{\mathrm{CH_3}}{\mathrm{C}}-CH_3} + \underset{\text{次要产物}}{CH_3CH_2-\overset{\mathrm{CH_3}}{\mathrm{C}}=CH_2}$$

$$CH_3CH_2\underset{\mathrm{CH_3}}{\mathrm{CH}}CH_2OH \xrightarrow{Al_2O_3\text{，}360℃} CH_3CH_2-\underset{\mathrm{CH_3}}{\mathrm{C}}=CH_2$$

③ 消除反应与取代反应互为竞争反应，伯醇优先发生取代反应；叔醇优先发生消除反应。S_N2产物构型翻转；S_N1产物外消旋化；E1消除伴有碳正离子重排；E2消除的立体化学为反式共平面。

8.1.3.6　氧化反应

① 氧化醇分子中的 α-H 原子，受羟基的影响易被氧化。伯醇氧化首先生成醛，醛继续被氧化，最终会生成羧酸；仲醇氧化生成酮；叔醇由于没有 α-H 原子，所以很难被氧化。

$$RCH_2OH \xrightarrow{K_2Cr_2O_7+H_2SO_4} RCHO \xrightarrow{[O]} RCOOH$$

$$CH_3-\underset{H}{\overset{CH_3}{\overset{|}{\underset{|}{C}}}}-OH \xrightarrow{KMnO_4/H^+} CH_3-\overset{O}{\overset{\|}{C}}-CH_3$$

此反应可用于检查醇的含量，例如，检查司机是否酒后驾车的分析仪就是根据此反应原理设计的。在 100mL 血液中如含有超过 80mg 乙醇（最大允许量）时，呼出的气体所含的乙醇即可使仪器得出正反应。（若用酸性 $KMnO_4$，只要有痕迹量的乙醇存在，溶液颜色即从紫色变为无色，故仪器中不用 $KMnO_4$。）

脂环醇先被氧化为酮，而后可继续氧化为二元酸。己二酸与己二胺反应可合成尼龙-66。

$$\text{环己醇} \xrightarrow{50\%\ HNO_3,\ V_2O_5} \text{环己酮} \xrightarrow{[O]} \begin{matrix} CH_2CH_2COOH \\ | \\ CH_2CH_2COOH \end{matrix}$$

叔醇一般难氧化，在剧烈条件下氧化则碳链断裂生成小分子氧化物。

② 脱氢伯、仲醇的蒸气在高温下通过催化活性铜时发生脱氢反应，生成醛和酮。

$$RCH_2OH \underset{}{\overset{Cu,\ 325℃}{\rightleftharpoons}} RCHO+H_2\uparrow$$

$$\begin{matrix} R \\ \diagdown \\ \\ \diagup \\ R \end{matrix}\!\!CH-OH \overset{Cu,\ 325℃}{\rightleftharpoons} \begin{matrix} R \\ \diagdown \\ \\ \diagup \\ R \end{matrix}\!\!C=OH\ +H_2\uparrow$$

8.1.3.7　多元醇的反应

（1）螯合物的生成　甘油可与新制取的氢氧化铜反应，生成绛蓝色溶液。此反应可用来鉴别一元醇和邻位多元醇。

$$\begin{matrix} CH_2-OH \\ | \\ CH-OH \\ | \\ CH_2-OH \end{matrix} + Cu(OH)_2 \longrightarrow \begin{matrix} CH_2-O \\ | \quad\quad \diagdown \\ | \quad\quad\quad Cu \\ CH-O \diagup \\ | \\ CH_2-OH \end{matrix} + H_2O$$

（2）与过碘酸（HIO_4）反应　邻位二醇与过碘酸在缓和条件下能够进行氧化反应，具有羟基的两个碳原子的 C—C 键断裂而生成醛、酮、羧酸等产物。例如：

$$\begin{matrix} R_1 \\ | \\ R_2-C-OH \\ | \\ R_3-C-OH \\ | \\ H \end{matrix} + HIO_4 \longrightarrow \begin{matrix} R_1 \\ \diagdown \\ \\ \diagup \\ R_2 \end{matrix}\!\!C=O + R_3-CHO + HIO_3 + H_2O$$

$$R_3-CHO \xrightarrow{[O]} R_3-COOH$$

这个反应是定量地进行的，可用来定量测定 1,2-二醇的含量（非邻二醇无此反应）。

8.1.4　醇的制备

8.1.4.1　由烯烃制备

① 烯烃的水合参照“烯烃的化学性质”一节的相关内容，烯烃在 H^+ 存在下的与 H_2O 直接水合，及烯烃与硫酸的加成水解，也就是间接水合均可得到醇。

② 硼氢化-氧化反应。例如：

$$CH_3CH_2-\overset{\overset{\large CH_3}{|}}{C}=CH_2 \xrightarrow{(BH_3)_2} \xrightarrow{H_2O_2OH^-} CH_3CH_2-\underset{\underset{\large H}{|}}{\overset{\overset{\large CH_3}{|}}{C}}-CH_2OH$$

$$\text{1-甲基环戊烯}\ (-CH_3) \xrightarrow{(BH_3)_2} \xrightarrow{H_2O_2OH^-} \text{（含 }CH_3\text{、H、OH 的环戊醇）}\ \text{顺式加成产物}$$

特点：a. 产率高，具有高度的方向选择性；b. 水分子在加成方向上总是反马尔科夫尼科夫规律，所以不对称的末端烯烃经硼氢化氧化反应可得到相应的伯醇；c. 立体化学为顺式加成；d. 无重排产物生成。

8.1.4.2　由格利雅试剂制备

格氏试剂与醛、酮、羧酸酯以及环氧乙烷等作用，可制得伯醇、仲醇、叔醇。

$$R_1MgX + \left\{\begin{array}{l} HCHO \\ R_2CHO \\ R_2COR_3 \\ R_2COOR_3 \\ R^2\text{-环氧乙烷} \end{array}\right. \xrightarrow[(2)\ H_3O^+]{(1)\ \text{无水乙醚}} \left\{\begin{array}{ll} R_1CH_2OH & \text{伯醇（一个来自于格式试剂）} \\ R_1-\underset{H}{\overset{R_2}{C}}-OH & \text{仲醇}\left(\begin{array}{c}\text{其中一个取代基来自于醛，}\\\text{一个来自于格式试剂}\end{array}\right) \\ R_1-\underset{R_3}{\overset{R_2}{C}}-OH & \text{叔醇}\left(\begin{array}{c}\text{其中两个取代基来自于酮，}\\\text{一个来自于格式试剂}\end{array}\right) \\ R_1-\underset{R_1}{\overset{R_2}{C}}-OH & \text{叔醇}\left(\begin{array}{c}\text{其中一个取代基来自于酯，}\\\text{两个来自于格式试剂}\end{array}\right) \\ R_1-CH_2-\overset{R_2}{CH}-OH & \end{array}\right.$$

8.1.4.3　从醛、酮、羧酸及其酯还原

(1) 催化加氢（催化剂为镍、铂或钯）　催化加氢的特点是没有选择性，只要有不饱和化学键都可以被加氢还原。

(2) 有机还原剂（如 $LiAlH_4$、$NaBH_4$ 等）还原生成醇　最常见的有机还原剂有金属钠＋醇、$LiAlH_4$、$NaBH_4$、异丙醇铝。有机还原剂还原能力弱，但选择性强，如 $LiAlH_4$、$NaBH_4$ 或异丙醇铝，可使不饱和醛、酮还原为不饱和醇而不影响碳碳双键或三键。例如：

$$CH_3CH=CHCHO \xrightarrow[(2)\ H_2O,\ H^+]{(1)\ LiAlH_4,\ \text{无水乙醚}} CH_3CH=CHCH_2OH$$

$$C_6H_5-CH=CHCH_2-\overset{\overset{\large O}{\|}}{C}-CH_3 \xrightarrow[C_2H_5OH]{NaBH_4} C_6H_5-CH=CHCH_2\overset{\overset{\large OH}{|}}{C}HCH_3$$

羧酸最难还原，与一般化学还原剂不起反应，但可被 $LiAlH_4$（强）还原成醇；酯可被 $LiAlH_4$ 还原成醇，最常用的是金属钠和醇，但一般不能用 $NaBH_4$ 还原；$LiAlH_4$ 还原性强，可将羧酸和酯的羰基还原，还可将—NO_2、—CN 等不饱和键还原成—NH_2 和—CH_2NH_2。

8.1.4.4　由卤代烃水解　此法只适应于相应的卤代烃比醇容易得到的情况时采用。

$$CH_2=CHCH_2Cl \xrightarrow[H_2O]{Na_2CO_3} CH_2=CHCH_2OH + HCl$$

$$C_6H_5-CH_2Cl \xrightarrow[H_2O]{NaOH} C_6H_5-CH_2OH$$

$$\text{环己烯} + NBS \xrightarrow[CCl_4]{\text{过氧化物}} \text{3-溴环己烯(}-Br\text{)} \xrightarrow[H_2O]{Na_2CO_3} \text{2-环己烯-1-醇(}-OH\text{)}$$

8.1.5 重要的醇

8.1.5.1 甲醇 甲醇是无色、易燃、有毒的液体。甲醇蒸气与眼接触可引起失明，误服 10mL 失明，30mL 致死。最早是由木材干馏而得的；近代工业以合成气（$CO+2H_2$）和天然气（甲烷）为原料，在高温、高压和催化剂存在下合成。主要用途是制备甲醛以及作甲基化剂和溶剂，可作为燃料。

8.1.5.2 乙醇 乙醇俗称酒精，是一种具有特殊香味的无色透明液体，沸点 78.3℃，容易挥发，很易燃烧，比水轻，可与水、乙醚等以任何比例混溶，对其他一些难溶于水的物质，如脂肪、树脂、色素等也有一定的溶解能力。将碘和碘化钾溶解于酒精中，即是我们常用的碘酒。

工业上用乙烯水化法大量生产乙醇，但淀粉发酵法仍是制取酒类饮料的主要方法。

乙醇是有机合成工业的重要原料，工业酒精中常含有 4%左右的甲醇，也是用得最多、最普遍的溶剂。含 70%～75%的乙醇杀菌能力最强，医疗上常作为消毒剂、防腐剂。

8.1.5.3 乙二醇 乙二醇是无色透明、沸点 197℃、不易挥发、相对密度较大、有甜味的有毒的黏稠液体。乙二醇可与水混溶，但不溶于乙醚，是很好的防冻剂，它不仅是合成纤维“涤纶”和乙二醇二硝酸酯炸药的重要原料，又是常用的高沸点溶剂。乙二醇可与环氧乙烷作用生成聚乙二醇。聚乙二醇工业上用途很广，可用作乳化剂、软化剂、表面活化剂等。

8.1.5.4 丙三醇 丙三醇俗称甘油，可由油脂水解得到，是制皂工业的副产物，是无色黏稠液体，相对密度 1.2613，沸点 290℃（分解），能与水或酒精混溶。甘油具有很强的吸湿性，能吸收空气中的水分。80%的丙三醇水溶液没有吸湿性。革中加甘油，可使皮革不变硬，烟草中加甘油，可防止香烟因过于干燥而燃烧太快。此外甘油还广泛用于合成树脂、食品、纺织、化妆品等工业。

8.2 消除反应

这种由一个分子中脱去一个小分子如 HX、H_2O 等，同时形成双键的反应叫消除反应，用 E 表示，如氯代烷脱去氯化氢、醇脱水都生成烯烃。如果消除反应是在相邻的两个碳原子间发生的，而且在 β-碳原子上消除一个氢原子，这种消除反应又叫 β-消除反应或 1,2-消除反应。它是最常见的一种消除反应。消除反应是从反应物的相邻碳原子上消除两个原子或基团，形成一个 π 键的过程。

$$\underset{H}{\overset{|}{\underset{\beta}{\overset{2}{C}}}}-\underset{L}{\overset{|}{\underset{\alpha}{\overset{1}{C}}}} \longrightarrow >C=C< + HL$$

L（离去基团）：X、OH 等

8.2.1 β-消除反应

消除反应也分为单分子消除反应（用 E1 表示），和双分子消除反应（用 E2 表示）。

8.2.1.1 单分子消除历程（E1） E1 消除反应的速率只与反应物浓度有关，与碱性试剂的浓度无关，在动力学上为一级反应。E1 反应分两步进行，第一步反应与 S_N1 反应有相似的历程，中间体都是碳正离子。如叔丁醇脱水的反应速率只与反应底物的浓度成正比，而与试剂的浓度无关。

$$H_3C-C(CH_3)(OH)-CH_3 \xrightarrow{-OH^-} H_3C-\overset{+}{C}(CH_3)-CH_2-H \xrightarrow{H_2\ddot{O}} H_3C-C(CH_3)=CH_2$$

$$v=k[(CH_3)_3COH]$$

反应速率取决于生成碳正离子的第一步，而这一步仅有反应底物参加。E1 与 S_N1 反应不同的是第二步反应，S_N1 反应是亲核试剂进攻碳正离子，形成取代产物；而 β-消除反应则是亲核试剂进攻 β-H，并形成双键。因此两者常同时发生而且相互竞争。

例如，在 25℃时叔丁基氯在 80%含水乙醇中的反应：

$$RCOOH \xrightarrow[(2)\ H_2O/H^+]{(1)\ LiAlH_4/\text{干醚}} RCH_2OH\ (\text{伯醇})$$

E1 反应的特点：①两步反应，与 S_N1 反应的不同在于第二步，与 S_N1 互为竞争反应；②反应对亲核试剂的浓度没有要求；③有重排反应发生。

8.2.1.2 双分子消除历程（E2） E2 消除反应的速率不只与反应物浓度有关，而且与碱性试剂的浓度有关，在动力学上为二级反应。E2 反应是一步反应。

$$H_3C-C(H)(CH_3)-CH_2-OH \xrightarrow{H_2\ddot{O}} \left[H_3C-\overset{H\cdots OH_2}{C}(CH_3)\cdots CH_2\cdots OH\right] \longrightarrow H_3C-C(CH_3)=CH_2$$

过渡态

$$v=k[RCH_2CH_2OH][H_2O]$$

E2 与 S_N2 反应不同的是，S_N2 反应亲核试剂进攻的是和离去基团直接相连的碳原子，形成三原子过渡态；而 β-消除亲核试剂进攻的是 β-H，形成五原子过渡态。因此两者常同时发生而且相互竞争。

E2 反应的特点：

① 一步反应，与 S_N2 的不同在于亲核试剂进攻 β-H，E2 与 S_N2 是互相竞争的反应；

② 反应要在浓的强碱条件下进行；

③ 通过过渡态形成产物，无重排产物；

④ E2 消除是反式共平面消除。

8.2.2 消除反应的取向

仲醇、叔醇和仲卤代烷、叔卤代烷进行消除反应时，有可能生成两种不同的烯烃，究竟以哪一个为主，这就是反应的取向问题。

在 E1 反应中，C—X 或 C—O 键异裂、离去基团离去在先，生成双键在后，消除反应取向主要决定于中间体碳正离子和产物烯烃的稳定性，按札依采夫规则进行，即氢原子从含氢最少的β-碳原子上消除，得到双键上连有较多烃基的烯烃。

$$H_3C—CH_2—\underset{\displaystyle OH}{\underset{|}{CH}}—CH_3 \xrightarrow{E2} H_3C—\underset{H}{C}=\underset{H}{C}—CH_3 + H_3C—\overset{H_2}{C}—\underset{H}{C}=CH_2$$

81%　　19%

底物的消除活性：3°>2°>1°，但卤原子直接离去是比较困难的，所以卤代物的 E1 消除反应比较少见。

对 E2 反应来说，大多数消除遵守札依采夫规则，但也有例外（即趋向于 Hofmann 规则）：如果β-H 的空间位阻较大，亲核试剂的体积也较大时，则得到双键上连有较少烃基的烯烃，即符合 Hofmann 规则。

$$(H_3C)_3C—CH_2—\underset{\displaystyle OH}{\underset{|}{C}}—(CH_3)_2 \xrightarrow{E2} (H_3C)_3C—\underset{H}{C}=C—(CH_3)_2 + (H_3C)_3C—CH_2—\underset{\displaystyle CH_3}{\underset{|}{C}}=CH_2$$

14%　　86%

$$CH_3—CH_2—\underset{\displaystyle Br}{\underset{|}{C}}—(CH_3)_2 \xrightarrow[E2]{(C_2H_5)_3COK/醇} CH_3—CH=C—(CH_3)_2 + CH_3—CH_2—\underset{\displaystyle CH_3}{\underset{|}{C}}=CH_2$$

11.5%　　88.5%

8.2.3 消除反应的立体化学

E1 消除反应中，离去基团离去形成碳正离子，和离去基团相连的碳原子由 sp^3 轨道转化为 sp^2 轨道，即轨道构型由四面体变为平面三角形；而后随着β-H 的离去，β-C 也由 sp^3 轨道转化为 sp^2 轨道，最后形成 π 键，至于哪一个氢原子离去对 π 键形成影响不大。

在 E2 反应中，C—H 和 C—L 键的断裂与 π 键的形成是同时进行的。随着反应的进行，H—C—C—L 四个原子处在同一平面时，更有利于过渡态中 π 键的重叠，符合这一要求的只有两种情况，一种是反叠构象，进行反式消除，另一种是顺叠构象，进行顺式消除。

H
L
$^-$OH
H←----OH
L
$-H_2O$
$-L$

反式消除方式可用单键旋转受阻的卤代物的消除产物来证明。

C_2H_5ONa / C_2H_5OH

反式消除(100%)　顺式消除(0%)

C_2H_5ONa / C_2H_5OH

反式消除(75%)　反式消除(25%)

反式消除易进行的原因是：①亲核试剂与离去基团都是负电荷比较集中的原子团，两者距离较远时，排斥力小，有利于亲核试剂进攻β-H，所以，反式消除有利。

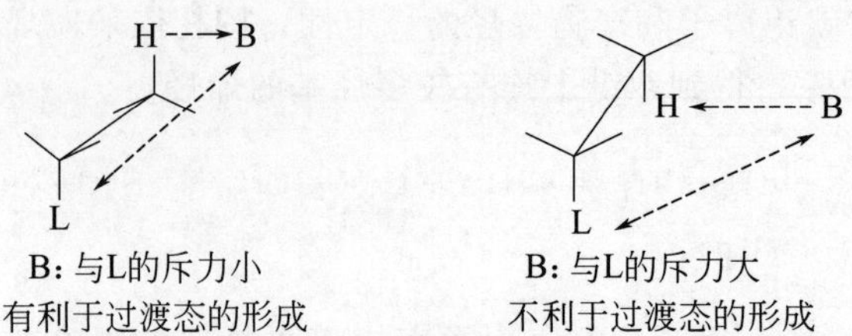

② 反式消除有利于 C—H 和 C—L 键中碳原子由 sp^3 轨道转化为 sp^2，电子云最大程度地重叠。

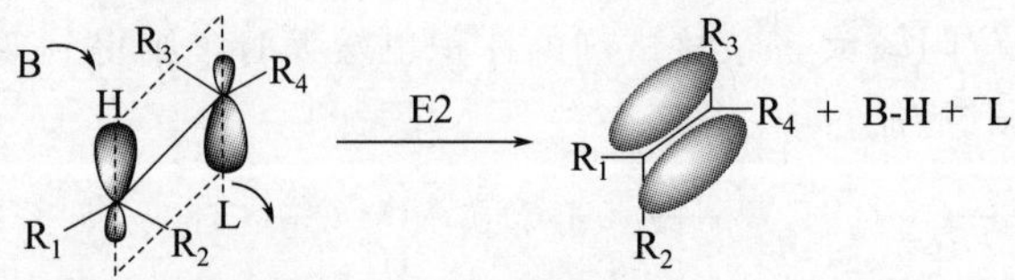

8.2.4 消除反应与亲核取代反应的竞争

消除反应与亲核取代反应是由同一亲核试剂的进攻而引起的。进攻 α-碳原子引起取代，进攻 β-H 就引起消除，所以这两种反应常常是同时发生和相互竞争的。

研究影响消除反应与亲核取代反应相对优势的各种因素在有机合成上很有意义，它能为合成和控制产物提供有效的依据。消除产物和取代产物的比例常受反应物的结构、试剂、溶剂和反应温度等的影响。

8.2.4.1 反应物的结构 叔卤代烷一般有利于发生单分子反应，常得 S_N1 和 E1 的混合物，强碱有利于消除反应。

$$\begin{array}{l}CH_2Br\\|\\CH_2OH\end{array}\xrightarrow{NaCN}\begin{array}{l}CH_2CN\\|\\CH_2OH\end{array}\xrightarrow[NaOH]{H_2O}\xrightarrow{H^+}\begin{array}{l}CH_2COOH\\|\\CH_2OH\end{array}$$

$$\begin{array}{l}CH_2Br\\|\\CH_2Br\end{array}\xrightarrow{2NaCN}\begin{array}{l}CH_2CN\\|\\CH_2CN\end{array}\xrightarrow[H_2SO_4]{H_2O}\begin{array}{l}CH_2COOH\\|\\CH_2COOH\end{array}$$

伯卤代烷有利于双分子反应，S_N2 反应很快，因此消除反应相对较少。但是，如果伯卤代烷的 α-碳原子的空间位阻较大，则不利于 S_N2 反应而有利于 E2 反应；如果伯卤代烷的 β-H 酸性较大（如丙烯基氢和苄基氢）时，则有利于 E2 反应。

$$(CH_3)_3C—Cl\xrightarrow[\text{干醚}]{Mg}(CH_3)_3C—MgCl\xrightarrow[\text{干醚}]{CO_2}\xrightarrow{H_3O^+}(CH_3)_3C—COOH$$

仲卤代烷的情况比较复杂，α-碳原子的空间位阻较大或 β-碳原子上有支链时，有利于消除反应。

$$\begin{array}{l}(CH_3)_3CCHCH(CH_3)_2\\ \qquad\quad |\\ \qquad\quad Br\end{array}\xrightarrow[55℃]{C_2H_5ONa/C_2H_5OH}(CH_3)_3CCH═C(CH_3)_2$$

烯丙基型和苄基型卤代物发生消除反应后，能够生成稳定的共轭烯烃，所以发生消除反应。

$$\text{C}_6\text{H}_5-\underset{\text{Br}}{\underset{|}{\text{CH}}}-\text{CH}_3 \xrightarrow[\text{乙醇}]{\text{NaOH}} \text{C}_6\text{H}_5-\text{CH}=\text{CH}_2$$

综上所述叔卤代烃有利于发生消除反应，制烯烃；而伯卤代烃有利于发生取代反应，制醇。总体规律如下：

$$\overset{\text{消除反应}}{\longrightarrow}$$
$$CH_3X \qquad RCH_2X \qquad R_2CHX \qquad R_3CX$$
$$\underset{\text{取代反应}}{\longleftarrow}$$

对不同的离去基团而言，离去基团越容易离去，对取代和消除反应都有利。

8.2.4.2　试剂的碱性　进攻试剂的碱性对 S_N1 和 E1 没有明显的影响。试剂的碱性越强、体积越大、浓度越大，越有利于 E2 反应；试剂的亲核性越强、体积越小、浓度越大，则有利于 S_N2 反应。亲核试剂的亲核性和碱性可参照第 7 章亲核取代反应。常见亲核试剂的碱性强弱顺序为：

$$H_2N^- > RO^- > HO^- > NH_3 > CH_3COO^- > H_2O > I^-$$

$$CH_3CH_2Br \xrightarrow{C_2H_5ONa/C_2H_5OH} \underset{91\%}{C_2H_5OC_2H_5} + \underset{9\%}{CH_2=CH_2}$$

$$CH_3CH_2Br \xrightarrow{NaNH_2/\text{液氨}} \underset{10\%}{C_2H_5NH_2} + \underset{90\%}{CH_2=CH_2}$$

8.2.4.3　溶剂的极性　溶剂的极性增大有利于取代反应，不利于消除反应。所以由卤代烃制备烯烃时要用 KOH 的醇溶液（醇的极性小），而由卤代烃制备醇时则要用 KOH 的水溶液（因水的极性大）。对双分子反应来说，由于 E2 过渡态为五原子分散体系，而 S_N2 过渡态是三原子分散体系，所以 E2 过渡态比 S_N2 过渡态电荷更加分散，当溶剂极性增大时，不利于电荷高分散的 E2 过渡态形成，相对有利于电荷低分散的 S_N2 过渡态形成，所以，溶剂极性增大，对 E2 不利，生成烯烃的比例减少，而对 S_N2 有利，生成取代产物的比例增加。

对单分子反应来说，中间体都是碳正离子，极性比较大，溶剂的极性增大，对碳正离子的稳定性增加，因此，溶剂的极性增大，对 E1 和 S_N1 都有利。

8.2.4.4　反应温度　升高温度有利于消除反应，因消除反应的活化能比取代反应的大，消除反应的活化过程中要拉长 C—H 键，而取代反应中无这种情况。

消除反应活化能＝(C—X 的能量)＋(C—H 的能量)－(C—C 的 π 键形成的能量)

亲核取代反应活化能＝(C—X 的能量)－(C—L 形成的能量)

8.3　酚

8.3.1　酚的结构及命名

酚是指羟基直接与芳环相连的化合物，酚与醇的差别在于羟基是和芳环相连，还是和脂肪烃基相连。

$$\text{C}_6\text{H}_5-\text{OH} \qquad\qquad \text{C}_6\text{H}_5-\text{CH}_2\text{OH}$$

酚（苯酚）　　　　芳醇（苯甲醇）

酚的命名一般是在酚字的前面加上芳环的名称作为母体，再加上其他取代基的名称和位次。特殊情况下也可以按次序规则把羟基看作取代基来命名。

次序规则：当取代基的序列优于酚羟基时，按取代基的排列次序的先后来选择母体。

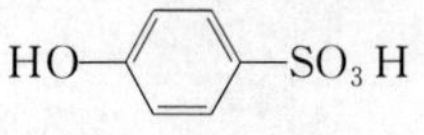

对羟基苯磺酸
或4-羟基苯磺酸

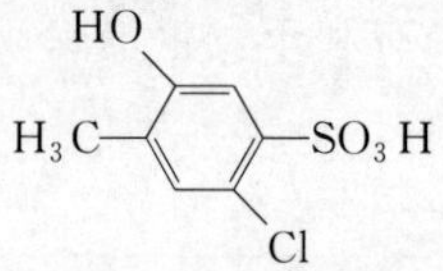

4-甲基-5-羟基-2-氯苯磺酸

取代基的先后排列次序为：—COOH，—SO_3H，—COOR，—COX，—$CONH_2$，—CN，—CHO，—C═O，—OH（醇），—OH（酚），—SH，—NH_2，—NH，三键，双键，—OR，—SR，—R，—X，—NO_2。

8.3.2 酚的物理性质

除少数烷基酚（间甲苯酚）外，酚多数为固体，纯酚是无色的，在空气中易被氧气氧化，使其带有颜色（红色至褐色）。由于氢键的存在，酚的沸点都比较高。酚能溶于乙醇、乙醚及苯等有机溶剂，在冷水中的溶解度不大，而在热水中溶解度非常大，随着酚中羟基的增多，水溶性增大。

8.3.3 酚的化学性质

羟基既是醇的官能团也是酚的官能团，因此酚与醇具有共性。但由于酚羟基连在苯环上，苯环与羟基的互相影响又赋予酚一些特有性质，所以酚与醇在性质上又存在着较大的差别。

8.3.3.1 酚羟基的反应

(1) 酸性 酚的酸性比醇强，但比碳酸弱。

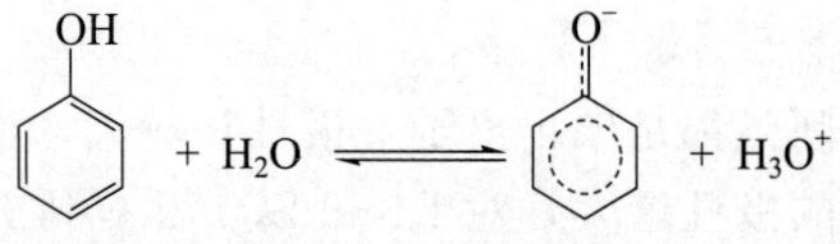

$$C_6H_5OH + H_2O \rightleftharpoons C_6H_5O^- + H_3O^+$$

诱导效应 形成共轭大π键

	CH_3CH_2OH	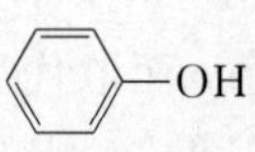 C_6H_5OH	H_2CO_3
pK_a	17	10	6.5

故酚可溶于 NaOH，但不溶于 $NaHCO_3$，不能与 Na_2CO_3、$NaHCO_3$ 作用放出 CO_2，反之将 CO_2 通入酚钠水溶液中，酚即游离出来。

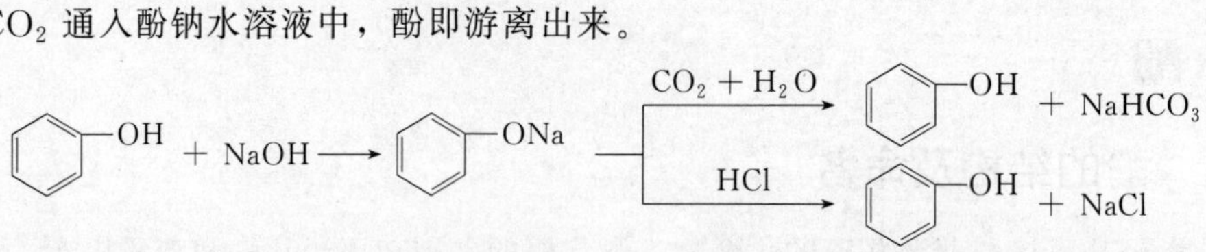

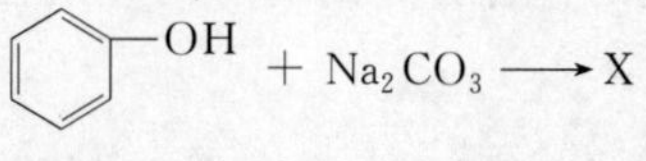

$$C_6H_5OH + NaOH \longrightarrow C_6H_5ONa \begin{cases} \xrightarrow{CO_2 + H_2O} C_6H_5OH + NaHCO_3 \\ \xrightarrow{HCl} C_6H_5OH + NaCl \end{cases}$$

$$C_6H_5OH + Na_2CO_3 \longrightarrow X$$

利用醇、酚与 NaOH 和 $NaHCO_3$ 反应性的不同，可鉴别和分离酚和醇。

当苯环上连有吸电子基团时，酚的酸性增强；连有供电子基团时，酚的酸性减弱。苯环的邻对位有取代基时，影响要比间位的影响大。如下列甲基酚和硝基酚的酸性大小顺序为：

2,4,6-三甲基苯酚 < 2,4-二甲基苯酚 < 对甲苯酚 < 邻甲苯酚 < 间甲苯酚 < 苯酚 < 间硝基苯酚 < 邻硝基苯酚 < 对硝基苯酚 < 2,4-二硝基苯酚 < 2,4,6-三硝基苯酚

(2) 与 $FeCl_3$ 的显色反应　酚能与 $FeCl_3$ 溶液发生显色反应，大多数酚能起此反应，不同的酚与 $FeCl_3$ 作用产生的颜色不同各类酚与 $FeCl_3$ 反应所显示颜色见表 8-1，常见的颜色有紫色、蓝色、绿色、棕色等，故此反应可用来鉴定酚。

$$6ArOH + FeCl_3 \longrightarrow [Fe(OAr)_6]^{3-} + 6H^+ + 3Cl^-$$

蓝紫色——棕红色

此外，具有烯醇式结构的脂肪族化合物也有此反应。

表 8-1　各类酚与 $FeCl_3$ 反应所显示颜色

苯酚	对甲苯酚	间甲苯酚	对苯二酚	邻苯二酚	间苯二酚	连苯三酚	α-萘酚	β-萘酚
蓝紫色	蓝色	蓝紫色	暗绿色结晶	深绿色	蓝紫色	淡棕红色	紫红色沉淀	绿色沉淀

(3) 酚醚的生成　酚不能分子间脱水成醚，一般是由酚在碱性溶液中与烃基化剂作用生成。

$$C_6H_5OH \xrightarrow{NaOH} C_6H_5ONa$$

$$C_6H_5ONa \xrightarrow{RCH_2Br} C_6H_5OCH_2R + NaBr$$

$$C_6H_5ONa \xrightarrow{(CH_3)_2SO_4} C_6H_5OHCH_3 + NaBr$$

苯甲醚(茴香醚)

$$C_6H_5ONa \xrightarrow{CH_2{=}CHCH_2Br} C_6H_5OCH_2CH{=}CH_2 + NaBr$$

苯基烯丙基醚

在有机合成上常利用生成酚醚的方法来保护酚羟基。

(4) 酚酯的生成　酚也可被卤素取代，但不像醇那样顺利；酚也可以生成酯，但比醇困难。

$$C_6H_5OH + CH_3COOH \xrightarrow{H^+} \times$$

$$o\text{-}HOC_6H_4COOH + (CH_3CO)_2O \xrightarrow[65\sim80^\circ C]{H_2SO_4} o\text{-}CH_3COOC_6H_4COOH + CH_3COOH$$

乙酰水杨酸（阿司匹林）

8.3.3.2　芳环上的亲电取代反应　羟基是强的邻对位定位基，由于羟基与苯环的 p-π 共轭，使苯环上的电子云密度增加，亲电反应更容易进行。

(1) 卤代反应　苯酚与溴水在常温下可立即反应生成 2,4,6-三溴苯酚白色沉淀。

$$C_6H_5OH + Br_2(H_2O) \longrightarrow 2,4,6\text{-}Br_3C_6H_2OH \downarrow + 3HBr$$

此反应很灵敏，很稀的苯酚溶液（10×10^{-6}）就能与溴水生成沉淀。故此反应可用作苯酚的鉴别和定量测定。

如需要制取一溴代苯酚，则要在非极性溶剂（CS_2、CCl_4）和低温下进行。

$$C_6H_5OH + Br_2 \xrightarrow[0^\circ C]{CS_2} p\text{-}BrC_6H_4OH + o\text{-}BrC_6H_4OH + 3HBr$$

（2）硝化反应　苯酚比苯易硝化，在室温下即可与稀硝酸反应。

$$C_6H_5OH + \text{稀 } HNO_3 \xrightarrow{20^\circ C} \underbrace{o\text{-}NO_2C_6H_4OH + NO_2\text{—}C_6H_4\text{—}OH}_{\text{可用水蒸气蒸馏分开}}$$

邻硝基苯酚易形成分子内氢键而成螯环，这样就削弱了分子间的作用力；而对硝基苯酚不能形成分子内氢键，但能形成分子间氢键而缔合。因此邻硝基苯酚的沸点和在水中的溶解度比其异构体低得多，故可随水蒸气蒸馏出来。

（3）亚硝化反应　苯酚和亚硝酸作用生成对亚硝基苯酚。

$$C_6H_5OH \xrightarrow[7\sim8^\circ C]{NaNO_2\ H_2SO_4} p\text{-}ONC_6H_4OH \xrightarrow[\text{[O]}]{\text{稀 } HNO_3} p\text{-}O_2NC_6H_4OH$$

对亚硝基苯酚（80%）

上述反应是制得不含邻位异构体的对硝基苯酚的方法。

（4）缩合反应　酚羟基邻、对位上的氢可以和羰基化合物发生缩合反应，例如，在稀碱存在下，苯酚与甲醛作用，生成邻或对羟基苯甲醇，再进一步生成酚醛树脂。

8.3.3.3　氧化反应　酚易被氧化为醌等氧化物，氧化物的颜色随着氧化程度的深化而逐渐加深，由无色变为粉红色、红色以致深褐色。例如：

$$C_6H_5\text{—}OH \xrightarrow[\text{[O]}]{KMnO_4 + H_2SO_4} O\!=\!C_6H_4\!=\!O$$

对苯醌（棕黄色）

多元酚更易被氧化。

$$HO\text{—}C_6H_4\text{—}OH \xrightarrow{2AgBr} O\!=\!C_6H_4\!=\!O + 2Ag + HBr$$

对苯二酚是常用的显影剂。

酚易被氧化的性质常用来作为抗氧剂和除氧剂。

8.3.4 苯酚的制备

8.3.4.1 异丙苯法

$$C_6H_6 \xrightarrow[\text{稀 } H_2SO_4]{CH_3CH{=}CH_2} C_6H_5CH(CH_3)_2 \xrightarrow[\text{过氧化物}]{O_2\text{(空气)，}110\sim120^\circ C} C_6H_5C(CH_3)_2{-}O{-}O{-}H \xrightarrow[75\sim85^\circ C]{\text{稀 } H_2SO_4} C_6H_5OH + CH_3COCH_3$$

8.3.4.2 从芳卤衍生物制备 例如：

$$C_6H_5Cl + 2NaOH \xrightarrow[\text{Cu 催化剂}]{350\sim370^\circ C\text{，}20MPa} C_6H_5ONa + NaCl + H_2O$$

$$C_6H_5ONa + HCl \longrightarrow C_6H_5OH + NaCl$$

邻硝基氯苯或对硝基氯苯分子中的氯原子较氯苯分子中的氯原子活泼，因此水解容易。

$$o\text{-}NO_2C_6H_4Cl \xrightarrow[130^\circ C]{Na_2CO_3} o\text{-}NO_2C_6H_4ONa \xrightarrow{H^+} o\text{-}NO_2C_6H_4OH$$

$$O_2N{-}C_6H_4{-}Cl \xrightarrow[130^\circ C]{Na_2CO_3} O_2N{-}C_6H_4{-}ONa \xrightarrow{H^+} O_2N{-}C_6H_4{-}OH$$

$$O_2N{-}C_6H_3(NO_2){-}Cl \xrightarrow[100^\circ C]{Na_2CO_3} O_2N{-}C_6H_3(NO_2){-}ONa \xrightarrow{H^+} O_2N{-}C_6H_3(NO_2){-}OH$$

8.3.4.3 磺化-碱熔法

$$C_6H_6 \xrightarrow{\text{浓 } H_2SO_4} C_6H_5{-}SO_3Na \xrightarrow[300\sim320^\circ C]{NaOH} C_6H_5{-}ONa \xrightarrow{H^+} C_6H_5{-}OH$$

$$C_{10}H_8 \xrightarrow{\text{浓 } H_2SO_4} \alpha\text{-}C_{10}H_7SO_3Na \xrightarrow[300\sim320^\circ C]{NaOH} \alpha\text{-}C_{10}H_7ONa \xrightarrow{H^+} \alpha\text{-}C_{10}H_7OH$$

$$C_{10}H_8 \xrightarrow{\text{浓 } H_2SO_4} \beta\text{-}C_{10}H_7{-}SO_3Na \xrightarrow[300\sim320^\circ C]{NaOH} \beta\text{-}C_{10}H_7{-}ONa \xrightarrow{H^+} \beta\text{-}C_{10}H_7{-}OH$$

8.3.5 重要的酚

8.3.5.1 苯酚 苯酚简称酚，它与其同系物甲酚、二甲酚等存在于煤焦油中，煤俗称石炭，故苯酚俗称石炭酸。工业上用15%NaOH溶液处理煤焦油的“中油”馏分，酚类即生成酚钠溶于水中。再向酚钠水溶液中通入二氧化碳，酚又游离出来，经过蒸馏可得苯酚。由煤焦油提取酚，质量不高，数量也不多，远远不能满足有机化工发展的需要。目前苯酚主要靠合成方法制取。

8.3.5.2 甲苯酚 甲苯酚又叫甲酚，来源于煤焦油，有邻甲酚、间甲酚、对甲酚三种异构体，其沸点相差不多，不易分离，常用其混合物“煤酚”。煤酚在水中难溶，能溶于肥皂溶液中。质量分数47%～53%的煤酚的肥皂溶液俗称“来苏儿”，其杀菌作用比苯酚强，使用时加水稀释。

8.3.5.3　邻苯二酚　邻苯二酚（儿茶酚）可用于制备黄连素、异丙肾上腺素等药品，广泛用于生产染料、光稳定剂、感光材料、香料、防腐剂、促进剂、特种墨水、电镀材料、生漆阻燃剂、收敛剂和抗氧化剂。

间苯二酚用于染料工业（荧光黄，系与苯酐缩合产物）、塑料工业（酚醛树脂）、医药(红汞)、橡胶、胶黏剂等。间苯二酚存在双烯醇双酮互变异构，两个羟基对苯环活化定位作用一致，比苯酚更容易发生亲电取代反应。

对苯二酚可用作摄影胶片的黑白显影剂，是生产蒽醌染料、偶氮染料的原料，还能用于制备涂料清漆的稳定剂和抗氧剂，还可用作阻聚剂、橡胶防老剂。对苯二酚可由对苯醌还原制备。

8.3.5.4　萘酚　萘酚有两种异构体，即 α-萘酚和 β-萘酚。它们少量存在于煤焦油中，可由相应的萘磺酸钠通过碱熔制得 α-萘酚为黄色晶体，熔点96℃；β-萘酚是无色晶体，熔点123℃，两者与氯化铁分别生成紫色沉淀和绿色沉淀。α-萘酚和 β-萘酚是有机合成的中间体和合成染料的重要原料。

8.4 醚

8.4.1 醚的结构、分类和命名

醚的官能团为醚键C—O—C。烃基相同的醚叫简单醚，烃基不同的醚叫混合醚，两个烃基中至少有1个为芳基的醚叫芳醚。如果烃基和氧原子连接成环称为环醚。多氧大环醚称为冠醚。

饱和醚：简单醚 $CH_3CH_2OCH_2CH_3$；混合醚 $CH_3OCH_2CH_3$

不饱和醚　$CH_3OCH_2CH=CH_2$　$CH_2=CHOCH=CH_2$

芳香醚　$C_6H_5-OCH_3$　$C_6H_5-O-C_6H_5$

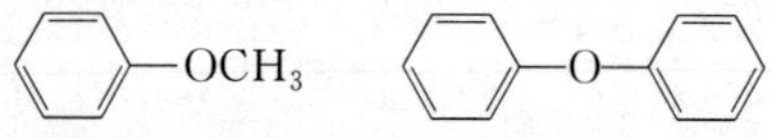

环醚　（环氧乙烷）　（1,4-二氧六环）　（四氢呋喃）

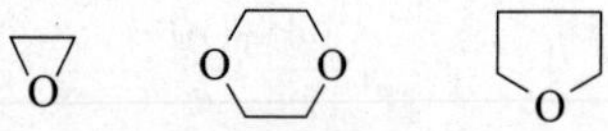

大环多醚　（18-冠-6）

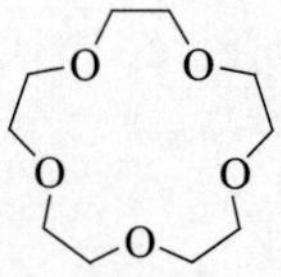

结构简单的醚一般用普通命名法命名，在“醚”字前面写出连接“氧原子”的两个烃基的名称，烃基名（“基”字可省略），后加上“醚”字即可。命名简单醚时“二”字可省。命名混合醚时，将小基排前大基排后；芳基在前烃基在后，即芳醚则芳基置前。

$CH_3CH_2-O-CH_2CH_3$	$CH_3-O-CH_2CH_3$	$C_6H_5-O-CH_2CH_3$
(二)乙(基)醚	甲(基)乙(基)醚	苯(基)乙(基)醚

结构复杂的醚用系统命名法命名，取碳链最长的烃基作为母体，以烷氧基作为取代基，

称为某烷氧基（代）某烷；如果分子中还含有其他基团，可以把这个基团作为母体，烷氧基作为取代基。

OCH_3　　　　OCH_3 COOH　　　　OH

2-甲基-4-甲氧基己烷　　2-甲基-4-甲氧基己酸　　4-异丙氧基-1-丁醇

冠醚其特征是分子中具有的重复单元，命名为 x-冠-y，例如：

$$\left(CH_2CH_2O\right)_n$$

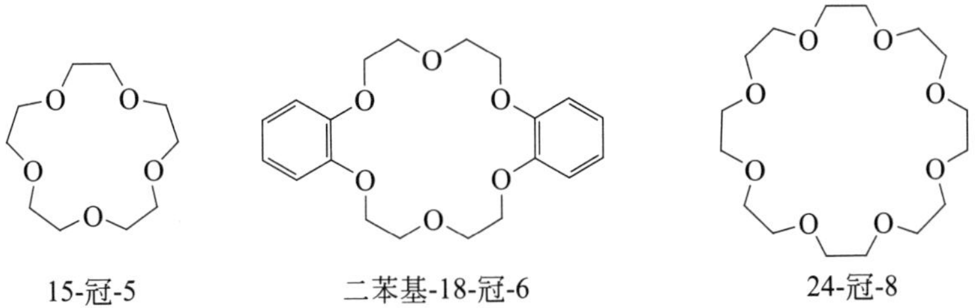

15-冠-5　　二苯基-18-冠-6　　24-冠-8

8.4.2 醚的物理性质

在常温下，除甲醚、甲乙醚为气体外，大多数醚为液体，有香味，易燃。醚的沸点比分子量相当的醇低得多，而与烷烃接近。这是醚分子间不能形成氢键的缘故。醚分子中的氧能与水中的氢形成氢键，在水中的溶解度较烷烃大，和分子量相当的醇差不多，如乙醚和正丁醇在 100 mL 水中都可溶解 8g，随着碳原子数的增加，溶解度降低，随着氧原子的增多，溶解度增大。四氢呋喃和 1,4-二氧六环因氧原子在环上，孤对电子突出，能与水更好地形成氢键，故可与水混溶。醚是良好的有机溶剂，常用来提取有机物或作有机反应的溶剂。

8.4.3 醚的化学性质

醚是一类不活泼的化合物，对碱、氧化剂、还原剂都十分稳定。醚在常温下与金属 Na 不起反应，可以用金属 Na 来干燥。醚的稳定性仅次于烷烃。但其稳定性是相对的，由于醚键（C—O—C）的存在，它又可以发生一些特有的反应。

8.4.3.1 **镁盐的生成**　醚的氧原子上有未共用电子对，能接受强酸中的 H^+ 而生成镁盐。

$$R-\ddot{\underset{\cdot\cdot}{O}}-R+H^+ \longrightarrow R_2\overset{+}{O}\rightarrow H$$

镁盐是一种弱碱强酸盐，仅在浓酸中才能稳定，遇水很快分解为原来的醚。利用此性质可以将醚从烷烃或卤代烃中分离出来。

醚还可以和路易斯酸（如 BF_3、$AlCl_3$、RMgX）等生成镁盐。

$$R-\ddot{\underset{\cdot\cdot}{O}}-R+BF_3 \longrightarrow R_2O\rightarrow BF_3$$

镁盐的生成使醚分子中 C—O 键变弱，因此在酸性试剂作用下，醚链会断裂。

8.4.3.2 **醚链的断裂**　在较高温度下，强酸能使醚链断裂，使醚链断裂最有效的试剂是浓的氢碘酸（HI）。醚键断裂后生成卤代物和醇，醇还可以与过量的氢碘酸发生亲核取代反应，醚键断裂时往往是较小的烃基生成碘代烷。

$$CH_3-O-C_2H_5+HI \longrightarrow \overset{+}{O}(CH_3)(C_2H_5)-H \xrightarrow{I^-} C_2H_5OH+CH_3I$$

$$C_2H_5OH \xrightarrow{\text{过量 HI}} C_2H_5I+H_2O$$

芳香混醚与浓 HI 作用时，总是断裂烷氧键，生成酚和碘代烷。二芳基醚很稳定，一般不会和 HI 作用。

$$C_6H_5-O-C_2H_5 + HI \longrightarrow C_6H_5-OH + C_2H_5I$$

8.4.3.3　过氧化物的生成　醚对氧化剂较稳定，但 α-碳氢键可被空气氧化成过氧化物。醚长期与空气接触下，会慢慢生成不易挥发的过氧化物。

$$CH_3CH_2OCH_2CH_3+O_2 \longrightarrow CH_3\underset{\displaystyle OOH}{\underset{|}{CH}}-O-CH_2CH_3$$

过氧化物不稳定，加热时易分解而发生爆炸，因此，醚类应尽量避免暴露在空气中，一般应放在棕色玻璃瓶中，避光保存。蒸馏放置过久的乙醚时，要先检验是否有过氧化物存在，且不要蒸干。检验方法：常用碘化钾-淀粉试纸检验，如有过氧化物则试纸变为蓝紫色。或者用硫酸亚铁和硫氰化钾混合液与醚振摇，有过氧化物则显红色。

加入还原剂 $FeSO_4$ 溶液或亚硫酸氢钠溶液于醚中振摇后蒸馏，可除去过氧化物。最好是在储存醚类化合物时，在醚中加入少许金属钠或铁屑，以避免过氧化物形成。

8.4.4　醚的制备

8.4.4.1　醇脱水　醇脱水制醚的条件是等摩尔醇和硫酸共热，温度控制在 150℃以下（170 ℃以上则发生分子内脱水生成烯烃）。除硫酸外，也可用芳香族磺酸、氯化锌、氯化铝、氟化硼等作催化剂。醇脱水制醚反应是亲核取代反应：

$$R-OH + HO-R \xrightarrow{\text{浓}H_2SO_4} R-O-R$$

此法只适用于制简单醚，且限于伯醇；仲醇脱水产量低；叔醇在酸性条件下主要生成烯烃。

工业上也可将醇的蒸气通过加热的氧化铝催化剂来制取醚。

$$2CH_3CH_2OH \xrightarrow[300℃]{Al_2O_3} CH_3CH_2OCH_2CH_3+H_2O$$

8.4.4.2　卤烷与醇钠（或钾）作用（威廉姆逊合成法）　威廉姆逊合成法是制备混合醚的一种好方法。醚由卤代烃与醇钠或酚钠作用而得。

$$C_6H_5-ONa + CH_3Cl \xrightarrow{S_N2} C_6H_5-OCH_3 + NaCl$$

威廉姆逊合成法中只能选用伯卤代烷与醇钠为原料。因为醇钠即是亲核试剂，又是强碱，仲卤代烷、叔卤代烷（特别是叔卤代烷）在强碱条件下主要发生消除反应而生成烯烃。

$$CH_3CH_2CH_2Cl+(CH_3)_3CONa \longrightarrow (CH_3)_3COCH_2CH_2CH_3+NaCl$$

$$CH_3CH_2CH_2ONa+(CH_3)_3CCl \longrightarrow CH_3-\overset{\displaystyle CH_3}{\overset{|}{C}}=CH_2 + CH_3CH_2CH_2OH+NaCl$$

8.4.5　重要的醚

8.4.5.1　乙醚　乙醚为无色液体，易挥发，沸点 34.5℃，比水轻，易燃。乙醚蒸气比空气重2.5倍，乙醚蒸气和空气混合到一定比例，遇火会发生爆炸。乙醚的极性小，微溶于水，化学性质较稳定，能溶解树脂、油脂、硝化纤维等，是一种常用的良好有机溶剂和萃取剂。具有麻醉作用，可作麻醉剂。

8.4.5.2 环氧乙烷 环氧乙烷是最简单的环醚，是一种很重要的有机合成中间体。环氧乙烷是无色有毒气体，沸点11℃，可与水、乙醇及乙醚混溶，易燃烧，与空气混合点火即爆炸（爆炸极限为3%～80%），使用时要特别小心。一般贮存于钢瓶中。

环氧乙烷分子中有不稳定的三元环，故化学性质非常活泼，与含有活泼氢的化合物如H_2O、HX、ROH和NH_3等发生反应时，氧环破裂，生成各种加成产物。

$$\text{环氧乙烷} + H^+ \longrightarrow \text{质子化环氧乙烷}(O^+H)$$
$$\xrightarrow{H_2O} CH_2(OH)-CH_2(^+OH_2) \longrightarrow CH_2(OH)-CH_2(^+OH_2)$$
$$\xrightarrow{ROH} CH_2(OH)-CH_2(HOR^+) \xrightarrow{H^+} CH_2(OH)-CH_2(OR)$$
$$\xrightarrow{HBr} CH_2(Br)-CH_2(^+OH_2) \xrightarrow{H^+} CH_2(Br)-CH_2(OH)$$

在酸催化下，环氧乙烷可与水、醇、卤化氢等含活泼氢的化合物反应，生成双官能团化合物。

这些产物同时有醇和醚的性质，是很好的溶剂，常称溶纤素，广泛用于纤维素酯和油漆工业。

$$\text{环氧乙烷} + CH_2(OH)-CH_2(OH) \longrightarrow HOCH_2CH_2-O-CH_2CH_2OH \quad \text{二乙二醇醚}$$
$$\xrightarrow{\text{环氧乙烷}} HOCH_2CH_2-O-CH_2CH_2-O-CH_2CH_2OH \quad \text{三乙二醇醚}$$
$$\xrightarrow{n\ \text{环氧乙烷}} HOCH_2CH_2[O-CH_2CH_2-O]_nCH_2CH_2OH \quad \text{多缩乙二醇醚}$$

良好溶剂
农药去泡剂
去泡剂

在碱催化下，环氧乙烷可与RO^-、NH_3、RMgX等反应生成相应的开环化合物。

$$C_2H_5O^- + \text{环氧乙烷} \xrightarrow{OH^-} C_2H_5OCH_2CH_2OH$$

$$NH_3 + \text{环氧乙烷} \xrightarrow{OH^-} \underset{\beta\text{-羟乙胺}}{NH_2CH_2CH_2OH} \xrightarrow{\text{环氧乙烷}} \underset{\text{二}(\beta\text{-羟乙基})\text{胺}}{(HO-CH_2CH_2)_2NH} \xrightarrow{\text{环氧乙烷}} \underset{\text{三}(\beta\text{-羟乙基})\text{胺}}{(HO-CH_2CH_2)_3N}$$

环氧乙烷与RMgX反应，是制备增加两个碳原子的伯醇的重要方法。

$$C_6H_5CH_2MgBr + \text{环氧乙烷} \xrightarrow{\text{无水乙醚}} C_6H_5CH_2CH_2CH_2OMgBr \xrightarrow{H^+} C_6H_5CH_2CH_2CH_2OH$$

不对称的三元环醚的开环反应存在着一个取向问题，一般情况是：酸催化条件下亲核试剂进攻取代较多的碳原子；碱催化条件下亲核试剂进攻取代较少的碳原子。

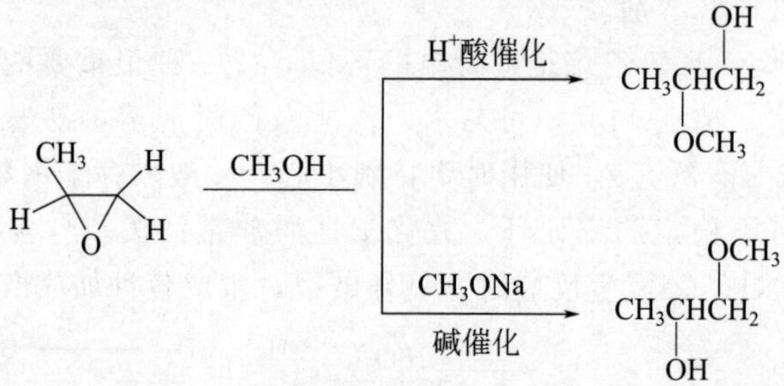

$$\text{2-甲基环氧乙烷} \xrightarrow{CH_3OH} \begin{cases} \xrightarrow{H^+ \text{酸催化}} CH_3CH(OCH_3)CH_2OH \\ \xrightarrow[\text{碱催化}]{CH_3ONa} CH_3CH(OH)CH_2OCH_3 \end{cases}$$

8.4.5.3 大环多醚（冠醚） 冠醚可看作是多分子乙二醇缩聚而成的大环化合物。冠醚的大环结构中有空穴，且由于氧原子上含有未共用电子对，因此可与金属正离子形成络合离子，空穴的大小不一样，可容纳的金属离子也不同。如18-冠-6、15-冠-5以及12-冠-4的空穴大小分别为260～320pm、170～220pm和120～150pm，对于空穴可容纳的金属离子分别为钾离子（直径为266pm）、钠离子（直径为180pm）和锂离子（直径为120pm）。冠醚该性质可用来分离金属正离子，也可用来使某些反应加速进行。

冠醚的另一个重要用途是作为相转移催化剂。冠醚可以使许多有机盐、无机盐溶于非极性溶剂中。例如$KMnO_4$不溶于有机相，因此在有机溶剂中它很难与烯烃发生氧化反应。如果在此体系中加入18-冠-6，冠醚将K^+配合在分子中间，形成一个外层被非极性基团包着的配离子，这个配离子带着MnO_4^-进入有机相，反应即可在均相中进行。另外由于K^+被冠醚的氧拉住，使MnO_4^-全部裸露外面，从而提高了MnO_4^-的活性。因此反应加速，产率提高。例如环己烯在18-冠-6存在下与$KMnO_4$反应，产率达100%。但冠醚毒性较大，且价格较高，这些因素限制了它的广泛应用。

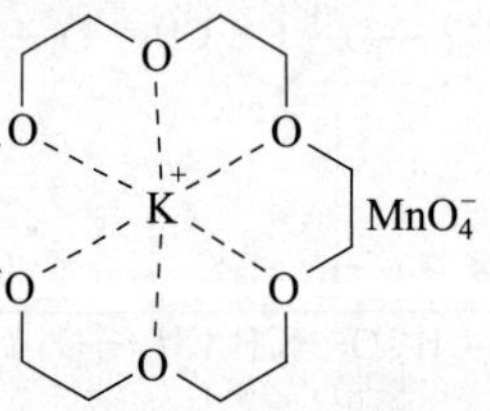

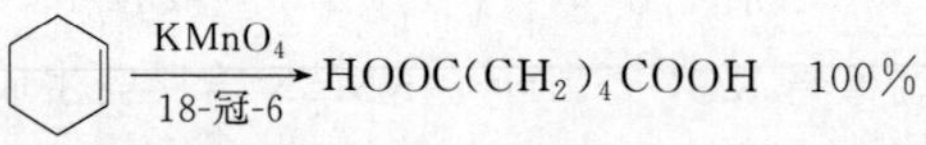

[18-冠-6·K^+] MnO_4^-

$$\text{环己烯} \xrightarrow[\text{18-冠-6}]{KMnO_4} HOOC(CH_2)_4COOH \quad 100\%$$

冠醚除用作配合剂、相转移催化剂外，还可作催化剂、离子选择性电极。

习　题

1. 写出下列化合物的构造式。

（1）木醇（甲醇）　（2）甘油　（3）仲丁醇　（4）(2*R*,3*S*)-2,3-丁二醇

（5）苦味酸　（6）石炭酸　（7）(*E*)-2-丁醇-1-醇　（8）苯甲醚（茴香醚）

2. 用系统命名法命名下列化合物。

（1）$CH_3CH(CH_3)C(Cl)(CH_2CH_3)CH(CH_3)CH_2OH$　（2）环己烯醇（OH 取代的环己烯）

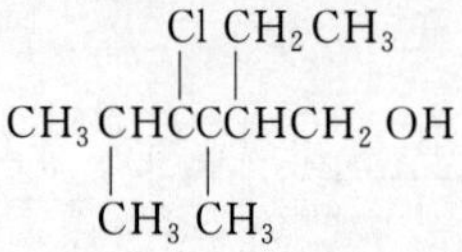

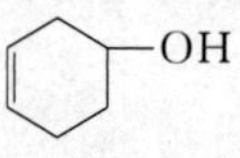

(3) $(CH_3)(CH_3CH_2)C{=}CH(CH_2CH_2OH)$

(4) C_6H_5—CH(OH)—CH_2—CH_3

(5) $H_2C{=}CHOCH{=}CH_2$

(6) 邻甲氧基苯酚（OCH_3、OH）

(7) CH_3O—C_6H_4—O—C_6H_4—OCH_3

(8) 萘环（OH、SO_3H）

3. 用化学方法区别下列各组化合物。

(1) CH_3—CH(OH)—CH_2CH_3　　CH_3—CHCl—CH_2CH_3　　CH_3—O—$CH_2CH_2CH_3$

(2) CH_3—C_6H_4—OH　　CH_3—C_6H_4—CH_2OH　　CH_3—C_6H_4—OCH_3

4. 按脱水反应从易到难排列下列化合物。

a. CH_3—C(CH_3)(OH)—CH_2CH_3　　b. $CH_3CH(CH_3)$—CH(OH)CH_3　　c. $CH_3CH(CH_3)CH_2CH_2OH$

5. 下列各醇在催化剂存在下脱水，应得何产物？

(1) $C_6H_5CH_2CH_2CHCH(CH_3)_2$（OH 连于 CH）

(2) 环状化合物：H_2C—CH(CH_2OH)—CH(CH_3)—C(CH_3)(OH)—CH_2 　脱 1mol 水

6. 将下列化合物按酸性从强到弱排列。

a. 苯酚；b. 对甲基酚；c. 对硝基苯酚；d. 对氯苯酚

7. 按照与 HBr 反应的相对速率的高低排列下列化合物。

(1) 对甲苄醇、对硝基苄醇、苄醇　　(2) α-苯乙醇、β-苯乙醇、苄醇

8. 写出下列反应的主要产物。

(1) $CH_3CH_2CH_2OH \xrightarrow[140℃]{H_2SO_4}$?

(2) 邻羟基苯乙醇（CH_2CH_2OH、OH）$\xrightarrow{SOCl_2}$? $\xrightarrow{NaOH}$?

(3) 4,4-二甲基环己醇（H、OH；H_3C、CH_3）$\xrightarrow[25℃]{H_2CrO_7}$?

(4) $CH_3CH_2CH_2O^-Na + (CH_3)_3CCl \longrightarrow$?

(5) C_6H_5—CH=CHCH_2OH $\xrightarrow{CrO_3/吡啶}$?

(6) 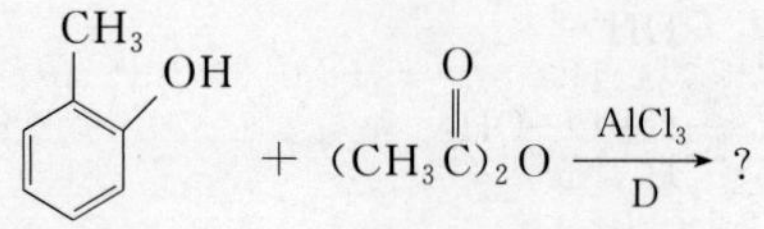 [o-methylphenol: benzene ring bearing CH_3 and OH] + $(CH_3\overset{O}{\overset{\|}{C}})_2O \xrightarrow[D]{AlCl_3}$?

(7) 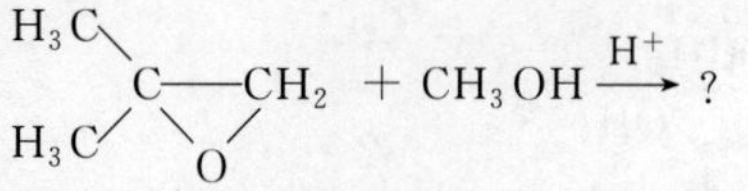 $(H_3C)_2C\overset{O}{—}CH_2$ (2,2-dimethyloxirane) + $CH_3OH \xrightarrow{H^+}$?

(8) $(CH_3)_3COCH_3 + HI \longrightarrow$?

9. 合成下列化合物。

(1) 丙烯合成甘油　(2) 从乙炔合成1,2-环氧丁烷

(3) 从苯合成3-甲基-2-溴苯酚　(4) 从乙烯合成乙醚

10. 某化合物A（$C_{10}H_{14}O$）能溶于NaOH溶液，但不能溶于Na_2CO_3溶液，它与溴水作用生成一种对称的二溴衍生物B（$C_{10}H_{12}Br_2O$），A的IR波谱在$3250cm^{-1}$和$834cm^{-1}$处有吸收峰，它的^1H NMR波谱为：$\delta=1.3$（9 H，单峰），$\delta=4.9$（1H，单峰），$\delta=7.6$（4H，多重峰），试写出化合物A和B的结构式。

11. 乙二醇及其衍生物的沸点随着其分子量的增加而降低，是何原因，请给出合理的解释。

CH_2OH-CH_2OH	$CH_2OCH_3-CH_2OH$	$CH_2OCH_3-CH_2OCH_3$
沸点：197℃	沸点：124.6℃	沸点：85.2℃

9 醛、酮

教学目标及要求

1. 掌握羰基的结构，醛、酮的分类和命名，醛、酮的物理性质；

2. 熟悉醛、酮的化学性质，即羰基加成反应、α-H 的反应、氧化反应、还原反应、歧化反应；亲核加成反应历程；醛、酮的氧化-还原反应；

3. 掌握醛、酮的鉴别；

4. 掌握醛、酮制法，α、β-不饱和醛、酮的性质；

5. 醛、酮制法，α、β-不饱和醛、酮的性质。

重点与难点

醛、酮与 HCN、$NaHSO_3$、醇、氨及其衍生物、碘仿的反应；羰基还原为亚甲基的方法，羟醛缩合，克莱门森还原法，基斯内尔-沃尔夫-黄鸣龙还原法，歧化反应，麦克尔（Michael）加成反应。难点是亲核加成反应的历程。

醛和酮分子中都含有相同的官能团——羰基（$\gt C=O$），所以统称为羰基化合物。羰基是碳原子和氧原子通过双键结合在一起的极性键。羰基碳原子上连有两个烃基的化合物为酮，至少连有一个氢原子的为醛，此时则把羰基与氢原子合并称为醛基，即，醛基 $-\overset{O}{\overset{\|}{C}}-H$（或—CHO）总是位于碳链的一端。醛和酮的结构通式分别为：

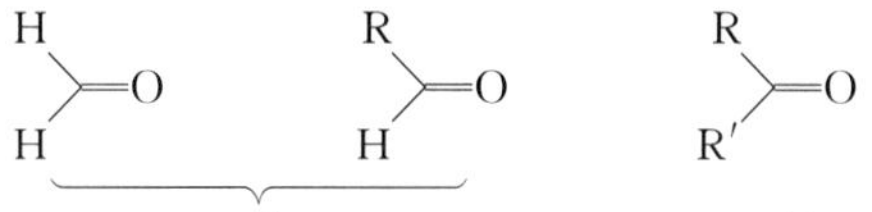

$$\underbrace{\overset{H}{\underset{H}{\gt}}C=O \qquad \overset{R}{\underset{H}{\gt}}C=O}_{\text{醛}} \qquad \underset{\text{酮}}{\overset{R}{\underset{R'}{\gt}}C=O}$$

醛和酮的结构相似，化学性质也有很多相似的地方。醛、酮是一类重要的有机化合物，许多醛、酮是重要的工业原料，如甲醛聚合成的聚甲醛能用于国防、交通、化工、运输、纺织等行业，有些醛、酮是香料或重要的药物。

9.1 醛和酮的分类和命名

9.1.1 醛、酮的分类

醛、酮的分类方法有以下三种。

① 根据羰基所连烃基的不同，醛、酮可分为脂肪族醛、酮，脂环族醛、酮和芳香族醛、酮。例如：

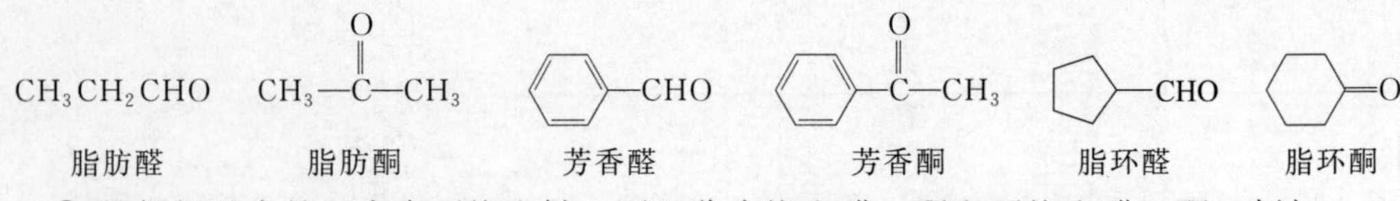

脂肪醛　脂肪酮　芳香醛　芳香酮　脂环醛　脂环酮

② 根据烃基中是否含有不饱和键，可以分为饱和醛、酮和不饱和醛、酮。例如：

CH_3CH_2CHO　饱和醛

$CH_3-\overset{O}{\overset{\|}{C}}-CH_2CH_3$　饱和酮

$CH_2=CHCHO$　不饱和醛

$CH_2=CH-\overset{O}{\overset{\|}{C}}-CH_3$　不饱和酮

③ 根据分子中所含羰基的数目，可以分为一元醛、酮和多元醛、酮。例如：

$HCHO$　一元醛

$CH_3-\overset{O}{\overset{\|}{C}}-CH_3$　一元酮

$OHC-CHO$　多元醛

$CH_3-\overset{O}{\overset{\|}{C}}-CH_2-\overset{O}{\overset{\|}{C}}-CH_3$　多元酮

酮还可以根据羰基碳两端所连的烃基是否相同分为单酮和混酮。例如：

$CH_3-\overset{O}{\overset{\|}{C}}-CH_3$　单酮

$CH_3-\overset{O}{\overset{\|}{C}}-CH_2CH_3$　混酮

9.1.2 醛、酮的命名

9.1.2.1 普通命名法　简单的醛、酮常用普通命名法。醛的普通命名与醇的相似，可在烃基的名称后面加一个醛字，称为“某醛”，有异构体的用正、异、新等字来区分。酮的普通命名是在羰基所连两个烃基名称后加上“酮”字，简单烃基在前，复杂烃基按次序规则放在后面，“基”字可以省略。如有芳基，则将芳基写在前面。例如：

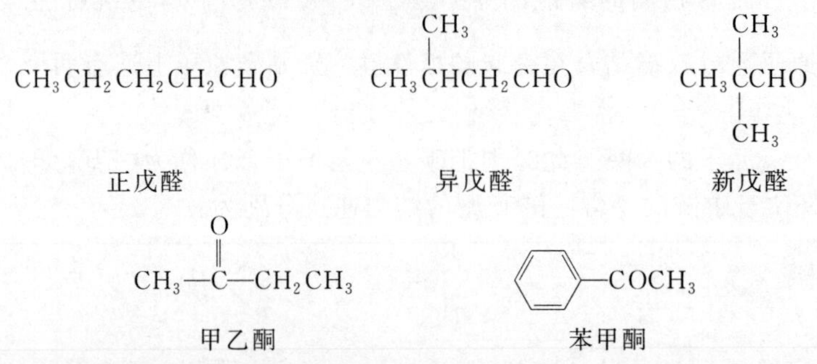

正戊醛　异戊醛　新戊醛

甲乙酮　苯甲酮

9.1.2.2 系统命名法　复杂醛、酮的命名采用系统命名法。

(1) 脂肪醛、酮　选择包含羰基的最长碳链为主链，根据主链所含碳原子的数目称为“某醛”或“某酮”。主链碳原子的编号从靠近羰基的一端开始，醛基总是位于链端，编号为1，命名时不必标明它的位次。酮除丙酮、丁酮和苯乙酮外，其他酮分子中的羰基必须标明位次，取代基的位次和名称放在母体名称之前。基本格式如下：取代基的位次—数目及名称—羰基的位次（醛基不必标明）—某醛（酮）。例如：

$\overset{4}{C}H_3\overset{3}{C}H(CH_3)\overset{2}{C}H_2\overset{1}{C}HO$　3-甲基丁醛

$\overset{1}{C}H_3-\overset{2}{C}(=O)-\overset{3}{C}H_2\overset{4}{C}H(CH_3)\overset{5}{C}H_3$　4-甲基-2-戊酮

碳原子的编号有时也用希腊字母 α、β、γ……来表示，α 是指靠近羰基的碳原子，其次是 β、γ 等，若有两个 α 碳原子，可以用 α、α' 表示。例如：

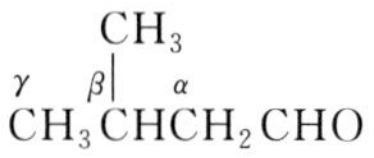

$$\overset{\gamma}{CH_3}\overset{\beta}{CH}(CH_3)\overset{\alpha}{CH_2}CHO$$

β-甲基丁醛

$$\overset{\alpha'}{CH_3}—\overset{O}{\overset{\|}{C}}—\overset{\alpha}{CH_2}\overset{\beta}{CH}(CH_3)CH_3$$

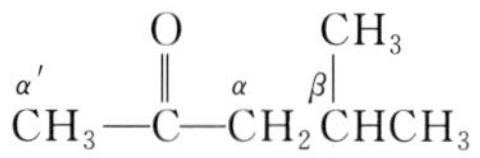

β-甲基-2-戊酮

（2）芳香醛、酮　芳香醛、酮命名时，常以脂肪醛或脂肪酮为母体，把芳香烃基作为取代基。例如：

$CH_3—C_6H_4—CHO$

对甲基苯甲醛

$C_6H_5—\overset{O}{\overset{\|}{C}}—CH_2CH_3$

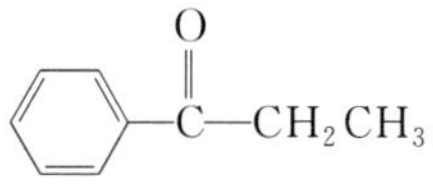

1-苯基-1-丙酮

（3）脂环醛、酮　脂环醛的命名与芳香醛的命名一致。脂环酮的命名是根据构成碳环原子的总数命名为环“某”酮。若环上有取代基，编号时使羰基位次最小。

例如：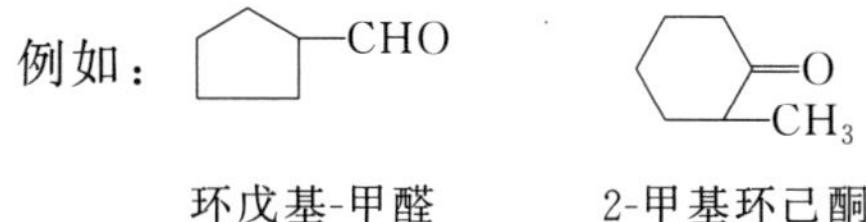

环戊基-甲醛　　　2-甲基环己酮

（4）不饱和醛、酮　选择同时含有不饱和键及羰基在内的最长碳链为主链，编号从靠近羰基的一端开始，称为“某烯醛”或“某烯酮”，同时要标明不饱和键和酮羰基的位次。例如：

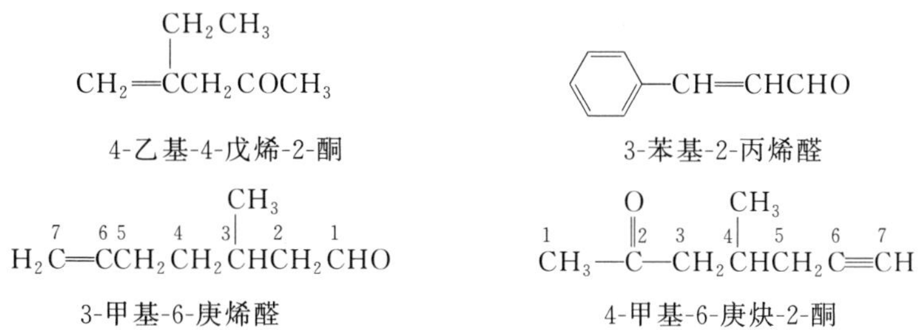

4-乙基-4-戊烯-2-酮　　　3-苯基-2-丙烯醛

3-甲基-6-庚烯醛　　　4-甲基-6-庚炔-2-酮

另外，醛和酮的命名有时也可根据其来源或性质采用俗名。例如：

$CH_3CH═CHCHO$

巴豆醛

（2-丁烯醛）

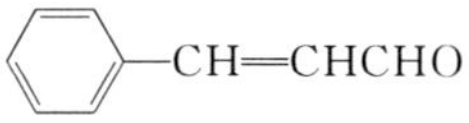

$C_6H_5—CH═CHCHO$

肉桂醛

（3-苯基丙烯醛）

$C_6H_4(CHO)(OH)$

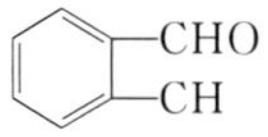

水杨醛

（邻羟基苯甲醛）

9.2　醛、酮的性质

9.2.1　醛、酮的物理性质

常温下，除甲醛是气体外，分子中含 12 个碳原子以下的脂肪醛、酮均为无色液体，高级脂肪醛、脂肪酮和芳香酮多为固体。

低级醛具有刺激性臭味，而某些高级醛、酮则有香味。如香草醛具有香草气味，环十五酮有麝香的香味，可用于化妆品及食品香精等。

醛、酮分子中的羰基氧能与水分子中的氢形成分子间氢键，因此低级醛酮易溶于水，含 5 个碳原子以上的醛、酮难溶于水，醛、酮易溶于有机溶剂。醛、酮分子间不能形成氢键，它们的沸点比分子量相近的醇低，但由于羰基是极性基团，增加了分子间作用力，故沸点比相应的烷烃高。

9.2.2 醛、酮的化学性质

醛、酮的化学性质主要是由羰基决定的。在羰基中，由于π键的极化，使得氧原子上带部分负电荷，碳原子上带部分正电荷。氧原子可以形成比较稳定的氧负离子，它较带正电荷的碳原子要稳定得多，因此反应中心是羰基中带正电荷的碳。所以羰基易与亲核试剂进行加成反应（亲核加成反应），见图 9-1。

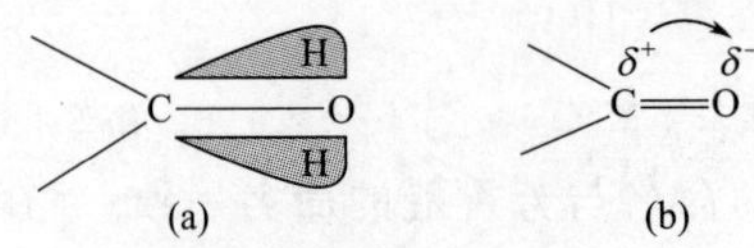

图 9-1 醛、酮电荷分布

此外，受羰基的影响，与羰基直接相连的 α-碳原子上的氢原子（α-H）较活泼，能发生一系列反应。由于醛的羰基碳上至少连有一个氢原子，而酮的羰基碳上连有两个烃基，因此，醛和酮的化学性质也有差异。在一般反应中，醛比酮具有更高的反应活性，某些醛能发生的反应，酮则不能发生反应。醛、酮发生化学反应的主要部位见图 9-2。

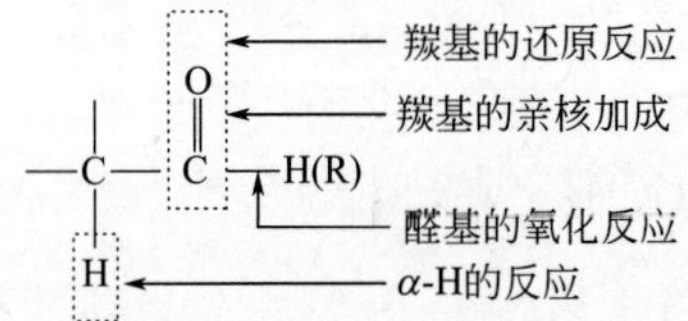

图 9-2 醛、酮发生化学反应的主要部位

9.2.2.1 亲核加成反应

（1）与氢氰酸的加成反应 醛、脂肪族甲基酮和分子中少于 8 个碳原子的环酮都能与氢氰酸发生加成反应，生成 α-羟基腈（或称 α-氰醇）。ArCOR 和 ArCOAr 难反应。

$$\underset{\text{（酮）或醛}}{\overset{R}{\underset{(CH_3)H}{>}}C{=}O} + HCH \rightleftharpoons \underset{\alpha\text{-羟基腈}}{(CH_3)H{-}\underset{OH}{\overset{R}{\overset{|}{\underset{|}{C}}}}{-}CN}$$

α-羟基腈经水解反应可以得到比原来醛、酮多一个碳原子的羟基酸。该反应在有机合成中常用来增长碳链。

例如工业上以丙酮为原料制备有机玻璃单体 α-甲基丙烯酸甲酯。反应过程如下：

$$CH_3COCH_3 \xrightarrow{HCN} CH_3{-}\underset{OH}{\overset{CH_3}{\overset{|}{\underset{|}{C}}}}{-}CN \xrightarrow[CH_3OH,\ \triangle]{H_2SO_4} \underset{\alpha\text{-甲基丙烯酸甲酯}}{CH_2{=}\overset{CH_3}{\overset{|}{C}}COOCH_3}$$

$$n\ CH_2{=}\overset{CH_3}{\overset{|}{C}}COOCH_3 \xrightarrow{\text{聚合}} \underset{\text{有机玻璃}}{\left[CH_2{-}\underset{COOCH_3}{\overset{CH_3}{\overset{|}{\underset{|}{C}}}}\right]_n}$$

（2）与亚硫酸氢钠的加成 醛、脂肪族甲基酮和分子中少于 8 个碳原子的环酮都能与饱和亚硫酸氢钠溶液发生加成反应，生成 α-羟基磺酸钠盐。

$$\begin{array}{l}R\\ \quad C{=}O + NaSO_3H \rightleftharpoons (CH_3)H-\overset{\overset{\large R}{|}}{\underset{\underset{\large SO_3Na}{|}}{C}}-OH\downarrow\\ (CH_3)H\end{array}$$

α-羟基磺酸钠

α-羟基磺酸钠不溶于亚硫酸氢钠的饱和溶液（40%），会以白色沉淀析出，利用此性质可以鉴别醛、酮。α-羟基磺酸钠遇稀酸或稀碱又可以分解生成原来的醛、酮。因此，利用此性质可以从混合物中分离提纯醛或甲基酮。

$$\underset{H(R^1)}{\overset{R}{>}}C{=}O \xrightarrow{NaHSO_3} \underset{H(R')}{\overset{R}{>}}C\underset{SO_3Na}{\overset{OH}{<}} \begin{cases}\xrightarrow{稀\ NaHCO_3} RCHO + Na_2SO_3 + CO_2 + H_2O\\ \xrightarrow{稀\ HCl} RCHO + NaCl + SO_2 + H_2O\end{cases}$$

杂质不反应，分离去掉

此反应的加成产物与氰化钠作用可以用于制备成羟基腈。这一方法避免使用了挥发性的剧毒物 HCN，是合成羟基腈的好方法。

$$PhCHO \xrightarrow[H_2O]{NaHSO_3} Ph\overset{\overset{OH}{|}}{C}HSO_3Na \xrightarrow[H_2O]{NaCN} Ph\overset{\overset{OH}{|}}{C}HCN \xrightarrow[回流]{HCl} Ph\overset{\overset{OH}{|}}{C}HCOOH$$

（3）与醇加成　在干燥 HCl 催化下，醛能与醇加成，生成半缩醛。半缩醛不稳定，很难分离出来，可以与另一分子的醇进一步缩合，生成缩醛。

$$\underset{(R'')H}{\overset{R}{>}}C{=}O \underset{R'OH}{\overset{干\ HCl}{\rightleftharpoons}} \left[\underset{(R'')H}{\overset{R}{>}}C\underset{OR'}{\overset{OH}{<}}\right] \underset{R'OH}{\overset{干\ HCl}{\rightleftharpoons}} \left[\underset{(R'')H}{\overset{R}{>}}C\underset{OR'}{\overset{OR'}{<}}\right]$$

半缩醛　　　　缩醛

与醛相比，酮形成半缩酮和缩酮要困难些，在干燥 HCl 催化下，酮与过量的二元醇（如乙二醇）缩合，生成环状缩酮。

$$\underset{R'}{\overset{R}{>}}C{=}O + \begin{array}{l}HO-CH_2\\ \quad\ \ |\\ HO-CH_2\end{array} \overset{干\ HCl}{\rightleftharpoons} \underset{R'}{\overset{R}{>}}C\begin{array}{l}\diagup O-CH_2\\ \qquad\quad |\\ \diagdown O-CH_2\end{array} + H_2O$$

（4）与格氏试剂加成　格氏试剂（Grignard）非常容易与醛、酮进行加成反应，加成产物不必分离，经水解后生成相应的醇，是制备醇最重要的方法之一。

$$>\overset{\delta+}{C}{=}\overset{\delta-}{O} + \overset{-}{R}\overset{+}{MgX} \xrightarrow{无水乙醚} >C\underset{R}{\overset{OMgX}{<}} \xrightarrow{H_2O} R-\overset{|}{\underset{|}{C}}-OH + HOMgX$$

甲醛与格氏试剂作用可得伯醇，其他醛与格氏试剂作用可得仲醇，酮与格氏试剂作用则得到叔醇。

$$HCHO+RMgX \xrightarrow{无水乙醚} RCH_2OMgX \xrightarrow[H^+]{H_2O} RCH_2OH \quad （伯醇）$$

$$R'CHO+RMgX \xrightarrow{无水乙醚} R'\overset{\overset{R}{|}}{C}HOMgX \xrightarrow[H^+]{H_2O} R'\overset{\overset{R}{|}}{C}HOH \quad （仲醇）$$

$$R'COR''+RMgX \xrightarrow{无水乙醚} R'\overset{\overset{R''}{|}}{\underset{\underset{R}{|}}{C}}OMgX \xrightarrow[H^+]{H_2O} R'\overset{\overset{R''}{|}}{\underset{\underset{R}{|}}{C}}OH \quad （叔醇）$$

式中 R 也可以是 Ar，此反应是制备结构复杂的醇的重要方法。

$$\text{间甲基溴苯} \xrightarrow[\text{干乙醚}]{Mg} \text{间甲基苯基溴化镁(MgBr)} \xrightarrow{(CH_3)_2CO} Ar\text{—}C(CH_3)_2\text{—}OMgBr \xrightarrow{H_2O/H^+} Ar\text{—}C(CH_3)_2\text{—}OH$$

这类加成反应还可在分子内进行。例如：

$$BrCH_2CH_2CH_2COCH_3 \xrightarrow[THF]{Mg,\text{微量 } HgCl_2} \text{1-甲基环丁醇（环丁烷上连 }OH\text{、}CH_3\text{）} \quad 60\%$$

(5) 与氨的衍生物加成 醛、酮与氨的衍生物，如伯胺、羟胺、肼、苯肼、氨基脲等可发生加成反应，反应中首先生成不稳定的加成产物，随即从分子内消去一分子水，生成相应的含碳氮双键的化合物，如：

$$(CH_3)_2C{=}O + \underset{\text{伯胺}}{H_2N\text{—}CH_3} \longrightarrow (CH_3)_2C(OH)\text{—}N(H)CH_3 \xrightarrow{-H_2O} \underset{\text{希夫碱}}{(CH_3)_2C{=}N\text{—}CH_3}$$

$$RR'C{=}O + \underset{\text{羟胺}}{H_2N\text{—}OH} \longrightarrow RR'C(OH)\text{—}N(H)OH \xrightarrow{-H_2O} \underset{\text{肟}}{RR'C{=}N\text{—}OH}$$

$$RR'C{=}O + \underset{\text{苯肼}}{H_2N\text{—}NH\text{—}C_6H_5} \longrightarrow RR'C(OH)\text{—}N(H)\text{—}NH\text{—}C_6H_5 \xrightarrow{-H_2O} \underset{\text{苯腙}}{RR'C{=}N\text{—}NH\text{—}C_6H_5}$$

可用通式表示如下：

$$\rangle C{=}O + H_2N\text{—}Y \longrightarrow \rangle C(OH)\text{—}N(H)Y \xrightarrow{-H_2O} \rangle C{=}N\text{—}Y$$

一些常见氨的衍生物及其与醛、酮反应产物的结构及名称见表 9-1。

表 9-1 氨的衍生物与醛、酮反应的产物

氨的衍生物		与醛酮反应的产物	
名称	结构式	名称	结构式
伯胺	$H_2N\text{—}R$	希夫碱	$R\text{—}C(H(R'))\text{=}N\text{—}R$
羟胺	$H_2N\text{—}OH$	肟	$R\text{—}C(H(R'))\text{=}N\text{—}OH$
肼	$H_2N\text{—}NH_2$	腙	$R\text{—}C(H(R'))\text{=}N\text{—}NH_2$
苯肼	$H_2N\text{—}NH\text{—}C_6H_5$	苯腙	$R\text{—}C(H(R'))\text{=}N\text{—}NH\text{—}C_6H_5$

续表

氨的衍生物		与醛酮反应的产物	
名称	结构式	名称	结构式
2,4-二硝基苯肼	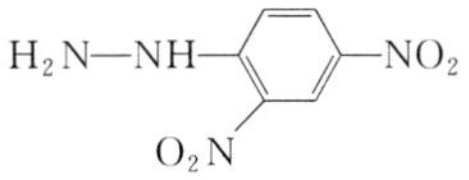 $H_2N-NH-C_6H_3(NO_2)_2$（2-O_2N，4-NO_2）	2,4-二硝基苯腙	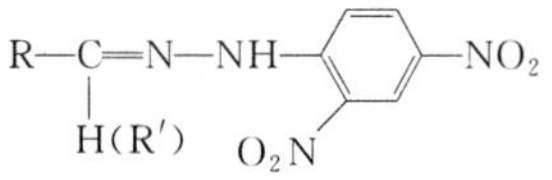 $R-C(H(R'))=N-NH-C_6H_3(NO_2)_2$（2-$O_2N$，4-$NO_2$）
氨基脲	$H_2N-NH-\overset{O}{\overset{\|}{C}}-NH_2$	缩氨脲	$R-C(H(R'))=N-NH-\overset{O}{\overset{\|}{C}}-NH_2$

肟、苯腙及缩氨脲大多数都是白色固体，具有固定的结晶形状和熔点。测定其熔点就可以知道它是由哪一个醛或者酮生成的，因此常用来鉴别醛、酮。肟、腙等在稀酸作用下，可水解得到原来的醛、酮，可利用这些反应来分离和精制醛、酮。

9.2.2.2 α-H 的反应 在醛、酮分子中，α-碳原子是指与羰基碳直接相连的碳原子，在 α-碳原子上连接的氢原子称为 α-氢原子。受羰基吸电子诱导效应的影响，α-碳原子上 C—H 键的极性增强，反应活性增强，氢原子较易离去，容易发生反应。

（1）互变异构 在溶液中有 α-H 的醛、酮是以酮式和烯醇式互变平衡的状态存在的。

$$\underset{\text{酮式}}{-CH_2-\overset{O}{\overset{\|}{C}}-} \rightleftharpoons \underset{\text{烯醇式}}{-CH=\overset{OH}{\overset{|}{C}}-}$$

简单脂肪醛在平衡体系中的烯醇式含量极少。酮或二酮的平衡体系中，烯醇式能被其他基团稳定化，烯醇式含量会增多。

酮式		烯醇式	烯醇式含量/%
$CH_3-\overset{O}{\overset{\|}{C}}-CH_3$	$\rightleftharpoons$	$CH_2=\overset{OH}{\overset{|}{C}}-CH_3$	2.4×10^{-4}
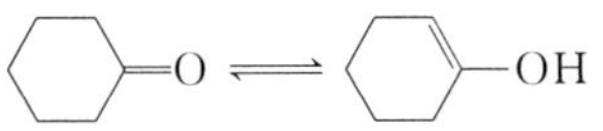 环己酮	$\rightleftharpoons$	1-环己烯醇	2.0×10^{-2}
$CH_3-\overset{O}{\overset{\|}{C}}-CH_2COOC_2H_5$	$\rightleftharpoons$	$CH_3-\overset{OH}{\overset{|}{C}}=CH-\overset{O}{\overset{\|}{C}}-OC_2H_5$（分子内氢键 O—H···O）	7.5
$CH_3-\overset{O}{\overset{\|}{C}}-CH_2-\overset{O}{\overset{\|}{C}}-CH_3$	$\rightleftharpoons$	$CH_3-\overset{OH}{\overset{|}{C}}=CH-\overset{O}{\overset{\|}{C}}-CH_3$	80
$C_6H_5-\overset{O}{\overset{\|}{C}}-CH_2-\overset{O}{\overset{\|}{C}}-CH_3$	$\rightleftharpoons$	$C_6H_5-\overset{OH}{\overset{|}{C}}=CH-\overset{O}{\overset{\|}{C}}-CH_3$	99

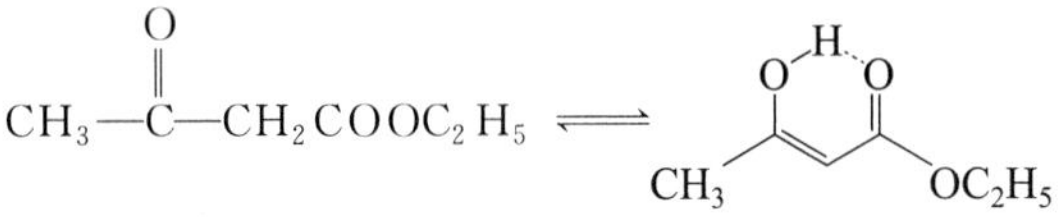

烯醇式中存在着 C═C 双键，可用溴滴定测量其含量。

（2）卤代反应 醛、酮分子中的 α-H 很容易被卤素所取代，生成 α-卤代醛、酮，特别是在碱溶液中，反应能很顺利地进行。例如：

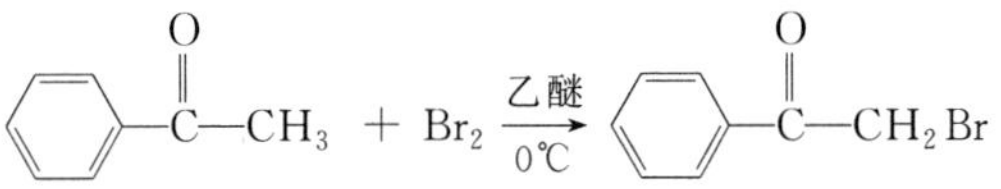

$$C_6H_5-\overset{O}{\overset{\|}{C}}-CH_3 + Br_2 \xrightarrow[0℃]{\text{乙醚}} C_6H_5-\overset{O}{\overset{\|}{C}}-CH_2Br$$

若醛、酮分子中有多个 α-H，一般较难停留在一元取代阶段，常常生成 α-三卤代物。α-三卤代物在碱性溶液中不稳定，碳碳键易断裂，最终产物为三卤甲烷（俗称卤仿）和羧酸盐，该反应称为卤仿反应。

$$(H)R\overset{O}{\overset{\|}{C}}CH_3 + 3NaOX \longrightarrow (H)R\overset{O}{\overset{\|}{C}}CX_3 + 3NaOH$$

$$(H)R\overset{O}{\overset{\|}{C}}CX_3 \xrightarrow{NaOH} (H)R\overset{O}{\overset{\|}{C}}ONa + CHX_3$$

从反应过程可以看出，只有 CH_3CO—结构才可以发生卤仿反应，而具有 $CH_3CH(OH)$—结构的醇能被次卤酸氧化为 CH_3CO—结构的醛或酮，所以乙醛、α-甲基酮和具有 $CH_3CH(OH)$—结构的醇都能发生卤仿反应。

$$CH_3CH_2OH \xrightarrow{NaOI} CH_3CHO \xrightarrow{3NaOI} HCOONa + CHI_3\downarrow$$

若 X_2 用 Cl_2 则得到 $CHCl_3$（氯仿）液体。

若 X_2 用 Br_2 则得到 $CHBr_3$（溴仿）液体。

若 X_2 用 I_2，反应称为碘仿反应。反应产生的碘仿为黄色晶体，水溶性极小，且有特殊气味，该反应常常被用来鉴别是否具有 CH_3CO—结构或 $CH_3CH(OH)$—结构的醇。

（3）羟醛缩合反应　有 α-H 的醛在稀碱（10％NaOH）溶液中能和另一分子醛相互作用，生成 β-羟基醛，这一反应称为羟醛缩合反应。

$$CH_3-\underset{H}{\underset{|}{C}}=O + H-CH_2CHO \xrightarrow{稀碱} CH_3-\underset{OH}{\underset{|}{CH}}-CH_2CHO$$

β-羟基丁醛

β-羟基醛在稍微受热或在酸的作用下，即发生分子内脱水，生成 α,β-不饱和醛。总的结果是两个醛分子间脱去一分子水。

$$CH_3\underset{OH}{\underset{|}{CH}}-\underset{H}{\underset{|}{CH}}CHO \xrightarrow[\triangle]{-H_2O} CH_3CH=CHCHO$$

β-羟基丁醛　　　　2-丁烯醛

羟醛缩合反应中，必须至少有一种醛具有 α-H。当两种不同的醛都含有 α-H 进行羟醛缩合反应时，生成四种不同的 β-羟基醛的混合物，没有实际应用价值。如果只有一种醛含有 α-H 进行羟醛缩合反应，可得到收率较好的一种产物。例如：

$$C_6H_5-CHO + CH_3CHO \xrightarrow[10℃]{稀碱} C_6H_5-CH=CHCHO$$

含有 α-H 的酮也能发生类似的反应，生成 β-羟基酮，脱水后生成 α,β-不饱和酮。

$$CH_3-\overset{O}{\overset{\|}{C}}-CH_3 + \overset{H}{\overset{|}{CH_2}}-\overset{O}{\overset{\|}{C}}-CH_3 \overset{稀碱}{\rightleftharpoons} CH_3-\underset{OH}{\underset{|}{\overset{CH_3}{\overset{|}{C}}}}-CH_2-\overset{O}{\overset{\|}{C}}-CH_3$$

4-甲基-4-羟基-2-戊酮

$$CH_3-\underset{OH}{\underset{|}{\overset{CH_3}{\overset{|}{C}}}}-CH_2-\overset{O}{\overset{\|}{C}}-CH_3 \xrightarrow[\triangle]{-H_2O} CH_3-\overset{CH_3}{\overset{|}{C}}=CH-\overset{O}{\overset{\|}{C}}-CH_3$$

4-甲基-4-羟基-2-戊酮　　　　4-甲基-3-戊烯-2-酮

酮分子中羰基碳原子受诱导效应和空间效应的影响，酮缩合反应比较困难，反应只能得到少量的 β-羟基酮。

9.2.2.3　还原反应　醛和酮都可以被还原，用不同的试剂进行还原可以得到不同的产物。

(1) 羰基还原成醇羟基（$>C=O \longrightarrow >CH-OH$）醛、酮在 Ni、Pt、Pd 等金属催化剂作用下，可被 H_2 还原成醇。例如：

$$\underset{\text{醛}}{RCHO} + H_2 \xrightarrow{Ni} \underset{\text{伯醇}}{RCH_2OH}$$

$$\underset{\text{酮}}{R-\overset{\overset{O}{\|}}{C}-R'} + H_2 \xrightarrow{Ni} \underset{\text{仲醇}}{R-\overset{\overset{OH}{|}}{CH}-R'}$$

这种催化加氢方法产率高，但催化剂价格昂贵。若醛、酮分子中含有不饱和键（碳碳双键或碳碳三键等），不饱和基团也同时被还原。例如：

$$\text{环己酮}(=O) + H_2 \xrightarrow[50℃,\ 6.5MPa]{Ni} \text{环己基}-OH$$

$$CH_3CH=CHCH_2CHO + 2H_2 \xrightarrow[250℃,\ \text{加压}]{Ni} CH_3CH_2CH_2CH_2CH_2OH$$

（C=C，C=O，均被还原）

如要保留双键而只还原羰基，则应选用金属氢化物为还原剂。常用的金属氢化物有如硼氢化钠（$NaBH_4$）、氢化铝锂（$LiAlH_4$）。例如：

$$CH_3CH=CHCHO \xrightarrow[(2)\ H_2O,\ H^+]{(1)\ LiAlH_4,\ \text{无水乙醚}} CH_3CH=CHCH_2OH$$

$$C_6H_5-CH=CHCH_2-\overset{\overset{O}{\|}}{C}-CH_3 \xrightarrow[C_2H_5OH]{NaBH_4} C_6H_5-CH=CHCH_2\overset{\overset{OH}{|}}{C}HCH_3$$

$LiAlH_4$ 是强还原剂，它不还原 C=C、C≡C，但它除了能还原醛、酮外，还可以还原酯、羧酸、酰胺、NO_2、C≡N 等其他不饱和键，而且 $LiAlH_4$ 不稳定，遇水剧烈反应，通常只能在无水醚或 THF 中使用。$NaBH_4$ 在水或醇溶液中是一种缓和的还原剂，选择性高，还原效果好，它只还原醛、酮、酰卤中的羰基，对分子中的其他不饱和基团均不还原。

(2) 羰基还原成亚甲基（$>C=O \longrightarrow >CH_2$）

① 方法一：克莱门森（Clemmensen）还原——酸性还原法。这一方法将醛或芳香酮与锌汞齐和浓盐酸一起加热回流，羰基被还原为亚甲基。

$$\underset{H(R')}{R}>C=O \xrightarrow[\triangle]{Zn\text{-}Hg,\ \text{浓}\ HCl} \underset{H(R')}{R}>CH_2$$

此法适用于还原芳香酮，是间接在芳环上引入直链烃基的方法。

$$C_6H_6 + CH_3CH_2CH_2CHO \xrightarrow{AlCl_3} C_6H_5-\overset{\overset{O}{\|}}{C}-CH_2CH_2CH_3 \xrightarrow{Zn\text{-}Hg/HCl} C_6H_5-CH_2CH_2CH_2CH_3$$

② 方法二：基斯内尔-沃尔夫-黄鸣龙还原法。这一方法将饱和醛或酮与肼反应生成腙，

羰基在强酸或碱存在的条件下最终被还原为亚甲基。

$$\rangle C{=}O \xrightarrow[\text{加成，脱水}]{NH_2\text{-}NH_2} \rangle C{=}N{-}NH_2 \xrightarrow[\text{加成，加压}]{KOH\text{ 或 }C_2H_5ONa} \rangle CH_2 + N_2\uparrow$$

此反应是基斯内尔和沃尔夫分别于 1911 年、1912 年发现的，称为基斯内尔-沃尔夫反应。

我国化学家黄鸣龙在 1946 年对此进行了改进，将醛、酮与氢氧化钠、肼的水溶液在高沸点溶剂如缩乙二醇 $(HOCH_2CH_2)_2O$ 中一起加热，羰基先与肼作用生成腙，腙在碱性条件下加热失去氮，结果是羰基被还原为亚甲基。

$$C_6H_5{-}\overset{O}{\overset{\|}{C}}{-}CH_2CH_3 \xrightarrow[(HOCH_2CH_2)_2O,\ \triangle]{NH_2NH_2,\ NaOH} C_6H_5{-}CH_2CH_2CH_3 + N_2\uparrow$$

故此反应称为基斯内尔-沃尔夫-黄鸣龙反应。

克莱门森还原法和基斯内尔-沃尔夫-黄鸣龙还原法都是把醛、酮的羰基还原成亚甲基。

9.2.2.4　醛、酮的氧化反应　醛、酮的化学性质在以上反应中基本相同，但在氧化反应中却有较大的差别。醛的羰基上连有氢原子，而酮则没有这个氢原子，所以醛比酮容易氧化。

醛能被一般的氧化剂如 $KMnO_4$ 氧化成羧酸。使用弱的托伦试剂（Tollens 试剂）、斐林试剂（Fehling 试剂）也可将醛氧化成酸羧酸。

托伦试剂为硝酸银的氨溶液，有效成分为银氨络离子，通常写为 $Ag(NH_3)_2OH$。它能把醛氧化成羧酸，同时银离子被还原为单质银，单质银附着在器壁上可形成光亮的银镜，因而这个反应称为银镜反应。

$$RCHO + 2Ag(NH_3)_2OH \xrightarrow[\triangle]{} RCOONH_4 + 3NH_3 + H_2O + 2Ag\downarrow$$

酮不发生上述反应，常利用银镜反应来鉴别醛和酮。

斐林试剂是一种混合溶液，由硫酸铜溶液与氢氧化钠的酒石酸溶液等体积混合生成。氧化剂为铜配离子，通常写为 $Cu^{2+} + OH^-$。与醛反应时，二价铜离子被还原成砖红色的氧化亚铜沉淀，与甲醛反应则会有铜镜生成。

$$RCHO + 2Cu(OH)_2 + NaOH \longrightarrow RCOONa + 3H_2O + Cu_2O\downarrow$$

酮和芳香醛都不能发生上述反应，可用斐林试剂鉴别脂肪醛和酮或脂肪醛与芳香醛。

酮难被氧化，使用强氧化剂（如重铬酸钾和浓硫酸）氧化酮，则发生碳链的断裂而生成复杂的氧化产物，大部分反应没有实际应用价值。环己酮氧化成己二酸等具有合成意义。

酮被过氧酸氧化则生成酯，反应过程中酮被氧化，不影响其碳干，有合成价值。

$$RCOR' + R''C{\overset{\nearrow O}{\underset{\searrow O-OH}{}}} \longrightarrow R{-}\overset{O}{\overset{\|}{C}}{-}O{-}R' + R''COOH$$

$$C_5H_9{-}COCH_3 \xrightarrow{C_6H_5CO_3H} C_5H_9{-}OCOCH_3$$

这个反应称为拜尔-维利格（Baeyer-Villiger）反应。

9.2.2.5　歧化反应——康尼查罗（Cannizzaro）反应　不含 α-H 的醛，在浓碱作用下可以发生分子间的氧化还原反应，一分子醛被氧化为酸，另一分子醛被还原为醇，这种反应称为歧化反应（康尼查罗反应）。

$$2HCOOH \xrightarrow[\triangle]{\text{浓碱}} HCOONa + CH_3OH$$

如果两种不同的醛均不含有 α- H，则在浓碱作用下，发生分子间的氧化还原反应，生成四种不同产物的混合物，没有太大应用价值。

甲醛与另一种无 α-H 的醛在强的浓碱催化下加热，主要反应是甲醛被氧化而另一种醛被还原：

$$C_6H_5CHO + HCHO \xrightarrow[\triangle]{\text{浓 NaOH}} C_6H_5CH_2OH + HCOONa$$

这类反应称为“交错”康尼查罗反应，是制备 $ArCH_2OH$ 型醇的有效手段。

9.3 不饱和羰基化合物

不饱和羰基化合物是指分子中即含有羰基，又含有不饱和烃基的化合物，根据不饱和键和羰基的相对位置可分为三类。

① 烯酮（RCH═C═O）这类化合物由于羰基和双键直接相连，其化学性质比一般醛、酮活泼，可以进行许多一般醛酮不能进行的反应。

② α,β-不饱和醛酮（RCH═CH—CHO）这类化合物由于羰基和碳碳双键形成共轭体系，除了具有各自官能团的性质外，还具有一些一般醛酮不同的化学性质。

③ 孤立不饱和醛酮［$RCH{=}CH(CH_2)_nCHO$，$n\geqslant 1$］孤立不饱和醛酮由于羰基和碳双键的相对位置较远，相互影响较小，同时具有烯烃和醛、酮的性质。

9.3.1 乙烯酮

最简单且最重要的烯酮是乙烯酮，它是一种类似累积二烯烃的结构，这种结构的成键形式非常不稳定，因而表现出很强的化学活性。乙烯酮可以和很多的含活泼氢的化合物加成，在原活泼氢的位置上引入一个乙酰基，因此乙烯酮是一个很好的乙酰化试剂。例如：

$$CH_2{=}C{=}O + HOH \longrightarrow CH_3COOH$$

$$CH_2{=}C{=}O + HNH_2 \longrightarrow CH_3CONH_2$$

$$CH_2{=}C{=}O + HOR \longrightarrow CH_3COOR$$

$$CH_2{=}C{=}O + HCl \longrightarrow CH_3COCl$$

$$CH_2{=}C{=}O + CH_3COOH \longrightarrow CH_3COOCOCH_3$$

乙烯酮在常温下是具有难闻气味、毒性很大的气体，在合成和使用中要特别小心，其他烯酮的性质与乙烯酮相似，但由于制备困难，应用较少。

9.3.2 α,β-不饱和醛、酮

α,β-不饱和醛、酮的结构特点是碳碳双键与羰基共轭，故 α、β-不饱和醛、酮兼有烯烃、醛、酮和共轭二烯烃的性质，若与亲电试剂加成，则应加到碳碳双键上，若与亲核试剂加成则应加到羰基上，但其特性反应是共轭加成。

$$\overset{\delta^+}{\underset{\beta}{-C}}{=}\overset{\delta^-}{\underset{\alpha}{C}}-\overset{\delta^+}{C}{=}\overset{\delta^-}{O}$$

由于羰基的极化和共轭 π 键的离域，不仅羰基碳上带有部分正电荷，β-C 上也带有部分正电荷，因此与亲核试剂加成时就有两种可能：

$$-\underset{|}{C}=\underset{|}{C}-\underset{|}{C}=O + Nu^- \xrightarrow{1,2\text{加成}} -\overset{|}{C}=\overset{|}{C}-\underset{Nu}{\overset{|}{C}}-O^- \xrightarrow{H^+} -\overset{|}{C}=\overset{|}{C}-\underset{Nu}{\overset{|}{C}}-OH$$

$$-\underset{|}{C}=\underset{|}{C}-\underset{|}{C}=O + Nu^- \xrightarrow{1,4\text{加成}} -\underset{Nu}{\overset{|}{C}}-\underset{|}{C}=\underset{|}{C}-O^- \xrightarrow{H^+} -\underset{Nu}{\overset{|}{C}}-\underset{|}{C}=\underset{|}{C}-OH \xrightarrow{\text{不稳定（互变）}} -\underset{Nu}{\overset{|}{C}}-\underset{|}{\overset{H}{C}}-\underset{|}{C}=O$$

反应为 1，2 加成还是 1，4 加成决定于以下三个方面。

① 亲核试剂的强弱。弱的亲核试剂主要进行 1，4 加成，强的主要进行 1，2 加成。

② 反应温度。低温进行 1，2 加成，高温进行 1，4 加成。

③ 立体效应。羰基所连的基团大或试剂体积较大时，有利于 1，4 加成。

α,β-不饱和醛、酮、羧酸、酯、硝基化合物等与有活泼亚甲基化合物的共轭加成反应称为麦克尔（Michael）反应，此反应属 1，4 加成反应。其通式是：

$$>C=\underset{H}{\underset{|}{C}}-Z + R^- \longrightarrow -\underset{R}{\overset{|}{\underset{|}{C}}}-\underset{H}{\overset{|}{\underset{|}{C}}}-Z$$

(Z代表能和C═C共轭的基团)

例如：

$$CH_3CH=CH-\overset{O}{\overset{\|}{C}}-CH_3 + CH_2\begin{matrix}COOC_2H_5\\ COOC_2H_5\end{matrix} \xrightarrow{C_2H_5ONa} CH_3\underset{CH(COOC_2H_5)_2}{\underset{|}{CH}}-CH_2-\overset{O}{\overset{\|}{C}}-CH_3$$

麦克尔（Michael）反应在有机合成上有其应用价值。

9.3.3 醌

9.3.3.1　醌的结构和命名　醌是一类特殊的环状不饱和共轭二酮，由于醌类化合物通常都是由芳香烃衍生物氧化而制得的，所以醌类化合物的命名和芳烃有关。例如：

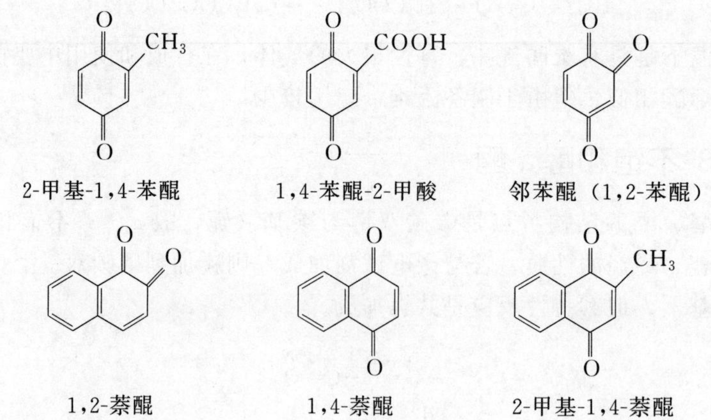

2-甲基-1,4-苯醌　　1,4-苯醌-2-甲酸　　邻苯醌（1,2-苯醌）

1,2-萘醌　　1,4-萘醌　　2-甲基-1,4-萘醌

9.3.3.2　醌的性质　凡醌类都具有颜色，且醌式结构中不存在苯环。

现简要介绍醌的化学性质。

(1) 加成反应

① 羰基上的加成

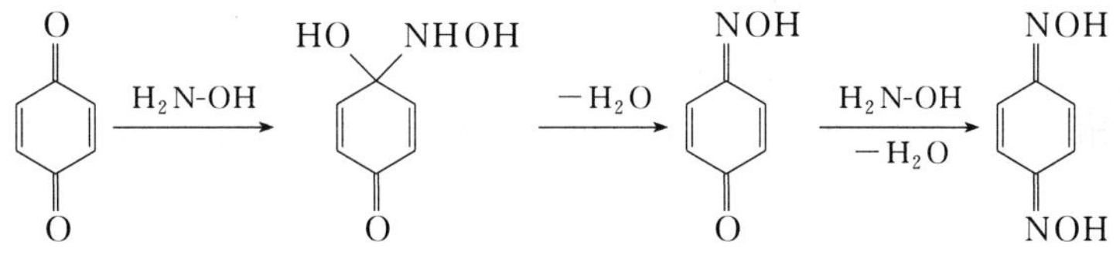

单肟　二肟

② 烯键上的加成

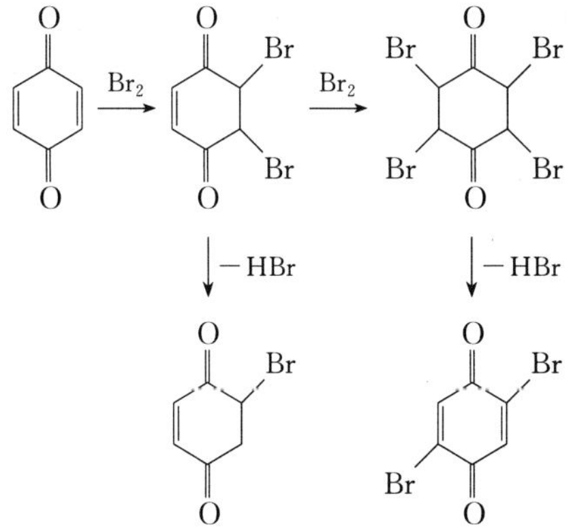

③ 双烯合成

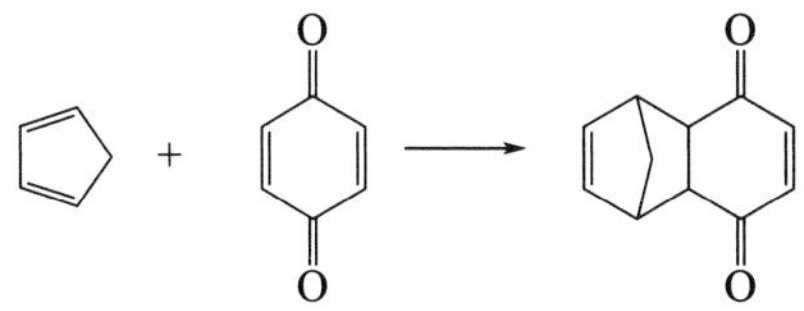

④ 1,4 加成

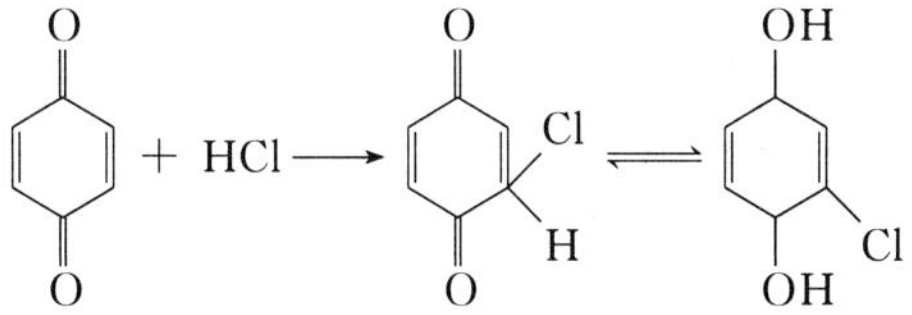

(2) 还原组成氧化还原偶对

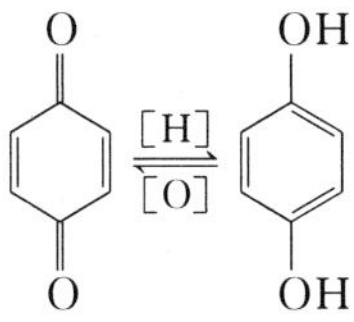

9.4 重要醛、酮

9.4.1 甲醛

甲醛又称蚁醛，在常温下为无色气体，具有特殊臭味，对眼、鼻和喉部的黏膜有强烈的刺激作用。沸点－21℃，易燃、易溶于水。在水中的溶解度（20℃）为 65g/100g 水。甲醛可使蛋白质变性凝固，常用作消毒剂和防腐剂。体积分数为40%甲醛水溶液俗称“福尔马林”，可用于外科器械、手套、污染物等的消毒，也可用作动物标本及尸体的防腐剂。农业上用“福尔马林”来拌种，以预防稻瘟病。

甲醛是结构上比较特殊的醛。羰基直接连接两个氢原子，因此它表现出特殊的化学活性。甲醛和氨作用生成一种结构复杂的化合物——六亚甲基四胺，商品名叫乌洛托品。

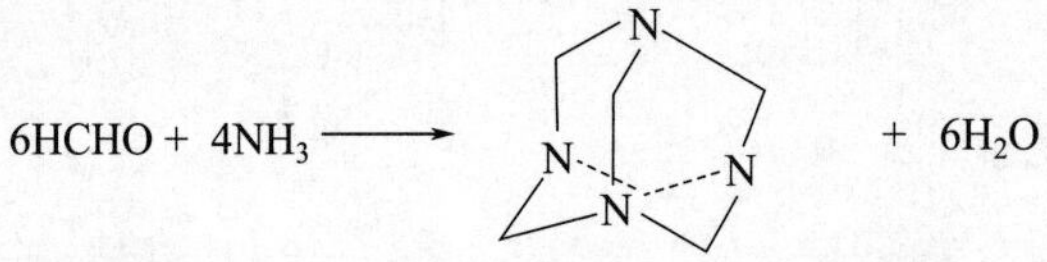

$$6HCHO + 4NH_3 \longrightarrow \text{(N,N,N,N)} + 6H_2O$$

六亚甲基四胺是无色晶体，熔点263℃，易溶于水，有甜味，燃烧时产生炽热的火焰。乌洛托品在医药上用作利尿剂和尿道消毒剂。内服乌洛托品片剂后，在泌尿系统的酸性环境中能分解出甲醛和氨而呈现杀菌作用，临床上主要用于磺胺和抗生素疗效不好的尿路感染，如大肠杆菌所致的肾盂肾炎、膀肌炎、尿道炎等。乌洛托品在尿中排泄迅速，可长期服用，没有毒性，而且细菌对乌洛托品不产生抗药性。

甲醛是重要的有机合成原料，在工业上有广泛用途。甲醛大量用于制造酚醛树脂、脲醛树脂、聚甲醛塑料等。工业上甲醛由甲醇直接氧化制得。

$$2CH_3OH + O_2 \xrightarrow[600℃]{Cu 或 Ag} 2HCHO + H_2O$$

9.4.2 乙醛

乙醛是无色、有刺激气味的液体，沸点20.8℃，可溶于水、乙醇及乙醚中。在少量硫酸和干燥HCl存在下乙醛聚成环状的三聚或四聚、多聚乙醛。三聚乙醛是有香味的液体，沸点为124℃，在硫酸存在下解聚成乙醛，所以三聚乙醛是储存乙醛的最方便的方法。乙醛是有机合成的重要原料，可用来合成乙酸、丁醇、季戊四醇等产品。

乙醛中的三个α—H可被氯原子取代生成三氯乙醛（CCl_3CHO），三氯乙醛易与水结合生成水合三氯乙醛，简称水合氯醛。水合氯醛是无色晶体，有刺激性气味，味略苦，易溶于水、乙醚及乙醇。其10%的水溶液在临床上可用作长时间作用的催眠药，用于失眠、烦躁不安及惊厥的治疗，它使用安全，不易引起蓄积中毒，但对胃有一定的刺激性。

9.4.3 苯甲醛

苯甲醛是无色、具有苦杏仁气味的油状液体，沸点79.1℃，有毒，难溶于水，易溶于乙醇、乙醚等有机溶剂。自然界中以糖苷的形式存在于苦杏仁、桃、李的果核中。

苯甲醛是芳香醛的典型代表，除具有一般醛的性质外，还能发生歧化反应、安息香缩合反应。

苯甲醛是重要的化工原料，是合成染料和香料的原料。工业上常用甲苯氧化或由二氯甲苯水解制备苯甲醛。

9.4.4 丙酮

丙酮在常温下是无色液体，沸点56.1℃，具有令人愉快的香味，易溶于水、乙醇、乙醚等。丙酮是一种优良的溶剂，广泛地用于油漆、合成纤维等工业。丙酮还是合成环氧树脂、有机玻璃等的原料。工业上通过异丙苯氧化法同时获得丙酮和苯酚。

患糖尿病的人，由于新陈代谢紊乱，体内常有过量丙酮产生，从尿中排出。尿中是否含有丙酮可用碘仿反应检验。临床上，常用亚硝酰铁氰化钠［$Na_2Fe(CN)_5NO$］溶液的显色反应来检查：在尿液中滴加亚硝酰铁氰化钠和碱性溶液，如果溶液显鲜红色，则说明有丙酮存在。

9.4.5 环己酮

环己酮为一种无色油状液体，气味与丙酮相似，沸点155℃，微溶于水，易溶于乙醇和乙醚，本身是一种常用有机溶剂。环己酮的蒸气与空气能形成具有爆炸性的混合物，使用时要注意安全。

环己酮在催化剂存在下氧化能生成己二酸。环己酮肟在酸作用下重排生成己内酰胺。它们分别为制尼龙66和尼龙6的原料。环己酮在工业上用作有机合成原料和溶剂，例如它可以溶解硝酸纤维素、涂料等。

9.4.6 樟脑

樟脑是一类脂环状的酮类化合物，学名为2-莰酮。樟脑是无色半透明晶体，具有穿透性的特异芳香，味略苦而辛，有清凉感，熔点176～177℃，易升华。樟脑不溶于水，能溶于醇等。樟脑在医学上用途很广，以下药品均含有樟脑：作呼吸循环兴奋药的樟脑油注射剂（10%樟脑的植物油溶液）和樟脑磺酸钠注射剂（10%樟脑磺酸钠的水溶液）；用作治疗冻疮、局部炎症的樟脑酯（10%樟脑酒精溶液）；成药清凉油、十滴水和消炎镇痛膏等。樟脑也可用于驱虫防蛀。

习　　题

1. 选择题

（1）下列化合物沸点最高的是（　　）。

A. $CH_2=CHCH_2CHO$　　B. $CH_2=CHOCH=CH_2$

C. $CH_2=CHCH_2CH_2OH$　　D. $CH_2=CHCH_2CH_2CH_3$

（2）下列化合物与HCN加成，反应活性最高的是（　　）。

A. CH_3CH_2CHO　　B. CH_3COCH_3

C. $PhCOCH_3$　　D. Ph_2CO

（3）下列化合物中，不能发生碘仿反应的是（　　）。

A. C_2H_5OH　　B. CH_3CHO

C. PhCHO　　D. CH_3COCH_3

（4）下列化合物在常温下为气体的是（　　）。

A. HCHO　　B. CH_3CHO

C. CH_3OH　　D. CH_2CH_3OH

（5）下列化合物可用于合成有机玻璃的是（　　）。

A. CH_3CH_2CHO　　B. CH_3COCH_3

C. PhCHO　　D. CH_3CH_2CHO

（6）下列化合物能与斐林试剂发生反应的是（　　）。

A. CH_3CHO　　B. PhCHO

C. CH_3COCH_3　　D. $CH_3COCH_2CH_3$

（7）下列化合物中，能与饱和亚硫酸氢钠溶液发生反应的是（　　）。

A. C_2H_5OH　　B. $PhCOCH_3$

C. $CH_3CH(OH)CH_3$　　D. $CH_3COCH_2CH_3$

(8) 下列化合物中，沸点最高的是（　　）。

A. 邻羟基苯甲醛　　B. 间羟基苯甲醛

C. 苯甲醛　　D. 苯乙酮

2. 命名下列化合物。

(1) $CH_3CH(CH_3)—CH(CH_3)CH_2CHO$

(2) 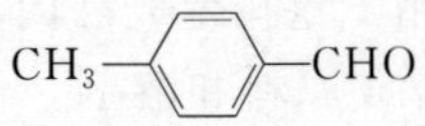 $CH_3—C_6H_4—CHO$（对位）

(3) $CH_3CH(CH_3)CH_2—C(=O)—CH_2CH_3$

(4) 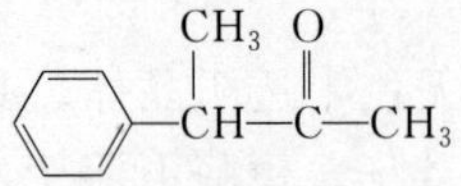 $C_6H_5—CH(CH_3)—C(=O)—CH_3$

(5) $CH_3CH═CH_2CHO$

(6) $CH_3—C(=O)—CH_2CH_3$

3. 写出下列化合物的结构式。

(1) 乙醛　　(2) 苯乙酮　　(3) 肉桂酸

(4) 3-甲基丁醛　　(5) 2-戊酮　　(6) α-甲基-3-戊酮

4. 用化学方法鉴别下列化合物。

(1) 丙醛、丙酮　　(2) 戊醛、2-戊酮、3-戊酮

(3) 乙醛、乙醇、乙醚　　(4) 苯酚、苯乙酮

5. 完成下列反应式。

(1) $CH_3CHO \xrightarrow{[O]}$

(2) $CH_3—C(=O)—CH_3 \xrightarrow{[H]}$

(3) $2HCHO \xrightarrow{浓\ NaOH}$

(4) 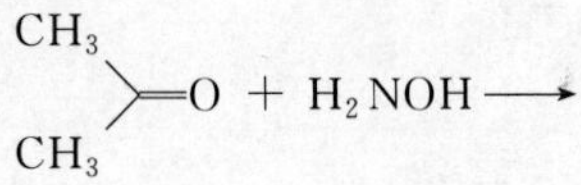 $(CH_3)_2C═O + H_2NOH \longrightarrow$

(5) 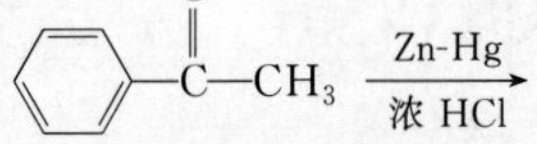 $C_6H_5—C(=O)—CH_3 \xrightarrow[浓\ HCl]{Zn\text{-}Hg}$

(6) 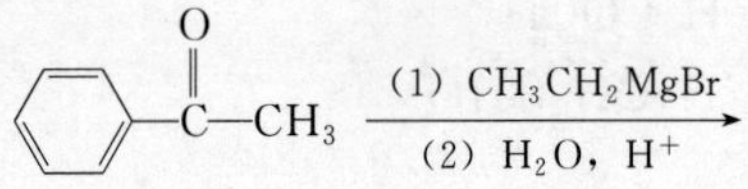 $C_6H_5—C(=O)—CH_3 \xrightarrow[(2)\ H_2O,\ H^+]{(1)\ CH_3CH_2MgBr}$

(7) 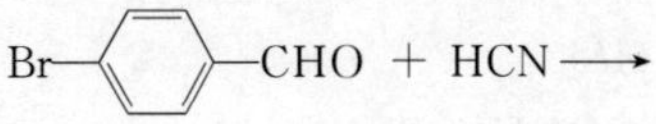 $Br—C_6H_4—CHO + HCN \longrightarrow$（对位）

(8)  环戊酮 $+ NaHSO_3 \longrightarrow$

(9) $\overset{\displaystyle CH_3}{\overset{|}{CH_3CH}}-\overset{\displaystyle O}{\overset{\|}{C}}-CH_3$ + NaOI ⟶

(10) $CH_2{=}CHCHO \xrightarrow[\text{(2) } H_2O,\ H^+]{\text{(1) } LiAlH_4\text{，无水乙醚}}$

(11) $CH_3CH_2CHO \xrightarrow[\triangle]{OH^-}$

(12) O=⟨环己烷⟩(OCH$_3$)$_2$ $\xrightarrow[\text{二缩乙二醇}]{H_2NNH_2\text{，}NaOH}$

6. 有一化合物 A，分子式为 $C_5H_{10}O$，可与苯肼作用生成苯腙，不与托伦试剂和斐林试剂反应，也不发生碘仿反应，可被还原为正戊烷，试推断其结构。

10 羧酸及其衍生物

教学目标及要求

1. 掌握羧基上羟基的取代，掌握脱羧反应，掌握酸、酯 α-氢的卤代，掌握诱导效应及共轭效应对羧酸酸性的影响；

2. 掌握羰基酸的制法及二元羧酸、羟基酸、羰基酸的性质；

3. 掌握酰卤、酸酐、酯、酰胺的性质，掌握酯的水解历程、Claisen 酯缩合、Dieckmann 反应、伯酰胺的 Hoffmann 降级反应。

重点与难点

重点是羧酸的酸性、成酯反应、与有机金属化合物反应、脱酸反应、α-氢的卤代、影响酸性的因素、羟基酸的脱水反应、羧酸衍生物的水解、Claisen 酯缩合、Dieckmann 反应、伯酰胺的 Hoffmann 降级反应，难点是酯化反应的历程。

羧酸的官能团为羧基，其通式可用 RCOOH 或 ArCOOH 表示，其中 R 代表脂肪族的烃基，Ar 代表芳香族的烃基。羧酸可看成是烃分子中的氢原子被羧基（—COOH）取代而生成的化合物，其通式为 RCOOH。羧酸的官能团是羧基。

羧酸衍生物是羧酸分子中的羟基被取代后的产物，羟基被卤素取代后的化合物叫酰卤，被烷氧基、氨基和羧酸根取代后的化合物分别叫酯、酰胺和酸酐。

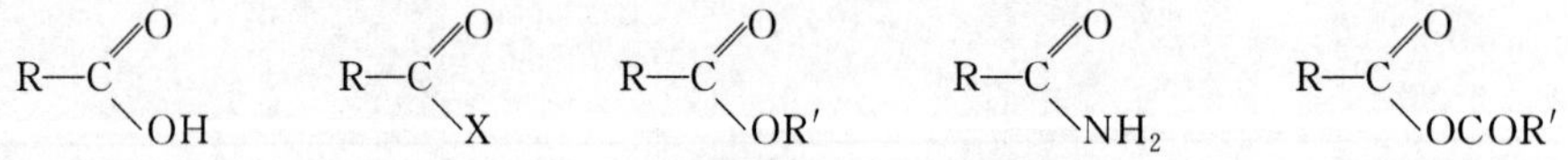

$R-C(=O)-OH$	$R-C(=O)-X$	$R-C(=O)-OR'$	$R-C(=O)-NH_2$	$R-C(=O)-OCOR'$
羟酸	酰卤	酯	酰胺	酸酐

酰卤、酯、酰胺和酸酐是最常见的酸酸衍生物，本章主要介绍这几种酸酸衍生物。

10.1 羧酸的分类

根据烃基的种类可分为：饱和脂肪族羧酸、不饱和羧酸和芳香羧酸。根据羧基数目可分为：一元羧酸、二元羧酸、多元羧酸。

10.2 羧酸的命名

10.2.1 普通命名法

许多羧酸以其酯或者盐的形式广泛存在于自然界中，因此羧酸可根据来源来命名，即得到俗名。

例如：

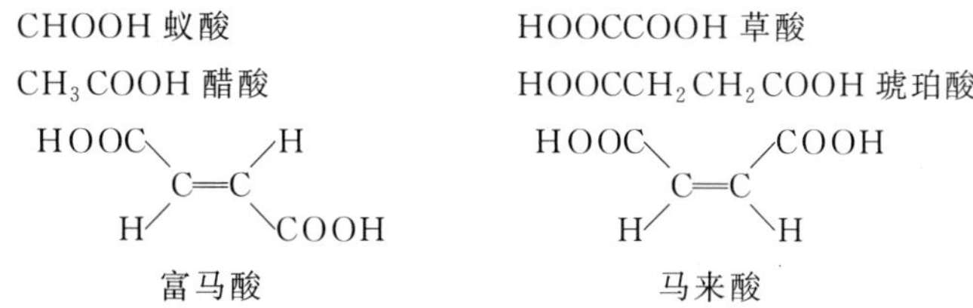

富马酸　马来酸

10.2.2 系统命名法

脂肪酸在系统命名时选择分子中含有羧基的最长碳链作为主链，根据主链上碳原子的数目称为某酸，表示侧链与不饱和键的方法与烃基相同，编号则从羧基开始。脂环族羧酸命名时，简单的脂环烃可作为取代基，羧酸作为母体；复杂的环可作为母体，羧酸作为取代基。例如：

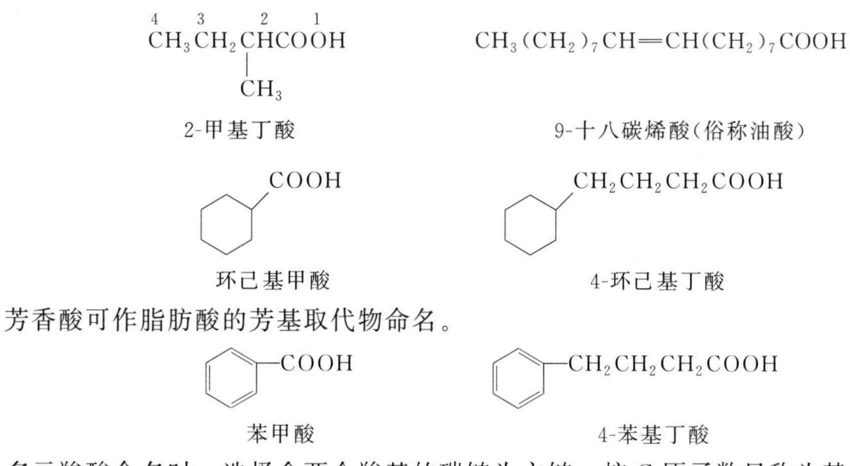

2-甲基丁酸　9-十八碳烯酸(俗称油酸)

环己基甲酸　4-环己基丁酸

芳香酸可作脂肪酸的芳基取代物命名。

苯甲酸　4-苯基丁酸

多元羧酸命名时，选择含两个羧基的碳链为主链，按 C 原子数目称为某二酸。

10.3 羧酸的性质

10.3.1 羧酸的物理性质

饱和一元羧酸中，甲酸、乙酸、丙酸具有强烈酸味和刺激性。含 4～9 个碳原子的羧酸具有腐败恶臭，是油状液体，动物的汗液和奶油发酸变坏的气味就是因为存有游离正丁酸的缘故。10 个碳原子以上的羧酸为石蜡状固体，挥发性很低，没有气味。

羧酸是极性分子，像醇一样不但分子间可以形成氢键，还可以与水形成氢键。由于羧酸分子间形成的氢键比醇强，所以羧酸的沸点比分子量接近的醇高。羧酸的水溶性也比醇好。低级的羧酸可与水混溶。随着碳原子数目的增加，水溶性逐渐降低。羧酸可溶解在一般极性有机溶剂中。羧酸分子间及与水分子的形成氢键的情况如下：

直链饱和一元羧酸的熔点随着分子中碳原子数目的增加呈锯齿状的变化。含偶数碳原子的羧酸的熔点比相邻两个奇数碳原子的熔点高，这是由于含偶数碳原子链中，链的甲基和羧基分别在链的两边，而在奇数碳原子链中，碳链在同一边，前者具有较高的对称性，可使羧酸的晶格更紧密地排列，它们之间具有较大的吸引力，因此熔点高。

10.3.2 羧酸的化学性质

由于羧酸的官能团是由羟基和羰基复合而成的，它们相互影响，使得羧酸分子具有独特的化学性质，而不是这两个基团性质的简单加合。学习羧酸的性质，必须先剖析羧基的结构。

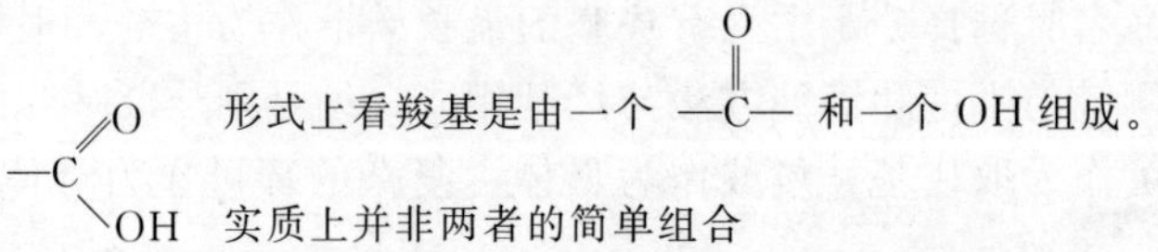

形式上看羧基是由一个 —C(=O)— 和一个 OH 组成。
实质上并非两者的简单组合

用物理方法测定甲酸中 C═O 和 C—OH 的键长表明，羧酸中的 C═O 键的键长为 0.1245nm，比普通的 C═O（0.122nm）略微长一点，C—OH 键中的碳氧键为 0.131nm，比醇中的碳氧键（0.143nm）短得多。这说明羧酸中的羰基与羟基之间发生了相互的影响。

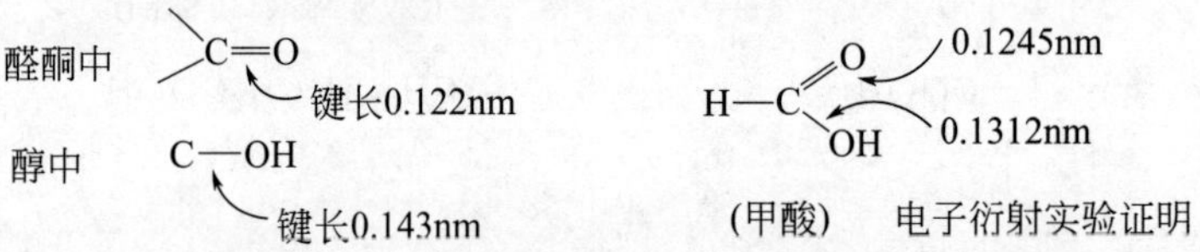

醛酮中 键长0.122nm
醇中 C—OH 键长0.143nm

0.1245nm
0.1312nm
（甲酸） 电子衍射实验证明

在羧酸分子中，羧基碳原子以 sp^2 杂化轨道分别与烃基和两个氧原子形成了 3 个 σ 键，这 3 个 σ 键在同一平面上，剩余的一个 p 电子与氧原子形成 π 键，构成了羧基中 C═O 的 π 键，但羧基中的—OH 氧上有一对未共用电子，可与 π 键形成 p-π 共轭体系。

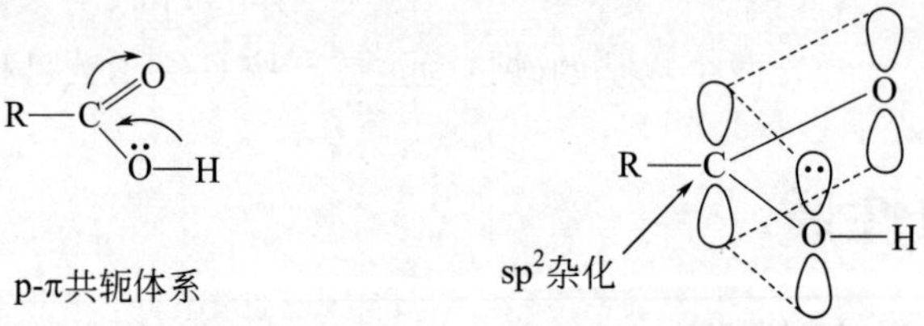

p-π共轭体系　　sp^2杂化

当羧基电离成负离子后，氧原子上带一个负电荷，更有利于共轭，故羧酸易离解成负离子。

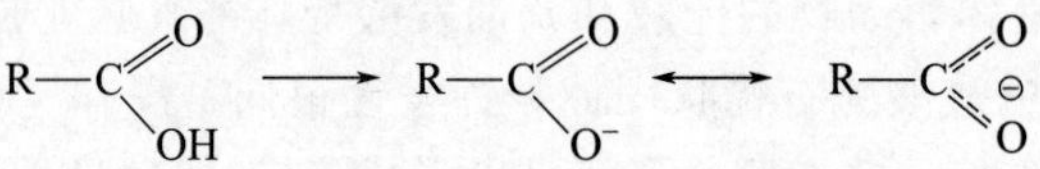

例如：

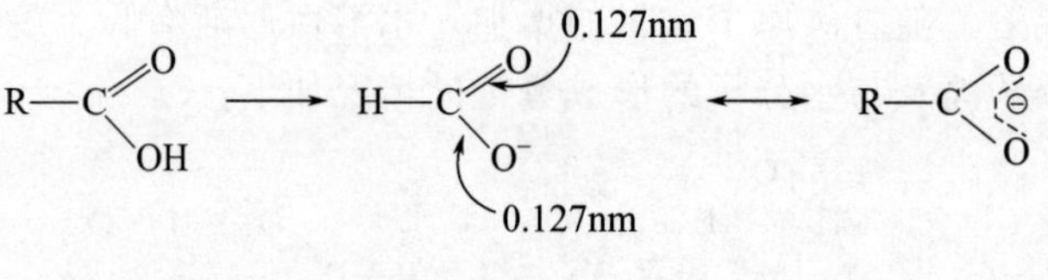

0.127nm
0.127nm

共轭作用使得羧基不是羰基和羟基的简单加合，所以羧基中既不存在典型的羰基，也不存在着典型的羟基，而是两者互相影响的统一体。羧酸的性质可从结构上预测，有以下几类：

$$
\begin{array}{c}
\text{H} \\
| \\
\text{R—C—C}\!\begin{array}{l}\text{=O} \\ \text{—O—H}\end{array} \\
| \\
\text{H}
\end{array}
$$

脱羧反应

羟基断裂呈酸性

α-H的反应

羟基被取代的反应

10.3.2.1　酸性　羧酸具有弱酸性，在水溶液中存在着如下平衡：

$$RCOOH \rightleftharpoons RCOO^- + H^+$$

羧酸是弱酸，乙酸的离解常数 K_a 为 1.75×10^{-5}，pK_a 为 4.76，甲酸的 K_a 为 2.1×10^{-4}，pK_a 为 3.75。大多数无取代基的羧酸的 pK_a 在 4.7～5 之间。可见羧酸的酸性小于无机酸而大于碳酸（H_2CO_3 $pK_{a1}=6.73$）。故羧酸能与碱作用成盐，也可分解碳酸盐。

$$RCOOH + NaOH \longrightarrow RCOONa + H_2O$$

$$RCOOH + Na_2CO_3 \longrightarrow RCOONa + CO_2\uparrow + H_2O$$

（或 $NaHCO_3$）　$\xrightarrow{H^+} RCOOH$　用于区别酸和其他化合物

此性质可用于醇、酚、酸的鉴别和分离，不溶于水的羧酸既溶于 NaOH，也溶于 $NaHCO_3$；不溶于水的酚能溶于 NaOH，不溶于 $NaHCO_3$；不溶于水的醇既不溶于 NaOH，也溶于 $NaHCO_3$。

羧酸盐具有盐类的一般性质，是离子化合物，不能挥发。羧酸的钠盐和钾盐不溶于非极性溶剂，一般少于 10 个碳原子的一元羧酸的钠盐和钾盐能溶于水。10～18 个碳原子羧酸的钠盐和钾盐在水中形成胶体溶液。高级脂肪酸钠是肥皂的主要成分，高级脂肪酸铵是雪花膏的主要成分。

二元羧酸分子中有两个羧基，有两个可解离的氢原子。其解离常数 $K_{a1}>K_{a2}$，即 $pK_{a1}<pK_{a2}$。表 10-1 列出了一些常见羧酸的 pK_a 值。

表 10-1　一些常见羧酸的 pK_a 值

化合物	pK_a(25℃)		化合物	pK_a(25℃)	
	pK_{a1}	pK_{a2}		pK_{a1}	pK_{a2}
甲酸	3.75		乙二酸	1.2	4.2
乙酸	4.75		丙二酸	2.9	5.7
丙酸	4.87		丁二酸	4.2	5.6
丁酸	4.82		己二酸	4.4	5.6
三甲基乙酸	5.03		顺丁烯二酸	1.9	6.1
氟乙酸	2.66		反丁烯二酸	3.0	4.4
氯乙酸	2.81		苯甲酸	4.20	
溴乙酸	2.87		对甲基苯甲酸	4.38	
碘乙酸	3.13		对硝基苯甲酸	3.42	
羟基乙酸	3.87		邻苯二甲酸	2.9	5.4
苯乙酸	4.31		间苯二甲酸	3.5	4.6
3-丁烯酸	4.35		对苯二甲酸	3.5	4.8

羧酸具有酸性，羧酸酸性的大小与其结构有密切的关系。当羧酸 α 碳原子上连有吸电子基（－I）基团时，酸性增加，连有推电子（＋I）基团时，酸性减弱。例如：乙酸的 α-氢原子被氯原子取代后，由于氯原子是强吸电子基，吸电子诱导效应也沿分子链依次诱导传递，分散了羧酸根离子的负电荷，使其稳定。显然，氯原子越多，羧酸根负离子的负电荷分散得越好，羧酸根负离子越稳定，也越容易生成，酸性也就越强。它们对应的羧酸的酸性是：

$$Cl_3CCOOH > Cl_2CHCOOH > ClCH_2COOH$$

pK_a 值　　0.65　　1.29　　2.86

取代基的诱导效应随距离的增加减弱，一般不超过三个碳原子。例如 α-氯丁酸是与 α-氯乙酸一样强的酸，而 γ-氯丁酸的酸性比氯乙酸弱很多，已接近丁酸。

不同为位次取代的氯丁酸和丁酸的酸性是：

$$\underset{\large|\atop Cl}{CH_3CH_2CHCO_2H} > \underset{\large|\atop Cl}{CH_3CHCH_2CO_2H} > \underset{\large|\atop Cl}{CH_2CH_2CH_2CO_2H} > \underset{\large|\atop H}{CH_2CH_2CH_2CO_2H}$$

pK_a 值：2.86　　4.41　　4.70　　4.82

取代基团的吸电子能力越强，酸性越强：

$$FCH_2COOH > ClCH_2COOH > BrCH_2COOH > ICH_2COOH > CH_3COOH$$

pK_a 值：2.66　　2.86　　2.89　　3.16　　4.76

相反，供电子诱导效应使酸性减弱。

$$CH_3COOH > CH_3CH_2COOH > (CH_3)_3CCOOH$$

pK_a 值：　4.76　　4.87　　5.05

吸电子诱导效应（－I）：$^+NH_4 > NO_2 > SO_2R > CN > SO_2Ar > COOH > F > Cl > Br > I > OAr > COOR > OR > COR > C\equiv CR > C_6H_5$（苯基）$> CH=CH_2 > H$。

供电子诱导效应（＋I）：$(CH_3)_3C > (CH_3)_2CH > CH_3CH_2 > CH_3 > H$。

有时由于有其他因素存在，如共轭效应、空间效应、场效应、溶剂效应等，在不同的化合物中，取代基的诱导效应次序是不完全一致的。

10.3.2.2　羧基上的羟基（OH）的取代反应　羧基上的 OH 原子团可被一系列原子或原子团取代，生成羧酸的衍生物。羧酸分子中消去 OH 基后的剩下的部分（$R-\overset{O}{\overset{\|}{C}}-$）称为酰基。

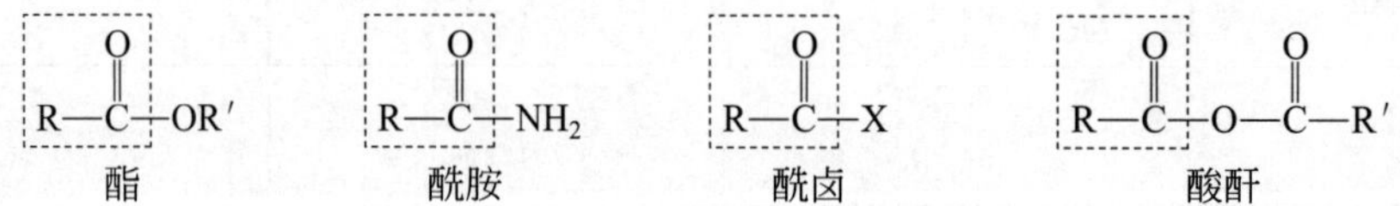

（1）酯化反应　羧酸和醇在催化剂作用下生成酯和水，这个反应称为酯化反应。

$$RCOOH + R'OH \overset{H^+}{\rightleftharpoons} RCOOR' + H_2O$$

酯化反应是可逆反应，$K_c \approx 4$，一般只有 2/3 的转化率。为了提高酯的产率，可采取使一种原料过量（应从易得、价廉、易回收等方面考虑），或反应过程中除去一种产物（如水和酯）的方法。工业上生产乙酸乙酯时控制乙酸过量，不断蒸出生成的乙酸乙酯和水的恒沸混合物（水 6.1％，乙酸乙酯 93.9％，恒沸点 70.4℃），使平衡向右移，同时不断加入乙酸和乙醇，实现连续化生产。酯化反应的机理如下：

Ⅰ　$R-\overset{O}{\overset{\|}{C}}-OH + H-OR' \overset{H^+}{\rightleftharpoons} R-\overset{O}{\overset{\|}{C}}-O-R' + H_2O$

酰氧断裂

Ⅱ　$R-\overset{O}{\overset{\|}{C}}-O-H + H-O-R' \overset{H^+}{\rightleftharpoons} R-\overset{O}{\overset{\|}{C}}-O-R' + H_2O$

烷氧断裂

$$\text{验证：} R-\overset{O}{\overset{\|}{C}}-O-H + H-O^{18}-R' \xrightleftharpoons{H^+} R-\overset{O}{\overset{\|}{C}}-O^{18}-R' + H_2O$$

H_2O 中无 O^{18}，说明反应为酰氧断裂。

不同的酸和醇在酯化反应时的活性不一样，一般在酸相同时，酯化反应的活性次序：$CH_3OH>RCH_2OH>R_2CHOH>R_3COH$。醇相同时酯化反应的活性次序：$HCOOH>CH_3COOH>RCH_2COOH>R_2CHCOOH>R_3CCOOH$。

羧酸与醇的结构对酯化速率也有一定影响。

① 酸在酯化反应的活性次序：$HCOOH>1°RCOOH>2°RCOOH>3°RCOOH$。

② 醇在酯化反应的活性次序：$1°ROH>2°ROH>3°ROH$。

（2）酰卤的生成　最常见的酰卤是酰氯。羧酸与无机酸的酰氯（亚磷酸的酰氯 PCl_3、磷酸的酰氯 PCl_5、和亚硫酸的酰氯 $SOCl_2$）作用则生成酰卤。

亚硫酰氯是实验室制备酰氯的最方便的试剂。因为亚硫酰氯与羧酸作用生成酰氯时的副产物是氯化氢和二氧化硫，都是气体，有利于分离，且酰氯的产率较高。例如：

$$m\text{-}NO_2C_6H_4COOH + SOCl_2 \longrightarrow \underset{90\%}{m\text{-}NO_2C_6H_4COCl} + SO_2\uparrow + HCl\uparrow$$

$$CH_3COOH + SOCl_2 \longrightarrow \underset{100\%}{CH_3COCl} + SO_2\uparrow + HCl\uparrow$$

（3）酸酐的生成　除甲酸在脱水时生成一氧化碳外，其他一元羧酸在脱水剂（如 P_2O_5）作用下都可在两分子间脱去一分子水生成酸酐。

$$R-C(=O)OH + R-C(=O)OH \xrightarrow{\triangle} R-C(=O)-O-C(=O)-R + H_2O$$

因乙酐能较迅速地与水反应，且价格便宜，生成的乙酸易除去，因此，常用乙酐作为制备酸酐的脱水剂。

$$2\,C_6H_5-COOH + \underset{\text{乙酐(脱水剂)}}{(CH_3CO)_2O} \xrightarrow{\triangle} (C_6H_5-CO)_2O + CH_3COOH$$

某些二元酸，如丁二酸、戊二酸、邻苯二甲酸不需要任何脱水剂，加热就能脱水生成环状（五元或六元）酸酐。例如：

$$\text{顺丁烯二酸 (cis-HOOC-CH=CH-COOH)} \xrightarrow{150℃} \text{顺丁烯二酸酐} + H_2O$$

顺丁烯二酸酐　95%

$$C_6H_4(COOH)_2 \xrightarrow{230℃} \text{邻苯二甲酸酐} + H_2O$$

邻苯二甲酸酐　~100%

$$H_2C(CH_2-COOH)_2 \xrightarrow{300℃} H_2C(CH_2-CO)_2O + H_2O$$

戊二酸酐

（4）酰胺的生成　在羧酸中通入氨气或加入碳酸铵，可得到羧酸铵盐，铵盐热解失水而生成酰胺或 N-取代酰胺。

$$CH_3COOH + NH_3 \longrightarrow CH_3COONH_4 \xrightarrow{\triangle} CH_3CONH_2 + H_2O$$

10.3.2.3　脱羧反应　从羧酸或其盐脱去羧基（失去二氧化碳）的反应，称为脱羧反应。无水乙酸钠和碱石灰混合后强热生成甲烷，是实验室制取甲烷的方法。

$$CH_3COONa + NaOH(CaO) \xrightarrow{\text{热熔}} \underset{99\%}{CH_4} + Na_2CO_3$$

其他直链羧酸盐与碱石灰热熔的产物复杂，无制备意义。

$$CH_3CH_2COONa + NaOH(CaO) \xrightarrow{\text{热熔}} \underset{17\%}{CH_3CH_2CH_3} + \underset{20\%}{CH_4} + \text{烯及混合物}$$

一元羧酸的 α-碳原子上连有强吸电子集团时，易发生脱羧。例如：

$$CCl_3COOH \xrightarrow{\triangle} CHCl_3 + CO_2\uparrow$$

$$CH_3\overset{O}{\overset{\|}{C}}CH_2COOH \xrightarrow{\triangle} CH_3\overset{O}{\overset{\|}{C}}CH_3 + CO_2\uparrow$$

$$\text{2-氧代环己烷甲酸} \xrightarrow{\triangle} \text{环己酮} + CO_2\uparrow$$

洪塞迪克尔（Hunsdiecker）反应是指羧酸的银盐在溴或氯存在下脱羧生成卤代烷的反应。

$$RCOOAg + Br_2 \xrightarrow[\triangle]{CCl_4} R\text{-}Br + CO_2 + AgBr$$

$$CH_3CH_2CH_2COOAg + Br_2 \xrightarrow[\triangle]{CCl_4} CH_3CH_2CH_3\text{-}Br + CO_2 + AgBr$$

此反应可用来合成比羧酸少一个碳的卤代烃。

二元羧酸加热的产物，依两个羧基位次的不同而不尽相同。乙二酸和丙二酸加热脱羧生成一元酸；丁二酸和戊二酸加热脱水生成环状酸酐；己二酸和庚二酸加热脱二氧化碳和水生成环酮。例如：

$$\begin{matrix}COOH\\|\\COOH\end{matrix} \xrightarrow{\triangle} HCOOH + CO_2$$

$$H_2C\begin{matrix}COOH\\COOH\end{matrix} \xrightarrow{\triangle} CH_3COOH + CO_2$$

$$R_2C\begin{matrix}COOH\\COOH\end{matrix} \xrightarrow{\triangle} R_2CHCOOH + CO_2$$

$$\begin{matrix}CH_2-COOH\\|\\CH_2-COOH\end{matrix} \xrightarrow{\triangle} \text{丁二酸酐} + H_2O$$

$$\begin{matrix}CH_2-COOH\\CH_2\\CH_2-COOH\end{matrix} \xrightarrow{\triangle} \text{戊二酸酐} + H_2O$$

$$\begin{array}{l} CH_2CH_2COOH \\ | \\ CH_2CH_2COOH \end{array} \xrightarrow{\triangle} \begin{array}{l} CH_2—CH_2 \\ | \\ CH_2—CH_2 \end{array} \!\!\!\!\!> C=O + CO_2 + H_2O$$

$$CH_2\begin{array}{l} /CH_2CH_2COOH \\ \\ \backslash CH_2CH_2COOH \end{array} \xrightarrow{\triangle} CH_2\begin{array}{l} /CH_2—CH_2 \\ \\ \backslash CH_2—CH_2 \end{array} \!\!\!> C=O + CO_2 + H_2O$$

10.3.2.4 α-H的卤代反应 由于羧基的吸电子作用，饱和一元羧酸 α-碳原子上的氢有一定的活性，它可被卤素取代生成 α-卤代羧酸，但羧酸 α-H的活性不及醛、酮的 α-氢，反应通常要在成羧酸少量红磷、硫等催化剂存在下才能顺利进行。例如：

$$RCH_2COOH \xrightarrow[\triangle]{P/Br_2} \underset{\substack{| \\ Br}}{RCHCOOH} \xrightarrow[\triangle]{P/Br_2} R—\overset{\substack{Br \\ |}}{\underset{\substack{| \\ Br}}{C}}—COOH$$

控制条件，反应可停留在一取代阶段。例如：

$$CH_3CH_2CH_2CH_2COOH + Br_2 \xrightarrow[70℃]{P/Br_2} \underset{\substack{| \\ Br \\ 80\%}}{CH_3CH_2CH_2CHCOOH} + HBr$$

α-卤代酸很活泼，常用来制备 α-羟基酸和 α-氨基酸。

10.3.2.5 羧酸的还原 羧酸很难被还原，只能用强还原剂 $LiAlH_4$ 才能将其还原为相应的伯醇。H_2/Ni、$NaBH_4$ 等都不能使羧酸还原。例如：

$$RCOOH \xrightarrow[(2)H_2O/H^+]{(1)LiAlH_4/干醚} RCH_2OH(伯醇)$$

$$(CH_3)_3CCOOH \xrightarrow[(2)H_2O/H^+]{(1)LiAlH_4/干醚} (CH_3)_3CCH_2OH$$

10.4 取代羧酸

羧酸分子中烃基上的氢原子被其他原子或原子团取代后形成的化合物称为取代羧酸。取代酸有卤代酸、羟基酸、氨基酸、羰基酸等，以下简要讨论羟基酸。

羟基酸分子中同时含有羧基和羟基官能团，羟基酸也叫醇酸。由于羟基在烃基上的位置不同，可分为 α-羟基酸、β-羟基酸、γ-羟基酸、δ-羟基酸等，通常把羟基连在碳链末端的羟基酸称为 ω-羟基酸。

10.4.1 羟基酸的制备

① 卤代酸水解用碱或氢氧化银处理 α，β，γ 等卤代酸时可生成对应的羟基酸。

$$\underset{\substack{| \\ X}}{R—CHCOOH} + OH^- \longrightarrow \underset{\substack{| \\ OH}}{R—CHCOOH} + X^-$$

② 氰醇水解可以得到 α-羟基酸。

$$\begin{array}{l} R\backslash \\ \quad C=O \\ R'/ \end{array} + HCN \longrightarrow \begin{array}{l} R\backslash \;\;/OH \\ \quad C \\ R'/ \;\;\backslash CN \end{array} \xrightarrow{水解} \begin{array}{l} R\backslash \;\;/OH \\ \quad C \\ R'/ \;\;\backslash COOH \end{array}$$

③ 列佛尔曼斯基（Reformatsky S）反应。α-卤代酸酯在锌粉作用下与醛、酮反应，生成 β-羟基酸酯，β-羟基酸酯水解生成 β-羟基酸，这一反应称为列佛尔曼斯基反应。

$$\underset{\displaystyle X}{CH_2COOC_2H_5} + Zn \xrightarrow{Et_2O} \underset{\displaystyle ZnX}{CH_2COOC_2H_5} \xrightarrow{R_2C=O} R_2-\underset{\displaystyle OZnX}{C}-CH_2COOC_2H_5$$

$$R_2-\underset{\displaystyle OZnX}{C}-CH_2COOC_2H_5 \xrightarrow{H_2O/H^+} R_2-\underset{\displaystyle OH}{C}-CH_2COOC_2H_5 \xrightarrow[\triangle]{H_2O/H^+} R_2-\underset{\displaystyle OH}{C}-CH_2COOH$$

10.4.2 羟基酸的性质

羟基酸既含有羟基又含有羧基，具有醇和酸的共性，也有因羟基和羧基的相对位置的互相影响的特性反应。主要表现在受热时的反应上。

α-羟基酸受热时，两分子间相互酯化，生成交酯。

$$2\,R-CH(OH)-COOH \xrightarrow{\triangle} \text{交酯} + 2H_2O$$

交酯

β-羟基酸受热发生分子内脱水，主要生成 α,β-不饱和羧酸。

$$R-\overset{\displaystyle OH}{CH}-CH_2COOH \xrightarrow[\triangle]{H^+} R-CH=CHCOOH+H_2O$$

γ-羟基酸和 δ-羟基酸受热时，生成五元和六元环内酯。

$$H_3C-\underset{\displaystyle OH}{CH}-CH_2-CH_2-COOH \xrightarrow{\triangle} \gamma\text{-戊内酯} + H_2O$$

γ-戊内酯

$$\underset{\displaystyle OH}{CH_2}-CH_2-\underset{\displaystyle CH_3}{CH}-CH_2-COOH \xrightarrow{\triangle} CH_3-CH\langle{}^{CH_2-C(=O)}_{CH_2-CH_2}\rangle O + H_2O$$

3-甲基-δ-戊内酯

羟基与羧基间的距离大于四个碳原子时，受热则生成长链的高分子聚酯。

10.5 羧酸的制备

羧酸在自然界大多以酯的形式存在于油脂和蜡中。现在，高级脂肪酸主要仍从油脂水解得到。我国的农副产品极为丰富，这为脂肪酸的生产提供了有利条件。近年来，随着石油化工的发展，以石油为原料生产羧酸在工业上已占有重要地位。

10.5.1 氧化法制备羧酸

1-烯烃、1-炔烃、环烯烃和对称的烯烃、炔烃、某些芳烃氧化可以得到较纯的羧酸。有 α-氢的烷基苯氧化可制苯甲酸。伯醇和醛氧化后可以得到羧酸，不饱和醇、醛经湿润的氧化银或 $[Ag(NH_3)_2]^+$ 等氧化，可得不饱和酸。环酮氧化后可以得到碳原子数不变的二羧酸。甲基酮类经卤仿反应可以得到少一个碳原子的羧酸，例如：

$$\text{萘} \xrightarrow[V_2O_5]{O_2} \text{邻苯二甲酸酐} \xrightarrow{H_2O} \text{邻苯二甲酸 (COOH, COOH)}$$

$$CH_3CH_2CH_2CH_2OH \xrightarrow{KMnO_4/OH^-} \xrightarrow{H^+} CH_3CH_2CH_2COOH$$

$$CH_3CH{=}CHCH_2CHO \xrightarrow{[Ag(NH_3)_2]^+} \xrightarrow{H^+} CH_3CH{=}CHCH_2COOH$$

$$CH_2{=}CHCH_2COCH_3 \xrightarrow[NaOH]{I_2} \xrightarrow{H^+} CH_2{=}CHCH_2COOH + CHI_3$$

10.5.2 腈、酯的水解

腈、酯在酸或碱的存在下水解得到羧酸。腈一般由卤代烷与氰化钠作用制得，用此法制得的羧酸，可比原料卤代烷增加一个碳原子。但此法不适用于叔卤代烷，因 NaCN 碱性较强，易使叔卤代烷消去卤化氢而生成烯烃。有羟基的卤代烷、邻二卤代烷不能通过格氏试剂法制羧酸，适用于氰化物法制羧酸，例如：

$$\begin{matrix}CH_2Br\\|\\CH_2OH\end{matrix} \xrightarrow{NaCN} \begin{matrix}CH_2CN\\|\\CH_2OH\end{matrix} \xrightarrow[NaOH]{H_2O} \xrightarrow{H^+} \begin{matrix}CH_2COOH\\|\\CH_2OH\end{matrix}$$

$$\begin{matrix}CH_2Br\\|\\CH_2Br\end{matrix} \xrightarrow{2\ NaCN} \begin{matrix}CH_2CN\\|\\CH_2CN\end{matrix} \xrightarrow[H_2SO_4]{H_2O} \begin{matrix}CH_2COOH\\|\\CH_2COOH\end{matrix}$$

10.5.3 由格氏试剂合成

格氏试剂（或有机锂试剂）与二氧化碳作用后经水解得到羧酸。反应时将干燥的二氧化碳气体通入−10～10℃的格氏试剂醚溶液，或将格氏试剂醚溶液倒入过量的干冰中，而后用稀酸水解。利用这个方法可以从伯、仲、叔卤代烃或卤代芳烃（邻二卤代烷、有活泼氢或羰基的卤代烃除外）出发，制备多一个碳原子的羧酸，例如：

$$(CH_3)_3C—Cl \xrightarrow[\text{干醚}]{Mg} (CH_3)_3C—MgCl \xrightarrow{CO_2} \xrightarrow{H_3O^+} (CH_3)_3C—COOH$$

10.6 羧酸衍生物

羧酸衍生物是羧酸分子中的羟基被取代后的产物，重要的羧酸衍生物有酰卤、酸酐、酯、酰胺。

10.6.1 羧酸衍生物的结构

羧酸衍生物在结构上的共同特点是都含有酰基（ $R—C(=O)—$ ），酰基与其所连的基团都能形成 p-π 共轭体系。

$$R—C(=O)—\ddot{L}$$

p-π共轭体系

L中与羰基碳直接相连的原子为X（酰卤）、O（酸酐和酯）或N（酰胺），这些原子的电负性都比碳大，表现为－I效应；而X、O或N原子上也同时都有弧对电子，表现为＋C效应。当＋C＞－I时，羰基碳的反应活性降低，当＋C＜－I时，羰基碳的反应活性增大。

10.6.2 羧酸衍生物的命名

酰卤和酰胺根据酰基称为某酰某。例如：

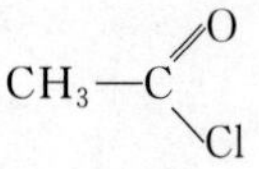

$CH_3-C(=O)Cl$　乙酰氯

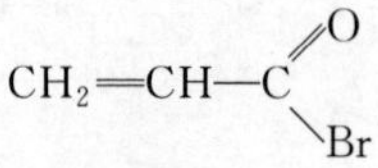

$CH_2=CH-C(=O)Br$　丙烯酰溴

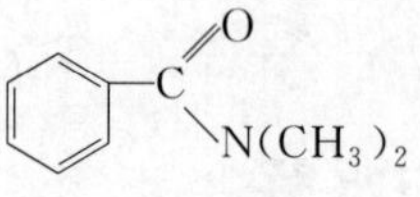

$C_6H_5-C(=O)N(CH_3)_2$　*N*,*N*-二甲基苯甲酰胺

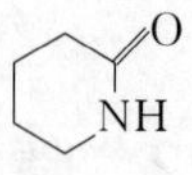

戊内酰胺

酸酐的命名是在相应羧酸的名称之后加一“酐”字。例如：

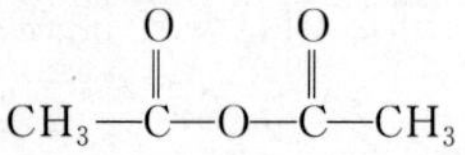

$CH_3-C(=O)-O-C(=O)-CH_3$　乙酸酐

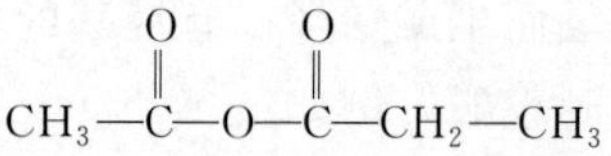

$CH_3-C(=O)-O-C(=O)-CH_2-CH_3$　乙酸丙酸酐

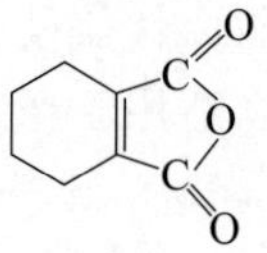

1,2-环己烯二甲酸酐

酯的命名是根据形成它的酸和醇称为某酸某酯。例如：

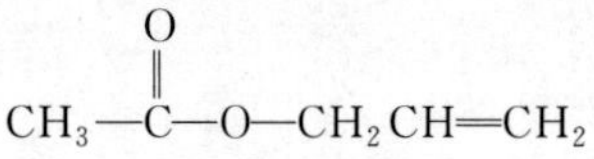

$CH_3-C(=O)-O-CH_2CH=CH_2$　乙酸烯丙酯

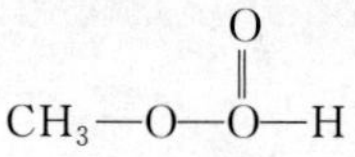

$CH_3-O-C(=O)-H$　甲酸甲酯

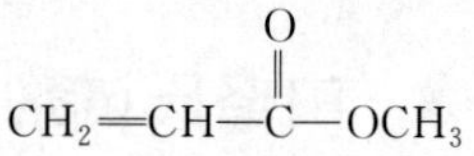

$CH_2=CH-C(=O)-OCH_3$　丙烯酸甲酯

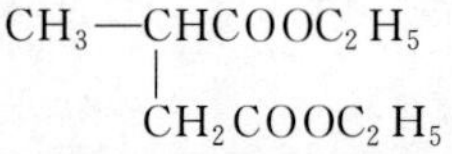

$CH_3-CH(COOC_2H_5)CH_2COOC_2H_5$　甲基丁二酸二乙酯

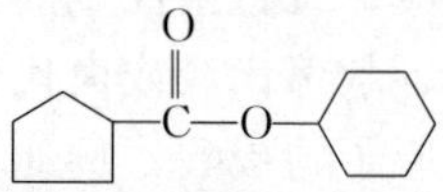

$C_5H_9-C(=O)-O-C_6H_{11}$　环戊基甲酸环己酯

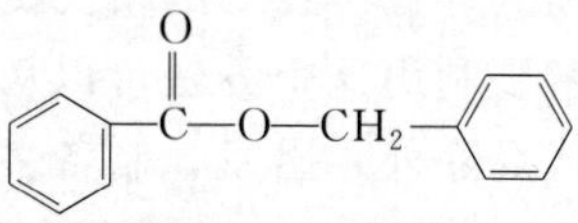

$C_6H_5-C(=O)-O-CH_2-C_6H_5$　苯甲酸苄酯

10.6.3 羧酸衍生物的物理性质

由于酰卤、酸酐和酯分子间不能形成氢键，所以沸点一般比分子量相近的羧酸低。酰氨分子中含有氨基，它们分子间能形成氢键，分子间缔合能力较强，因此沸点甚至比相应的羧酸还要高。其分子之间的氢键结构如下：

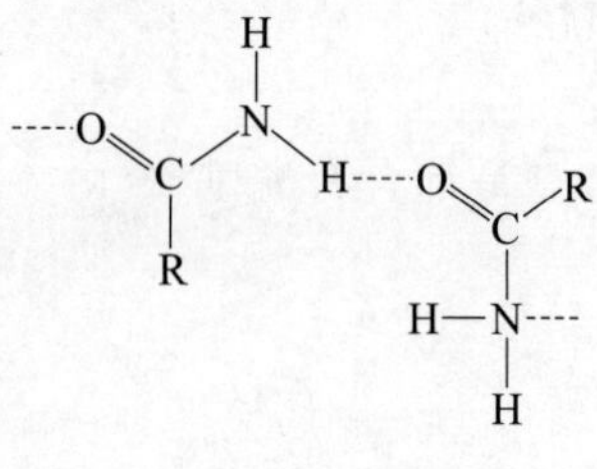

$$\cdots O=C(R)-N(H)-H\cdots O=C(R)-N(H)-H\cdots$$

但是当氮原子上的氢原子被取代后，分子间氢键缔合减少或者消失，酰胺的熔点和沸点显著降低。表10-2给出一些羧酸衍生物的物性常数。

表 10-2 一些羧酸衍生物的物性常数

化合物	熔点/℃	沸点/℃	化合物	熔点/℃	沸点/℃
乙酰氯	−112	51	乙酸乙酯	−83	77
丙酰氯	−94	80	乙酸丁酯	−77	126
正丁酰氯	−89	102	乙酸异戊酯	−78	142
苯甲酰氯	−1	197	苯甲酸乙酯	−32.7	213
乙酸酐	−73	140	丙二酸二乙酯	−50	199
丙酸酐	−45	169	乙酰乙酸乙酯	−45	180.4
丁二酸酐	119.6	261	甲酰胺	3	200(分解)
顺丁烯二酸酐	60	202	乙酰胺	82	221
苯甲酸酐	42	360	丙酰胺	79	213
邻苯二甲酸酐	131	284	正丁酰胺	116	216
甲酸甲酯	−100	30	苯甲酰胺	130	290
甲酸乙酯	−80	54	*N*,*N*-二甲酰胺	−61	153
乙酸甲酯	−98	57.5	邻苯二甲酰亚胺	238	升华

	$CH_3\overset{O}{\overset{\|}{C}}NH_2$	$CH_3\overset{O}{\overset{\|}{C}}NHCH_3$	$CH_3\overset{O}{\overset{\|}{C}}N(CH_3)_2$
分子量	59	73	87
熔点/℃	82	28	−20
沸点/℃	221	204	165

酰氯、酸酐、酯和酰胺一般可溶于乙醚、三氯甲烷、苯等有机溶剂。酰氯和酸酐不溶于水，低级的酰氯、酸酐遇水分解。酯在水中溶解度很小。低级酰胺溶于水。*N*,*N*-二甲基甲酰胺和 *N*,*N*-二甲基甲酰胺可与水混溶，它们是很好的非质子极性溶剂。

低级的酰氯和酸酐具有刺鼻的气味。挥发性的酯具有芳香气味，许多花果的香味就是由酯所引起的。例如，乙酸异戊酯具有梨子甜酸香味，是最常用的香果型食用香料之一；丁酸乙酯具有菠萝-玫瑰香气，主要用于菠萝、香蕉、苹果等食用香精和威士忌酒香精中。

10.6.4 羧酸衍生物的化学性质

10.6.4.1 酰基上的亲核取代反应 羧酸衍生物酰基碳原子上的亲核取代反应是羧酸衍生物典型的化学反应，可以用通式表示如下：

$$R-\overset{O}{\overset{\|}{C}}-L + Nu^- \longrightarrow R-\overset{O}{\overset{\|}{C}}-Nu + L^-$$

由于离去基团 L 不同，各类衍生物的亲核取代活性不同。

（1）水解 羧酸衍生物在酸或者碱的催化下水解，均能生成相应的羧酸。

$$R-\overset{O}{\overset{\|}{C}}-Cl + H-OH \longrightarrow R-\overset{O}{\overset{\|}{C}}-OH + HCl$$

$$R-\overset{O}{\overset{\|}{C}}-O-\overset{O}{\overset{\|}{C}}-R' + H-OH \longrightarrow R-\overset{O}{\overset{\|}{C}}-OH + R'-\overset{O}{\overset{\|}{C}}-OH$$

$$R-\overset{O}{\overset{\|}{C}}-OR' + H-OH \longrightarrow R-\overset{O}{\overset{\|}{C}}-OH + R'OH$$

$$R-\overset{O}{\overset{\|}{C}}-NH_2 + H-OH \longrightarrow R-\overset{O}{\overset{\|}{C}}-OH + NH_3$$

（2）醇解　羧酸衍生物与醇反应，生成相应的酯，这个反应叫醇解反应。一般情况下，酰胺较难进行醇解反应。

$$R-\overset{O}{\overset{\|}{C}}-Cl + R''-OH \longrightarrow R-\overset{O}{\overset{\|}{C}}-OR'' + HCl$$

$$R-\overset{O}{\overset{\|}{C}}-O-\overset{O}{\overset{\|}{C}}-R' + R''-OH \longrightarrow R-\overset{O}{\overset{\|}{C}}-OR'' + R'-\overset{O}{\overset{\|}{C}}-OH$$

$$R-\overset{O}{\overset{\|}{C}}-OR' + R''-OH \longrightarrow R-\overset{O}{\overset{\|}{C}}-OR'' + R'OH$$

$$R-\overset{O}{\overset{\|}{C}}-NH_2 + R''-OH \longrightarrow \text{难反应}$$

（3）氨解　酰氯、酸酐和酯与氨或胺作用，都可生成酰胺，这个反应叫做氨解反应。一般情况下，酰胺也较难进行氨解反应。

$$R-\overset{O}{\overset{\|}{C}}-Cl + 2NH_3 \longrightarrow R-\overset{O}{\overset{\|}{C}}-NH_2 + NH_4Cl$$

$$R-\overset{O}{\overset{\|}{C}}-O-\overset{O}{\overset{\|}{C}}-R' + 2NH_3 \longrightarrow R-\overset{O}{\overset{\|}{C}}-NH_2 + R'-\overset{O}{\overset{\|}{C}}-ONH_4$$

$$R-\overset{O}{\overset{\|}{C}}-OR' + NH_3 \longrightarrow R-\overset{O}{\overset{\|}{C}}-NH_2 + R'OH$$

$$R-\overset{O}{\overset{\|}{C}}-NH_2 + NH_2R' \longrightarrow R-\overset{O}{\overset{\|}{C}}-NHR' + NH_3\uparrow$$

在羧酸衍生物的水解、醇解和氨解反应中，都是在试剂中引入一个酰基，所以也叫酰基化反应。羧酸衍生物是酰基化试剂。最有效的酰基化试剂是酰卤和酸酐。上述酰基化反应的活性次序都是：酰卤＞酸酐＞酯＞酰胺。

羧酸衍生物与亲核试剂发生反应，主要是由于酰基上碳原子的正电性加强，有利于水、醇、氨等亲核试剂进攻。都是通过加成-消除历程来完成的，可用通式表示如下：

$$R-C\begin{smallmatrix}\nearrow O\\ \searrow L\end{smallmatrix} + Nu^- \rightleftharpoons R-\underset{L}{\underset{|}{\overset{O^-}{\overset{|}{C}}}}-Nu \rightleftharpoons R-C\begin{smallmatrix}\nearrow O\\ \searrow Nu\end{smallmatrix} + L^-$$

$$L=-X、-OCOR、-OR、-NH_2$$

$$Nu=-OH^-、H_2O、NH_3、ROH$$

首先，在亲核试剂的进攻下，羰基碳发生亲核加成，形成中间体。碳的价态由 sp^2 杂化变为 sp^3，然后再失去 L^-，碳重新回到 sp^2 杂化。从这一反应过程来看，反应的难易主要决定于羰基碳与亲核试剂的反应能力以及离去基团 L^- 的稳定性，离去基团对反应的影响见表 10-3。

表 10-3 $R-\overset{O}{\overset{\|}{C}}-L$ 中 L 对反应的影响

L	诱导效应(−I)	p-π 共轭效应(+C)	L⁻ 的稳定性	反应活性
—Cl 或—OCOR	大	小	大	小
—OR	中	中	中	中
$—NR_2$	小	大	小	大

对于 RCOCl 来说，氯的强拉电子效应和较弱的 p-π 共轭，使羰基碳的正电性加强而易于被亲核试剂进攻，同时 Cl^- 稳定性高，易于离去，因此 RCOCl 表现出极高的反应活性。相反，对 $RCONR_2$ 来说，氮的拉电子效应作用较弱，p-π 共轭较强，加之 R_2N^- 的不稳定性，使 $RCONR_2$ 反应能力很弱，因此羧酸衍生物的亲核取代能力的活性次序为 RCOCl＞$(RCO)_2O$＞RCOOR＞$RCONR_2$。

10.6.4.2 还原反应

(1) 被 $LiAlH_4$ 还原 与羧酸相似，羧酸衍生物都可以被 $LiAlH_4$ 还原，除酰胺被还原成胺外，酰氯、酸酐和酯都被还原成醇。

$$R-\overset{O}{\overset{\|}{C}}-Cl \xrightarrow[(2)\ H_2O]{(1)\ LiAlH_4} RCH_2OH$$

$$R-\overset{O}{\overset{\|}{C}}-O-\overset{O}{\overset{\|}{C}}-R' \xrightarrow[(2)\ H_2O]{(1)\ LiAlH_4} RCH_2OH+R'CH_2OH$$

$$R-\overset{O}{\overset{\|}{C}}-OR' \xrightarrow[(2)\ H_2O]{(1)\ LiAlH_4} RCH_2OH+R'OH$$

$$R-\overset{O}{\overset{\|}{C}}-NH_2 \xrightarrow[(2)\ H_2O]{(1)\ LiAlH_4} RCH_2NH_2\text{（伯胺）}$$

$$R-\overset{O}{\overset{\|}{C}}-NHR' \xrightarrow[(2)\ H_2O]{(1)\ LiAlH_4} RCH_2NHR'\text{（仲胺）}$$

$$R-\overset{O}{\overset{\|}{C}}-NR'_2 \xrightarrow[(2)\ H_2O]{(1)\ LiAlH_4} RCH_2NR'_2\text{（叔胺）}$$

(2) 被金属钠-醇还原 酯与金属钠在醇（常用乙醇、丁醇或戊醇等）溶液中加热回流，可被还原成相应的伯醇，此反应称为 Bouveault-Blanc 反应。

$$R-\overset{O}{\overset{\|}{C}}-OR' \xrightarrow{Na+C_2H_5OH} RCH_2OH+R'OH$$

$$\underset{\text{油酸乙酯}}{CH_3(CH_2)_7CH=CH(CH_2)_7-\overset{O}{\overset{\|}{C}}-OC_2H_5} \xrightarrow{Na+C_2H_5OH} \underset{\text{油醇}}{CH_3(CH_2)_7CH=CH(CH_2)_7CH_2OH}$$

(3) 罗森蒙德（Rosenmund）还原 将 Pd 沉积在 $BaSO_4$ 上作催化剂，常压加氢使酰氯还原成相应的醛的反应，称为罗森蒙德还原。为使反应停留在生成醛的阶段，可在反应体系中加入适量的喹啉/硫或喹啉/硫脲等作为“抑制剂”，以降低催化剂的活性。

$$R-C(=O)X \xrightarrow[\text{喹啉}]{H_2\ Pd\text{-}BaSO_4} RCHO$$

罗森蒙德反应是制备醛的一种好方法。

10.6.4.3　与格氏试剂反应

$$R-C(=O)X + R'MgX \xrightarrow{\text{无水乙醚}} R-C(OMgX)(R')-X \longrightarrow \underset{\text{酮}}{R-C(=O)-R'} \xrightarrow{R'MgX}$$

$$R-C(R')_2-OMgX \xrightarrow{H_2O} \underset{\text{叔醇}}{R-C(R')_2-OH}$$

酰氯与格氏试剂作用可以得到酮或叔醇。反应可停留在酮的一步，但产率不高。

10.6.4.4　酰胺的特有反应

(1) 酸碱性　酰胺的碱性很弱，不能使石蕊变色，一般可认为是中性化合物。这是由于氮原子上的未共用电子对与碳氧双键形成 p-π 共轭。但酰胺有时也显出弱酸性和弱碱性。

酰亚胺显弱酸性。(例如，邻苯二甲酰亚胺，能与强碱的水溶液生成盐。)

$$\text{邻苯二甲酰亚胺(NH)} + NaOH \longrightarrow \text{邻苯二甲酰亚胺}(N^-Na^+) + H_2O$$

(2) 脱水反应　酰胺与强的脱水剂作用或强热则生成腈，常用脱水剂是五氧化二磷和亚硫酰氯。

$$RCONH_2 + P_2O_5 \longrightarrow RCN + 2HPO_3$$

酰胺与铵盐和腈之间的反应如下：

$$RCOOH \underset{HCl}{\overset{NH_3}{\rightleftharpoons}} RCOONH_4 \underset{+H_2O}{\overset{-H_2O}{\rightleftharpoons}} RCONH \underset{+H_2O}{\overset{-H_2O}{\rightleftharpoons}} RCN$$

(3) 霍夫曼（Hofmann）降级反应　酰胺与次卤酸钠的碱溶液作用，脱去羧基生成比原料少一个碳的胺的反应，称为霍夫曼降级反应。

例如：

$$R-C(=O)-NH_2 + NaOX \xrightarrow{OH^-} R-NH_2 + Na_2CO_3 + NaX + H_2O$$

$$CH_3-CH_2-CH(CH_3)-C(=O)NH_2 \xrightarrow[OH^-]{NaOCl} CH_3-CH_2-CH(CH_3)-NH_2$$

利用这个反应，由羧酸可以制备少一个碳原子的伯胺。

10.7　乙酰乙酸乙酯和丙二酸二乙酯及其在有机合成中的应用

10.7.1　乙酰乙酸乙酯

乙酰乙酸乙酯（简称“三乙”，缩写为 EAA）是一种具愉快水果香味的无色液体，熔点

−45℃，沸点 180.8℃，水中溶解度为 2.86g/100mL 水（20℃），25℃时在水中溶解 12%，水在乙酰乙酸乙酯中溶解 4.9%。它易溶于乙醇、乙醚、氯仿等有机溶剂。对石蕊呈中性，但能溶于稀氢氧化钠溶液。

10.7.1.1 乙酰乙酸乙酯的合成 两分子乙酸乙酯在乙醇钠作用下发生缩合，脱去一分子乙醇即生成乙酰乙酸乙酯，这一反应称为克莱森（酯）缩合反应。

$$2CH_3COOC_2H_5 \xrightarrow{C_2H_5ONa} \xrightarrow{\text{酸化}} CH_3COCH_2COOC_2H_5 + C_2H_5OH$$

10.7.1.2 互变异构 乙酰乙酸乙酯分子中含有羰基，因此可以与羰基试剂如苯肼、羟胺等反应，也能与亚硫酸氢钠、氢氰酸等发生亲核加成反应。同时乙酰乙酸乙酯也表现出烯烃和醇的一些性质，比如：可以使溴水溶液褪色（不饱和键的性质），能与三氯化铁发生颜色反应，与 PCl_5 生成烯基氯（烯醇的性质），与金属钠作用放出氢气（醇的性质），这些反应无法用酮式结构解释，人们认为这是酮式和烯醇式发生互变而产生的结果。

H-NMR（δ）：

酮式：2.273 3.451 4.202 1.288 92.5% ⇌ 烯醇式：OH 12.2，2.0 4.2 4.9 1.3 7.5%

10.7.1.3 乙酰乙酸乙酯在合成上的应用 乙酰乙酸乙酯分子的活泼亚甲基氢可以被其他基团取代，它本身在不同条件下又可分解成酮或羧酸，因而广泛用于酮类和羧酸类合成。

（1）酮式分解和酸式分解 乙酰乙酸乙酯在稀碱（5%NaOH 溶液）中酯完全水解，生成乙酰乙酸钠，酸化后得 β-羰基酸乙酰乙酸，加热即脱羧生成酮类，水解、酸化、脱羧这三步合起来就叫乙酰乙酸乙酯的酮式分解。

$$CH_3\overset{O}{\overset{\|}{C}}CH_2 \vdots COOC_2H_5 \xrightarrow{5\%\ NaOH\text{溶液}} \xrightarrow[\triangle]{H^+} CH_3\overset{O}{\overset{\|}{C}}CH_3 + CO_2 + C_2H_5OH$$

乙酰乙酸乙酯在浓碱（40%NaOH 溶液）作用下加热，氢氧根优先进攻活泼的酮羰基，发生脱酰基作用，酸化后生成两分子羧酸，故称酸式分解。

$$CH_3\overset{O}{\overset{\|}{C}} \vdots CH_2COOC_2H_5 \xrightarrow{40\%\ NaOH\text{溶液}} \xrightarrow[\triangle]{H^+} 2CH_3COOH + C_2H_5OH$$

（2）乙酰乙酸乙酯活泼亚甲基上的反应 乙酰乙酸乙酯在乙醇钠或金属钠的作用下，亚甲基上氢原子可以被钠取代生成钠盐，这个盐可以与卤代物（包括卤代烃、酰卤、α-卤代酮、卤代酸酯等）发生取代反应，生成烃基取代的乙酰乙酸乙酯，然后通过酮式分解或酸式分解制得各种结构的甲基酮或一元羧酸。

$$[CH_3-\overset{O}{\overset{\|}{C}}-\bar{C}H-\overset{O}{\overset{\|}{C}}-OC_2H_5]Na^+ \xrightarrow{R-X} CH_3-\overset{O}{\overset{\|}{C}}-\underset{R}{\underset{|}{CH}}-\overset{O}{\overset{\|}{C}}-OC_2H_5 \begin{cases} \xrightarrow{\text{酮式分解}} CH_3\overset{O}{\overset{\|}{C}}CH_2R \\ \xrightarrow{\text{酸式分解}} RCH_2COOH \end{cases}$$

$$[CH_3-\overset{O}{\overset{\|}{C}}-\bar{C}H-\overset{O}{\overset{\|}{C}}-OC_2H_5]Na^+ \xrightarrow{RCOX} CH_3-\overset{O}{\overset{\|}{C}}-\underset{R-C=O}{\underset{|}{CH}}-\overset{O}{\overset{\|}{C}}-OC_2H_5 \begin{cases} \xrightarrow{\text{酮式分解}} CH_3\overset{O}{\overset{\|}{C}}CH_2\overset{O}{\overset{\|}{C}}R \\ \xrightarrow{\text{酸式分解}} \text{混合物（没有实际应用价值）} \end{cases}$$

一元取代的乙酰乙酸乙酯分子中还剩下一个活泼氢原子，可以继续被取代。

$$CH_3-\overset{O}{\overset{\|}{C}}-\underset{R}{\underset{|}{CH}}-\overset{O}{\overset{\|}{C}}-OC_2H_5 \xrightarrow[R-X]{C_2H_5ONa} H_3C-\overset{O}{\overset{\|}{C}}-\underset{R'}{\underset{|}{\overset{R}{\overset{|}{C}}}}-\overset{O}{\overset{\|}{C}}OC_2H_5 \begin{cases} \xrightarrow[\text{酮式分解}]{5\%\ NaOH} H_3C-\overset{O}{\overset{\|}{C}}-\underset{R'}{\underset{|}{\overset{R}{\overset{|}{C}}}}-H \\ \xrightarrow[\text{酸式分解}]{40\%\ NaOH} H-\underset{R'}{\underset{|}{\overset{R}{\overset{|}{C}}}}-\overset{O}{\overset{\|}{C}}OH \end{cases}$$

10.7.2 丙二酸二乙酯

丙二酸二乙酯是无色有香味的液体，沸点 199℃，微溶于水，溶于乙醇、乙醚、氯仿、苯等有机溶剂。它可由氯乙酸的钠盐和氰化钠作用，再加乙醇和硫酸醇解制得：

$$ClCH_2COONa \xrightarrow[OH^-]{NaCN} NCCH_2COONa \xrightarrow[C_2H_5OH]{H_2SO_4} CH_2(COOC_2H_5)_2$$

丙二酸二乙酯与乙酰乙酸乙酯相似，分子中的亚甲基由于受到两个酯基的影响，两个氢原子非常活泼，能与醇钠作用形成钠盐，这个盐也能与卤代烃发生取代反应，生成烃基取代的丙二酸二乙酯，经水解得到相应的烃基取代的丙二酸，它受热易脱羧生成一取代乙酸。

$$CH_2(COOC_2H_5)_2 \xrightarrow[RX]{C_2H_5ONa} R-CH(COOC_2H_5)_2 \xrightarrow[NaOH]{H_2O} R-CH(COONa)_2 \xrightarrow[\triangle]{H^+} R-CH_2COOH$$

$$R-CH(COOC_2H_5)_2 \xrightarrow{C_2H_5ONa,\ R_1X} RR_1C(COOC_2H_5)_2 \xrightarrow[NaOH]{H_2O} RR_1C(COONa)_2 \xrightarrow[\triangle]{H^+} RR_1CHCOOH$$

10.7.3 麦克尔加成反应

像丙二酸二乙酯、乙酰乙酸乙酯等具有活泼亚甲基的化合物，在碱的作用下生成稳定的碳负离子，可以与 α,β-不饱和羰基化合物进行迈克尔加成，即形式上的 3,4-加成，实质上的 1,4-加成，结果总是碳负离子加到 β-碳原子上，而 α-碳原子上增加一个氢。

$$\text{环己-2-烯酮} + CH_2(COOC_2H_5)_2 \xrightarrow{C_2H_5ONa} \xrightarrow{H^+} \text{3-}[CH(COOC_2H_5)_2]\text{环己酮}$$

10.8 重要的羧酸及其衍生物

10.8.1 甲酸

甲酸俗名蚁酸，是一种无色、具刺鼻臭味的液体，沸点 100.8℃，可与水混溶，也溶于乙醇、乙醚等有机溶剂。甲酸具有强的腐蚀性，能刺激皮肤起泡，使用时应避免与皮肤接触。荨麻与蜂、蚁、蜈蚣的毒汁均有甲酸，被它们刺伤、蜇伤后皮肤便发生肿痛。

甲酸分子中兼有羧基、醛基结构，既具有酸性，可成盐，又具有还原性，能发生银镜反应，也能被高锰酸钾溶液氧化为二氧化碳和水，而使高锰酸钾溶液褪色。甲酸是唯一能与烯烃进行加成反应的羧酸，它在硫酸、氢氟酸之类催化下，与烯烃迅速反应生成甲酸酯。

甲酸在工业上用作橡胶凝聚剂、酸性还原剂、媒染剂，也用于合成草酸、酯类及染料，制造精制织物和纸张。甲酸具有杀菌能力，可用作消毒剂或防腐剂。

10.8.2 乙酸

乙酸俗名醋酸。在无机化学、分析化学中，Ac 表示乙酸根，HAc 表示乙酸；有机化学中 Ac 表示乙酰基，乙酸要用 AcOH 或 HOAc 表示。

乙酸是无色、具刺激味的液体，沸点 117.9℃，熔点 16.6℃，可与水混溶，易溶于乙醇、乙醚等有机溶剂。纯乙酸在低于 16.6℃时呈冰状固体，因而称为冰醋酸。乙酸具有羧酸典型的化学性质。

乙酸最古老的制法是粮食发酵法，它是人类使用最早的酸。淀粉在醋母菌作用下，于 35℃左右进行发酵，淡酒液就被空气氧化成醋，醋中含 3%～6%的乙酸、其他有机酸、酯类和蛋白质。

乙酸的主要工业制法为乙醛氧化法和甲醇羰化法。一般先由乙烯或电石合成制得乙醛，再在乙酸锰催化下，用空气中的氧气氧化生成乙酸。

10.8.3 苯甲酸

苯甲酸俗称安息香酸，是一种鳞片状或针状的白色晶体，熔点 122.13℃，微溶于冷水，溶于热水，易溶于乙醇、乙醚、丙酮、氯仿等有机溶剂，100℃以上能升华。苯甲酸对霉菌、酵母和细菌均有抑制作用，抑菌的最适 pH 为 2.5～4.0，常用作防腐剂（食品中含量约 0.1%）、定香剂、保香剂。在清凉饮料浓缩果汁中使用时，因苯甲酸易随水蒸气挥发，常用其钠盐。苯甲酸也用于合成药物和染料等。苯甲酸可以由甲苯氧化或甲苯氯代后再水解制得。

10.8.4 乙二酸

乙二酸又叫草酸。由于乙二酸具有还原性，工业上常用乙二酸作漂白剂，用来漂白麦秆、硬脂酸等。乙二酸能与许多金属离子形成配合物而溶于水，因此可用于提炼稀有金属。锈斑里的三价铁不溶于水，一碰到草酸就还原成二价铁并能溶于水。蓝墨水里的鞣酸亚铁，会被空气中的氧气氧化成黑色的、不溶于水的鞣酸铁，鞣酸铁可被草酸还原而溶于水，衣服上的墨水迹便可洗去。

工业上生产乙二酸主要用甲酸钠法。甲酸钠加热脱氢生成乙二酸钠，然后加入石灰水，生成乙二酸钙沉淀，过滤，再用适量的硫酸使成硫酸钙和乙二酸。用水将乙二酸浸出，浓缩，结晶，便得纯品。

10.8.5 己二酸

己二酸是白色粉末状晶体，是生产合成纤维尼龙 66（两个数字依次表示二元胺、二元酸的碳原子个数）的原料之一，也用作增塑剂、润滑剂等，是最重要的二元酸。近年来大都采用环己烷直接氧化法生产己二酸，环己烷来自于苯加氢，催化氧化便得己二酸。此法原料来源丰富，成本较低

10.8.6 丁烯二酸

丁烯二酸是最简单也是最重要的不饱和二元酸，它有顺式（又名失水苹果酸）和反式（音译为富马酸，又名延胡索酸）两种异构体。

顺丁烯二酸的熔点要比反丁烯二酸低得多，而燃烧热（1364kJ/mol）要比反式（1339kJ/mol）高。一般说来，化合物越不稳定，分子热力学能越高，燃烧热也高，所以顺丁烯二酸较不稳定，加热到 200℃，即失水生成酸酐，这点与丁二酸相似。反丁烯二酸在 200℃不起发生反应，要迅速加热到 300℃，渐变为顺丁烯二酸，再失水生成顺丁烯二酸酐。

顺丁烯二酸在常温下用氢卤酸处理，很容易变成较稳定的反丁烯二酸。反丁烯二酸则不容易变成顺丁烯二酸，要在紫外光的照射下，吸收能量，才能够得到两种异构体的混合物。顺丁烯二酸酐是白色晶体，工业上由苯催化氧化制得，可用于合成树脂和油漆工业，也是制造有机磷农药马拉松的原料。

10.8.7 油脂

油脂是油和脂肪的简称，存在于动植物体内，常温下是液态的叫油，如花生油、桐油等；常温下是固态的叫脂肪，如猪油、羊油、牛油等。油脂不溶于水，易溶于有机溶剂，无固定的熔点和沸点，只有一定的范围。油脂的主要成分是高级脂肪酸的甘油酯，其结构如下：

$$\begin{array}{l} CH_2-O-\overset{\overset{\large O}{\|}}{C}-R \\ | \\ CH-O-\overset{\overset{\large O}{\|}}{C}-R' \\ | \\ CH_2-O-\overset{\overset{\large O}{\|}}{C}-R'' \end{array}$$

R、R′、R″代表脂肪烃基，它们可以相同，也可以不同，可以是饱和烃基，也可以是不饱和烃基。天然油脂中的脂肪酸主要是含偶数碳原子的直链羧酸。如：

硬脂酸　$CH_3(CH_2)_{16}COOH$

软脂酸　$CH_3(CH_2)_{14}COOH$

十八碳-9-烯酸（油酸）　$CH_3(CH_2)_7CH=CH(CH_2)_7COOH$

10.8.8 蜡

蜡是高级脂肪酸和高级饱和一元醇形成的酯，都是含有 16 或 16 个以上偶数碳原子的羧酸和醇形成的。如：蜂蜡为 $C_{15}H_{31}COOC_{30}H_{61}$。

10.8.9 磷脂

磷脂是一类含磷的类脂化合物，存在于细胞膜中，是生物的基本结构物质，广泛存在于动植物体内。比较常见的有卵磷脂和脑磷脂。

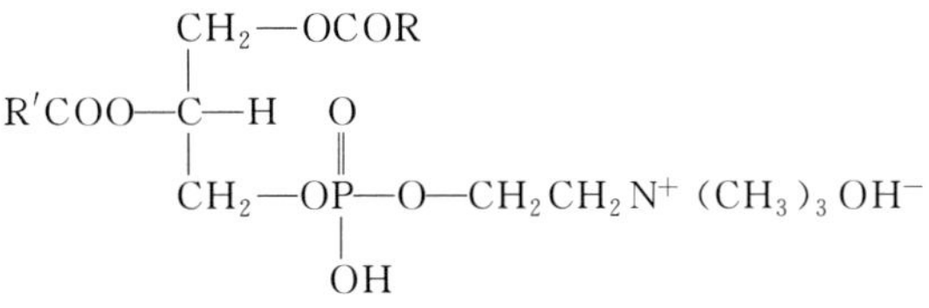

$$\begin{array}{l} \quad\quad\quad CH_2—OCOR \\ R'COO—\overset{|}{\underset{|}{C}}—H \quad\quad O \\ \quad\quad\quad CH_2—O\overset{\|}{P}—O—CH_2CH_2N^+(CH_3)_3OH^- \\ \quad\quad\quad\quad\quad\quad\quad | \\ \quad\quad\quad\quad\quad\quad OH \end{array}$$

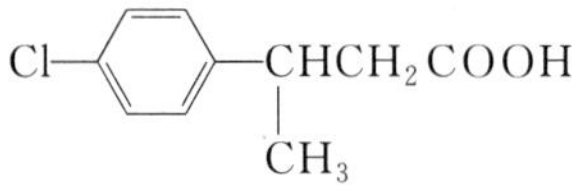

L-α-卵磷脂

$$\begin{array}{l} \quad\quad\quad CH_2—OCOR \\ R'COO—\overset{|}{\underset{|}{C}}—H \quad\quad O \\ \quad\quad\quad CH_2—O\overset{\|}{P}—O—CH_2CH_2NH_2 \\ \quad\quad\quad\quad\quad\quad\quad | \\ \quad\quad\quad\quad\quad\quad OH \end{array}$$

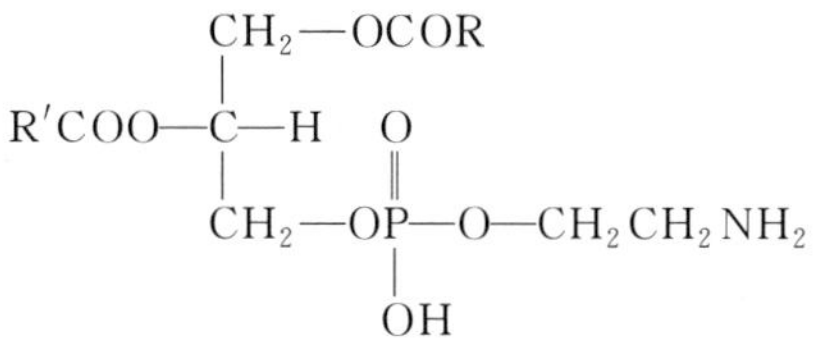

L-α-脑磷脂

习　题

1. 命名下列化合物或写出结构式。

(1) 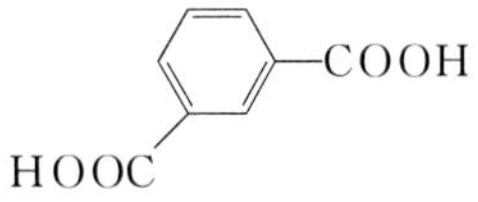 间苯二甲酸结构（苯环上1,3-位各连一个 —COOH：—COOH，HOOC—）

(2) Cl—C_6H_4—$\underset{CH_3}{\underset{|}{CHCH_2COOH}}$（对氯苯基）

(3) $\underset{CH_3}{\underset{|}{CH_3CHCH_2COOH}}$

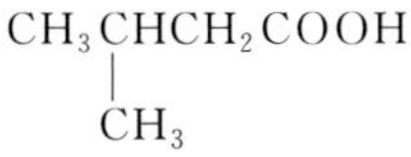

(4) $CH_3(CH_2)_4CH═CHCH_2CH═CH(CH_2)_7COOH$

(5) 4-甲基己酸　　(6) 2-羟基丁二酸

(7) 2-氯-4-甲基己酸　　(8) 3,3,5-三甲基辛酸

2. 试以方程式表示乙酸与下列试剂的反应。

(1) 乙醇　(2) 三氯化磷　(3) 五氯化磷　(4) 氨　(5) 碱石灰热熔

3. 区别下列各组化合物。

(1) 甲酸、乙酸和乙醛　　(2) 乙醇、乙醚和乙酸

(3) 乙酸、草酸和丙二酸　　(4) 丙二酸、丁二酸和己二酸

(5) 2-氯丙酸和丙酰胺　　(6) 丙酸乙酯和丙酰胺

(7) $CH_3COOC_2H_5$ 和 CH_3CH_2COCl　　(8) CH_3COONH_4 和 CH_3CONH_2

(9) $(CH_3CO)_2O$ 和 $CH_3COOC_2H_5$

4. 指出下列反应中的酸和碱。

(1) 二甲醚和无水三氯化铝　(2) 氨和三氟化硼　(3) 乙炔钠和水

5. 酸碱性大小比较

(1) 按照酸性的降低次序排列下列化合物：

a. 乙炔、氨、水　b. 乙醇、乙酸、环戊二烯、乙炔

(2) 按照碱性的降低次序排列下列化合物：

a. CH_3^-、CH_3O^-、$HC≡C^-$　　b. CH_3O^-、$(CH_3)_3CO^-$、$(CH_3)_2CHO^-$

6. 完成下列转变。

(1) $CH_2═CH_2 \longrightarrow CH_3CH_2COOH$

(2) 正丙醇→2-甲基丙酸

(3) 丙酸→乳酸

(4) 丙酸→丙酐

(5) 溴苯→苯甲酸乙酯

(6) 氯丙烷→丁酰胺

(7) 丁酰胺→丙胺

(8) 由邻氯苯酚、光气、甲胺合成农药“害扑威” （苯环上邻位分别连 —Cl 和 —$OCONHCH_3$）

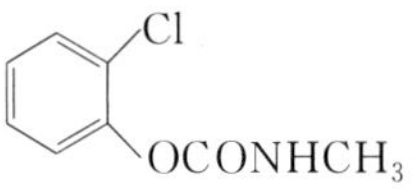

7. 怎样由丁酸制备下列化合物。

(1) $CH_3CH_2CH_2CH_2OH$　(2) $CH_3CH_2CH_2CH_2Br$　(3) $CH_3CH_2CH{=}CH_2$

(4) $CH_3CH_2CH_2CHO$　(5) $CH_3CH_2CH_2CH_2CN$　(6) $CH_3CH_2CH_2CH_2NH_2$

8. 由指定原料合成目标产物。

(1) 由 $=CH_2$ 合成 $—CH_2CN$

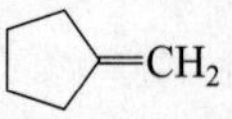

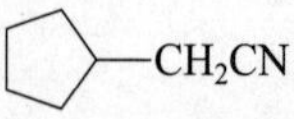

(2) 由丙酮合成 $(CH_3)_3CCOOH$。

(3) 由 5 个碳原子以下的化合物合成

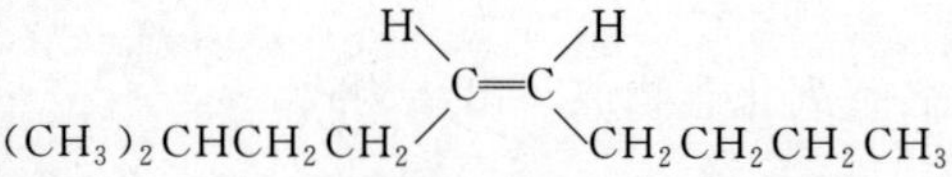

H　H

C=C

$(CH_3)_2CHCH_2CH_2$　$CH_2CH_2CH_2CH_3$

(4) 由 ω-十一碳烯酸 $[CH_2{=}CH(CH_2)_8COOH]$ 合成 $H_5C_2OOC(CH_2)_{13}COOC_2H_5$

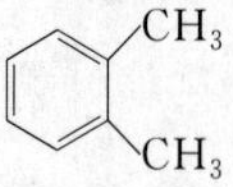

(5) 由己二酸合成 O C_2H_5

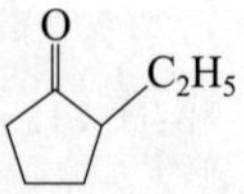

(6) 由 CH_3 CH_3 合成 O

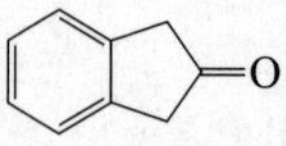

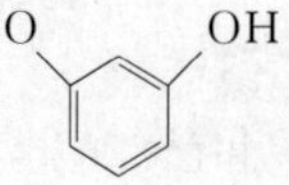

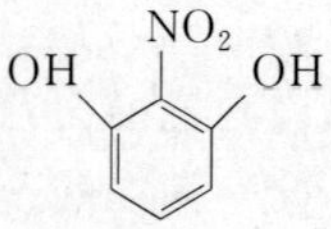

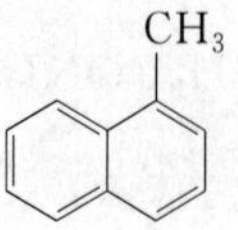

(7) 由丙二酸二乙酯合成 HOOC— —COOH

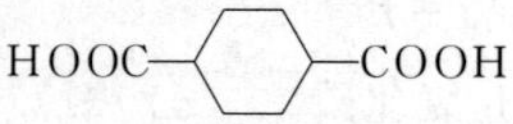

(8) 由 HO OH 合成 OH NO_2 OH

(9) 由 CH_3 合成 CH_3

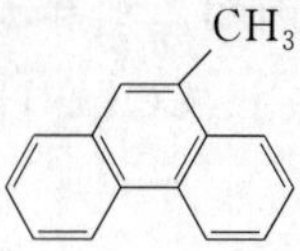

(10) 由 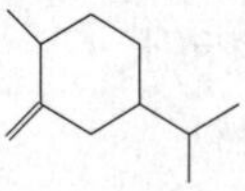 合成 O

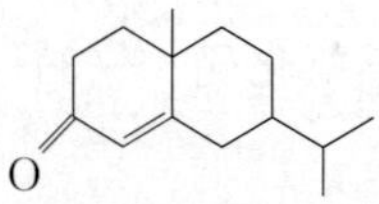

(11) 由苯合成

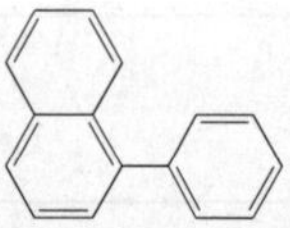

9. 化合物甲、乙、丙的分子式都是 C_3H_6O，甲与碳酸钠作用放出二氧化碳，乙和丙不能，但在氢氧化钠溶液中加热可水解，乙的水解液蒸馏出的液体有碘仿反应。试推测甲、乙、丙的结构。

10. 分子式为 $C_6H_{12}O$ 的化合物 A，氧化后得 B ($C_6H_{10}O_4$)。B 能溶于碱，若与乙酐 (脱水剂) 一起蒸馏则得化合物 C。C 能与苯发生反应，用锌汞齐及盐酸处理得化合物 D，D 分子式为 C_5H_{10}。试写出 A、B、C、D 的构造式。

11. 一具有旋光性的烃类，在冷浓硫酸中能使高锰酸钾溶液褪色，并且容易吸收溴。该烃经过氧化后生成分子量为 132 的酸。此酸中的碳原子数目与原来的烃中相同。求该烃的结构。

12. 马尿酸是白色的固体 (熔点 190℃)，可由马尿中提取，它的质谱给出分子的离子峰 $m/z=179$，分子式为 $C_9H_9NO_3$。当马尿与 HCl 回流，得到两种晶体 D 和 E。D 微溶于水，熔点 120℃，它的 IR 谱在 3200～2300cm^{-1}有一个宽吸收光谱谱带，在 1680cm^{-1}、1500cm^{-1}、1400cm^{-1}、750cm^{-1}和 700cm^{-1}有吸收峰。D 不使 Br_2 的 CCl_4 溶液和 $KMnO_4$ 溶液褪色，但与 $NaHCO_3$ 作用放出 CO_2，E 溶于水，用标准 NaOH 溶液滴定时，分子中有酸性和碱性的基团，元素分析含氮，分子量为 75。求马尿酸的结构。

13. 某化合物 A 的熔点为 53℃，分子离子峰在 $m/z=480$，A 不含卤素、氮和硫。A 的 IR 在 1600cm^{-1}以上只有 3000～2900cm^{-} 和 1735cm^{-1}有吸收峰。A 用 NaOH 水溶液进行皂化，得到一个不溶于水的化合物 B。B 可用有机溶剂从水相中萃取出来。萃取后水相用酸酸化得到一个白色固体 C，它不溶于水，熔点 62～63℃。B 和 C 的 NMR 证明它们都是直链化合物。B 用铬酸氧化得到一个分子量为 242 的羧酸，求 A 和 B 的结构。

11 含氮有机物

教学目标及要求

1. 了解胺的分类及命名、结构、物理性质；

2. 掌握胺的化学性质，即碱性，烃基化，季铵盐和季胺碱的生成，酰基化，与亚硝酸的反应，重氮盐的性质，偶合反应；

3. 了解酰胺的命名和结构，物理性质；

4. 掌握酰胺的化学性质，即酸碱性，水解，霍夫曼降级的反应。

重点与难点

胺的结构及性质，各类胺碱性强弱的比较及应用；胺的结构及性质、霍夫曼降级的反应。

含氮有机物通常指烃分子中氢原子被含氮官能团取代后的衍生物。氮原子能以多种价态与碳、氢、氧以及氮原子本身结合，形成各种类型的含氮有机物，因此，它的种类比含氧有机物还多。本章着重讨论硝基化合物、胺、重氮和偶氮化合物。前面学过的酰胺（$RCONH_2$）、肼（$RNHNH_2$）、肟（$RCH{=}NOH$）、腙（$RCH{=}NNH_2$）、腈（$RC{\equiv}N$）等含氮有机物则不再赘述。

11.1 硝基化合物

11.1.1 硝基化合物的分类、结构和命名

烃分子中的氢原子被硝基（$—NO_2$）取代后生成的化合物称为硝基化合物。根据与硝基相连的烃基结构的不同，可分为脂肪族硝基化合物（RNO_2）和芳香族硝基化合物（$ArNO_2$）。另外，根据与硝基相连的碳原子类型的不同，又可分为伯、仲、叔（也称一级、二级、三级）硝基化合物。

硝基化合物的命名与卤代烃相似，即以烃为母体，把硝基看作取代基。例如：

CH_3NO_2 硝基甲烷

$CH_3CH_2NO_2$ 硝基乙烷

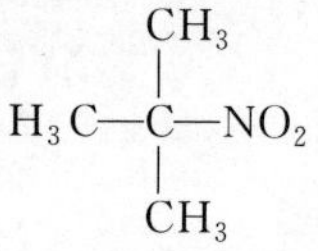

$H_3C—C(CH_3)_2—NO_2$ 硝基叔丁烷

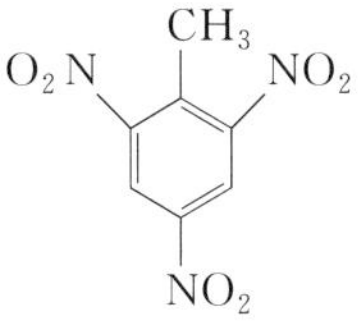

2,4,6-三硝基甲苯 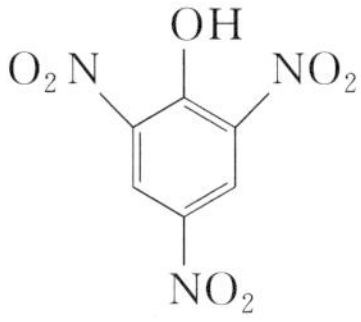　　2,4,6-三硝基苯酚 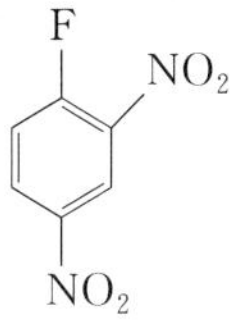　　2,4-二硝基氟苯

电子衍射法实验证明，硝基具有对称的结构，两个氮氧键的键长都是 0.121nm。从价键理论观点来看，硝基中的氮原子是 sp^2 杂化的，三个 sp^2 杂化轨道分别跟两个氧原子和一个碳原子形成三个 σ 键，氮原子上的 p 轨道与两个氧原子的 p 轨道平行而相互重叠，形成三中心四电子的大 π 键，这就导致了 π 电子的离域和 N—O 键的平均化，硝基的负电荷平均分配在两个氧原子上。硝基化合物的构造式一般写成：

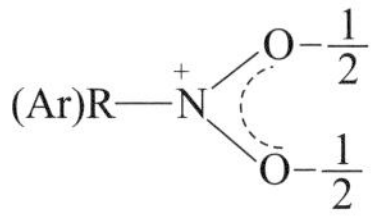

N 提供 2 个电子，每个 O 提供 1 个电子，形成 π_3^4。

11.1.2　硝基化合物的性质

硝基是强极性基团，因而硝基化合物分子具有较高的极性和较大的偶极矩。脂肪族硝基化合物是无色、具有香味的高沸点液体，芳香族硝基化合物中除某些一硝基化合物是浅黄色液体外，多数是黄色晶体。硝基化合物不溶于水，比水重，一般都具有毒性，较多地吸入其蒸气或皮肤与其接触均能引起中毒。

11.1.2.1　硝基的还原反应　硝基化合物在酸性介质中还原或催化氢化，都可得到相应的胺。芳香族硝基化合物的还原反应，具有很大的实用价值，它们在不同介质中使用不同还原剂，可以得到各种不同的还原产物。现以硝基苯为例讨论如下。

在强酸性条件下，强还原剂（如 Fe、Zn、Sn 加盐酸）可还原硝基苯生成苯胺。还原过程中形成的中间产物亚硝基苯、*N*-羟基苯胺［又称为苯胲（hai）］比硝基苯更容易还原，因此不能被分离出来。

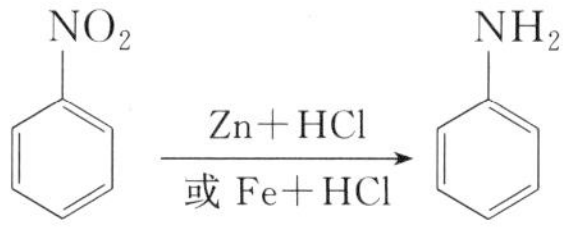

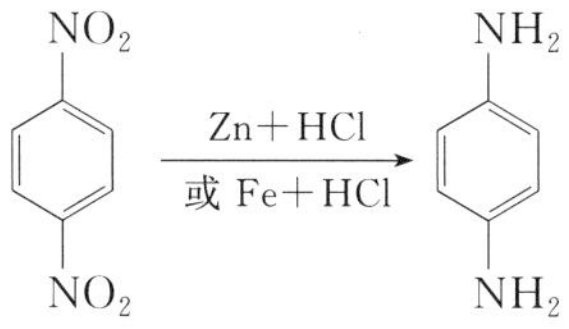

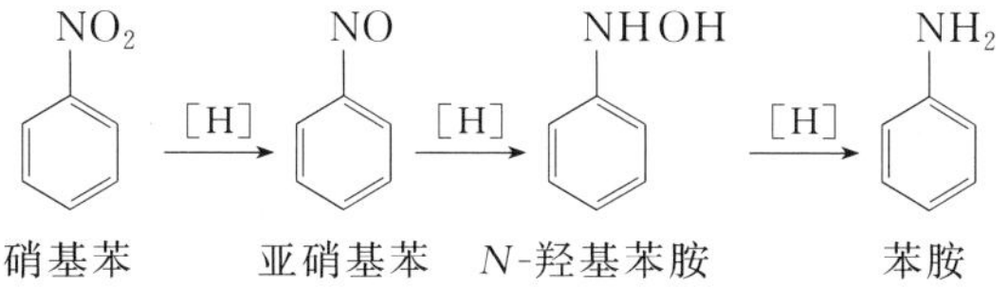

硝基苯　　亚硝基苯　　*N*-羟基苯胺　　苯胺

在弱酸性或中性条件下，还原硝基苯，可以停留在苯胲阶段。

$$\text{C}_6\text{H}_5\text{NO}_2 \xrightarrow[60℃]{\text{Zn},\ \text{NH}_4\text{Cl/H}_2\text{O}} \text{C}_6\text{H}_5\text{NHOH}$$

在碱性条件下，硝基苯被还原成两分子结合的产物。这些产物在适当条件下可相互转变，但在酸性介质中都可以进一步还原，最后生成苯胺。

$$\text{C}_6\text{H}_5\text{NO}_2 \xrightarrow{\text{As}_2\text{O}_3,\ \text{NaOH}} \text{C}_6\text{H}_5\text{—N}{=}\overset{\text{O}\uparrow}{\text{N}}\text{—C}_6\text{H}_5$$

氧化偶氮苯

$$\text{C}_6\text{H}_5\text{NO}_2 \xrightarrow{\text{Fe},\ \text{NaOH}} \text{C}_6\text{H}_5\text{—N}{=}\text{N—C}_6\text{H}_5$$

偶氮苯

$$\text{C}_6\text{H}_5\text{NO}_2 \xrightarrow{\text{过量 Zn},\ \text{NaOH}} \text{C}_6\text{H}_5\text{—NH—NH—C}_6\text{H}_5$$

氢化偶氮苯

氢化偶氮苯又叫二苯肼，是无色固体，与强酸作用发生重排，生成联苯胺，这个反应称为联苯胺重排。

$$\underset{\text{氢化偶氮苯}}{\text{C}_6\text{H}_5\text{—NH—NH—C}_6\text{H}_5} \xrightarrow{\text{H}_2\text{SO}_4} \underset{\text{联苯胺}}{\text{NH}_2\text{—C}_6\text{H}_4\text{—C}_6\text{H}_4\text{—NH}_2}$$

硝基苯还原为苯胺还可用催化加氢的方法，这对于那些带有在酸性或碱性条件下易水解基团（如酰胺基）的芳香硝基化合物的还原具有实用意义。

对于二硝基或多硝基化合物，用硫化钠、硫氢化钠/乙醇、硫化铵（或硫化氢/氨/乙醇）等硫化物或氯化亚锡加盐酸作还原剂时，在适当的条件下可以选择性地将某一特定位置的硝基还原为氨基，硫化铵自身被氧化为氨、硫、水，例如

$$m\text{-C}_6\text{H}_4(\text{NO}_2)_2 \xrightarrow[\triangle]{(\text{NH}_4)_2\text{S/CH}_3\text{OH}} m\text{-NH}_2\text{C}_6\text{H}_4\text{NO}_2$$

$$2,4,6\text{-}(\text{O}_2\text{N})_3\text{C}_6\text{H}_2\text{OH} \xrightarrow{\text{Na}_2\text{S/CH}_3\text{OH}} 2\text{-NH}_2\text{-}4,6\text{-}(\text{O}_2\text{N})_2\text{C}_6\text{H}_2\text{OH}$$

用氯化亚锡/浓盐酸或硫酸亚铁/氨水还原含硝基的芳醛，硝基被还原成氨基而醛基不变；用锡/盐酸还原含硝基的酮，再用氢氧化钠处理，硝基被还原成氨基而羰基不变；用锡/盐酸、氯化亚锡/浓盐酸或硫酸亚铁/氨水还原硝基酯类化合物，硝基被还原而酯基保留。

11.1.2.2 硝基对 α-氢原子的影响 当与硝基的 α-碳原子上有氢原子时，由于硝基与羰基相似，能活化 α-氢原子，因此含有 α-氢的硝基化合物，即脂肪族伯、仲硝基化合物，能产生与酮式/烯醇式相似的硝基式酸式互变异构现象。（Ⅰ）式即通常的硝基式；（Ⅱ）式中与氧原子相连的氢具有酸性，可与碱作用生成盐，故称酸式（氮酸、氮羧酸）。达到平衡时，主要以硝基式存在。当遇到碱溶液时，碱与酸式作用生成盐，就破坏了酸式和硝基式之间的平衡，硝基式不断地转变为酸式，以至全部与碱作用而生成盐。

$$R-CH(H)-N(=O)\rightarrow O \rightleftharpoons R-CH=N(-OH)\rightarrow O$$

（Ⅰ）硝基式　　（Ⅱ）酸式

$$R-CH=N(-OH)\rightarrow O + NaOH \rightleftharpoons R-CH=N(-ONa)\rightarrow O + H_2O$$

含 α-氢的硝基化合物因存在上述互变异构现象而呈酸性。脂肪族叔硝基化合物和芳香族硝基化合物由于无 α-氢原子，即不可能通过互变异构转变为酸式，故不能与碱作用成盐。有 α-氢的硝基化合物在碱性条件下与醛、酮可发生类似于羟醛缩合的反应，叫作亨利反应。

$$C_6H_5-\overset{O}{\overset{\|}{C}}-H + CH_3NO_2 \xrightarrow[(2)\ -H_2O/\triangle]{(1)\ OH^-} C_6H_5-CH=CHNO_2 + H_2O$$

$$C_6H_5-\overset{O}{\overset{\|}{C}}-OC_2H_5 + CH_3NO_2 \xrightarrow{C_2H_5O^-} C_6H_5-\overset{O}{\overset{\|}{C}}-CH_2NO_2 + C_2H_5OH$$

11.1.2.3 硝基对苯环上取代基的影响

(1) 使卤原子活泼 在通常情况下，氯苯分子中氯原子很不活泼，将氯苯与氢氧化钠溶液共热到 200℃，也不能水解。但当氯原子的邻、对位连有硝基时，取代反应就容易进行，例如，4-硝基氯苯，2,4-二硝基氯苯，2,4,6-三硝基氯苯与 $NaHCO_3$ 溶液发生水解反应生成相应的酚，所需温度分别为 130℃、100℃、35℃。这是因为氯苯的水解是芳环上亲核取代（加成消除）反应，由于硝基的强吸电子诱导，使得与氯原子相连的碳原子上电子云密度降低，有利于亲核试剂（OH－）的进攻，另一方面，亲核试剂进攻后产生的碳负离子和邻、对位硝基直接相连，使得电子能更好地平均化，中间体碳负离子更稳定，即容易发生水解反应。硝基越多，这种影响越大，反应就越容易进行。

当硝基处于氯原子的间位时，硝基对氯原子只有吸电子诱导效应的影响，中间体碳负离子不与硝基直接相连，这样对中间体碳负离子的稳定不利，因此它对氯原子活泼性的影响不显著。

如果用氨解代替水解，则处于硝基邻、对位的氯可被氨基取代。

从机理分析可知，卤代芳烃水解属亲核取代反应，反应速率为 F＞Cl＞Br＞I，因为这些卤素原子电负性依次减小，中间体碳负离子稳定性依次减小。这顺序刚好与 S_N2 反应相反。

(2) 使酚类酸性增强 苯环上引入硝基能增强酚的酸性，尤其是当硝基处在酚羟基的邻、对位时。由于硝基通过诱导和共轭效应的吸电子作用，分散了负电荷，稳定酚氧负离子，所以酸性增强，如果有多个硝基存在，则这种影响是累积的。间位上的硝基对酚的酸性也有一定程度的影响，但其效果不如邻、对位上的显著。

（3）使苯甲酸酸性增强　苯环上引入硝基能增强苯甲酸的酸性。和对苯酚影响类似，邻、对位更有利于负电荷分散，稳定羧酸负离子，所以酸性增强。间位上的硝基对羧酸的酸性也有一定程度的影响，但其效果不如邻、对位上的显著。

11.2 胺

11.2.1 胺的分类及命名

氨分子中氢原子被烃基取代后的衍生物称为胺。根据烃基的不同可分为脂肪胺 RNH_2 和芳香胺 $ArNH_2$。氨分子中的一个、两个或三个氢原子被烃基取代而生成的化合物，即 RNH_2、R_2NH、R_3N，分别称为伯胺、仲胺和叔胺（注意：伯、仲、叔胺和伯、仲、叔醇不一样）。按照分子中氨基（$—NH_2$）的数目胺类又可分为一元胺、二元胺或多元胺等。

胺也能与酸作用生成铵盐。四个氢原子都被烃基取代而生成的铵盐 $R_4N^+X^-$，称为季铵盐；其相对应的氢氧化物 $R_4N^+OH^-$，称为季铵碱。必须注意“氨”、“胺”、“铵”字的用法。在表示 NH_3 去掉氢留下的基团时，如氨基（$—NH_2$）、亚氨基（$—NH$）用“氨”字；表示 NH_3 的烃基衍生物时，即氮与一到三个碳原子相连时，用“胺”字；季铵类化合物则用“铵”字。

简单的胺可在烃基数目和名称之后加“胺”字来命名。烃基相同时的仲、叔胺命名时，用二、三等表示相同烃基的数目；如果烃基不同时，把简单的烃基作为取代基。

$CH_3CH_2NH_2$ 乙胺　　CH_3NHCH_3 二甲胺　　$CH_3CH_2CH_2NHCH_3$ 甲丙胺

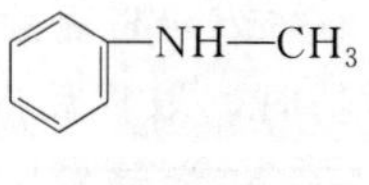

$C_6H_5—NH—CH_3$ *N*-甲基苯胺　　$C_6H_5—N(CH_3)CH_2CH_3$ *N*-甲基-*N*-乙基苯胺　　$C_6H_5—N(CH_3)_2$ *N*,*N*-二甲基苯胺

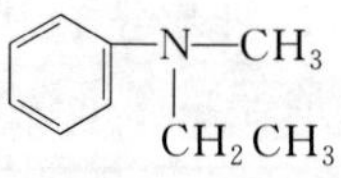

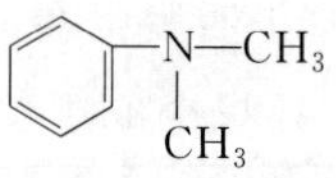

季铵化合物可以视为铵的衍生物来命名。

$(CH_3)_3\overset{+}{N}CH_2CH_3OH^-$ 三甲基乙基氢氧化铵　　$C_6H_5N^+(CH_3)(C_2H_5)CH_2CH{=}CH_2\ Cl^-$ 甲基乙基丙烯基苯基氯化铵

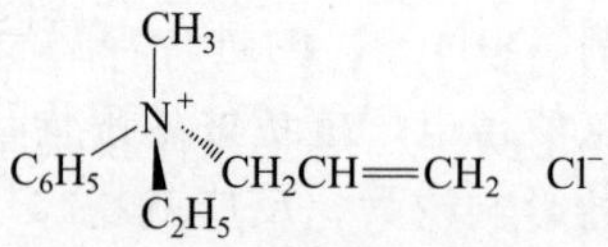

11.2.2 物理性质

甲胺、二甲胺、三甲胺、乙胺在室温下为气体，丙胺以上为液体，高级胺为固体。胺有不愉快的气味或者有难闻的臭味，特别是低级脂肪胺，有的带有鱼腥味（如三甲胺）。低级的胺易溶于水，因胺分子中氮能与水分子形成氢键，但随着烃基的增大，六个碳原子以上的胺，则难溶或不溶于水。

胺的沸点比分子量相近的非极性化合物要高，但比醇的沸点低，因氮的电负性小于氧。

在相同碳原子数的脂肪胺中以伯胺的沸点最高，仲胺次之，叔胺最低。这是因为伯胺或仲胺的分子之间能形成氢键，而叔胺中没有 N—H 键，不能形成分子间的氢键，故沸点最低。芳香胺很毒，与皮肤接触或吸入其蒸气都会引起中毒。

11.2.3 胺的化学性质

11.2.3.1 碱性 胺和氨相似，氮原子上有一对未共用的电子能接受质子，故胺具有碱性。

$$RNH_2 + HCl \longrightarrow R\overset{+}{N}H_3Cl^-$$

脂肪胺的碱性比氨稍强，这是因为烷基是供电子的基团，它使氮原子上的电子云密度增大，即接受质子的能力增强，从而显示出比氨强的碱性。同理，仲胺的碱性应较伯胺强，叔胺碱性更强。在气态时，氨和甲胺、二甲胺、三甲胺的碱性依次增强。但在水溶液中，受溶剂的影响，其碱性强弱就改为氨<三甲胺<甲胺<二甲胺。

芳胺的碱性比氨还弱，这是因为芳胺氮原子上的未共用电子对离域到苯环上，结果使氮原子的电子云密度降低，故碱性减弱。

取代芳胺的碱性强弱取决于取代基的性质，若取代基是供电子的，则碱性增强，如对甲苯胺碱性比苯胺强。若取代基是吸电了的，则碱性减弱，如对硝基苯胺的碱性比苯胺弱。必须指出，取代基在芳环上的位置不同，取代基对芳胺碱性的影响也各不相同。

总的来说，胺是一类弱碱，它的盐和氢氧化钠等强碱作用时会把胺游离出来。胺的成盐和盐的碱化可用于分离、提纯胺类化合物。

$$RNH_3Cl^- + NaOH \longrightarrow RNH_2 + NaCl + H_2O$$

11.2.3.2 烷基化反应 胺和氨相似，氮原子上有孤对电子，可以作为亲核试剂与卤代烃发生亲核取代反应，它们的亲核性比醇要强。控制反应条件和原料配比可生成仲胺、叔胺和季铵盐。

$$RNH_2 + RCl \longrightarrow R_2\overset{+}{N}H_2Cl^- \xrightarrow{OH^-} R_2NH + H_2O + Cl^-$$

$$R_2NH + RCl \longrightarrow R_3\overset{+}{N}HCl^- \xrightarrow{OH^-} R_3N + H_2O + Cl^-$$

$$R_3N + RCl \longrightarrow R_4\overset{+}{N}Cl^- \xrightarrow{OH^-} R_4\overset{+}{N}OH^-$$

11.2.3.3 酰基化反应 伯胺或仲胺氮原子上的氢原子和羟基中的氢原子相似，当与酰化剂如酰氯、酸酐等反应时，氨基（或亚氨基）上的氢原子能被酰基取代生成酰胺。这种胺分子中氮原子上的氢原子被酰基所取代的反应称为胺的酰基化反应。叔胺氮原子上没有氢原子，所以不能发生酰基化反应。

$$RNH_2 \xrightarrow[\text{或}(R'CO)_2O]{R'COCl} R'CONHR + HCl(R'COOH)$$

$$R_2NH \xrightarrow[\text{或}(R'CO)_2O]{R'COCl} R'CONR_2 + HCl(R'COOH)$$

$$R_3N \xrightarrow[\text{或}(R'CO)_2O]{R'COCl} \text{不反应}$$

例如：

$$\text{C}_6\text{H}_5\text{-}\overset{\text{O}}{\overset{\|}{\text{C}}}\text{-Cl} + \text{C}_6\text{H}_5\text{-NH}_2 \xrightarrow{\text{吡啶}} \text{C}_6\text{H}_5\text{-}\overset{\text{O}}{\overset{\|}{\text{C}}}\text{-NH-C}_6\text{H}_5$$

取代酰胺多数为晶体，且有固定的熔点，通过测定其熔点，可以推出原来的胺，故可用于鉴定伯胺和仲胺。胺经酰化后生成酰胺，呈中性，不能与酸作用生成盐，因此伯胺和叔胺或仲胺和叔胺的混合物经酰化后，再加酸，只有叔胺与酸作用生成叔胺盐，溶解于水，利用这个性质可以使叔胺和伯胺或仲胺分离。

芳胺的酰基衍生物不像芳胺那样容易被氧化，它们容易由芳胺酰化制得，又容易水解再转变成原来的芳胺，故在有机合成上常利用酰基化来保护氨基。例如，需要在苯胺的苯环上引入硝基，为防止硝酸将苯胺氧化为苯醌，先将氨基进行乙酰化反应，得乙酰苯胺，然后硝化。在苯环上导入硝基后，再将酰胺水解除去乙酰基。

$$\text{C}_6\text{H}_5\text{NH}_2 \xrightarrow{(\text{CH}_3\text{CO})_2\text{O}} \text{C}_6\text{H}_5\text{NH}\overset{\text{O}}{\overset{\|}{\text{C}}}\text{CH}_3 \xrightarrow[\text{H}_2\text{SO}_4]{\text{HNO}_3} p\text{-O}_2\text{N-C}_6\text{H}_4\text{-NH}\overset{\text{O}}{\overset{\|}{\text{C}}}\text{CH}_3 \xrightarrow{\text{NaOH/H}_2\text{O}} p\text{-O}_2\text{N-C}_6\text{H}_4\text{-NH}_2$$

伯胺或仲胺在碱的存在下能与苯磺酰氯或对甲苯磺酰氯（TsCl）发生磺酰化反应，生成相应的磺酰胺。伯胺形成的磺酰胺受较强吸电子基苯磺酰基的影响，氮原子上的氢具有一定的酸性，因此能与碱作用生成盐而溶于碱溶液中。仲胺所形成的磺酰胺，氮原子上已没有氢原子，故不能与碱作用，仍为固体，不溶于碱溶液中。而叔胺不与苯磺酰氯反应，也不溶于碱液。这个反应称为兴斯堡反应。利用这个反应可以鉴别或分离伯、仲、叔胺。

$$\text{RNH}_2 + \text{C}_6\text{H}_5\text{SO}_2\text{Cl} \xrightarrow{\text{NaOH}} \text{C}_6\text{H}_5\text{SO}_2\text{NHR} \xrightarrow{\text{NaOH 水溶液}} [\text{C}_6\text{H}_5\text{SO}_2\overset{-}{\text{N}}\text{R}]\text{Na}^+$$

溶于 NaOH 水溶液

$$\text{R}_2\text{NH} + \text{C}_6\text{H}_5\text{SO}_2\text{Cl} \xrightarrow{\text{NaOH}} \text{C}_6\text{H}_5\text{SO}_2\text{NR}_2 \quad \text{不溶于 NaOH 水溶液}\downarrow$$

$$\text{R}_3\text{N} + \text{C}_6\text{H}_5\text{SO}_2\text{Cl} \xrightarrow{\text{NaOH}} \text{不反应，和 NaOH 溶液分成两层}$$

11.2.3.4　与亚硝酸的反应　各类胺与亚硝酸反应可生成不同的产物。亚硝酸是不稳定的，只能在反应过程中用亚硝酸钠与盐酸（或硫酸）作用产生。

（1）伯胺　脂肪族伯胺与亚硝酸作用，先生成极不稳定的脂肪族重氮盐，它立即分解生成氮气和碳正离子，此碳正离子进一步反应生成卤代烃、醇、烯烃等混合物，产物复杂，无实用合成价值。但是从放出的氮气的量可知原来分子中氨基数，也可由生成醇的结构推得原来氨基的大致位置。

在强酸溶液中，芳香族伯胺与亚硝酸于较低的温度下（一般在5℃以下）反应，生成重氮盐。5℃以上则放出氮气。重氮盐在有机合成上很重要。

$$C_6H_5-NH_2 + NaNO_2 + ClH_2 \xrightarrow{<5℃} C_6H_5-\overset{+}{N}\equiv NCl^-$$

氯化重氮苯

(2) 仲胺　脂肪族和芳香族仲胺与亚硝酸作用，都得到 *N*-亚硝基胺，*N*-亚硝基胺是黄色的油状液体或固体，与稀酸共热则分解而成原来的仲胺和亚硝酸，也可用氯化亚锡和盐酸还原为原来的仲胺。因此这个反应可用于分离或提纯仲胺。必须注意，亚硝基胺类化合物都是致癌物质。

$$C_6H_5-NHCH_3 \xrightarrow{NaNO_2/HCl} C_6H_5-N(N{=}O)-CH_3 \xrightarrow[(2)\ OH^-]{(1)\ H_3O^+/\triangle} C_6H_5-NHCH_3$$

N-亚硝酸-*N*-甲基苯胺

$$(CH_3)_2NH \xrightarrow[HCl]{NaNO_2} (CH_3)_2N-N{=}O$$

(3) 叔胺　脂肪族叔胺（弱碱，N上无H）能与亚硝酸（弱酸）作用形成不稳定的亚硝酸盐，它很易水解成叔胺。芳香族叔胺与亚硝酸作用，亚硝酰正离子作为弱亲电试剂，可以在这个很活泼芳环胺基的对位（对位被占时在邻位）导入亚硝基。

$$R_3N + HNO_2 \longrightarrow [R_3NH_2^+]NO_2^- \xrightarrow{H_2O} R_3N$$

不稳定

$$C_6H_5-N(CH_3)_2 + HNO_2 \longrightarrow O{=}N-C_6H_4-N(CH_3)_2$$

伯、仲、叔胺与亚硝酸作用的现象不同，常用于鉴别伯、仲、叔胺。

11.2.3.5　芳胺的特殊反应　芳胺分子中的氨基直接连在芳环上，由于氨基是强的邻对位定位基，可使芳环活化，因而芳胺呈现出某些特殊反应。

(1) 氧化反应　芳胺尤其是伯芳胺极易氧化，在储藏中逐渐被空气中的氧所氧化，致使颜色变深。氧化的产物很复杂，可能含有亚硝基苯、硝基苯、醌类、偶氮化合物以及它们的低级缩聚产物。氧化产物主要取决于氧化剂的性质和反应条件。例如，用二氧化锰和硫酸氧化苯胺，主要产物是对苯醌。

$$C_6H_5NH_2 \xrightarrow{MnO_2/H_2SO_4} O{=}C_6H_4{=}O$$

若用重铬酸钾（钠）/硫酸氧化，可得结构复杂的黑色染料——苯胺黑。

$$\text{2-甲基-4-硝基苯胺 }(NH_2,\ CH_3,\ NO_2) \xrightarrow{K_2S_2O_8/H_2SO_4} \text{2-甲基-4-硝基亚硝基苯 }(NO,\ CH_3,\ NO_2)$$

因此，芳胺在储藏过程中逐渐被空气中的氧气所氧化，颜色变深。

(2) 卤代反应　芳胺与氯或溴很容易发生亲电取代反应。例如，在苯胺的水溶液中滴加溴水，立即100%生成2,4,6-三溴苯胺白色沉淀（现象与苯酚、溴水反应相同），可用作苯胺的鉴定和定量分析。苯胺与碘反应易得一元碘代物。为了得到苯胺的一元氯、溴取代物，必须降低氨基的活性，常先把氨基转变成定位能力较弱的乙酰氨基，再依次溴化、水解，除去乙酰基，恢复氨基。

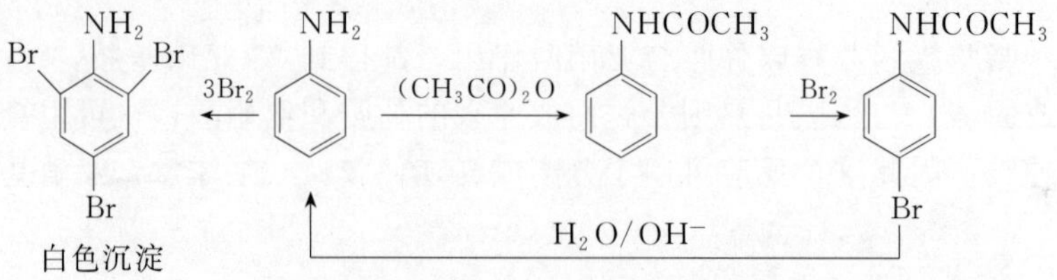

白色沉淀

(3) 磺化、硝化反应　将苯胺与浓硫酸混合得到的苯胺硫酸盐在180～190℃烘焙，则得到对氨基苯磺酸（内盐），它是重要的染料中间体。

苯胺的硫酸盐比较稳定，对氨基有保护作用，且由于—NH_3^+ 是间位定位基，可用于在氨基间位引入硝基。苯胺的氨基如果先保护，再硝化、水解，可制邻硝基（或对硝基）苯胺。芳叔胺不像芳伯胺那样易被氧化，可直接硝化。

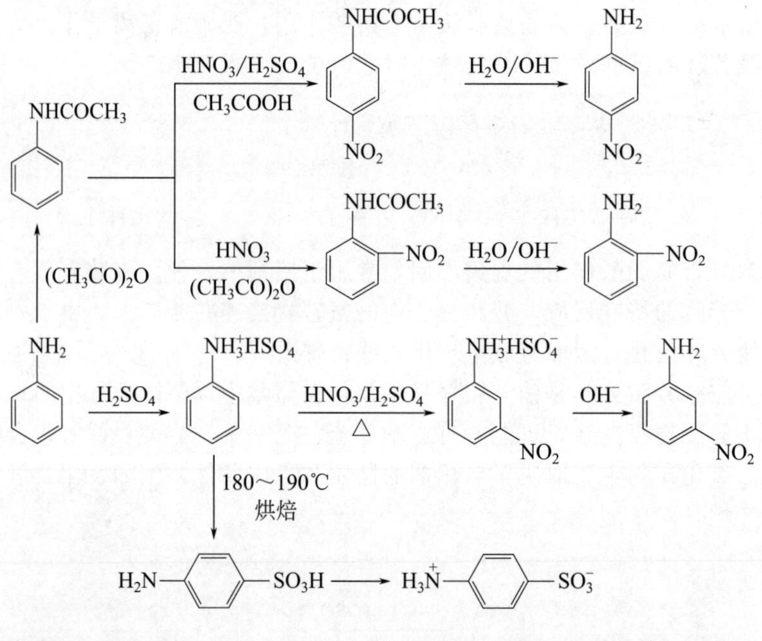

11.2.4　胺的制法

胺的制法主要有氨与卤代烃、醇发生亲核取代反应，醛、酮还原胺化，含氮化合物还原，由羧酸及其衍生物制取等。

11.2.4.1　氨或胺的烃基化　氨或胺是亲核试剂，能与卤代烃发生亲核取代反应，通常反应的最终产物是伯、仲、叔胺和季铵盐的混合物。这一反应很难停留在第一步，因生成的伯胺也是亲核试剂，且亲核性比氨还强，因此在反应体系中，可以继续与卤代烃作用生成仲胺。仲胺再与卤代烃作用生成叔胺直至季铵盐。如果使用过量的氨则可抑制进一步反应，得到以伯胺为主的产物。卤原子直接连在芳环上的芳卤代物，在一般情况下，很难与氨或胺发生亲核取代反应。当卤素邻、对位有强吸电子基，如硝基时，可发生亲核加成消除反应生成芳胺；卤素邻、对位无强吸电子基时，在液态氨中用强碱（如 KNH_2、$NaNH_2$）处理，也可生成芳胺。这是由于生成苯炔中间体。苯炔中间体目前尚未分离得到，但可由波谱技术或化学方法“捕捉”，证明其存在。苯炔有与乙炔相似的一面，它可以作为亲双烯体，与双烯1,3-环己二烯等发生双烯加成反应。

取代芳卤在液氨中用强碱处理，经苯炔历程可得纯的取代芳胺。考虑这种反应的主要产物时，第一步要考虑在苯环哪两个碳之间形成炔键，即当氯、溴两个邻位都有氢时，氨基负离子夺取哪个氢（夺取酸性较强的氢）；第二步要考虑形成苯炔后，氨基负离子进攻炔键的哪个碳（要得到较稳定的碳负离子，只考虑诱导不存在共轭）。这样就不难解释1-三氟甲基-2-氯苯、邻氯苯甲醚与氨基钠在液氨中都生成间位取代苯胺，即间三氟甲基苯胺、间甲氧基苯胺（特别注意，这里甲氧基只起吸电子诱导，与三氟甲基电子效应相同）。

11.2.4.2　含氮化合物的还原　胺可看成是有机含氮化合物还原的最终产物，因此硝基化合物、腈、肟、酰胺等均可被还原为胺。

$$RC\equiv N \xrightarrow[\text{高温高压}]{H_2/Ni} R-CH=NH \longrightarrow RCH_2NH_2$$

$$RC\equiv N \xrightarrow{C_2H_5OH+Na} RCH_2NH_2 + C_2H_5ONa$$

$$C_6H_5CN \xrightarrow{LiAlH_4} \xrightarrow[H^+]{H_2O} C_6H_5CH_2NH_2$$

$$R-\overset{O}{\overset{\|}{C}}-NH_2 \xrightarrow{LiAlH_4} \xrightarrow{H_2O} RCH_2NH_2$$

$$C_6H_{10}=NCH_2CH_3 \xrightarrow[60℃]{H_2/Ni} C_6H_{11}-NHCH_2CH_3$$

$$C_6H_5-NO_2 \xrightarrow[\text{常温常压}]{H_2/Ni} C_6H_5-NH_2$$

11.2.4.3　盖布瑞尔合成法　盖布瑞尔合成法是制备纯伯胺的方法。由于邻苯二甲酰亚胺具有弱酸性，在碱性溶液中可与卤代烷作用生成 *N*-烷基邻苯二甲酰亚胺，进一步水解，则生成伯胺。有时水解困难，可用肼代替碱。此法最大优点是产物纯净，不杂有仲、叔胺的脂肪族伯胺。

$$C_6H_4(CO)_2NH \xrightarrow[\text{乙醇}]{KOH} C_6H_4(CO)_2N^-K^+ \xrightarrow{RX} C_6H_4(CO)_2NR \xrightarrow{NaOH/H_2O} C_6H_4(COONa)_2 + RNH_2$$

11.2.4.4　霍夫曼降级反应　酰胺的霍夫曼降解反应可得到少一个碳原子的伯胺。

$$R-\overset{O}{\overset{\|}{C}}-NH_2 \xrightarrow[\text{或 } I_2/NaOH]{NaOBr/NaOH} RNH_2$$

11.3　季铵盐和季铵碱的性质和用途

叔胺与卤代烷作用生成季铵盐，它是晶体，具有盐类的特性，易溶于水。

11.3.1 季铵盐的用途

具有长碳链的季铵盐有表面活性，可作为阳离子表面活性剂，例如，溴化二甲基十二烷基苄基铵 $[Me_2N(C_{12}H_{25})CH_2Ph]^+Br^-$，商品名为“新洁尔灭”，是具有去污能力的表面活性剂，也是具有强杀菌能力的消毒剂。

季铵盐还常作为相转移催化剂（PTC）。对于非均相的有机反应，反应物之间难以充分接触，因而反应速率极小。要使其反应速率加大，可采用能使水相中的反应物转入有机相的试剂，即相转移催化剂。阴离子作反应物时，相转移催化剂常常是季铵盐、季磷盐、锍盐；阳离子作反应物时，相转移催化剂往往是冠醚或穴醚。例如，卤代烷和氰化钠反应（$RX+NaCN \longrightarrow RCN+NaX$），两种反应物的溶解性能不同，不能很好地接触，因此反应速率很小。若加入少量季铵盐 $[Q^+X^-]$ 作为相转移催化剂，就可把水相中的 CN^- 以离子对的形式 $[Q^+CN^-]$ 带入有机相中与 RX 反应，因而使反应速率大大提高。

由于季铵盐是水溶性的，而季铵正离子含有憎水性的有机取代基，故又能溶于有机相中，因此季铵盐在水相和有机相中都能溶解。若在两相反应混合物中加入季铵盐，水相中的季铵盐与氰化钠交换负离子，并以离子对的形式（$R_4N^+CN^-$）把 CN^- 转移到有机相中，CN^- 在有机相中没有水与之溶剂化，故亲核性更强，能迅速与 RX 发生反应。随后，季铵盐正离子带着负离子（X^-）以离子对的形式 $[R_4N^+X^-]$ 返回水相。即季铵盐起着重复“转送”负离子的作用。

11.3.2 季铵盐与季铵碱的相互转化

季铵盐与胺的盐不同，它和碱作用不容易转变为胺，但与湿的氧化银（或 KOH/醇溶液）作用，可转移为季铵碱。季铵碱是一个可与 NaOH 相比的强碱，具有碱的一般特性，如易溶于水，能吸收空气中的二氧化碳，能与酸发生中和作用重新生成季铵盐。

$$\underset{\text{季铵盐}}{2R_4N^+X^-} + Ag_2O + H_2O \longrightarrow \underset{\text{季铵碱}}{2R_4N^+OH^-} + 2AgX\downarrow$$

$$\underset{\text{季铵盐}}{R_4N^+X^-} + KOH \xrightarrow{\text{醇}} \underset{\text{季铵碱}}{R_4N^+OH^-} + KX\downarrow \ \text{（不溶于醇）}$$

11.3.3 季铵碱的热分解

季铵碱受热要分解，只要有 β-氢，氢氧根负离子进攻 β-氢原子发生双分子消除反应（E2），分解产物就是烯烃和胺；若没有 β-氢，氢氧根负离子进攻 α-碳原子发生双分子取代反应（S_N2），分解产物就是醇和胺。下面分几种情况说明。

① 当季铵碱仅有一种 β-氢时，分解产物为胺和乙烯，而且纯度很高。

$$\left[\overset{\beta}{H_3C}—\overset{\alpha}{CH_2}—\overset{+}{N}H(CH_3)_3\right]OH^- \longrightarrow CH_2{=}CH_2 + N(CH_3)_3 + H_2O$$

② 当季铵碱具有两个或两个以上 β-氢原子时，受热分解的主要产物为双键碳原子上取代基较少的烯烃，这个消除反应的取向正好与卤代烷的消除取向相反，此规则称为霍夫曼规则。这样生成的烯烃叫霍夫曼烯烃。例如：

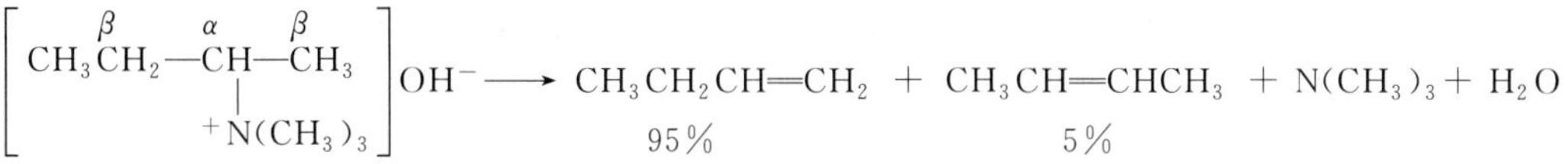

$$\left[\begin{array}{c}\overset{\beta}{CH_3CH_2}-\overset{\alpha}{CH}-\overset{\beta}{CH_3} \\ | \\ {}^{+}N(CH_3)_3\end{array}\right]OH^- \longrightarrow \underset{95\%}{CH_3CH_2CH{=}CH_2} + \underset{5\%}{CH_3CH{=}CHCH_3} + N(CH_3)_3 + H_2O$$

为什么季铵碱热分解时按霍夫曼规则进行呢？这与下列两个因素有关。a. β-氢的酸性，季铵碱分子中 α-碳上的强吸电子基—N^+R_3，使得 β-氢具有一定的酸性，有利于 OH—的进攻。若 β-碳上连有给电子基（如烷基），则 β-氢的酸性减弱，对反应不利；若 β-碳上连有吸电子基（如卤素、羰基、三卤甲基，不饱和基团等），则 β-氢的酸性增强，对反应有利。b. β-碳上连有烷基，则空间障碍增大，不利于 OH—的进攻。所以季铵碱的热分解按霍夫曼规则定向，主要产物是霍夫曼烯烃。

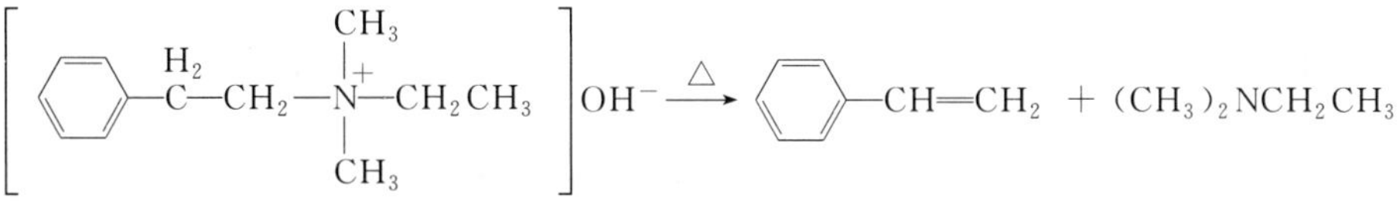

$$\left[C_6H_5-\overset{H_2}{C}-CH_2-\overset{CH_3}{\underset{CH_3}{\overset{|+}{\underset{|}{N}}}}-CH_2CH_3\right]OH^- \xrightarrow{\triangle} C_6H_5-CH{=}CH_2 + (CH_3)_2NCH_2CH_3$$

③ 氮原子上如果连的烃基中没有 β-H，产物为醇和胺。

$$(CH_3)_4N^+OH^- \xrightarrow{\triangle} (CH_3)_3N + CH_3OH$$

11.4 重氮和偶氮化合物

重氮和偶氮化合物都含有—N_2—原子团，该原子团的一端与烃基相连，而另一端与其他原子（非碳原子）或原子团相连的化合物称为重氮化合物，“重（读音 chóng）氮”意味着一个碳原子接两个氮原子。若该原子团以—N═N—的形式两端都和烃基相连，则该化合物称为偶氮化合物，“偶氮”意味着两个碳原子接两个氮原子，平均一个碳只接一个氮。

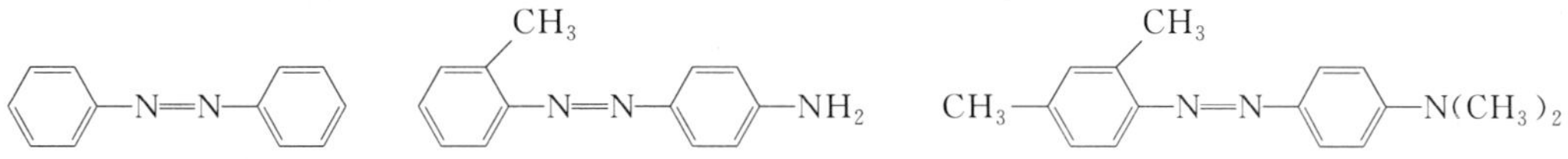

$C_6H_5-N{=}N-C_6H_5$

偶氮苯

$2\text{-}CH_3C_6H_4-N{=}N-C_6H_4-NH_2$

2-甲基-4′-氨基偶氮苯

$2,4\text{-}(CH_3)_2C_6H_3-N{=}N-C_6H_4-N(CH_3)_2$

2,4-二甲基-4-(*N*,*N*-二甲氨基)偶氮苯

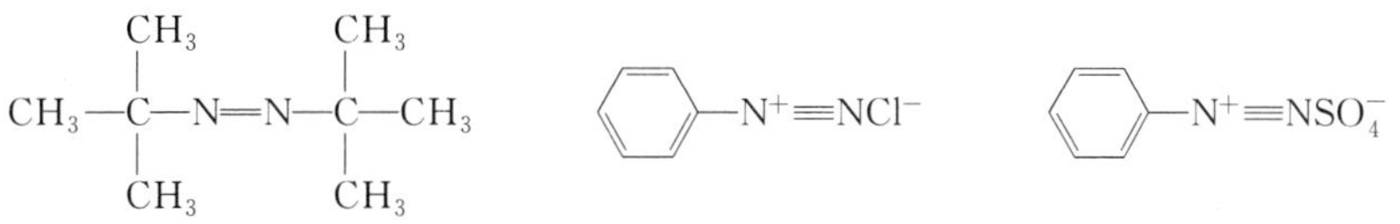

$(CH_3)_3C-N{=}N-C(CH_3)_3$

偶氮二异丁腈

$C_6H_5-N^+{\equiv}NCl^-$

氯化重氮苯

$C_6H_5-N^+{\equiv}NSO_4^-$

重氮苯硫酸盐

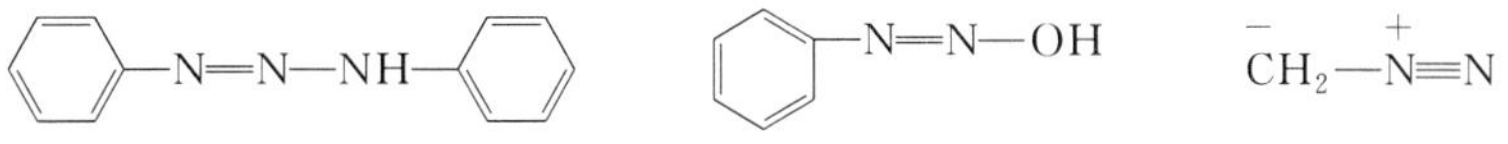

$C_6H_5-N{=}N-NH-C_6H_5$

苯氨基重氮苯

$C_6H_5-N{=}N-OH$

氢氧化重氮苯

$\overset{-}{C}H_2-\overset{+}{N}{\equiv}N$

重氮甲烷

11.4.1 重氮盐的制法

伯芳胺在低温及强酸存在下，与亚硝酸作用生成重氮盐的反应，称为重氮化反应。重氮化反应所用的酸，通常是盐酸或硫酸。温度一般在 5℃以下，因重氮盐在低温的水溶液中，比较稳定，温度较高时，就容易分解。重氮盐的稳定性主要和芳环上的取代基有关，对硝基苯胺、对氨基苯磺酸所形成的重氮盐就比较稳定，所以芳环上具有硝基、磺基等取代基时，

重氮化温度可适当高些。重氮盐和铵盐相似，能溶于水，水溶液能导电。

$$\text{C}_6\text{H}_5\text{—NH}_2 + NaNO_2 + HCl + HBF_4 \xrightarrow{<5℃} \text{C}_6\text{H}_5\text{—}N^+ \equiv NBF_4^- + NaCl + 2H_2O$$

11.4.2 重氮盐的性质

重氮盐的化学性质非常活泼，能发生许多化学反应，一般可归纳为两类。①去氮反应——重氮基被其他原子或原子团所取代并释放出氮气。②留氮反应——重氮基的两个氮原子反应后仍保留在产物分子中。

11.4.2.1 去氮反应 重氮基可以被羟基、卤原子、氰基、氢原子等取代，生成相应产物。

（1）被羟基取代 重氮盐和酸液共热时，即有氮气放出，并生成酚类化合物。此反应一般用重氮硫酸氢盐在40%～50%的硫酸溶液中进行，以避免产物酚与未反应的重氮盐发生偶合反应。如果用重氮盐酸盐的盐酸溶液，则常有副产物氯化物生成。常用此反应来制备一些不能由其他方法（如磺化碱熔）合成的酚类。

$$Ar\overset{+}{N}\equiv NHSO_4^- + H_2O \xrightarrow[\triangle]{H^+} ArOH + N_2\uparrow + H_2SO_4$$

（2）被氢原子取代 重氮盐与还原剂次磷酸（H_3PO_2）或乙醇等反应，则重氮基被氢原子取代，例如：

$$Ar\overset{+}{N}\equiv NCl^- + H_3PHO_2 + H_2O \longrightarrow Ar—H + H_3PO_3 + N_2\uparrow + HCl \text{（效果好）}$$

$$Ar\overset{+}{N}\equiv NCl^- + CH_3CH_2OH \longrightarrow Ar—H + CH_3CHO + N_2\uparrow + HCl$$

$$Ar\overset{+}{N}\equiv NCl^- + CH_3CH_2OH \xrightarrow{\text{副反应}} ArOCH_2CH_3 + N_2\uparrow + HCl$$

此还原脱氨反应提供了一种从芳环上除去—NH_2 或—NO_2 的方法。例如合成均三溴苯，不能直接从苯溴化制取。若以对苯胺为原料，通过下列各步反应，则可制得。

$$\text{C}_6\text{H}_5NH_2 \xrightarrow{Br_2} \text{2,4,6-}Br_3C_6H_2NH_2 \xrightarrow[<5℃]{NaNO_2,\ H_2SO_4} \text{2,4,6-}Br_3C_6H_2N_2HSO_4 \xrightarrow[C_2H_5OH]{H_3PO_2 + H_2O} \text{1,3,5-}Br_3C_6H_3$$

由对甲苯胺出发，用类似方法可合成间溴甲苯或3,5-二溴甲苯。

（3）被卤原子取代 在氯化亚铜的浓盐酸溶液或溴化亚铜的浓氢溴酸溶液作用下，重氮基可被氯原子或溴原子取代，分别得到氯化物或溴化物。此反应叫桑德迈尔反应。若将催化剂亚铜盐改为铜粉，则称加特曼反应。

$$ArNH_2 \xrightarrow[<5℃]{NaNO_2/HCl} ArN^+\equiv NCl^- \xrightarrow{CuCl/HCl} ArCl + N_2$$

$$ArNH_2 \xrightarrow[<5℃]{NaNO_2/HBr} ArN^+\equiv NBr^- \xrightarrow{Cu/HBr} ArBr + N_2$$

重氮基比较容易被碘取代，只要把重氮盐水溶液和碘化钾加热，便得到碘化物。此反应是把碘原子引进芳环的好方法。

$$ArN^+\equiv NSO_4^- + KI \longrightarrow ArI + N_2 + KHSO_4$$

若要得到氟代苯，则可通过希曼反应，将重氮盐与氟硼酸作用生成的氟硼酸重氮盐沉淀干燥后小心加热（或在惰性溶剂中加热）即可。

$$ArNH_2 \xrightarrow[<5℃]{NaNO_2,\ HCl} Ar^+N{\equiv}NCl^- \xrightarrow{HBF_4} ArN^+{\equiv}NBF_4^-$$

$$ArN^+{\equiv}NBF_4^- \longrightarrow ArF + N_2\uparrow + BF_3\uparrow$$

（4）被氰基取代　重氮盐与氰化亚铜的氰化钾水溶液作用，则重氮基被氰基取代。

$$ArN^+{\equiv}NCl^- \xrightarrow[\text{或 } Cu,\ KCN]{CuCN,\ KCN} ArCN + N_2$$

$$ArN^+{\equiv}NSO_4^- \xrightarrow[\text{或 } Cu,\ KCN]{CuCN,\ KCN} ArCN + N_2$$

氰基可经水解成羧基，或经还原变成氨甲基，因此通过重氮盐可以在芳环上引入羧基或氨甲基。

$$\text{对甲苯胺}(NH_2, CH_3) \xrightarrow[0\sim5℃]{HNO_2+\text{过量 }HCl} \text{对甲基重氮苯氯化物}(N_2Cl, CH_3) \xrightarrow{KCN+CuCN} \text{对甲基苯甲腈}(CN, CH_3) \xrightarrow{H_2O/H^+} \text{对甲基苯甲酸}(COOH, CH_3) \xrightarrow{KMnO_4} \text{对苯二甲酸}(COOH, COOH)$$

（5）被硝基等取代　在铜或亚铜盐催化下，重氮盐分别与亚硝酸钠、亚硫酸钠、硫氰酸钾反应，可制芳香族硝基化合物、磺酸、硫氰化合物。

$$NaCl + N_2 + C_6H_5SO_3Na \xleftarrow{Na_2SO_3/Cu} C_6H_5N_2Cl \xrightarrow[NaHCO_3/Cu^+]{NaNO_2} C_6H_5NO_2 + N_2 + NaCl$$

$$C_6H_5N_2Cl \xrightarrow{KSCN/Cu} C_6H_5\text{—}SCN + N_2 + KCl$$

（6）被芳基取代重氮盐在碱存在下与芳烃反应，经过自由基历程，重氮基被芳基取代，称刚穆伯巴赫曼反应，常用于不对称联苯及联苯衍生物的制备。

$$p\text{-}O_2NC_6H_4N_2^+ \xrightarrow{OH^-} p\text{-}O_2NC_6H_4\text{—}N{=}N\text{—}OH \xrightarrow[\triangle]{-N_2,\ -HO\cdot} p\text{-}O_2NC_6H_4\cdot \xrightarrow{C_6H_6} NO_2\text{—}C_6H_4\text{—}C_6H_6(H)\cdot \xrightarrow[-H_2O]{\cdot OH} NO_2\text{—}C_6H_4\text{—}C_6H_5$$

11.4.2.2　留氮反应　重氮盐在适当的条件下与酚、酚醚或芳胺作用，其产物分子中仍保留有重氮基中的 2 个氮原子。由偶氮基（—N═N—）将两个分子偶联起来，生成偶氮化合物的反应，称为偶合反应。偶合反应是苯环亲电取代反应，重氮正离子因为与苯环共轭，电荷得到分散，是弱亲电试剂，只能进攻活化的芳环（如酚或芳胺）羟基、氨基邻、对位。参加偶合反应的重氮盐，叫重氮组分，酚和芳胺等叫偶合组分。例如：

$$C_6H_5\text{—}\overset{+}{N}{\equiv}NCl^- + C_6H_5\text{—}N(CH_3)_2 \xrightarrow[0℃,\ pH=5\sim7]{CH_3COOH,\ H_2O} C_6H_5\text{—}N{=}N\text{—}C_6H_4\text{—}N(CH_3)_2$$

对-(*N*,*N*-二甲氨基)偶氮苯

偶合反应与介质有关，酚类的偶合通常在弱碱性介质（pH=8～10）中进行，此时酚可转变成芳氧负离子（ArO^-），它更能使芳环活化，有利于重氮正离子进攻。

$$\text{C}_6\text{H}_5\text{—}\overset{+}{\text{N}}\equiv\text{NCl}^- + \text{C}_6\text{H}_5\text{—OH} \xrightarrow[0℃,\ pH=10]{NaOH,\ H_2O} \text{C}_6\text{H}_5\text{—N=N—C}_6\text{H}_4\text{—OH}$$

对羟基偶氮苯

在强碱性溶液中，重氮正离子存在如下平衡，不能进行偶合反应。

$$\text{Ar—}\overset{+}{\text{N}}\equiv\text{N} \underset{H^+}{\overset{OH^-}{\rightleftharpoons}} \text{Ar—N=N—OH} \underset{H^+}{\overset{OH^-}{\rightleftharpoons}} \text{Ar—N=N—O}^- + H_2O$$

（重氮正离子）可偶合　　（重氮酸）不可偶合　　（重氮酸盐）不可偶合

芳胺的偶合，通常在弱酸性或中性介质（pH＝5～7）中进行，因为酸性溶液中亲电试剂重氮正离子存在量大，但强酸性溶液使芳胺的$-NR_2$转变成铵离子$-^+NHR_2$（强钝化基团），芳环上电子云密度降低，不利于重氮正离子的进攻，偶合反应不可能发生。

重氮盐与伯芳胺或仲芳胺反应，先生成重氮氨基化合物，然后通过重排得到偶氮化合物，例如：

$$\text{C}_6\text{H}_5\text{—}\overset{+}{\text{N}}\equiv\text{NCl}^- + \text{C}_6\text{H}_5\text{—NH}_2 \xrightarrow[0℃,\ pH=5\sim7]{CH_3COOH,\ H_2O} \text{C}_6\text{H}_5\text{—N=N—NH—C}_6\text{H}_5 \xrightarrow{H^+} \text{C}_6\text{H}_5\text{—N=N—C}_6\text{H}_4\text{—NH}_2$$

重氮盐与酚类或芳胺的偶合反应，由于电子效应和空间效应的影响，一般发生在酚羟基或氨基的对位，对位已被占则发生在邻位，邻对位都被占则不偶合。当重氮盐与一个同时存在着酚羟基、氨基的芳香族化合物偶合时，溶液的pH对反应结果起着决定性的作用。以染料中间体H酸为例，弱酸性条件下在氨基邻位偶合，接着在弱碱性条件下在羟基邻位偶合。如果先用弱碱性条件，只能在羟基邻位偶合，不能进行第二次偶合。

$$\text{H酸 (NH}_2\text{, OH; HO}_3\text{S, SO}_3\text{H)} \xrightarrow[pH=5\sim7]{ArN_2X} \text{ArN=N—(NH}_2\text{, OH; HO}_3\text{S, SO}_3\text{H)} \xrightarrow[pH=8\sim10]{ArN_2X} \text{ArN=N—(NH}_2\text{, OH; HO}_3\text{S, SO}_3\text{H)—N=NAr}$$

重氮盐通过偶合反应所产生的偶氮化合物多具有鲜艳的颜色，因此广泛用作染料和指示剂。大气中氧化氮的监测、土壤中亚硝酸根的测定，也用到重氮化偶合反应。

11.4.2.3　还原反应　重氮盐在氯化亚锡和盐酸（或亚硫酸氢钠）等作用下，还原生成相应的肼。

$$\text{C}_6\text{H}_5\text{N}_2\text{Cl} \xrightarrow[\text{或}\ SnCl_2,\ HCl]{NaSO_3,\ HCl} \text{C}_6\text{H}_5\text{NHNH}_2\cdot HCl \xrightarrow{NaOH} \text{C}_6\text{H}_5\text{NHNH}_2$$

苯肼是常用的羰基试剂，可用于糖类成脎反应，还是合成药物和染料的原料。

11.4.3　重要的重氮和偶氮化合物

11.4.3.1　重氮甲烷　重氮甲烷（CH_2N_2）是最简单、最重要的脂肪族重氮化合物。重氮甲烷是黄色气体，沸点23℃，剧毒且容易爆炸。它易溶于乙醚，其乙醚溶液较稳定，故在有机合成上常用重氮甲烷的乙醚溶液。

重氮甲烷的化学性质很活泼，碳有亲核性质。它是一个重要的甲基化试剂，与羧酸、氢卤酸、磺酸、酚、烯醇反应分别生成羧酸甲酯、卤甲烷、磺酸甲酯、酚的甲基醚、烯醇甲醚。在 Lewis 酸催化下，与醇作用也能生成相应甲基醚。

重氮甲烷受光作用去氮气，得亚甲基卡宾（最简单的卡宾）。

重氮甲烷与开链酮作用，去氮，得到环氧化合物或多 1 个碳原子的酮。环己酮与重氮甲烷作用，重排、去氮，得环庚酮，这是环酮扩环方法之一，次要产物为环氧化合物。重氮甲烷与醛 RCHO 作用，氢重排、去氮，得甲基酮 $RCOCH_3$。

11.4.3.2　甲基橙　甲基橙由对氨基苯磺酸经重氮化与 *N*,*N*-二甲基苯胺偶合而成甲基橙。甲基橙是一种橙黄色粉末或片状晶体，微溶于水。它在 pH＜3.1 的溶液中显红色，在 pH＞4.4 的溶液中显黄色，在 pH3.1～4.4 之间显橙色。这是因为在不同 pH 的溶液中，甲基橙的结构发生了苯型和醌型的变化。

甲基橙在中性或碱性溶液中显黄色，在酸性溶液中显红色，故常用作酸碱滴定中的指示剂。

11.4.3.3　偶氮染料　芳香族偶氮化合物的通式为 Ar-N═N-Ar′，它们都具有颜色，性质稳定，可广泛用作染料，称为偶氮染料。其中有些偶氮化合物由于颜色不稳定，可作为分析化学的指示剂。

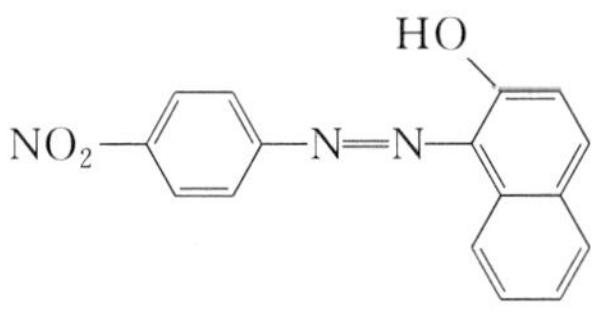

对位红（染料）

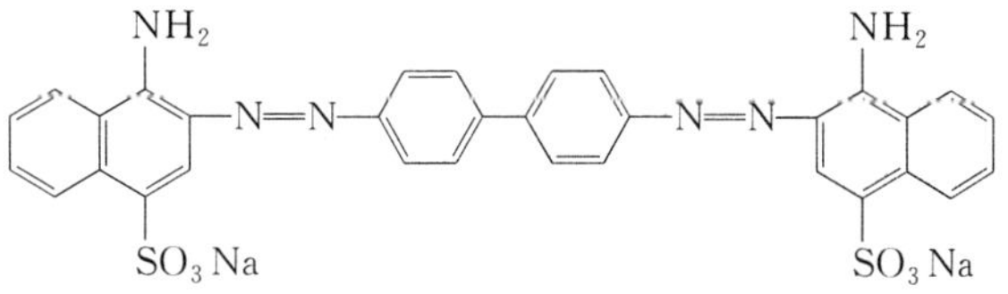

刚果红（染料，指示剂）

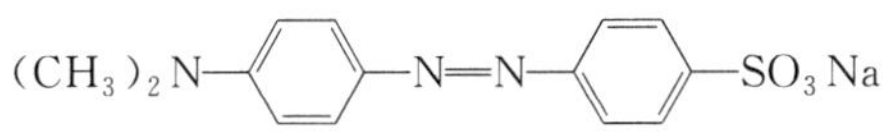

甲基橙（指示剂）

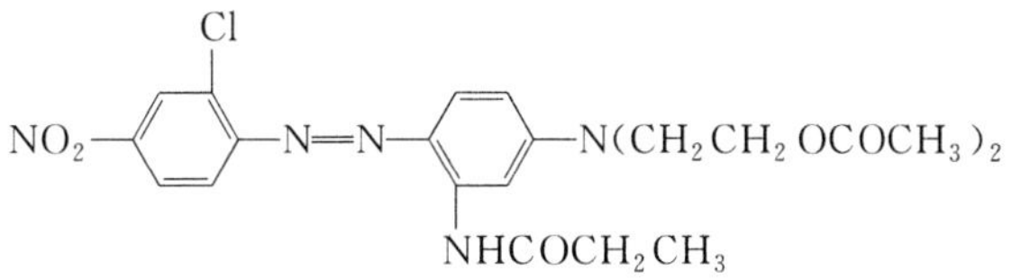

分散红玉 ZGFL（染料）

偶氮染料由于色谱齐全、色泽鲜艳、适用性广、品种多，在染料王国中曾占统治地位。但近年来人们发现，它可能对人体健康不利，因而国际上偶氮染料的生产和使用已受限制，将逐渐被淘汰。

活性染料因其分子中含有可与纤维中羟基、氨基等基团反应的活性基而得名，近年发展很快。活性染料由染料母体和活性基两部分组成。染料母体包括蒽醌、杂环、醌亚胺、酞菁、靛族、苯甲烷及偶氮等化学骨架结构，活性基团包括三聚氯氰、四氯嘧啶、*β*-硫酸酯乙基砜基等。活性染料目前都以活性基分类，例如：X 型，是指含有两个活泼氯原子的三聚氯氰活性染料；K 型，是指含有带一个活泼氯原子的三聚氯氰活性染料；KN 型，是指含 *β*-硫酸酯乙基砜活性基的活性染料等。活性染料染色坚牢、色泽鲜艳、使用简便、制备工艺简单、适用面广，所以发展迅速，前景看好。

11.4.3.4　刚果红　刚果红由联苯胺重氮盐和 4-氨基-1-萘磺酸偶合制得，为棕红色粉末，溶于水和乙醇。它在中性、碱性溶液中以磺酸钠形式存在，显红色；在强酸性溶液中形成邻醌结构的内盐，呈蓝色。刚果红常用作指示剂，变色范围为 pH3～5。

11.4.3.5　偶氮二异丁腈　偶氮二异丁腈（AIBN）为棱形晶体，熔点 203℃，有毒，不溶于水，溶于乙醇、乙醚，在 70℃或光照时放出氮气，生成自由基。因此，它常被用作聚合反应的引发剂，也用作制造泡沫塑料和泡沫橡胶的起泡剂。

习　题

1. 写出下列化合物的名称或结构式。

（1）甲乙环丙胺　（2）苯胺　（3）乙二胺　（4）3-(*N*-乙氨基）辛烷

（5）硫酸乙胺　（6）氢氧化四乙胺　（7）氯化重氮苯　（8）碘化二甲基二乙基铵

（9）对氨基苯甲酸甲酯　（10）叠氮苯　（11）二乙异丙胺　（12）*N*-甲基-*N*-乙基苯胺

（13）$C_6H_5-CH_2NH_2$　（14）$NO_2-C_6H_4-N(C_2H_5)_2$　（15）$\left[C_6H_5CH_2-\overset{CH_3}{\underset{CH_3}{N^+}}-C_{12}H_{25}\right]Br^-$

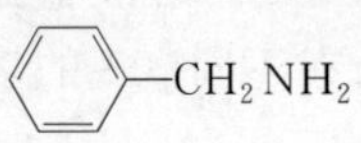

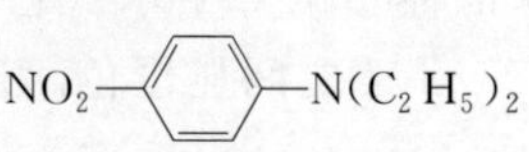

2. 判断次序

（1）下列化合物碱性从强到弱的次序是？

a. 三甲胺　b. 苯胺　c. 对氯苯胺　d. 对甲苯胺

（2）下列化合物酸性从强到弱的次序是？

a. 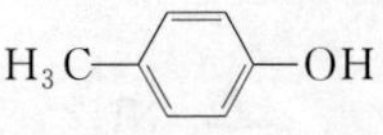 $H_3C-C_6H_4-OH$　b. $HO_3S-C_6H_4-OH$　c. C_6H_5-OH　d. 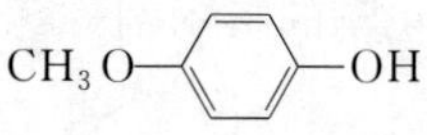 $CH_3O-C_6H_4-OH$

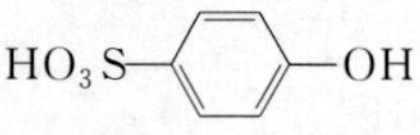

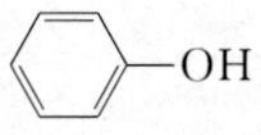

（3）下列化合物酸性从强到弱的次序是？

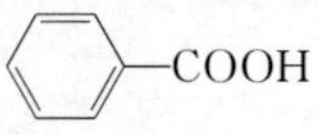

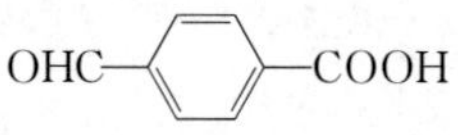

a. 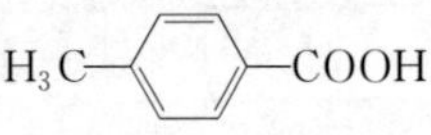 $H_3C-C_6H_4-COOH$　b. C_6H_5-COOH　c. $OHC-C_6H_4-COOH$　d. 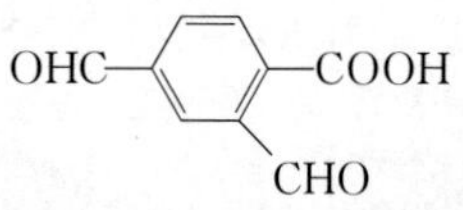 $OHC-C_6H_3(CHO)-COOH$

（4）下列化合物碱性从强到弱的次序是？

a. CH_3CONH_2　b. $CH_3CH_2NH_2$　c. H_2NCONH_2

d. $(CH_3CH_2)_2NH$　e. $(CH_3CH_2)_4N^+OH^-$

（5）下列化合物碱性从强到弱的次序是？

a. 苯胺　b. 苄胺　c. 乙酰胺

d. 丁二酰亚胺　e. 对甲氧基苯胺　f. 对硝基苯胺

3. 用化学方法鉴别下列化合物。

（1）a. 苯胺　b. 苯酚　c. 苯甲酸　d. 环己醇

（2）a. 邻甲苯胺　b. *N*-甲基苯胺　c. 苯甲酸　d. 邻羟基苯甲酸

4. 完成下列转化。

（1）$CH_3CH_2CH_2Br \longrightarrow CH_3CH_2CH_2CH_2NH_2$

（2）$CH_3CH_2OH \longrightarrow CH_3\underset{}{\overset{NH_2}{CH}}CH_2CH_3$

（3）$C_6H_5-COOH \longrightarrow C_6H_5-NH_2$

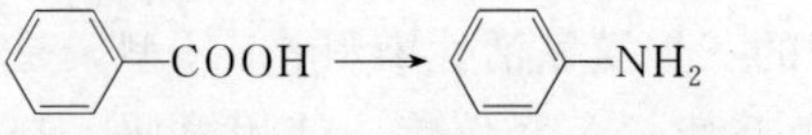

（4）$C_6H_5-NH_2 \longrightarrow O_2N-C_6H_4-NH_2$

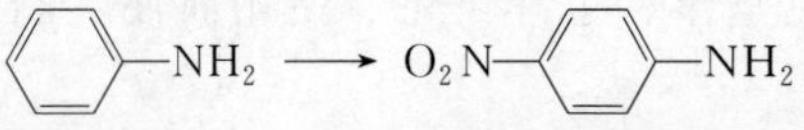

5. 将 $CH_3CH=CHCH_2CH_2NH_2$ 进行彻底甲基化反应，并将彻底甲基化反应产物制成季铵碱，然后进行热分解，写出上述反应的所有化学方程式。

6. 从指定原料经重氮化反应合成下列化合物，无机试剂任选。

（1）从苯合成间硝基苯甲酸；

（2）从苯合成间二腈基苯；

（3）从苯和甲醇合成 3,5-二溴甲苯；

（4）从苯和碘甲烷合成

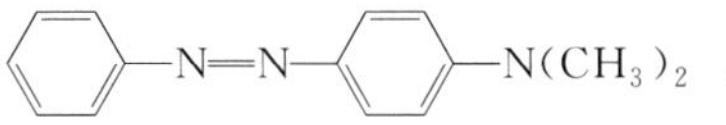

$$C_6H_5-N{=}N-C_6H_4-N(CH_3)_2$$ 。

7. 化合物 A 不溶于苯、乙醚等有机溶剂，能溶于水，分子中只含 C、H、N、O 四种类型的元素。A 加热后失去 1mol 水得到 B，B 可以和溴的氢氧化钠溶液反应生成比 B 少一个氧和碳的化合物 C。C 和 $NaNO_2$ 的 HCl 溶液在低温下反应后再和次磷酸作用生成苯。写出 A、B、C 的构造式。

8. 用指定原料和必要的有机、无机试剂完成以下反应。

（1）邻溴甲苯→邻甲基苯胺；

（2）苯→3,4,5-三氯碘苯；

（3）间二甲苯→3,5-二甲基溴苯；

（4）叔丁苯→3-溴叔丁苯；

（5）对甲苯胺→3,4-二溴甲苯。

12 杂环化合物

教学目标及要求

1. 熟悉杂环化合物的存在、分类和命名；

2. 熟悉杂环化合物的性质：亲电取代反应，酸碱性，氧化反应，加成反应。

重点与难点

杂环的结构特点，具有芳香性的原因；杂环的结构特点。

在环状化合物中，组成环的原子除碳原子外，还有氮、氧、硫等杂原子的化合物称为杂环化合物。前面讨论过的环醚、内酯、环状酸酐、内酰胺等，环内虽然也含有杂原子，但是这些化合物很易开环，性质和相应的开链化合物没有本质上的不同，因此通常不作为杂环化合物讨论。本章主要讨论环比较稳定的芳杂环化合物。

杂环化合物广泛存在于自然界中。在动植物体内起重要生理作用的血红素、叶绿素、核酸的碱基等都含有杂环的基本结构，中草药的绝大部分有效成分和合成药物的90%是杂环化合物。杂环化合物品种繁多，占已知的有机物总数的1/2。杂环化合物可以看作是官能团在环内的有机物，因此本章着重介绍杂环化合物的母体结构及其性质。

12.1 杂环化合物的结构、分类和命名

杂环化合物有单环和稠环，以五元环或六元环最为常见，环中可以有一个杂原子，也可以有两个或多个相同、不相同的杂原子。杂环化合物可按组成环的原子数和分子中所含环的数目，分为五元杂环、六元杂环和稠杂环三类。

杂环化合物通常采用音译法命名，即按杂环的外文名字音译，并以“口”旁作为杂环的标志，以“喃”表示含氧的杂环，以“噻”表示含硫的杂环，以“咯、唑”（五元杂环）、“嗪、啶、啉”（六元杂环）表示含氮的杂环。

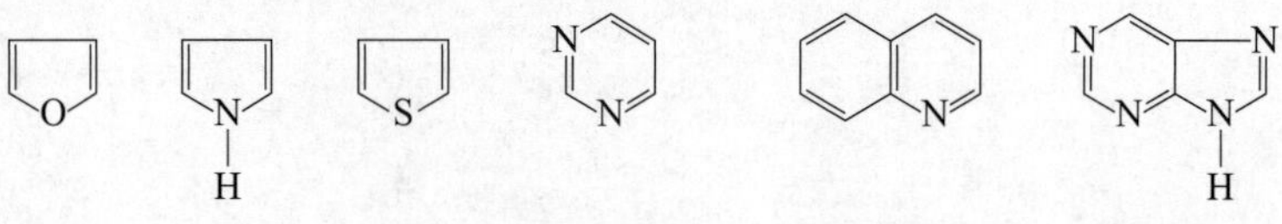

呋喃　吡咯　噻吩　嘧啶(单杂环)　喹啉(稠杂环)　嘌呤(稠杂环)

杂环母核原子的编号一般从杂原子开始，用1、2、3、…表示；或者从杂原子旁依次用α、β、γ、…（单杂环杂原子另一侧用带撇希腊字母）表示。

furan(呋喃)　pyrrole(吡咯)　thiophene(噻吩)　pyridine(吡啶)　quinoline(喹啉)

如果环上有两个以上的氮原子，应从连有取代基或 H 的开始编号，并使另外的氮原子的位次尽可能的小。如果杂环上有两个或两个以上不同的杂原子，则按 O、S、NH、N 的顺序先后编号。这个顺序可按谐音“鸭留蛋”来记忆，例如：

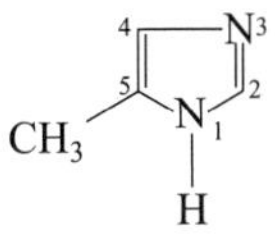

5-甲基咪唑 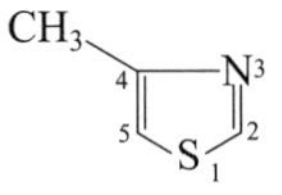　　4-甲基噻唑

稠杂环公用的碳原子一般不编号，不过嘌呤例外，它按横写的字母 S 为序编号，而且稠环中两个公共碳原子也编号。

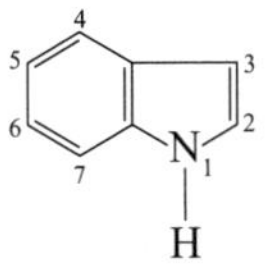

indole(吲哚) 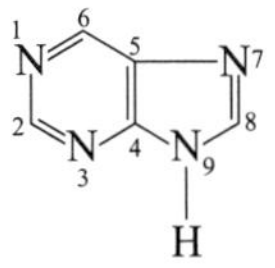　　purine(嘌呤)

当侧链含可作为母体的主要官能团羧基、磺酸基、醛基等时，杂环的母核也可当作取代基来命名，“基”字往往省去，例如：

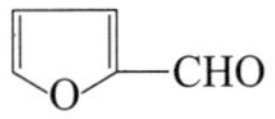

2-呋喃甲醛 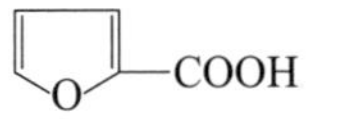　　2-呋喃甲酸(糠酸)

另一种命名法是相应的碳环来命名。把杂环看作是碳环中的碳原子被杂原子取代的产物。命名时在相应的碳环名称前面加上杂原子的名称。

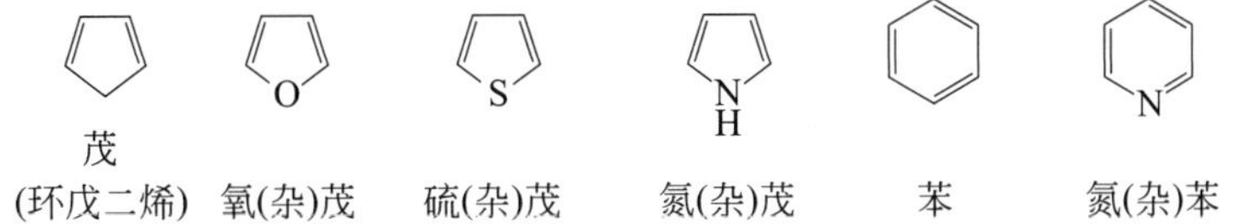

茂(环戊二烯)　氧(杂)茂　硫(杂)茂　氮(杂)茂　苯　氮(杂)苯

12.2 五元杂环化合物

12.2.1 吡咯、呋喃和噻吩的结构与芳香性

吡咯、呋喃、噻吩是含一个杂原子的五元环化合物。

吡咯　呋喃　噻吩

现代物理方法证明，构成吡咯环的四个碳原子和氮原子处于同一平面上。每个成环的原子都以 sp^2 杂化轨道（氮原子严格地说是不等性的 sp^2 杂化）与相邻原子的 sp^2 杂化轨道和一个氢原子的 1s 轨道形成三个 σ 键。每个碳原子上还余下一个电子，氮原子上余下一对未共用电子在各自的 p 轨道上，这些 p 轨道垂直于各原子所在的平面，彼此平行，相互侧面重叠形成一个五中心六电子的大 π 键。环中 π 电子数符合休克尔 $4n+2$ 规则，因此具有一定的芳香性。芳香性其实质就是指共轭环的稳定性。呋喃和噻吩的结构和吡咯相似，所不同的是氧和硫都是二价的，它们都存在两对未共用电子，其中处于 p 轨道上的电子对参与组成大

π 键，另外一对仍留在 sp^2 轨道内未参加成键。吡咯、呋喃和噻吩的结构如下：

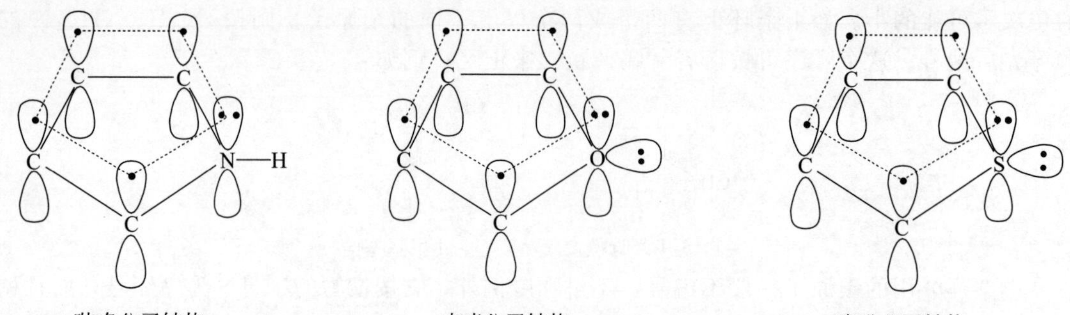

吡咯分子结构　　呋喃分子结构　　噻吩分子结构

吡咯、呋喃、噻吩都有杂原子 N、O、S 的未共用电子对参加构成环的大 π 键，环上的电子云密度增大。因此它们都比苯容易进行亲电取代反应，其亲电取代反应活性顺序为：吡咯＞呋喃＞噻吩＞苯。由于杂原子的电负性（O 3.5；N 3.0；S 2.5）不同，因此呋喃、噻吩和吡咯的芳香性在一定程度上也不相同，键长平均化的程度也不一样，但都未达到像苯那样完全平均化，所以杂环不如苯环稳定，芳香性也比苯差，其芳香性大小顺序为：苯＞噻吩＞吡咯＞呋喃。在一定程度上仍具有不饱和化合物的性质。例如，呋喃具有较多的共轭二烯的性质，它能起双烯合成反应。

12.2.2　吡咯、呋喃和噻吩的物理性质

吡咯、呋喃、噻吩都是无色液体，沸点分别为 131℃、32℃、84℃，都难溶于水，而易溶于乙醇、乙醚等。噻吩和吡咯存在于煤焦油中，从煤焦油提取的粗苯中约含 1%噻吩，呋喃则存在于松木焦油中。

12.2.3　吡咯、呋喃和噻吩的化学性质

12.2.3.1　亲电取代反应　吡咯、呋喃、噻吩属于富电子芳环，环上碳原子的 π 电子云密度较大，因此容易进行亲电取代，一般优先进入 α 位，当两个 α 位有取代基时，则进入 β 位。亲电取代一般在温和条件和弱亲电试剂作用下即可进行。在强酸或强氧化条件下容易发生分解或聚合反应。

（1）硝化　吡咯、呋喃、噻吩易被空气氧化，当然更易被浓硝酸氧化。吡咯、呋喃、噻吩需要在低温条件下用温和的硝化剂 $AcONO_2$（乙酰基硝酸酯，又称硝酸乙酰酯，可用硝酸和乙酐在－5℃以下反应制得）硝化，在 2 位引入硝基。$AcONO_2$ 为有吸湿性的无色液体，易爆炸，故使用时临时用醋酸酐和硝酸来制备。在三种化合物中，呋喃较特殊，其芳香性最小，先发生 2,5-加成，后用吡啶或加热除去醋酸，经过加成消除，得到 2-硝基呋喃；吡咯和噻吩芳香性大些，容易恢复芳环，直接经过亲电取代（加硝酰正离子后氢质子离去）得到 2-硝基取代产物。

$$\text{吡咯} + CH_3COONO_2 \xrightarrow{5℃} \text{2-硝基吡咯}(-NO_2) + CH_3COOH$$

$$\text{呋喃} + CH_3COONO_2 \xrightarrow{-30\sim-5℃} CH_3COO-\text{(2,5-二氢呋喃)}-NO_2 \xrightarrow[-CH_3COOH]{\text{加热或加吡啶}} \text{2-硝基呋喃}(-NO_2)$$

$$\text{噻吩} + CH_3COONO_2 \xrightarrow{-10℃} \text{2-硝基噻吩}(-NO_2) + CH_3COOH$$

（2）磺化　吡咯和呋喃对酸很敏感，吡咯在酸性条件下易发生2,3-聚合，呋喃遇酸要开环生成丁二醛，而丁二醛在酸性条件下易聚合，故必须用吡啶与三氧化硫的复合物作为磺化剂。反应先生成吡啶的磺酸盐，用无机酸处理才得到磺酸。噻吩在室温下即可用浓硫酸直接磺化，生成易溶于硫酸的α-噻吩磺酸。室温下用浓硫酸反复洗涤含噻吩的粗苯，就可除掉噻吩得无噻吩苯。

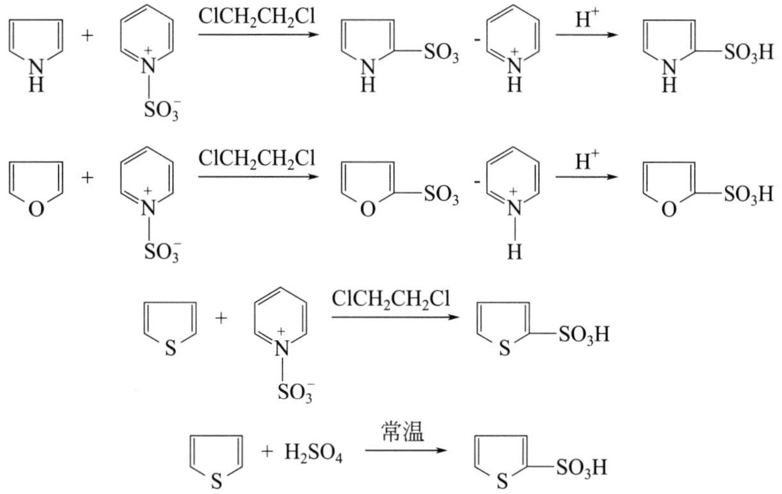

$ClCH_2CH_2Cl$；H^+；SO_3^-；SO_3；SO_3H

常温；H_2SO_4

（3）卤代　卤代不需要催化剂（噻吩与碘反应除外），在常温下进行时会发生二取代产物，即使在低温下，也会有少量的二卤代物产生。吡咯要在醇或碱性溶液中进行，卤素过量则易得多卤代物。噻吩比较稳定，可以直接进行卤代。

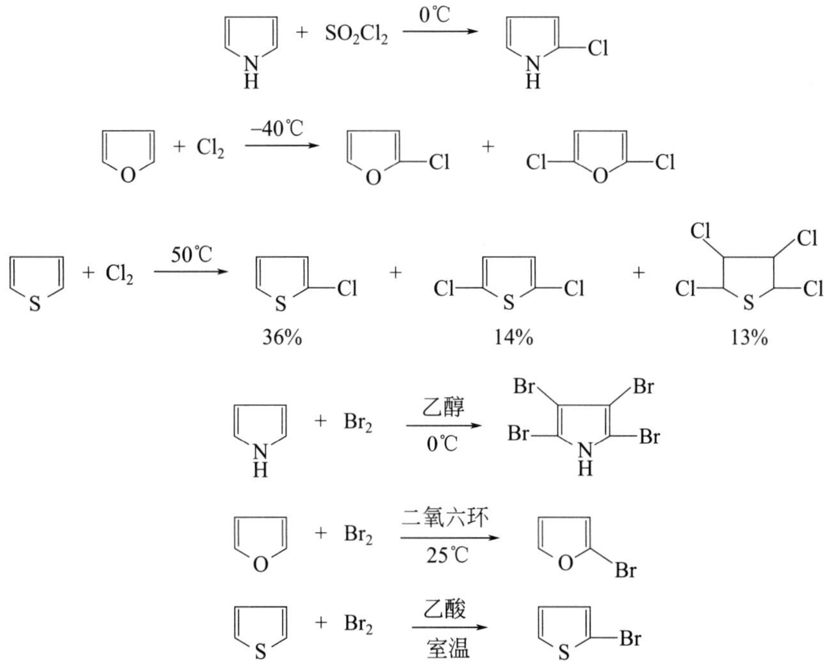

SO_2Cl_2，0℃；Cl_2，-40℃；Cl_2，50℃：36%，14%，13%

Br_2，乙醇，0℃；Br_2，二氧六环，25℃；Br_2，乙酸，室温

（4）傅-克反应　吡咯、呋喃、噻吩可以发生傅-克反应，但傅-克烷基化反应引入一个烷基后活性更大，一般生成多取代产物的混合物，没有合成价值。与乙酐可以发生傅-克酰基化反应。

$$\text{吡咯} + (CH_3CO)_2O \xrightarrow[\text{乙酸}]{SnCl_4} \text{2-吡咯基}-\underset{\underset{O}{\|}}{C}-CH_3 + CH_3-COOH$$

$$\text{呋喃} + (CH_3CO)_2O \xrightarrow[\text{乙酸}]{BF_3} \text{2-呋喃基}-\underset{\underset{O}{\|}}{C}-CH_3 + CH_3-COOH$$

$$\text{噻吩} + (CH_3CO)_2O \xrightarrow[\text{乙酸}]{SnCl_4} \text{2-噻吩基}-\underset{\underset{O}{\|}}{C}-CH_3 + CH_3-COOH$$

(5) 吡咯的特殊反应 吡咯的亲电取代反应活性与苯酚、苯胺类似，能与重氮盐偶联；吡咯像苯酚，容易发生瑞穆尔-梯曼（Reimer Tiemann）反应。呋喃、噻吩不发生这两种反应。

$$\text{吡咯} \xrightarrow[H^+]{Ar\overset{+}{N_2}Cl^-} \text{2-吡咯基}-N{=}N-Ar$$

$$\text{吡咯} \xrightarrow{CHCl_3/KOH} \text{2-吡咯基}-CHO$$

12.2.3.2 加成反应 吡咯、呋喃、噻吩和芳烃一样，也可以进行加成反应。由于其芳香性都小于苯，电子平均化程度不如苯，因此比苯容易发生加成反应，呋喃较容易氢化，很快生成四氢呋喃，吡咯、噻吩可停留在二氢化物阶段。

$$\text{呋喃} \xrightarrow[\text{Pd或Ni}]{H_2} \text{二氢呋喃} \xrightarrow[\text{Pd或Ni}]{H_2} \text{四氢呋喃}$$

$$\text{呋喃} \xrightarrow[-50℃]{2Br_2} \text{(2,3-二溴-2-H,3-H-二氢呋喃, -Br, -Br)} + Br-\text{(2,5-二氢呋喃, H, H)}-Br$$

$$\text{噻吩} \xrightarrow[MoS_2]{H_2} \text{二氢噻吩} \xrightarrow[MoS_2]{H_2} \text{四氢噻吩}$$

$$\text{噻吩} \xrightarrow{Cl_2} \text{2,3,4,5-四氯四氢噻吩 (Cl, Cl, Cl, Cl)}$$

$$\text{吡咯} \xrightarrow[\text{Pd或Ni}]{H_2} \text{二氢吡咯} \xrightarrow[\text{Pd或Ni, 200℃}]{H_2} \text{四氢吡咯}$$

吡咯、呋喃、噻吩都含有共轭二烯的结构，理论上都可发生狄尔斯-阿尔德反应，呋喃与顺丁烯二酸酐的环加成很容易，主要生成内式异构体。

$$\text{呋喃} + \text{顺丁烯二酸酐} \xrightarrow{30℃} \text{加成产物 (内式)} + \text{加成产物 (外式)}$$

90%(内式) 10%(外式)

吡咯与典型的亲双烯试剂，如顺丁烯二酸酐和丁炔二酸酯，难以发生双烯合成反应，要与更强的亲双烯体（如苯炔）才能发生双烯合成。但能发生迈克尔加成反应（顺丁烯二酸酐和丁炔二酸酯均为很强的迈克尔受体）。

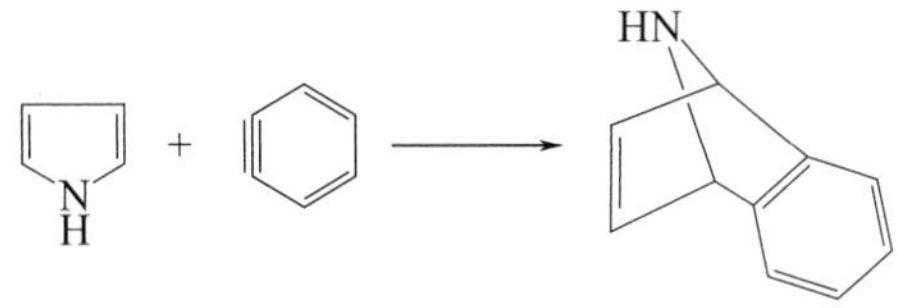

噻吩与含三键的亲双烯试剂加成的研究较多，双烯加成产物通常不稳定，会失硫而得苯的衍生物。

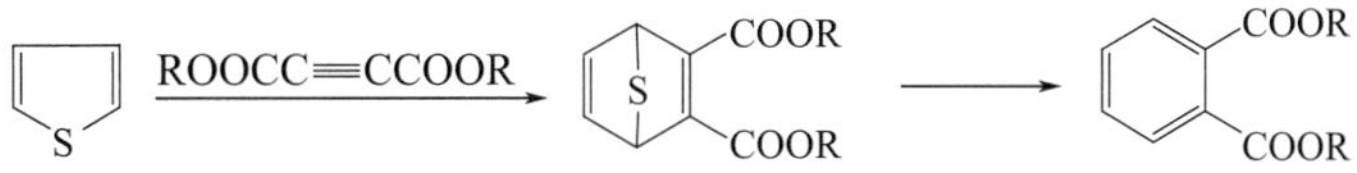

12.2.3.3　吡咯的弱酸性　从表面看，吡咯是一个环状仲胺，由于氮的一对未共用电子已经参与共轭，形成大 π 键，所以几乎不具碱性（$K_b = 2.5 \times 10^{-14}$）。相反，吡咯氮原子上的氢却具有弱酸性，其酸度介于酚和醇之间。它和固体氢氧化钾作用能生成盐，和格氏试剂反应生成吡咯卤化镁和烃。吡咯负离子与环戊二烯离子结构类似，所以比较稳定。吡咯钾盐、吡咯卤化镁易与多种试剂反应，产物受热后取代基将从吡咯的 1 位转到 2 位。

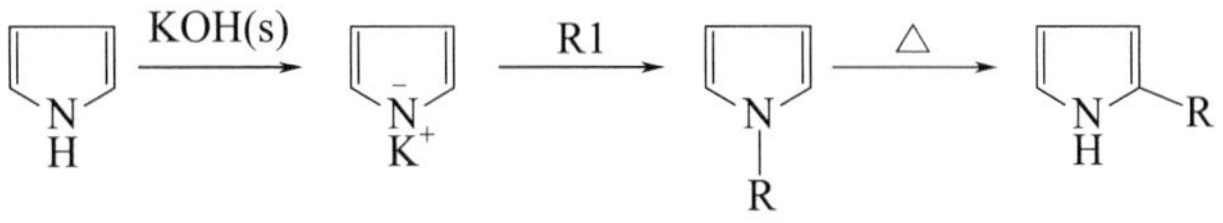

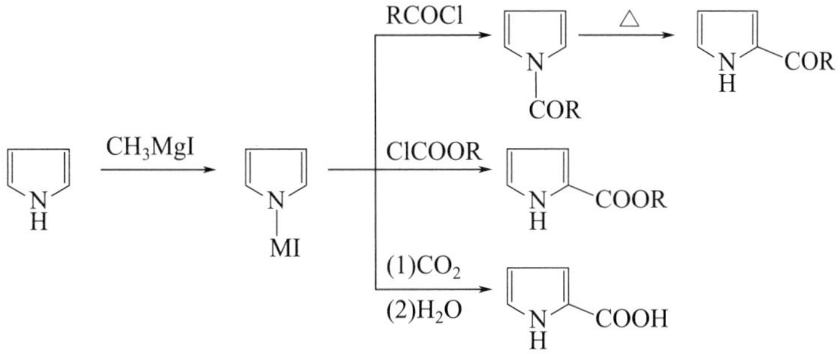

12.2.3.4　氧化反应　噻吩比较稳定，不易被氧化。而呋喃和吡咯却极易被氧化。例如，呋喃在光照下即可被空气中的氧先氧化成过氧化物，进而聚合成树脂状物；吡咯在空气中很快被氧化变黑。

12.2.3.5　吡咯、呋喃和噻吩的鉴定　呋喃与吡咯遇到盐酸浸润过的松木片分别显深绿色和鲜红色；这种反应非常灵敏，称为松木片反应。噻吩在浓硫酸存在下与靛红（吲哚满二酮，吲哚醌）作用显蓝色。

12.2.4　糠醛的性质

糠醛又叫 α-呋喃甲醛，最初由米糠与稀酸共热制得，故得此名。它为透明无色、具苦杏仁气味的油状液体，空气中易变为浅黄色至琥珀色，甚至变黑。沸点为 162℃，相对密度为 1.598，略溶于水，能和乙醇、乙醚等有机溶剂混溶。糠醛是一种有选择性的溶剂，它对芳烃的溶解度较大，而对烷烃的溶解度较小，因此常用于石油产品的精制。

工业上，糠醛是用玉米芯、花生壳、稻壳、棉花壳、玉米秆等农副产品制取的。这些农副产品中的多缩戊糖，在稀酸催化下水解生成戊醛糖，戊糖进一步脱水环化，便得到糠醛。

$(C_5H_8O_4)_n \xrightarrow[\triangle]{nH_2O/3\%\sim5\%\ H_2SO_4}$ 戊醛糖 $\xrightarrow{-3nH_2O}$ 糠醛

多聚戊糖　　戊醛糖　　糠醛

在醋酸存在下糠醛和苯胺反应呈鲜红色，这是检验糠醛的简便方法。

糠醛的化学性质很活泼，它与不具 α-H 的苯甲醛很相似。例如，中性或碱性条件下用高锰酸钾或氧气氧化得糠酸，催化加氢得糠醇乃至四氢糠醇；在浓碱作用下能发生坎尼扎罗反应（歧化反应），在稀碱作用下与丙酮发生交叉羟醛缩合；氰化钾催化下发生安息香缩合，醋酸钠、醋酐存在下发生起普尔金（Perkin）反应。

- 糠醛 $\xrightarrow{O_2/V_2O_5/TiO_2/Fe_2O_3,\ 320\sim350℃}$ 顺丁烯二酸酐
- 糠醛 $\xrightarrow{(1)(CH_3CO)_2O/CH_3COOK;\ (2)H^+/H_2O}$ 呋喃-CH=CHCOOH $\xrightarrow[250℃]{-CO_2}$ 呋喃-CH=CH$_2$
- 糠醛 $\xrightarrow{KCN}$（安息香缩合）呋喃-CH(OH)-C(=O)-呋喃
- 糠醛 $\xrightarrow{(1)KMnO_4/OH^-;\ (2)H^+/H_2O}$ 呋喃-COOH
- 糠醛 $\xrightarrow{(1)浓NaOH;\ (2)H^+/H_2O}$ 呋喃-CH$_2$OH + 呋喃-COOH
- 糠醛 $\xrightarrow{CH_3COCH_3,\ 5\%NaOH}$ 呋喃-CH=CHCOCH$_3$
- 糠醛 $\xrightarrow{H_2O/400\sim415℃,\ ZnO/Cr_2O_3/MnO_2}$ $H_2 + CO_2 +$ 呋喃
- 糠醛 $\xrightarrow{H_2,\ CuO/Cr_2O_3}$ 呋喃-CH$_2$OH $\xrightarrow[170\sim180℃]{H_2/Ni/7\sim10MPa}$ 四氢呋喃-CH$_2$OH

12.3 六元杂环化合物

12.3.1 吡啶及其衍生物

12.3.1.1 吡啶的结构　吡啶是六元杂环中最重要和最有代表性的化合物，其结构见图12-1。它可看作苯分子中的一个—CH 基被—N 取代而得的产物。氮原子电负性比碳强，表现出较强的吸电子效应，环上的电子云密度转向氮而使环上的碳原子带有部分正电荷，因此吡啶发生亲电取代比苯困难得多。另外，吡啶氮原子上有未参与共轭的孤对电子，在酸性溶液中要质子化，其碱性比脂肪胺弱，但比苯胺要强，氮带正电荷后更使环钝化。吡啶环上 α 位、γ 位比 β 位电子云密度降低得更多一些，因此，吡啶在加热条件下进行亲电取代反应，取代基进攻 β 位，氮原子在吡啶环上的作用与硝基苯的硝基类似。

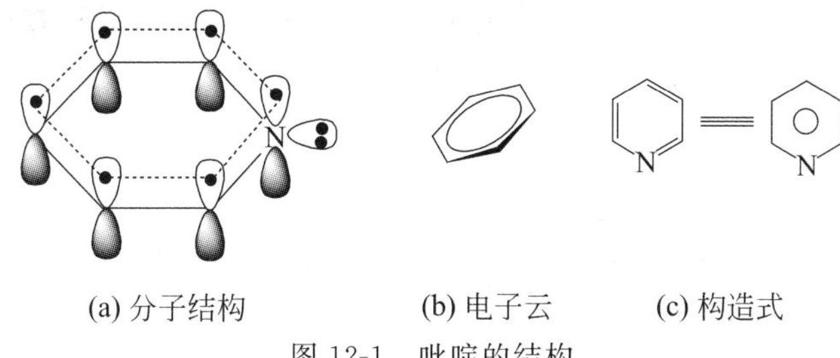

(a) 分子结构　　(b) 电子云　　(c) 构造式

图 12-1　吡啶的结构

12.3.1.2　吡啶的物理性质　吡啶为无色有强烈臭味的液体，沸点为 115.3℃，能与水、乙醇、乙醚混溶，能溶解大部分有机物和部分无机物，在有机合成中常用作溶剂。

12.3.1.3　吡啶的化学性质

（1）碱性　吡啶有类似叔胺的结构，氮上还有一对未共用的电子未参与环上的共轭体系，故能与质子结合，呈碱性。它是一个弱碱，pK_b 为 8.83，碱性比苯胺（pK_b 为 9.4）强，但比脂肪胺弱得多（甲胺 pK_b 为 3.36）。吡啶可以和无机强酸作用生成盐，在有机合成中可用作碱性催化剂。吡啶可以与非质子的硝化试剂、磺化试剂、卤代烷、酰卤反应，得到相应的固体吡啶盐，它们分别是温和的硝化、磺化、烷基化、酰基化试剂。

$+N—R$ I^-　烷基化试剂（RI）

$+N—COR$ Cl^-　酰基化试剂（RCOCl）

$+N—SO_3^-$　磺化试剂（SO_3）

$+N—NO_2$ BF_4^-（$NO_2^+BF_4^-$） $\xrightarrow{ArH}$ $ArNO_2$ + $+N—H$ BF_4^-

硝化试剂

（2）亲电取代　吡啶可发生卤代、硝化、磺化反应，但比苯困难，与硝基苯相似（如不起傅-克反应），取代基主要进入 β 位，反应需要在高温条件下进行。

$$\text{C}_5\text{H}_5\text{N} + Br_2 \xrightarrow{300℃} \text{3-Br-吡啶} + \text{3,5-Br}_2\text{-吡啶}$$

$$\xrightarrow[330℃]{KNO_3,\ H_2SO_4,\ Fe} \ NO_2$$

$$\xrightarrow[230℃]{H_2SO_4,\ HgSO_4} \ SO_3H$$

（3）亲核取代　吡啶与强亲核试剂（如氨基钠、苯基锂）发生反应，主要生成 α-取代物，如两个 α 位被占，则生成 γ-取代物。吡啶与氨基钠的反应称为齐齐巴宾反应。

$$+ NaNH_3 \longrightarrow \ NH_2$$

$$+ PhLi \xrightarrow[(2)H_2O]{(1)干醚,\ 0℃} \ Ph$$

与硝基苯类似，吡啶α位、γ位（特别是α位）的卤素、硝基易被氨基（胺基）、烷氧基、羟基取代，这是发生了芳香亲核取代（加成-消除）反应。β卤代吡啶则需要在铜盐催化下反应。

$$\text{2-溴吡啶} \xrightarrow[\triangle]{H_2O/OH^-} \text{2-羟基吡啶}$$

$$\text{2-溴吡啶} \xrightarrow[180\sim200℃]{NH_3} \text{2-氨基吡啶}$$

$$\text{2-氯吡啶} \xrightarrow[\triangle]{CH_3ONa，CH_3OH} \text{2-甲氧基吡啶}$$

$$\text{4-氯吡啶} \xrightarrow[\triangle]{PhNH_2} \text{4-(NHPh)吡啶}$$

（4）氧化和还原　吡啶比苯难氧化。若吡啶环上有烃基，则侧链被氧化生成吡啶羧酸或吡啶醛。吡啶在空气中长期放置会被氧化变黄。

$$\text{4-甲基吡啶} \xrightarrow[(2)H_2O/H^+]{(1)KMnO_4/OH^-} \text{4-吡啶甲酸}$$

$$\text{喹啉} \xrightarrow[(2)H_2O/H^+]{(1)KMnO_4/OH^-} \text{2,3-吡啶二甲酸}$$

吡啶和叔胺类似，用过氧化物作氧化剂，吡啶被氧化为N-氧化吡啶，N-氧化吡啶用三氯化磷（或三苯膦）处理又得吡啶。N-氧化吡啶较易在吡啶环的α位、γ位（特别是γ位）发生亲电取代，再让它回到吡啶环，这就可以弥补吡啶本身亲电取代的不足，得到4-硝基吡啶之类化合物。

$$\text{吡啶} \xrightarrow{H_2O_2—CH_3COOH} \text{N-氧化吡啶}$$

$$\text{N-氧化吡啶} \xrightarrow[90℃]{发烟HNO_3，H_2SO_4} \text{4-硝基-N-氧化吡啶} \xrightarrow[\triangle]{PCl_3} \text{4-硝基吡啶}$$

使用醇钠、格氏试剂等亲核试剂与N-氧化吡啶反应，吡啶环的α位、γ位也能发生亲核取代。

$$\text{N-氧化吡啶} \xrightarrow[\triangle]{CH_3ONa，CH_3OH} \text{4-甲氧基-N-氧化吡啶} \xrightarrow[\triangle]{PCl_3} \text{4-甲氧基吡啶}$$

N-氧化吡啶的氧负离子可与卤代烷、苄卤起 S_N2 反应，当卤代烷有 α-H 时，产物用碱或加热去水可以得到羰基化合物。

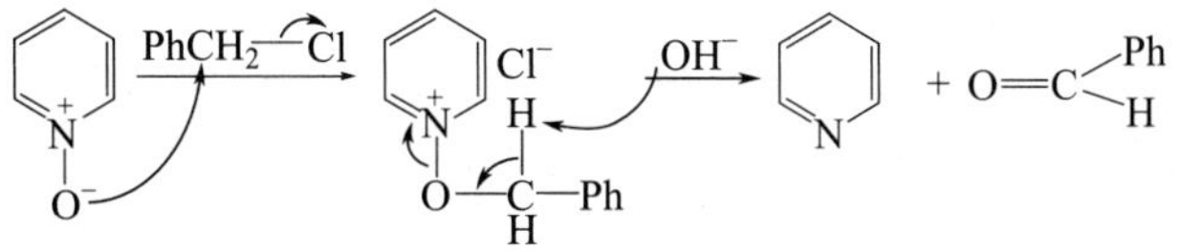

$PhCH_2—Cl$　Cl^-　OH^-　$+ O=C(Ph)H$

（5）α，γ 位侧链 α-H 的反应　吡啶 α，γ 位侧链 α-H 具有与甲基酮 α-H、硝基苯邻对位烷基 α-H 相似的酸性，在强碱作用下形成碳负离子，能与醛酮发生亲核加成（缩合），与卤代烷发生 S_N2 反应。吡啶 β 位侧链 α-H 没有这种性质。

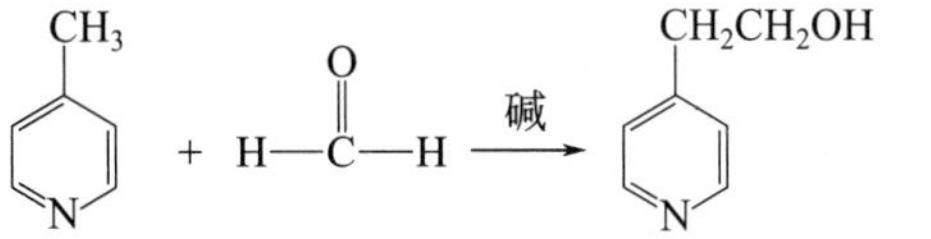

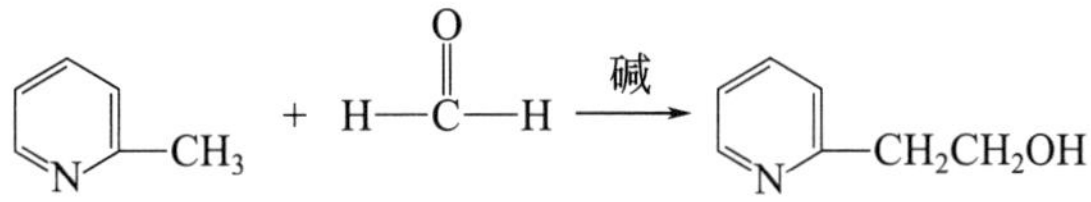

CH_3　$+ H—C(=O)—H$ $\xrightarrow{碱}$ CH_2CH_2OH

CH_3　$+ H—C(=O)—H$ $\xrightarrow{碱}$ CH_2CH_2OH

（6）吡啶的还原反应　吡啶环电子云密度比苯环低，易被还原。吡啶能被钠/无水乙醇或催化加氢还原为六氢吡啶（胡椒啶；哌啶），而苯不被这种试剂还原。吡啶催化加氢条件也比苯温和。

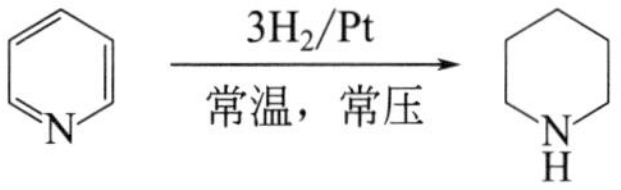

$\xrightarrow[常温，常压]{3H_2/Pt}$

六氢吡啶有氨、胡椒的气味，碱性和其他化学性质与一般脂肪仲胺相似，可用于制药与其他有机合成。

12.3.1.4　重要的吡啶衍生物　吡啶的衍生物广泛分布于自然界，例如维生素 PP（属维生素 B 族，含烟酸和烟酰胺）、维生素 B_6（含吡哆醇、吡哆醛和吡哆胺，广泛存在于谷物的胚胎、豆、蔬菜和动物的肉、奶及肝中），它们都属于水溶性维生素。

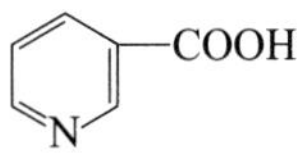

COOH　烟酸　　$CONH_2$　烟酰胺

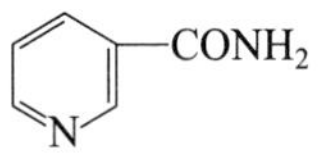

维生素PP

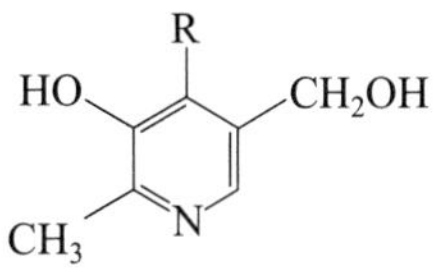

吡哆醇R=CH_2OH
吡哆醛R=CHO
吡哆胺R=CH_2NH_2

维生素B_6

此外，烟碱、蓖麻碱、异烟酰肼（即雷米封，4-吡啶甲酰肼，一种抗结核药）、头孢菌素Ⅳ和解磷毒（PAM）等分子中也含有吡啶环。

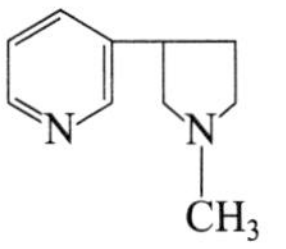

烟碱(尼古丁)　　$CONHNH_2$　烟酰肼　　$CONHNH_2$　γ-吡啶甲酰肼（异烟酰肼，也叫雷米封）

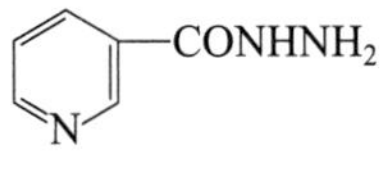

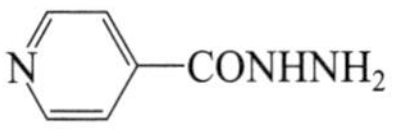

12.3.2 嘧啶

六元杂环含两个或两个以上杂原子且其中至少有一个氮原子的化合物叫嗪。六元杂环含两个氮原子的叫二嗪，共有哒嗪、嘧啶、吡嗪三种，其中以嘧啶最重要。

嘧啶电子结构和吡啶类似，也是 6 个 π 电子闭合共轭体系。嘧啶是白色晶体，熔点 22℃，沸点 123℃，易溶于水。

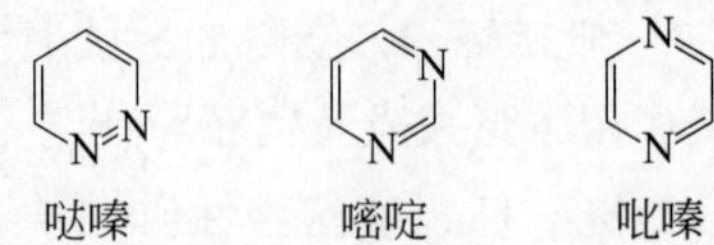

哒嗪　　嘧啶　　吡嗪

由于两个氮原子（相当于硝基）的吸电子作用，嘧啶的碱性比吡啶弱，亲电取代反应比吡啶困难（环上没有连活化基团者一般不发生硝化、磺化反应，5 位可卤代），而亲核取代则比较容易（发生在 2、4、6 位）。嘧啶则不易被氧化，不过嘧啶也可以被过氧酸氧化为 *N*-氧化物。*N*-氧化嘧啶易发生亲电取代反应，亲核取代反应比嘧啶也更容易。

嘧啶的衍生物广泛存在于自然界。尿嘧啶、胞嘧啶、胸腺嘧啶是组成核酸的碱基，存在酮式和烯醇式的互变现象。2-甲基嘧啶、4-甲基嘧啶的甲基上也容易失去氢形成碳负离子，其碳负离子比吡啶甲基碳负离子更稳定。

12.3.3 三聚氰胺

化工原料三聚氰胺（密胺）IUPAC 命名为 1,3,5-三嗪-2,4,6-三胺，白色单斜晶体，几乎无味，微溶于水，含氮量为 66.6%，掺入奶粉会造成奶粉含氮量即蛋白质含量升高的假象，俗称“蛋白精”，长期摄入会损害泌尿、生殖系统，导致肾结石、膀胱结石，诱发膀胱癌。2008 年国家严令不允许将三聚氰胺添加到食品中。2012 年 7 月 5 日，联合国国际食品法典委员会为牛奶中三聚氰胺含量设定了新标准，此后液态牛奶中三聚氰胺含量不得超过 0.15mg/kg。

三聚氰胺

12.4 稠杂环化合物

芳环与杂环或杂环与杂环通过共用两个原子而形成的环并环的结构称为稠杂环化合物。如吲哚及其衍生物，喹啉、异喹啉及其衍生物，嘌呤及其衍生物等。

喹啉　　异喹啉　　9*H*-嘌呤　　吲哚

12.4.1 喹啉和异喹啉

喹啉是一种无色油状液体，长期放置后变为黄色，有类似吡啶的恶臭，沸点为 238℃，相对密度为1.905，微溶于水，易溶于乙醇、乙醚等有机溶剂，其 pK_b 为9.2。吡啶环的电子云密度低于苯环，因此亲电取代反应发生在苯环上，取代基主要进入8位和5位；而亲核取代则发生在2或4位。喹啉用强氧化剂氧化，则苯环破裂，生成α,β-吡啶二甲酸；喹啉的吡啶环优先还原。异喹啉的亲电取代反应也发生在苯环上，取代基主要进入5位；而亲核取代则发生在1位。2-甲基喹啉、4-甲基喹啉，1-甲基异喹啉甲基上的氢容易离去。究其原因，是这些基团上失去氢得到的碳负离子的负电荷可以通过诱导、共轭效应被环上电负性大的氮原子所稳定。

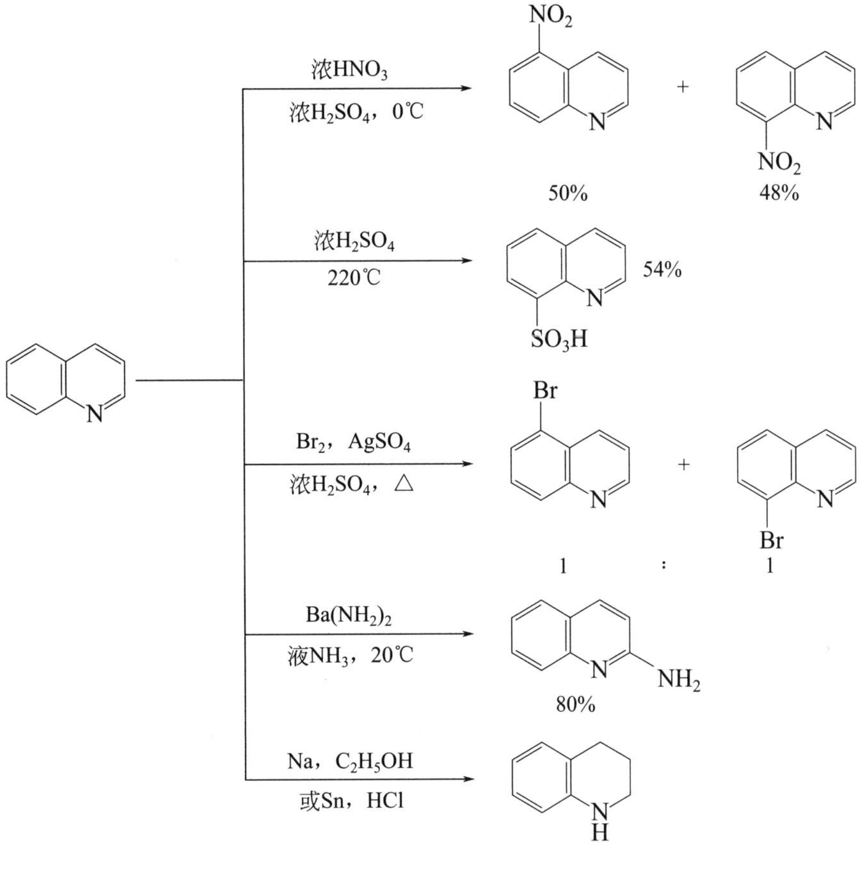

浓HNO_3
浓H_2SO_4，0℃
NO_2 + NO_2
50%　48%

浓H_2SO_4
220℃
SO_3H　54%

Br_2，$AgSO_4$
浓H_2SO_4，△
Br + Br
1 : 1

$Ba(NH_2)_2$
液NH_3，20℃
NH_2
80%

Na，C_2H_5OH
或Sn，HCl
N H

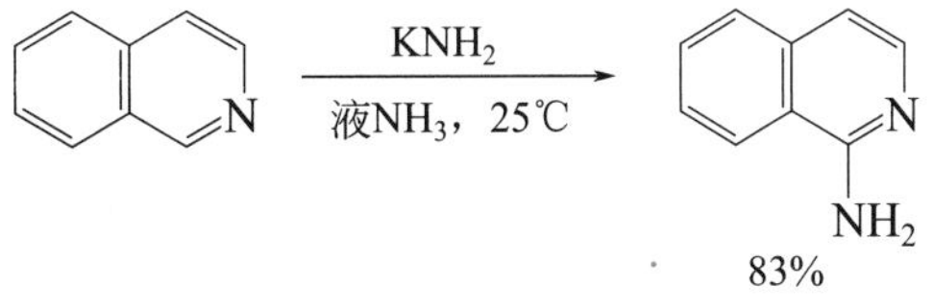

KNH_2
液NH_3，25℃
NH_2
83%

12.4.2 喹啉（斯克劳普）合成法

喹啉存在于煤焦油中，通常采用斯克劳普（Skraup）法合成。用甘油、苯胺（氨基至少1个邻位氢未被取代）为原料，在浓硫酸与氧化剂（如硝基苯，最好用与取代苯胺对应的取代硝基苯；或用氯化铁、五氧化二砷）存在下共热制得喹啉。甘油先脱水生成丙烯醛，苯胺与丙烯醛麦克尔（Michael）加成，苯环亲电取代，脱水，得二氢喹啉，经硝基苯去氢，产生喹啉。硝基苯变回苯胺，又可作原料。反应不直接使用丙烯醛，因为在这实验条件下它易聚合。反应开始时往往很剧烈，大量放热，因此必须注意控制温度，通常加硫酸亚铁等缓和剂使反应顺利进行。

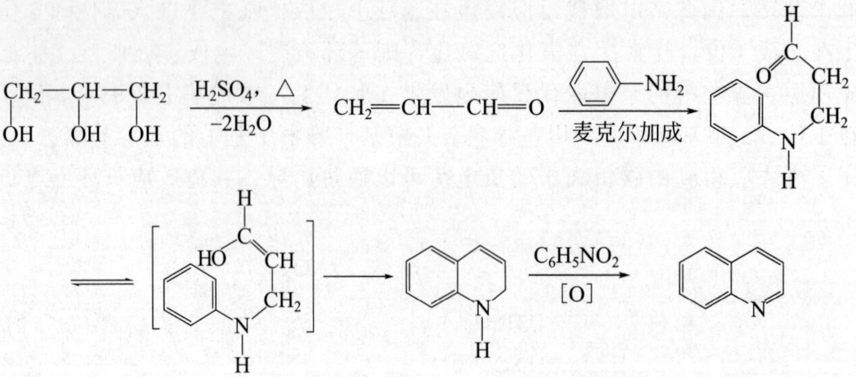

$$\underset{\text{OH}}{\text{CH}_2}-\underset{\text{OH}}{\text{CH}}-\underset{\text{OH}}{\text{CH}_2} \xrightarrow[-2H_2O]{H_2SO_4,\ \triangle} CH_2=CH-CH=O \xrightarrow[\text{麦克尔加成}]{C_6H_5NH_2} C_6H_5NH-CH_2-CH_2-CHO$$

$$\rightleftharpoons [C_6H_5NH-CH_2-CH=CH-OH] \longrightarrow \text{1,2-二氢喹啉} \xrightarrow[\text{[O]}]{C_6H_5NO_2} \text{喹啉}$$

若用邻氨基苯酚代替苯胺，可制 8-羟基喹啉。8-羟基喹啉常作为有机络合剂，在分析测定和分离萃取中常使用 8-羟基喹啉。

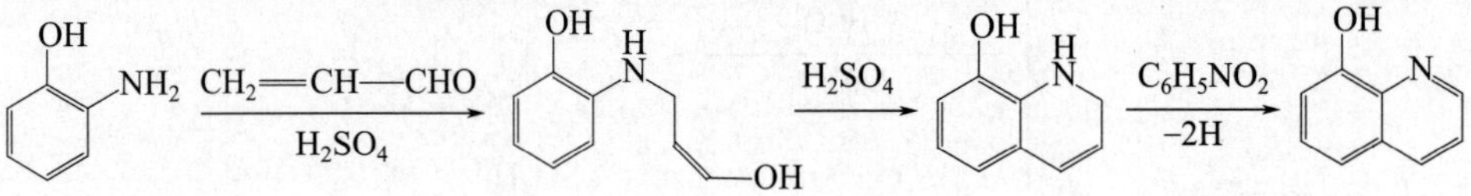

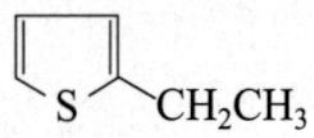

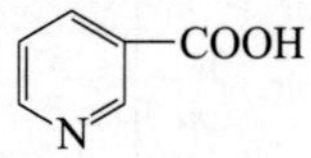

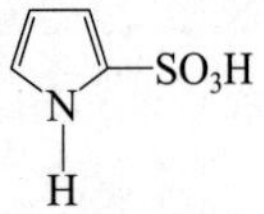

$$\text{邻氨基苯酚} \xrightarrow[H_2SO_4]{CH_2=CH-CHO} \text{2-HO-}C_6H_4\text{-NH-CH}_2\text{-CH=CH-OH} \xrightarrow{H_2SO_4} \text{8-羟基-1,2-二氢喹啉} \xrightarrow[-2H]{C_6H_5NO_2} \text{8-羟基喹啉}$$

习　题

1. 命名下列化合物

(1) 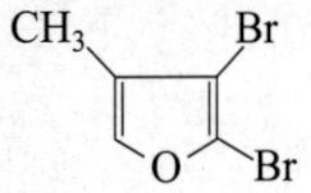 3-甲基-4,5-二溴呋喃结构（CH_3、Br、Br 取代的呋喃环）　(2) 2-位连 CH_2CH_3 的噻吩环　(3) 3-位连 COOH 的吡啶环

(4) 2-位连 SO_3H 的吡咯环（N—H）　(5) 8-位连 OH 的喹啉环

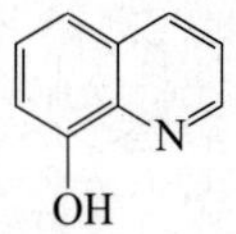

2. 写出下列化合物的结构式。

(1) 糠醛　(2) 3-甲基吲哚　(3) 六氢吡啶　(4) γ-吡啶甲酸

3. 选择题

(1) 下列化合物按芳香性从大到小排列成序正确的是（　　）。

A. 苯＞噻吩＞吡咯＞呋喃　　B. 吡咯＞苯＞噻吩＞呋喃

C. 呋喃＞噻吩＞吡咯＞苯　　D. 噻吩＞吡咯＞苯＞吡咯

(2) 下列化合物碱性最强的是（　　）。

A. 苯胺　B. 苄胺　C. 吡啶　D. 吡咯　E. 氨

(3) 下列化合物碱性从强到弱的次序是（　　）。

A. 氨　B. 吡啶　C. 喹啉　D. 吡咯　E. 咪唑　F. 异喹啉

(4) 吡啶与氨基钠/液氨反应生成 2-氨基吡啶的机理属于（　　）。

A. 吡啶负离子历程　　B. 吡啶炔历程

C. 吡啶正离子历程　　D. 自由基历程

4. 比较各对化合物的碱性强弱并说明理由。

(1) a. EtO^-　　b. $EtNH^-$

(2) a. EtO^-　　b. AcO^-

（3）a. 环戊二烯碳负离子　　b. 环庚三烯碳负离子

（4）a. 吡啶　　b. 吡咯

5. 完成下列反应式。

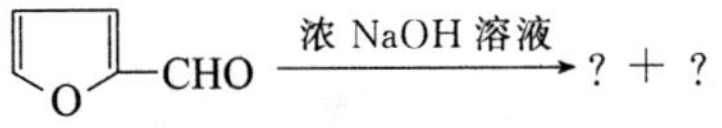

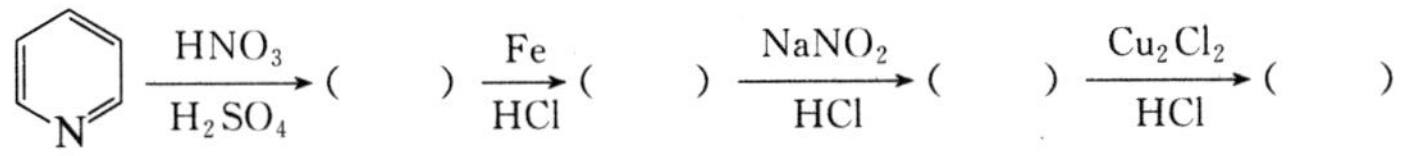

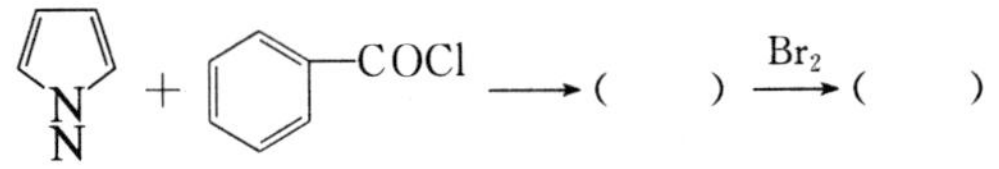

$$\text{呋喃-2-CHO} \xrightarrow{\text{浓 NaOH 溶液}} ? + ?$$

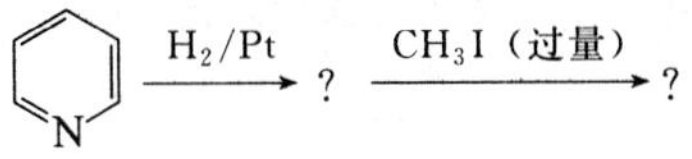

$$\text{吡啶} \xrightarrow{H_2/Pt} ? \xrightarrow{CH_3I\text{（过量）}} ?$$

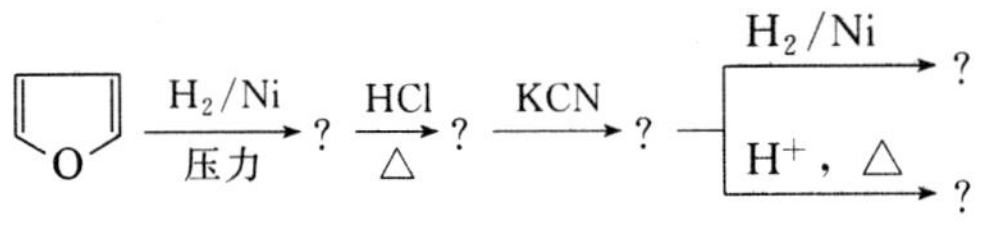

$$\text{呋喃} \xrightarrow[\text{压力}]{H_2/Ni} ? \xrightarrow[\triangle]{HCl} ? \xrightarrow{KCN} ? \begin{cases} \xrightarrow{H_2/Ni} ? \\ \xrightarrow{H^+,\ \triangle} ? \end{cases}$$

$$\text{吡啶} \xrightarrow[H_2SO_4]{HNO_3} (\quad) \xrightarrow[HCl]{Fe} (\quad) \xrightarrow[HCl]{NaNO_2} (\quad) \xrightarrow[HCl]{Cu_2Cl_2} (\quad)$$

$$\text{吡咯(N)} + \text{C}_6\text{H}_5\text{COCl} \longrightarrow (\quad) \xrightarrow{Br_2} (\quad)$$

6. 从糠醛和乙醇为原料合成以下化合物。

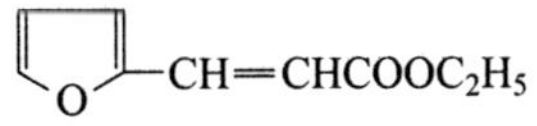

$$\text{呋喃-2-}CH{=}CHCOOC_2H_5$$

13 糖类

教学目标及要求

1. 理解单糖的结构：变旋现象，氧环式，非歇尔投影式，哈武斯式和构象式；

2. 熟悉单糖的化学性质：氧化反应（碱性溶液中的氧化，酸性溶液中的氧化），还原反应、成脎反应；差向异构化，成苷反应，呈色反应；

3. 了解还原性二糖（结构、性质）与非还原性二糖（结构、性质）。

重点与难点

单糖的分子结构（构型和构象）与性质；单糖的分子结构、二糖。

13.1 糖类的分类

糖类由碳、氢、氧三种元素组成。许多糖类的分子式可写成 $C_m(H_2O)_n$，所以又称为碳水化合物，是一类广泛存在于动、植物体内的极为重要的有机物。我们熟悉的葡萄糖、蔗糖、淀粉、纤维素等均属于糖类化合物。

糖类在自然界分布最广，它与脂质、蛋白质、核酸是细胞中含量最高、作用最大的四类有机物之一。糖类是生物主要能源物质，又是高密度的信息载体，糖类中的纤维素和甲壳质对植物和动物起到保护作用。在核酸和蛋白质基础之上的生命现象只有在生物糖的参与下才能进行诸如受精、分化、免疫、发育、癌变、衰老的生命活动，糖蛋白和糖脂组成的某些糖链可以对抗癌症。糖生物工程是继基因工程、蛋白质工程之后的第三代新生物技术领域，已经广泛应用于医药、农业、食品、化工、能源、环保等领域，将是 21 世纪的主流产业之一。

糖类从化学结构上看，是多羟基醛（酮）及其缩聚物或衍生物的总称，根据其分子大小可分为三类：

① 单糖。单糖是不能再水解的简单的糖，如葡萄糖、果糖等。

② 低聚糖。低聚糖（寡糖）是水解后能生成几个分子（一般为 2～10 个分子）单糖的糖。低聚糖以二糖最为重要，它们水解后生成两分子单糖，如蔗糖、麦芽糖等。

③ 多糖。多糖是水解后能生成多个分子单糖的糖，如淀粉、纤维素等。

13.2 单糖

根据结构，单糖可分为醛糖和酮糖。根据单糖分子中的碳原子的个数，单糖可分为丙糖、丁糖、戊糖、已糖。

13.2.1 单糖的命名和构型标记

最简单的单糖是丙醛糖和丙酮糖，除丙酮糖外，其他的单糖分子都有一个或几个手性碳原子，因此都有对映异构体。单糖的开链结构常用费歇尔投影式来表示，一般将碳链竖写，羰基写在上面，编号从靠近羰基一端的碳原子开始，有时候为了书写方便，可以用下面这些简单的式子表示，以 *D*-(－)-葡萄糖为例。

单糖的立体构型可以用（*D*/*L*）或（*R*/*S*）法标记。用（*R*/*S*）须标记分子中所有的手性碳原子的构型，即 IUPAC 命名法，此法缺点是比较烦琐，实际上用得不多。用（*D*/*L*）只需标记分子中距离羰基最远的手性碳原子的构型，以最简单的单糖——甘油醛为标准，如果它与 *D*-甘油醛的构型相同，即称为 *D* 型；如果与 *L*-甘油醛的构型相同，即称为 *L* 型。

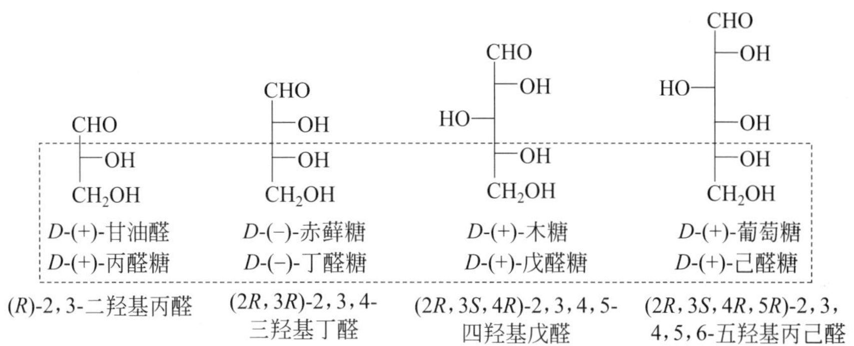

13.2.2 单糖的环状结构

葡萄糖经许多化学反应证明为一个多羟基醛，但是红外光谱中没有羰基的特征峰，还有一些性质和现象也无法用开链结构来解释的，例如：

① 不能发生某些醛基的典型反应，如不与亚硫酸氢钠发生加成，不能使品红醛试剂变色等；

② 在干燥氯化氢存在下只需要与一分子甲醇作用，即形成缩醛——葡萄糖甲苷，而普通的醛基则需要两分子醇才形成缩醛；

③ *D*-(＋)-葡萄糖以不同方法重结晶时，可得到两种葡萄糖晶体。一种是从冷乙醇中结晶出来（或水溶液中析出的不带结晶水的晶体），熔点为 146℃，$[\alpha]_D$ 为＋112°·cm^2/10g；另一种从热吡啶或乙酸中结晶出来（或浓水溶液 110℃结晶），熔点 150℃，$[\alpha]_D$ 为＋18.7°·cm^2/10g。这两种晶体的水溶液经放置后，比旋光度不断改变，最后都达到一个稳定的平衡值，$[\alpha]_D$ 为＋52.7°·cm^2/10g。这种现象称为变旋现象。

上述事实，是链状结构是无法解释的。经过进一步研究，并受到醛基可以与醇羟基发生反应的启示，人们认为 *D*-(＋)-葡萄糖应该用环状结构来描述。后来经 X 射线衍射分析证明，*D*-(＋)-葡萄糖分子主要是以环状的半缩醛形式存在，一般是 C5 上的羟基与醛基相互作用生成半缩醛。由于羟基可以从羰基平面两侧进攻羰基碳原子，加成后，C1 变成了手性碳原子，因此羟基从羰基平面两侧加上去的结果是不一样的，即生成 C1 构型不相同的两种异构体，分别用 α 和 β 来表示。(I) 式中半缩醛羟基（C1 上的羟基）和决定构型的羟基（C5 上的羟基）在碳链的同侧，称为 α 型；（Ⅱ）式中半缩醛羟基和决定构型的羟基在碳链的异侧，称为 β 型。α 型和 β 型的 C1 的构型不同。含有多个手性碳的旋光异构体，如果只有 1 个手性碳原子的构型相反，而其他手性碳原子的构型完全相同，则称为差向异构体，属于非对映异构体。糖类的 α 型和 β 型互为端基差向异构体，也叫作“异头物”。

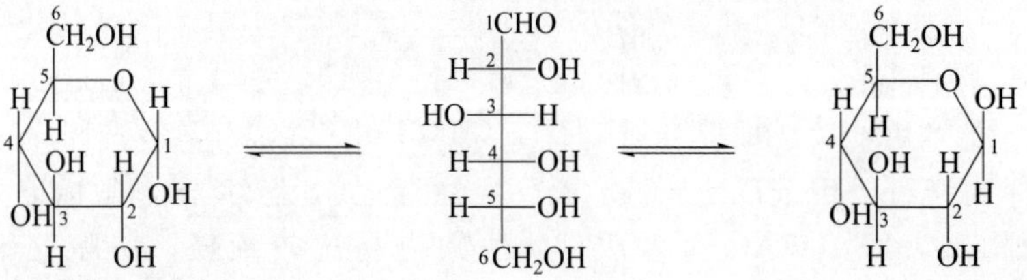

（Ⅰ）α-*D*-(+)-葡萄糖 [α-*D*-(+)-吡喃葡萄糖] 熔点146℃ [α]=+112°

直链*D*-(+)-葡萄糖

（Ⅱ）β-*D*-(+)-葡萄糖 [β-*D*-(+)-吡喃葡萄糖] 熔点146℃ [α]=+18.7°

葡萄糖的环状结构可以很好地解释它的某些特殊性质。例如变旋现象，由于 *D*-(＋)-葡萄糖具有两种环状结构，故可以获得两种晶体物质，这两种晶体物质各有自己的熔点和比旋光度。若将其中任何一种异构体溶于水，它能通过开链式而相互转变，形成一个平衡体系，此体系的比旋光度 $[\alpha]_D$ 为 $+52.7°cm^2/10g$。在水溶液中 *D* 葡萄糖经测定，α 型、β 型、开链式三种异构体达成平衡时，它们的大致比例分别为 36.4%、63.6%和低于 0.026%。

D-(＋)-葡萄糖在水溶液中主要以环状半缩醛形式存在，而环状结构的葡萄糖中有一个游离的半缩醛羟基，因此，只需要与一分子甲醇作用即生成甲基葡萄糖苷。*D* 葡萄糖在水溶液中开链式结构的量虽很少，但能被氧化剂氧化，或能与 HCN、NH_2OH 等加成，原因是这些反应是不可逆的，当少量的开链式 *D*-(＋)-葡萄糖与上述试剂反应时，为了保持体系中环状结构和开链式结构的平衡，环式异构体就不断地转化为开链式的异构体，直至反应完成。葡萄糖与饱和亚硫酸氢钠的反应以及品红试验是可逆的，虽有少量的开链式存在，毕竟浓度太低而不容易发生反应。

13.2.3 单糖的哈沃斯式及构象

13.2.3.1 单糖的哈沃斯式　费歇尔投影式虽然可以表示单糖的环状结构，但它不能恰当地反映分子中各原子或基团的空间关系，为此哈沃斯提出用透视式来表示。现以 *D*-(＋)-葡萄糖为例，将费歇尔投影式（Ⅰ）改写成哈沃斯透视式（Ⅴ）和（Ⅵ）的过程表示如下。

将开链式（Ⅰ）向左旋转 90°，然后平面翻转 180°，得到水平状（Ⅱ），然后将碳链弯曲成六边形状（Ⅲ）。由于 C5 上的羟基与醛基反应形成环状半缩醛，所以必须将 C5 上的羟基转到与醛基最接近处，就是以 C4－C5 键为轴按逆时针旋转 120°得（Ⅳ）。构成环后，C1 变成了手性碳原子，因此得到两种环状结构（Ⅴ）和（Ⅵ）。所以在哈沃斯式中半缩醛羟基与编号最大的手性碳 C5 上的羟甲基（$—CH_2OH$）处在同侧的为 β 型，异侧的为 α 型。

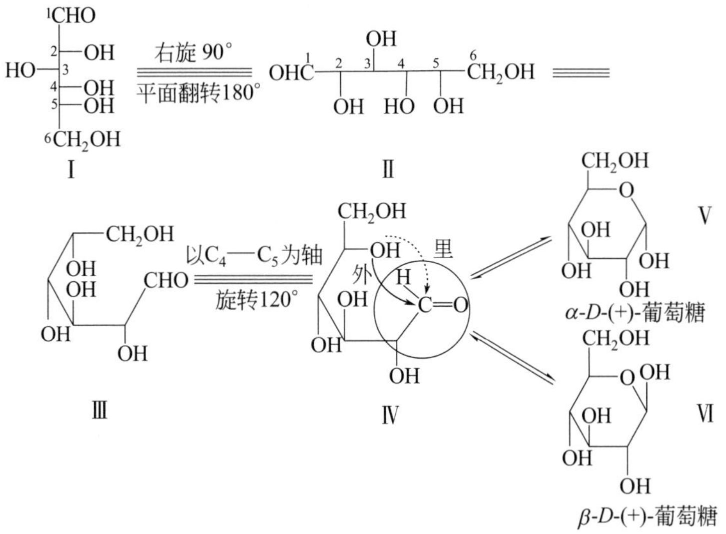

单糖的开链式（费歇尔式）写成哈沃斯式，且有两条规则可循：一是费歇尔式竖直型转变为水平状的时候要保持构型不变，二是 D 型的末端羟甲基在环上方（L 型的末端羟甲基在环下方）。例如：D-(－)-果糖，游离状态的果糖具有六元环结构，而构成蔗糖的果糖是五元环结构。

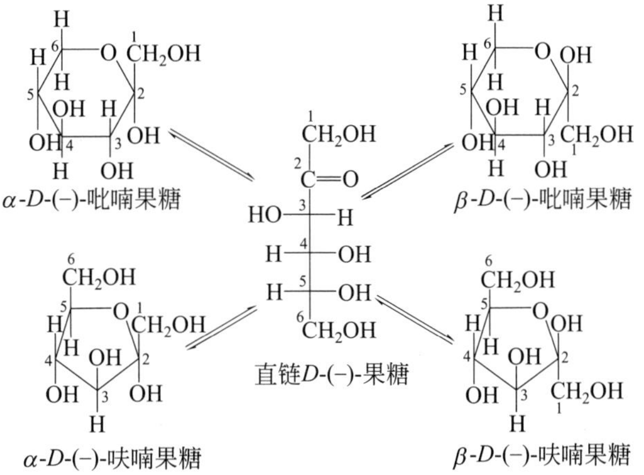

α-D-(－)-吡喃果糖　β-D-(－)-吡喃果糖

直链D-(－)-果糖

α-D-(－)-呋喃果糖　β-D-(－)-呋喃果糖

具有六元环结构的 D-(－)-果糖其环是由五个碳原子和一个氧原子构成的，结构与杂环化合物吡喃环相当，故称吡喃型果糖。在五元环结构的 D-(－)-果糖中，其环由四个碳原子和一个氧原子构成，结构与呋喃环相当，故称呋喃型果糖。

13.2.3.2　单糖的构象　哈沃斯式在表达 D-(＋)-葡萄糖的空间构型时，规定成环原子都在同一平面上，X 射线的分析证明并非如此。D-(＋)-葡萄糖与环己烷相似，也以椅型构象存在。葡萄糖 α、β 两种异构体的构象式如下：

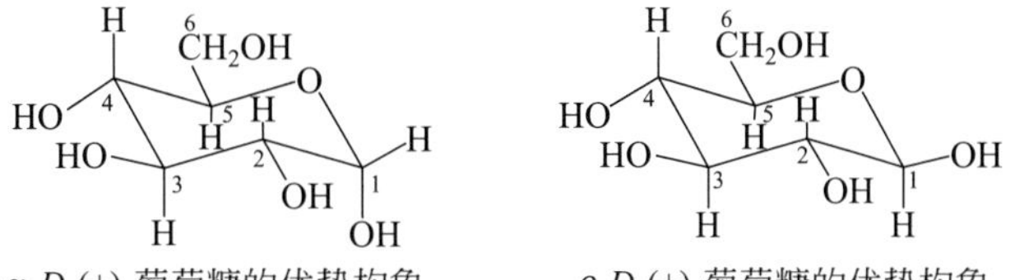

α-D-(+)-葡萄糖的优势构象　β-D-(+)-葡萄糖的优势构象

比较这两个构象式可以看出，α 异构体有一个羟基处于 a 键，而 β 异构体所有的羟基都

处于 e 键。显然，β 异构体比 α 异构体稳定。所以在葡萄糖溶液的互变平衡体系中，β 异构体占的比例较大，达到 63.6%。因此，自然界的糖类也以有葡萄糖结构的居多。

13.2.4 单糖的性质

单糖都是无色晶体，有甜味，易溶于水，难溶于乙醚、苯等有机溶剂，单糖溶液具有变旋现象。单糖水溶液是环式和链式同时存在的互变平衡体系，因此各种形式的异构体都有可能参与反应。如单糖在水溶液中进行氧化、成脎等反应时，其中链式异构体参与了反应，为了保持体系中环式和链式的平衡，环式异构体就不断转变为链式异构体。另外，单糖分子中的醇羟基显示出醇的一般化学性质，如成醚、成酯等。

13.2.4.1 差向异构化　用碱的水溶液处理糖时，能形成一些差向异构体及醛糖、酮糖互变异构体的平衡体系，叫碱性异构化，例如用吡啶或其他碱处理 *D*-葡萄糖、*D*-甘露糖（它们互为 C2 差向异构体）或 *D*-果糖中任何一种时，就得到这三种物质的平衡混合物，这是因为它们 C3、C4、C5 构型都相同。其中 *D*-葡萄糖、*D*-甘露糖的互变称为差向异构化。碱性异构化是通过链状结构转变成烯二醇中间体来完成的。

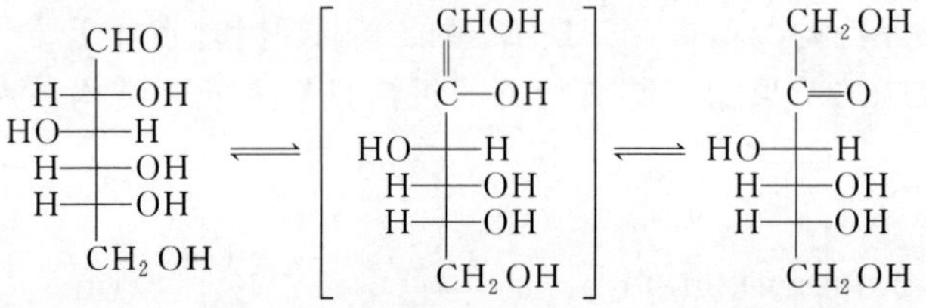

$$
\begin{array}{c}
CHO \\
H-\!\!\!+\!\!\!-OH \\
HO-\!\!\!+\!\!\!-H \\
H-\!\!\!+\!\!\!-OH \\
H-\!\!\!+\!\!\!-OH \\
CH_2OH
\end{array}
\rightleftharpoons
\left[
\begin{array}{c}
CHOH \\
\| \\
C-OH \\
HO-\!\!\!+\!\!\!-H \\
H-\!\!\!+\!\!\!-OH \\
H-\!\!\!+\!\!\!-OH \\
CH_2OH
\end{array}
\right]
\rightleftharpoons
\begin{array}{c}
CH_2OH \\
| \\
C=O \\
HO-\!\!\!+\!\!\!-H \\
H-\!\!\!+\!\!\!-OH \\
H-\!\!\!+\!\!\!-OH \\
CH_2OH
\end{array}
$$

D-葡萄糖（64%）　　烯二醇中间体　　*D*-果糖（31%）

13.2.4.2 氧化反应　单糖能被多种氧化剂氧化，例如斐林试剂、托伦试剂、本尼迪试剂、溴水、硝酸等都能使单糖氧化，产物因氧化剂强度不同而不同。

（1）被托伦试剂、斐林试剂的氧化　托伦试剂、斐林试剂均能把醛糖和酮糖氧化成糖酸，同时生成银镜或砖红色的氧化亚铜沉淀。酮糖（如果糖）能迅速被托伦试剂和斐林试剂氧化，原因是这些试剂处在碱性溶液中，糖类发生了差向异构化，结果使酮糖不断地转化成醛糖。在碳水化合物中，凡能还原托伦试剂、斐林试剂的糖称为还原糖。所有单糖（除二羟基丙酮外）与常见二糖（除蔗糖外）都是还原糖。二羟基丙酮、蔗糖和所有多糖则是非还原糖。

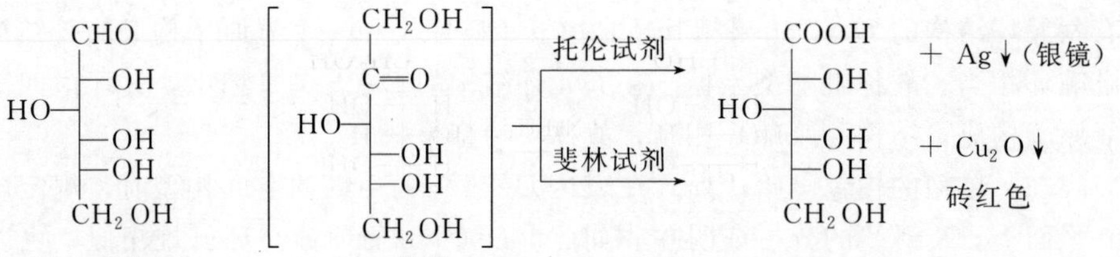

$$
\begin{array}{c}
CHO \\
\quad |-OH \\
HO-| \quad \\
\quad |-OH \\
\quad |-OH \\
CH_2OH
\end{array}
\quad
\left[
\begin{array}{c}
CH_2OH \\
| \\
C=O \\
HO-| \quad \\
\quad |-OH \\
\quad |-OH \\
CH_2OH
\end{array}
\right]
\xrightarrow[\text{斐林试剂}]{\text{托伦试剂}}
\begin{array}{c}
COOH \\
\quad |-OH \\
HO-| \quad \\
\quad |-OH \\
\quad |-OH \\
CH_2OH
\end{array}
\begin{array}{l}
+\ Ag\downarrow\text{（银镜）} \\
\\
+\ Cu_2O\downarrow \\
\quad \text{砖红色}
\end{array}
$$

D-(+)-葡萄糖　　*D*-(−)-果糖

（2）被溴水氧化　溴水是弱氧化剂，它能将醛糖氧化成糖酸，而酮糖在这种酸性条件不会异构化为醛糖，不发生反应，因而溴水可以用来区别醛糖与酮糖。

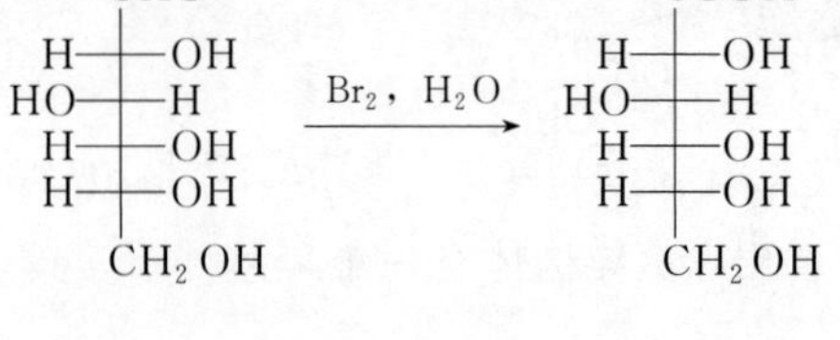

$$
\begin{array}{c}
CHO \\
H-\!\!\!+\!\!\!-OH \\
HO-\!\!\!+\!\!\!-H \\
H-\!\!\!+\!\!\!-OH \\
H-\!\!\!+\!\!\!-OH \\
CH_2OH
\end{array}
\xrightarrow{Br_2,\ H_2O}
\begin{array}{c}
COOH \\
H-\!\!\!+\!\!\!-OH \\
HO-\!\!\!+\!\!\!-H \\
H-\!\!\!+\!\!\!-OH \\
H-\!\!\!+\!\!\!-OH \\
CH_2OH
\end{array}
$$

工业上可由溴化钙水溶液电解得到溴和氢氧化钙，溴水使醛糖氧化，同时生成氢溴酸，氢溴酸与碳酸钙反应再生成溴化钙，所以用碳酸钙和少量溴化钙，就可让葡萄糖电解氧化生成葡萄糖酸钙（葡萄糖酸钙可降低毛细血管渗透性，增加致密度，维持神经与肌肉的正常兴奋性，加强心肌收缩力，有助于骨质形成）。葡萄糖酸钙用过氧化氢和铁盐处理，可得到少一个碳原子的醛糖。

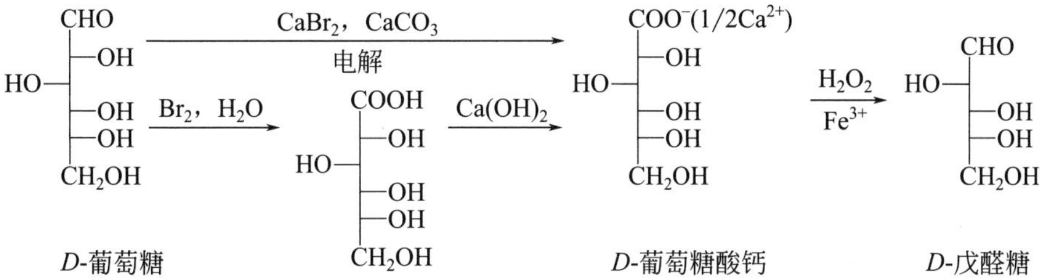

CHO / —OH / HO— / —OH / —OH / CH_2OH $\xrightarrow[\text{电解}]{CaBr_2,\ CaCO_3}$ $COO^-(1/2Ca^{2+})$ / —OH / HO— / —OH / —OH / CH_2OH $\xrightarrow[Fe^{3+}]{H_2O_2}$ CHO / HO— / —OH / —OH / CH_2OH

$\xrightarrow{Br_2,\ H_2O}$ COOH / —OH / HO— / —OH / —OH / CH_2OH $\xrightarrow{Ca(OH)_2}$

D-葡萄糖　　*D*-葡萄糖酸钙　　*D*-戊醛糖

（3）硝酸氧化糖为糖二酸　硝酸是较强的氧化剂，比溴水氧化能力强，能将醛糖氧化成同碳数的糖二酸，将酮糖氧化时羰基两侧碳碳键均可断裂，生成碳原子数较少的糖二酸。

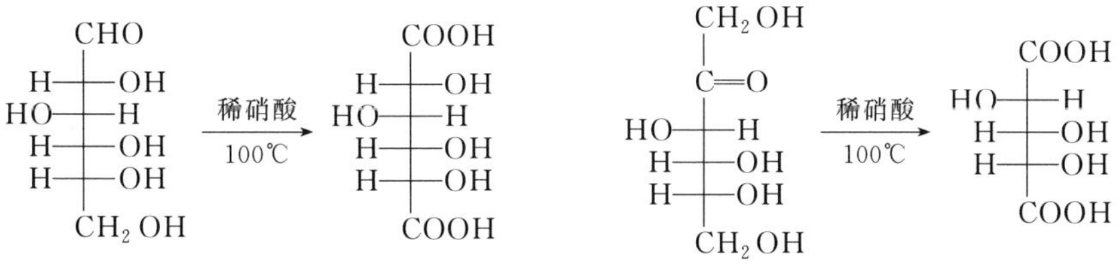

CHO / H—OH / HO—H / H—OH / H—OH / CH_2OH $\xrightarrow[100℃]{\text{稀硝酸}}$ COOH / H—OH / HO—H / H—OH / H—OH / COOH

CH_2OH / C=O / HO—H / H—OH / H—OH / CH_2OH $\xrightarrow[100℃]{\text{稀硝酸}}$ COOH / HO—H / H—OH / H—OH / COOH

（4）高碘酸氧化　高碘酸能使单糖氧化。氧化的结果是相邻两个羟基（或羰基）所在的碳碳键断裂。这一反应是定量的，每破裂一个碳碳键就需消耗 1mol HIO_4，在断裂处加上羟基（同一个碳上有两个羟基则去水变为羰基）即为产物。这对研究糖的结构是极为有用的。例如：

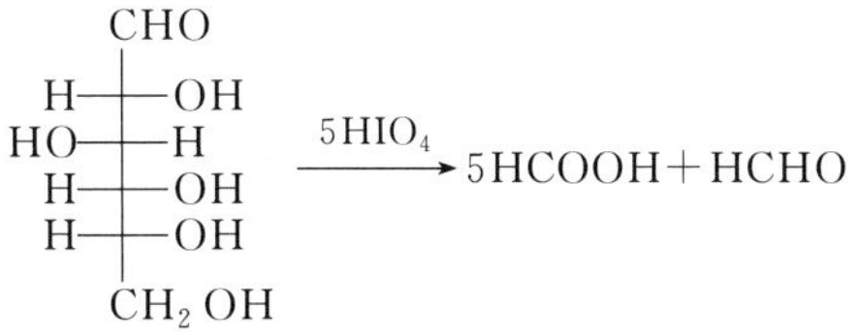

CHO / H—OH / HO—H / H—OH / H—OH / CH_2OH $\xrightarrow{5HIO_4}$ 5HCOOH＋HCHO

13.2.4.3　还原反应　糖的羰基可被化学试剂（如 $LiAlH_4$、$NaBH_4$ 或钠汞齐）或 H_2/Ni 等还原，产物叫糖醇。

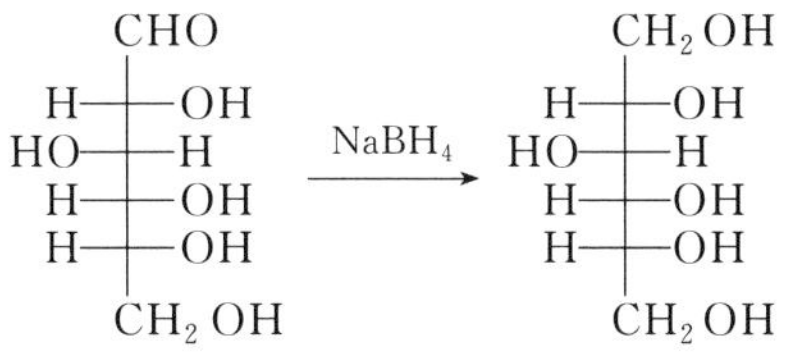

CHO / H—OH / HO—H / H—OH / H—OH / CH_2OH $\xrightarrow{NaBH_4}$ CH_2OH / H—OH / HO—H / H—OH / H—OH / CH_2OH

糖醇广泛存在于植物体中，如：*L*-山梨醇存在于梨、桃、苹果等水果中，是柿饼上白霜的主要成分。它具有吸湿性，味甜，可用作药片糖衣的甜味剂，是合成维生素 C 的原料。

13.2.4.4　生成糖脎与糖脎　还原性糖和 1mol 苯肼作用，生成糖腙，接着再与 2mol 苯肼作用，生成糖脎。成脎反应都发生在 C1 和 C2 上，其他碳原子不参与反应。因此，凡碳原子数相同而且除 C1 和 C2 外其余碳原子的构型均相同的单糖，都能生成相同的糖脎。例如，*D*-葡萄糖、*D*-果糖和 *D*-甘露糖三者生成相同的糖脎。

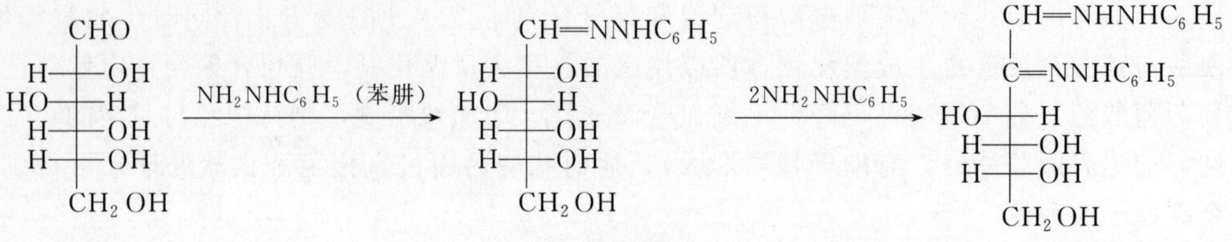

$$\text{D-葡萄糖} \xrightarrow{NH_2NHC_6H_5\text{（苯肼）}} \text{D-葡萄糖苯腙} \xrightarrow{2NH_2NHC_6H_5} \text{糖脎}$$

D-葡萄糖　*D*-葡萄糖苯腙　糖脎

成脎反应很有实用价值，可以用来帮助测定糖类的构型。糖脎是不溶于水的亮黄色晶体，具有固定的熔点。不同的糖脎晶形不同，不同的糖即使生成相同糖脎其反应速率和析出时间也不一样，例如：*D*-果糖比 *D*-葡萄糖成脎快，因此成脎反应可以用于糖的鉴定。

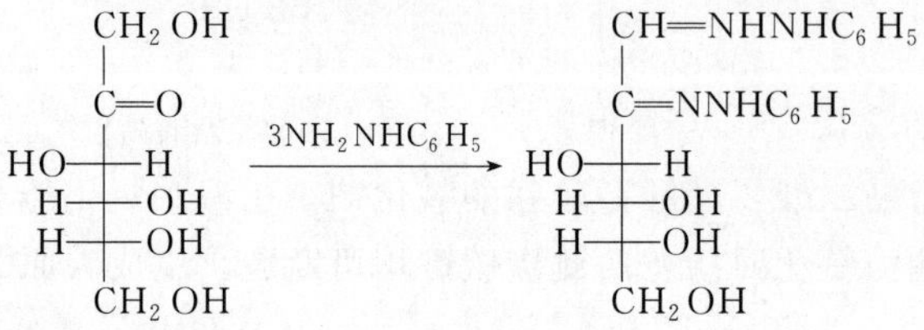

$$\text{D-果糖} \xrightarrow{3NH_2NHC_6H_5} \text{糖脎}$$

D-果糖　糖脎

13.2.4.5　糖苷的形成　单糖的环状结构的半缩醛羟基（也叫苷羟基）与羟基化合物（如醇、酚）反应生成缩醛（又称糖苷）。结合形成糖苷的化学键称为苷键，例如，*D*-(＋)-葡萄糖在干燥 HCl 存在下与甲醇反应，仅苷羟基参与反应生成甲基葡萄糖苷。

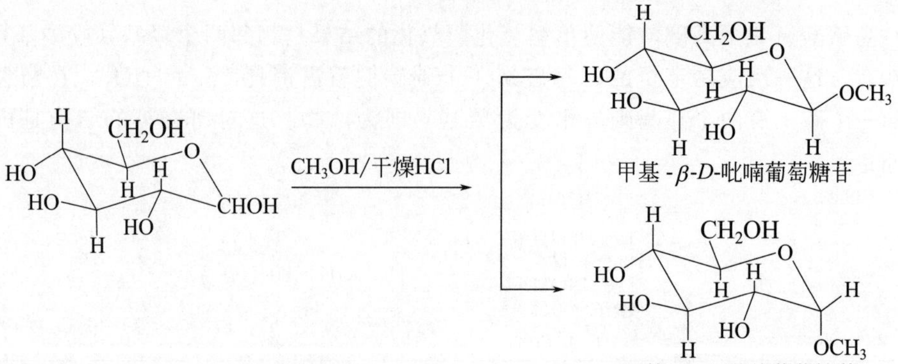

$$\xrightarrow{CH_3OH/\text{干燥}HCl}$$

甲基-*β*-*D*-吡喃葡萄糖苷

甲基-*α*-*D*-吡喃葡萄糖苷

D-(＋)-葡萄糖在溶液中环式和开链式之间可以相互转变，但形成糖苷以后，因分子中无苷羟基，故无变旋现象。由于糖苷是一种缩醛（或酮），所以它对碱稳定，不易被氧化，不与苯肼等作用。实际上，所有的低聚糖和多糖都是单糖的糖苷。木材加工、棉纱的丝光处理等都用碱处理，就是利用了糖苷对碱的稳定性。糖苷在自然界分布广泛，天然染料靛蓝和茜素等都属于糖苷。糖苷与稀酸共热，或在酶的作用下易水解，生成原来的糖和相应的羟基化合物。因此，低聚糖或多糖在稀酸或在酶作用下都可水解，最终生成单糖。

13.2.4.6　成醚和成酯反应　在干 HCl 催化下，糖类只有苷羟基发生烷基化成醚形成苷。而在碱性条件下，用 30％氢氧化钠-硫酸二甲酯或氧化银-碘甲烷与糖反应，糖上其他羟基也经威廉姆逊合成法转变为醚。苷上醚键可酸性水解回到半缩醛（酮）和醇，此时其他羟基形成的醚不水解。

糖类有多个羟基，也能生成酯。例如，葡萄糖在乙酸钠、吡啶等弱碱催化下与乙酐等酰基化试剂反应，生成葡萄糖五乙酸酯。糖的磷酸酯（如 ATP、NAD^+、乙酰辅酶 A、核酸等）对人体生命活动有重要功能。

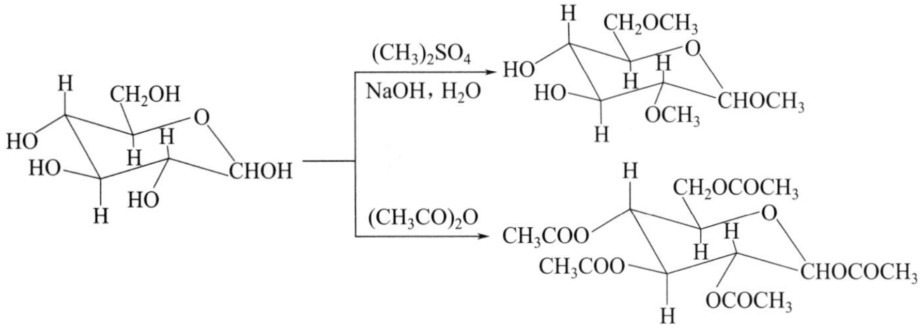

13.2.4.7 醛糖递降 醛糖递降是指醛糖减少一个碳原子，即原来醛糖 2-羟基碳变醛基，下面几个手性碳构型保持不变。

（1）佛尔递降法 以葡萄糖为例，葡萄糖与羟胺反应，脱水缩合，得到糖肟，再与乙酐、乙酸钠高温下反应生成五乙酰氧基己腈。五乙酰氧基己腈在甲醇、甲醇钠作用下发生酯交换，就得五羟基己腈，再发生羰基与氢氰酸加成的逆反应，得到戊醛糖（阿拉伯糖）。

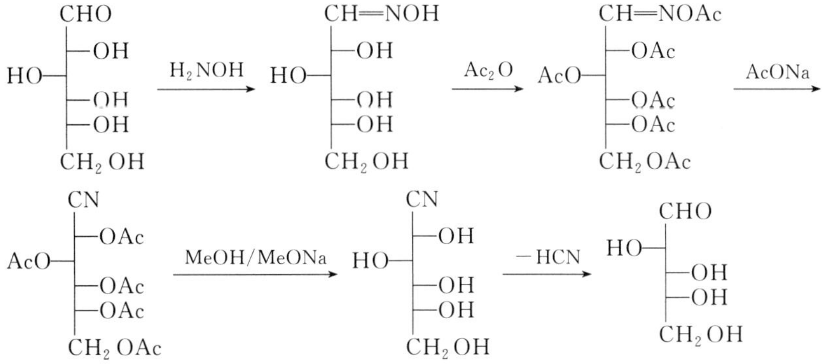

（2）芦夫递降法 芦夫递降法是通过制 2-羰基酸，然后脱羧实现醛糖的降解的。以葡萄糖为例，葡萄糖被溴水氧化为葡萄糖酸，再用氢氧化钙处理生成钙盐，接着用双氧水、Fe^{3+} 氧化为 α-羰基酸，脱羧后即得阿拉伯糖。

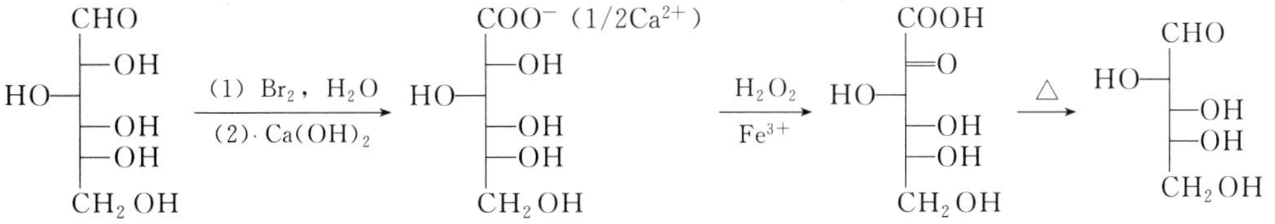

13.2.4.8 糖类合成中的羟基保护反应 糖有伯羟基、仲羟基、苷羟基三类羟基，其中只有伯羟基可与三苯甲基氯反应，生成醚。生成醚后，与乙酐反应，另四个羟基都乙酰化，氢溴酸接着使醚键断裂，酯基不受影响。这种方法在糖合成中可保护伯羟基。

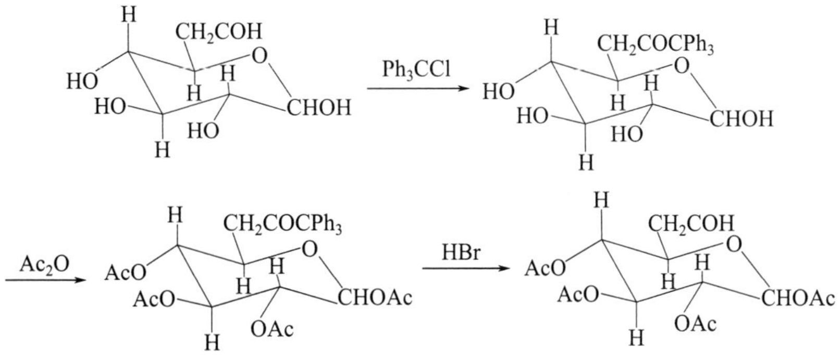

糖哈沃斯式中处在环同侧的两个邻位羟基可在酸催化下与醛、酮反应，生成环缩醛、环缩酮。环缩醛、环缩酮用稀酸水解，会恢复原来羟基。这反应也可用于糖类合成中保护羟基。

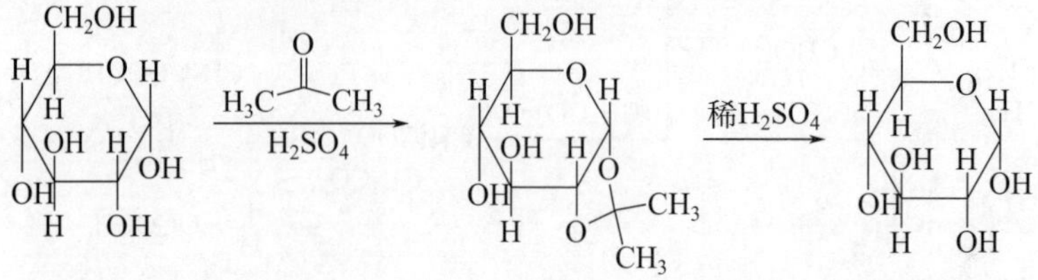

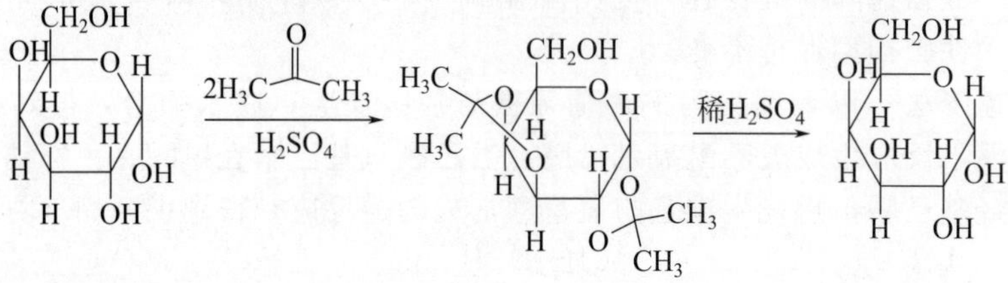

13.2.4.9 颜色反应

（1）莫力许反应 在糖的水溶液中加入 α-萘酚的酒精溶液，然后沿试管壁小心注入浓硫酸，不要摇动试管，则在两层液面之间形成一个紫色的环。其原理是糖类有羟基，与硫酸加热会脱水生成糠醛或其衍生物（例如葡萄糖脱水生成 5 羟甲基糠醛），随后与酚缩合生成有色化合物。单糖、低聚糖和多糖（氨基糖除外）都能发生这种颜色反应，故常用来鉴别糖类化合物。

（2）西里瓦诺夫反应 西里瓦诺夫试剂是间苯二酚、盐酸的混合物，可用来鉴别酮糖和醛糖。酮糖与盐酸共热生成糠醛衍生物，生成物再与间苯二酚缩合产生鲜红色的缩合物，时间为 2min。而醛糖与盐酸反应生成糠醛衍生物的速率比酮糖慢得多，同样条件下需要延长时间才稍微显黄色或玫瑰色。

13.2.5 重要的单糖

13.2.5.1 葡萄糖 葡萄糖是白色结晶粉末，易溶于水。它是自然界分布最广的己醛糖，存在于葡萄、蜂蜜、甜水果、植物的种子中，其中成熟葡萄中含量很高，因而得名。动物体内也含有游离的葡萄糖，如血液中的葡萄糖称为血糖，正常人的空腹血糖含量为 3.9～6.1mmol/L。此外，葡萄糖还以糖苷或多糖的形式存在。由于天然的葡萄糖是右旋的，在商品中常以“右旋糖”代表葡萄糖。

葡萄糖是人体新陈代谢不可缺少的营养物质，并有强心、利尿、解毒等作用。葡萄糖在印染和制革工业中常用作还原剂，在医药工业中是制造维生素 C 和葡萄糖酸钙的原料。

蔗糖、淀粉和纤维素水解都可以得到葡萄糖，工业上是由淀粉水解来制取的。

13.2.5.2 果糖 果糖是白色的晶体，熔点 103～105℃，比旋光度 $[\alpha]_D$ 为 $-92°\cdot cm^2/10g$，也称左旋糖。果糖结合态多以呋喃环形式存在（例如在蔗糖中），游离态以吡喃环形式存在于蜂蜜、水果和动物的前列腺、精液中。果糖是最甜的天然糖，甜度是蔗糖的 1.73 倍；蜂蜜的固体物（占蜂蜜总质量的 60%～70%）含 47%果糖、40%葡萄糖、3%蔗糖，所以蜂蜜甜度大。果糖与石灰水可形成果糖钙沉淀，但通入二氧化碳又可析出果糖，这性质可用于果糖、葡萄糖混合物的分离。果糖可从菊科植物根部储藏的菊粉（果糖高聚物）水解制取，它广泛应用于食品、医药、保健品生产中，发达国家在糖果与饮料中基本不用蔗糖而用果糖。

13.2.5.3 半乳糖 半乳糖为白色晶体，熔点为165℃。半乳糖与葡萄糖结合成乳糖而存在于哺乳动物的乳汁中，半乳糖与葡萄糖在构型上的区别在于C4上羟基空间位置不同。

13.2.5.4 甘露糖 甘露糖为白色晶体，β型熔点132℃（分解）。味甜，略带些苦，在自然界主要是以多糖形式存在于一些果壳（如核桃壳、椰子壳）中，桃、苹果等水果和柑橘皮有少量游离的甘露糖。甘露糖是目前唯一用于临床的糖质营养素，其还原产物甘露醇常用作降压（颅内压、眼内压）、利尿的药物。

13.2.5.5 核糖和脱氧核糖 核糖和脱氧核糖都是极为重要的戊糖。天然的核糖即*D*-(－)-核糖为结晶固体，熔点为95℃。核糖C2上的羟基脱去氧原子后叫*D*-(－)-2-脱氧核糖，α-*D*-2-脱氧核糖，熔点为78～82℃，β异构体熔点为96～98℃。它们大都以β-呋喃环结构形式存在。

核糖、脱氧核糖与磷酸及某些杂环化合物结合而存在于核蛋白中，它们又是核酸、脱氧核糖核酸、一些酶、维生素和抗生素的基本成分。*D*-核糖能加快心脏和骨骼肌里ATP的合成，作为药物可以改善心脏缺血，提升心脏功能，增强肌体能量，缓解肌肉酸痛。

13.2.5.6 维生素C 维生素C（抗坏血酸）是*L*-古洛糖酸内酯，可由*D*-葡萄糖经植物中不同酶作用合成，广泛存在于柑橘等水果中。分子中含烯二醇结构，羟基氢有酸性（pK_a为4.27）。烯二醇易脱氢（氧化）生成邻二酮，可作还原剂。维生素C可提高免疫力，有助于预防癌症、心脏病、中风，可保护牙齿和牙龈等。它是世界年产量最高的维生素。

13.3 二糖

二糖是由两个单糖通过苷键连接而成的化合物，其连接形式有两种可能：

（1）由一个单糖分子的苷羟基与另一单糖分子的醇羟基之间脱去一分子水而相互连接。以这种形式相连的二糖，仅有一个单糖分子用掉苷羟基，另一单糖分子仍保留苷羟基。因此，它在溶液中具有变旋现象，能生成脎，能与托伦试剂、斐林试剂作用，故称还原性二糖。重要的还原性二糖有麦芽糖、纤维二糖、乳糖等。

（2）在两个单糖分子的苷羟基之间脱去一分子水而相互连接。这种形式连接的二糖，分子中不再含有苷羟基，故没有还原性，称为非还原性二糖。蔗糖是重要的非还原性双糖。

13.3.1 蔗糖

蔗糖是自然界分布最广的二糖，在甘蔗和甜菜中含量最多。纯净的蔗糖为白色晶体，易溶于水，味甜，其甜度次于果糖，熔点185～187℃，比旋光度$[\alpha]_D$为$+66.5° \cdot cm^2/10g$。

蔗糖的分子式为$C_{12}H_{22}O_{11}$，在无机酸或酶的作用下，水解生成等量的*D*-(＋)-葡萄糖和*D*-(－)-果糖的混合物，这说明蔗糖是一分子葡萄糖和一分子果糖缩水的产物。蔗糖水解时旋光方向会发生改变，从右旋逐渐变到左旋。

$$\underset{\substack{\text{蔗糖} \\ [\alpha]_D^{20}=+66°}}{C_{12}H_{22}O_{11}} + H_2O \longrightarrow \underset{\substack{D\text{-葡萄糖} \\ [\alpha]_D^{20}=+52.5°}}{C_6H_{12}O_6} + \underset{\substack{D\text{-果糖} \\ [\alpha]_D^{20}=-92.4°}}{C_6H_{12}O_6}$$

$$\text{转化糖 } [\alpha]_D^{20}=-20°$$

变旋原因是水解产物果糖是左旋的，比旋光度$[\alpha]_D=-92° \cdot cm^2/10g$，葡萄糖是右旋的，比旋光度 $[\alpha]_D = +52.7° \cdot cm^2/10g$，由于果糖的比旋光度绝对值比葡萄糖大，所以蔗糖水解后的混合物是左旋的，又叫“转化糖”。蔗糖水溶液无变旋现象，不能成脎，也不能与托伦试剂或斐林试剂作用，即没有还原性。经过化学实验、X 射线分析的研究，得出蔗糖苷键是由 *α*-*D*-吡喃型葡萄糖的苷羟基和 *β*-*D*-呋喃型果糖的苷羟基之间脱水而生成的，这种苷键叫 *α*,*β*-1,2-苷键，其结构式如下：

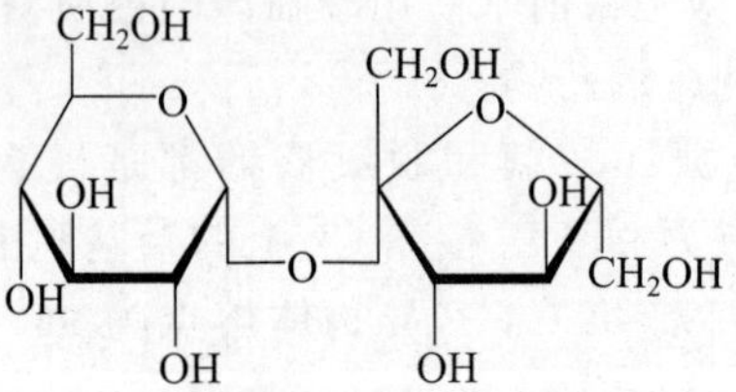

蔗糖的结构

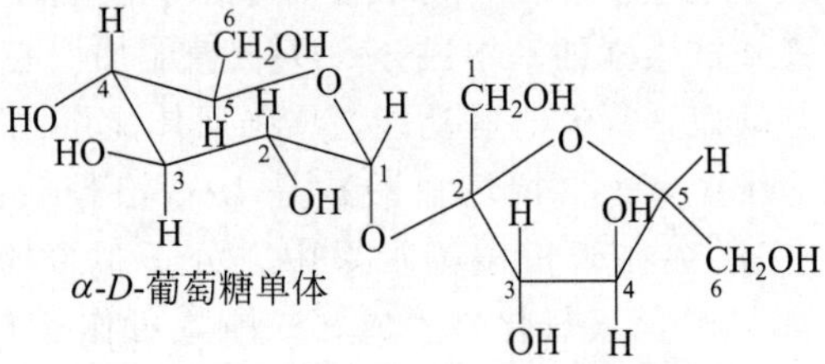

α-*D*-葡萄糖单体

β-*D*-呋喃果糖单体

α-*D*-吡喃葡萄糖基-*β*-*D*-呋喃果糖苷

13.3.2 麦芽糖

麦芽糖因存在于发芽的大麦中而得名，它是淀粉在淀粉糖化酶作用下部分水解的产物。麦芽糖是白色晶体，熔点为 160～165℃，水溶液 $[\alpha]_D = +13.6° \cdot cm^2/10g$，甜味不如蔗糖（相对甜度为 46）。饴糖是麦芽糖的粗制品。进餐时慢慢咀嚼饭食有甜味感，就是淀粉被唾液中淀粉酶水解产生一些麦芽糖的甜味。

麦芽糖的分子式（$C_{12}H_{22}O_{11}$）与蔗糖一样，用无机酸或麦芽糖酶水解，仅得到葡萄糖，这说明它是由两分子葡萄糖组成的。麦芽糖具有单糖的性质，即有变旋现象，能生成糖脎，能与托伦试剂或斐林试剂作用，因此它是还原性糖，分子中存在着苷羟基。麦芽糖完全甲基化后再水解，得到一分子 2,3,4,6-四-*O*-甲基-*D*-葡萄糖和一分子 2,3,6-三-*O*-甲基-*D*-葡萄糖，所以它是由一分子 *D*-葡萄糖的苷羟基与另一分子 *D*-葡萄糖 C4 上的羟基缩水而形成的。在结晶状态下，麦芽糖含有的苷羟基是 *β* 型的。

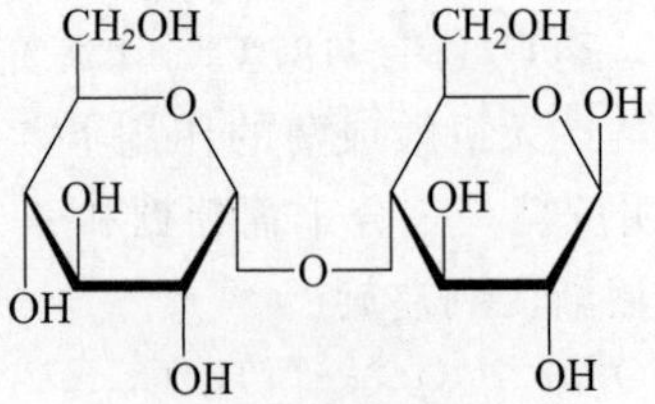

β-(+)-麦芽糖的结构

由于麦芽糖能被麦芽糖酶水解，故它是 *α*-葡萄糖苷。以这种形式相连的苷键叫 *α*-1,4-苷键。麦芽糖分子中苷羟基可以是 *α* 型也可以是 *β* 型，所以在溶液中麦芽糖也有 *α* 异头物和 *β* 异头物。

α-1，4-苷键

4-*O*-(α-*D*-吡喃葡萄糖基)-β-*D*-吡喃葡萄糖苷

13.3.3 纤维二糖

纤维二糖是纤维素的结构单位，即纤维素部分水解可得到纤维二糖。它是一种白色晶体，熔点 225℃，可溶于水，水溶液 $[\alpha]_D=+13.6°\cdot cm^2/10g$。

纤维二糖的分子式与麦芽糖一样是 $C_{12}H_{22}O_{11}$，水解后也生成两分子葡萄糖，是还原糖。纤维二糖完全甲基化后水解也得到一分子 2,3,4,6-四-*O*-甲基-*D*-葡萄糖和一分子 2,3,6-三甲基-*D*-葡萄糖，这都证明了纤维二糖与麦芽糖相同，是由两分子 *D*-葡萄糖通过 1,4-苷键连接而成的。纤维二糖只能被苦杏仁酶水解，即纤维二糖的苷键与麦芽糖不同，它是 β 型的。

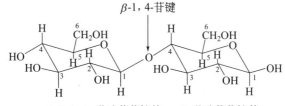

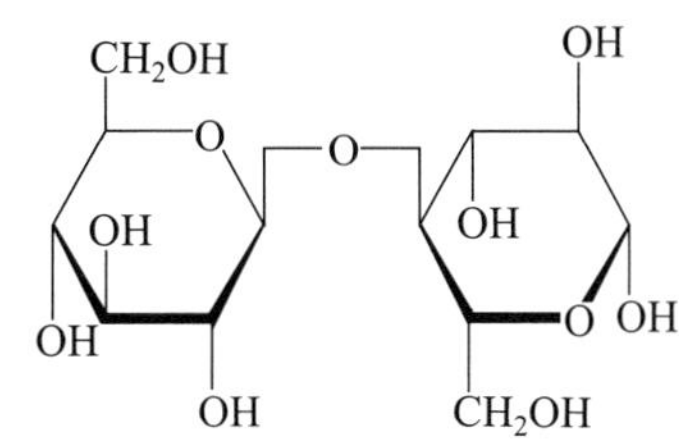

β-(+)-纤维二糖的结构

β-1，4-苷键

4-*O*-(β-*D*-吡喃葡萄糖基)-β-*D*-吡喃葡萄糖苷

13.4 多糖

多糖是天然高分子化合物，是由很多单糖分子以苷键相连接而成的高聚物。由相同单糖组成的多糖较为常见，称为同多糖，如淀粉和纤维素等。由不同的单糖组成的多糖称为杂多糖。多糖不是纯净物，而是聚合程度不同的物质的混合物。

多糖的性质与单糖和低聚糖很不相同，它没有甜味，一般不溶于水，有时即使能溶于水，也只能生成胶体溶液。多糖不具还原性和变旋现象，尽管某些多糖分子的末端含有苷羟基，但因分子量很大，其还原性及变旋现象极不显著。

多糖广泛存在于自然界，如植物的骨架——纤维素，植物储备的养分——淀粉，及动物体内储备的养分——糖原等。

13.4.1 淀粉

淀粉［$(C_6H_{10}O_5)_n$］存在于许多植物的种子、块茎和块根中，如大米中含量为75％～80％，小麦中含量为60％～65％，玉米中含量为50％，马铃薯中含量为20％。淀粉是白色无定形粉末，没有还原性，不溶于一般有机溶剂。淀粉在酸催化条件下水解，首先生成分子量较小的糊精，进一步水解得到麦芽糖，水解最终产物为是 α-*D*-葡萄糖。淀粉由结构、性质有一定区别的直链淀粉和支链淀粉两部分组成，其比例因植物品种而异，一般直链淀粉占10％～30％，其余为支链淀粉。

$$\text{淀粉}\xrightarrow{H^+}\text{糊精}\xrightarrow{H^+}\text{麦芽糖}\xrightarrow{H^+}\text{葡萄糖}$$

13.4.1.1 直链淀粉 直链淀粉（糖淀粉）能溶于热水而不成糊状，分子量比支链淀粉小，它是由许多 *D*-葡萄糖单位以 α-1,4-苷键连接而成的链状化合物。直链淀粉的分子链很长，因此不能以线形分子存在，而是靠分子内氢键卷曲成螺旋状，每个螺圈约有 6 个 *D*-葡萄糖单位。直链淀粉遇碘呈蓝色，这并不是碘和淀粉之间形成了化学键，而是由于这种螺旋状的直链淀粉，中间空隙恰好能容纳碘分子，二者之间借助于范德华力形成一种蓝色的包合物。此显色反应常用来检验淀粉或碘分子的存在。

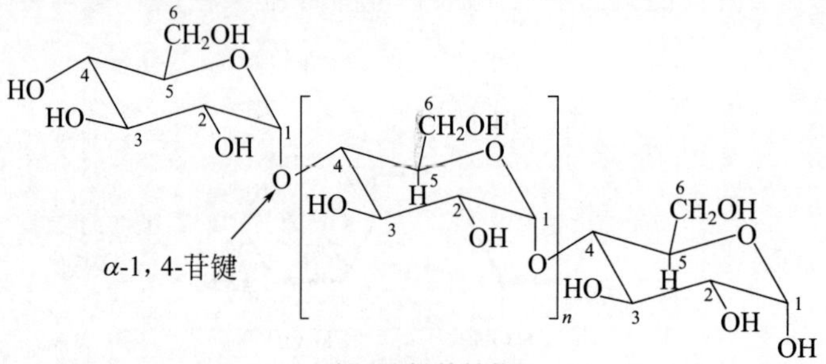

直链淀粉的结构

13.4.1.2 支链淀粉 与直链淀粉相比，支链淀粉（胶淀粉）具有高度分支，且所含葡萄糖单位要多很多。支链淀粉与热水作用则膨胀而成糊状。它的主链同样是由 *D*-葡萄糖以 α-1,4-苷键相连的，此外每隔 20～25 个葡萄糖单元，还有一个以 α-1,6-苷键相连的支链。

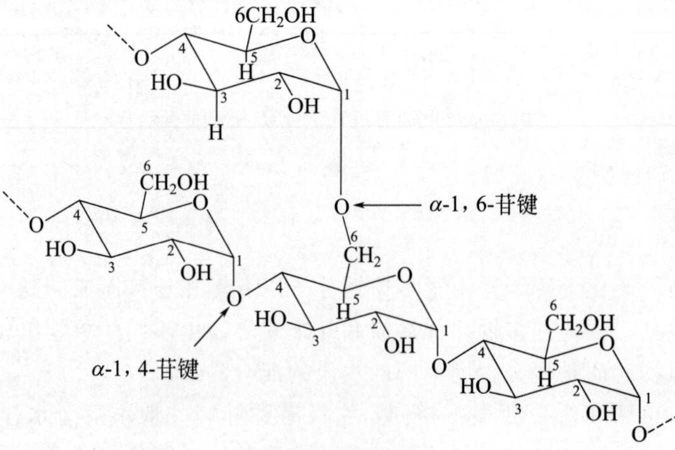

支链淀粉的结构

13.4.2 纤维素

纤维素是植物细胞壁的主要组分，是构成植物支撑组织的基础。棉花中含 90％以上，亚麻中约含 80%，木材中约含 50%，竹子和稻草也含大量纤维素。

纤维素纯品是无色、无味、无臭的具有纤维状结构的物质。纤维素的结构单位也是 D-葡萄糖，与直链淀粉相似，是无分支的链状分子，但糖苷键连接形式不同，纤维素是以 β-1,4-苷键相连的，其葡萄糖单位比淀粉多得多。经 X 射线测定，纤维素分子的链和链之间借助于分子间的氢键拧成像麻绳一样的结构。这种绳束状结构具有一定的机械强度，故在植物体内起着支撑的作用。

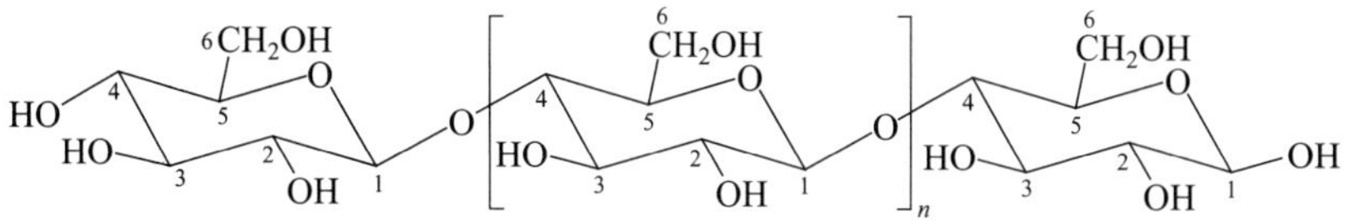

纤维素的结构

纤维素比淀粉难以水解，一般需要在浓酸中或用稀酸在加压下进行，在水解过程中可以得到纤维四糖、纤维三糖、纤维二糖，最终产物也是 D-(+)-葡萄糖。虽然纤维素水解的最终产物与淀粉一样，但纤维素不能作为人的能量来源。因为人的消化道中仅有淀粉酶，没有纤维素酶，而食草动物如马、牛、羊等的消化道中存在许多食纤维素的细菌和原生物，它们能分泌出可水解 β-1,4-糖苷键的纤维素酶，所以纤维素对于这些动物是有价值的营养物质。不过人的膳食纤维（包含纤维素、半纤维素、树脂、果胶及木质素等）可以清洁消化道壁，增强消化功能，加速食物中的有毒、致癌物质的移除，保护脆弱的消化道和预防结肠癌；纤维可减缓消化速率，加速排泄胆固醇，让血糖和胆固醇控制在最理想的水平。有鉴于此，膳食纤维已被列为第七大营养素。纤维素的用途极广，可用来制造纸张、人造纤维、羧甲基纤维素、脱脂棉花等有用物质。

$$\underset{\text{纤维素}}{(C_6H_{10}O_5)_n} \xrightarrow{H_2O/H^+} \underset{\text{纤维四素}}{(C_6H_{10}O_5)_4} \xrightarrow{H_2O/H^+} \underset{\text{纤维三素}}{(C_6H_{10}O_5)_3} \xrightarrow{H_2O/H^+} \underset{\text{纤维二素}}{(C_6H_{10}O_5)_2} \xrightarrow{H_2O/H^+} \underset{\text{葡萄糖}}{C_6H_{12}O_6}$$

13.4.3 半纤维素

半纤维素不是纤维素，而是与纤维素共存于植物细胞壁中的一类多糖。这类多糖是多缩己糖和多缩戊糖的混合物，它们的分子比纤维素小。例如稻草、麦秆、玉米秆、花生壳内含有大量的多缩木糖（又叫聚木糖），它们是由许多吡喃型木糖以 β-1,4-苷键形成的一种半纤维素，也可以看成是羟甲基被氢取代的纤维素。

13.4.4 糖原

糖原又称肝糖、动物淀粉，主要存在于人和动物的肝脏与肌肉中。糖原分子式为 $(C_6H_{10}O_5)_n$，由 D-(+)-葡萄糖失水缩合而成，为白色、无定形粉末，不溶于冷水，溶于热水成胶体溶液，遇碘呈棕红（棕褐）色。糖原结构与支链淀粉相似，但支链更多，每隔 8～12 个葡萄糖就有一个分支，分子直径约为 21nm，分子量为 100 万～1000 万。

糖原是人与动物的能源之一。当血液中葡萄糖含量较高时，即结合成糖原储存在肝脏中。当血液中含糖量降低时，糖原就分解为葡萄糖，给机体供给能量。糖原的合成和降解受激素（胰岛素）控制。当激素调控失调、糖原储存处于病理状态时，就是得了糖尿病。

习　　题

1. 写出丁醛糖的立体异构体的投影式（开链式）。

2. 为什么蔗糖是葡萄糖苷，同时又是果糖苷？写出蔗糖的结构。

3. 下列糖属于非还原糖的是（　　）。

A. 蔗糖　B. 麦芽糖　C. 乳糖　D. 纤维二糖　E. 半乳糖

4. 用 R/S 标记下列糖分子中手性碳原子的构型，并指出哪些与过量的苯肼反应可生成相同的脎。

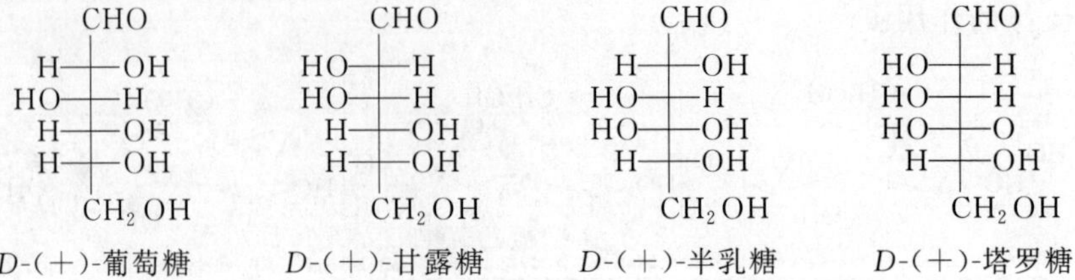

D-(＋)-葡萄糖　*D*-(＋)-甘露糖　*D*-(＋)-半乳糖　*D*-(＋)-塔罗糖

5. 用化学方法鉴别：(1) 葡萄糖和果糖，(2) 蔗糖和麦芽糖。

6. α-*D*-(＋)-葡萄糖和 β-*D*-(＋)-葡萄糖的构象中，哪一个稳定性大，为什么？

7. 己醛糖 A 被硝酸氧化为内消旋的糖二酸 B，A 经芦夫降级反应得到 C，C 被硝酸氧化为旋光性的糖二酸 D；C 的芦夫降级反应产物 E 被硝酸氧化生成 F［*L*-(＋)-酒石酸］。试推测 A、B、C、D、E、F 的结构。

8. 戊醛糖 A 被硝酸氧化为光活性糖二酸 B，A 与羟胺反应，再与乙酸酐、乙酸钠共热得 C，C 碱性水解得己醛糖 D，D 被硝酸氧化为无光活性糖二酸 E。试推测 A、B、C、D、E 的结构。

9. 己醛糖 A 被硝酸氧化为光活性糖二酸 B，A 递降得到的戊醛糖 C 被硝酸氧化为无光活性糖二酸 D。若把 A 的 C1 换成羟甲基，C6 变成醛基，仍得到 A。试推测 A、B、C、D 的结构。

10. 天然产物 A（分子式为 $C_7H_{14}O_6$）无还原性，无变旋，稀盐酸水解为 B（B 为 *D*-还原糖，分子式为 $C_6H_{12}O_6$），B 经佛尔降解为醛糖 D，B 被硝酸氧化为无光活性糖二酸 C，D 被硝酸氧化为有光活性糖二酸 E。试推测 A、B、C、D、E 的结构。

11. 某己糖 A 能生成氰醇 B，B 经水解，用 HI/P 还原得羧酸 C，C 可由碘丙烷和 $C_2H_5CH(COOC_2H_5)_2$ 经一系列反应得到，写出 A、B、C 结构式。

12. A（分子式为 $C_4H_8O_4$）有光活性，溶于水。A 能还原斐林试剂，与乙酰氯形成三醋酸酯。A 与乙醇/HCl 反应得光学异构体 B 和 C（分子式为 $C_6H_{12}O_4$）混合物，B、C 分别被高碘酸氧化为 D（分子式为 $C_6H_{10}O_4$）和 E，D、E 互为对映异构体。A 被硝酸氧化为光活性二元酸 F（分子式为 $C_4H_4O_6$）。请推导 A～F 的构造式。

13. 某 *D*-己醛糖 A，氧化后生成有旋光活性的二酸 B，A 递降为戊醛糖后再氧化生成无光学活性的二酸 C，与 A 能生成同种糖脎的另一己醛糖 D 氧化后得到无光学活性的二酸 E。给出上述反应过程和 A、B、C、D、E 的结构。

14 蛋白质和核酸

教学目标及要求

1. 了解蛋白质的分类、结构、蛋白质的构象（副键和交互作用）。

2. 掌握蛋白质的理化性质：两性及等电点，胶体性质，沉淀作用（可逆与不可逆沉淀），蛋白质的变性，蛋白质的颜色反应。

3. 熟悉核酸的组成：核酸的元素组成；核酸完全水解产物；组成核酸的基本单位——单核苷酸（核苷、核苷酸）。

4. 了解核酸的结构：一级结构；DNA 的双螺旋结构。

重点与难点

蛋白质分子的一级与二级结构，蛋白质的性质；核苷酸的组成与 DNA 的双螺旋结构。

蛋白质和核酸是生命最主要的物质基础。蛋白质是人们日常饮食必需的营养物质，是生物体的必要组成成分，参与着细胞生命活动的每一个进程。常见的蛋白质，有催化生物化学反应、对于生物体代谢至关重要的酶；有结构性或机械性蛋白质，如肌肉中的肌动蛋白和肌球蛋白；还有细胞骨架中维持细胞外形的微管蛋白；以及参与细胞信号传导、免疫反应、细胞黏附和细胞周期调控的蛋白质。

核酸常与蛋白质结合形成核蛋白，核蛋白广泛存在于所有动植物细胞、微生物和病毒、噬菌体内。核酸不仅是基本的遗传物质，而且在蛋白质的生物合成上也举足轻重，因而在生长、遗传、变异等一系列重大生命现象中起着决定性作用。α-氨基酸是肽和蛋白质的构件分子，也是构成生命大厦的基本砖石之一。

14.1 氨基酸

氨基酸是羧酸分子中烃基上的氢原子被氨基取代的产物。根据氨基和羧基的相对位置不同，自然界存在的 300 多种氨基酸可分为α-氨基酸、β-氨基酸、ω-氨基酸等，其中α-氨基酸是构成蛋白质的基本单位。

$$\mathrm{R{-}\underset{NH_2}{\underset{|}{\overset{\alpha}{C}}}HCOOH} \qquad \mathrm{R{-}\underset{NH_2}{\underset{|}{\overset{\beta}{C}}}H\overset{\alpha}{C}H_2COOH} \qquad \mathrm{\underset{NH_2}{\underset{|}{\overset{\omega}{C}}}H_2(CH_2)_n\overset{\alpha}{C}H_2COOH}$$

α-氨基酸　　β-氨基酸　　ω-氨基酸

14.1.1 α-氨基酸的结构、分类和命名

天然蛋白质水解得到的α-氨基酸主要有 20 余种，其结构和俗名见表 14-1，表中带 * 号

的 8 种 α-氨基酸人体不能合成或合成速率不能满足人体需要，必须从食物中摄取，故称“必需氨基酸”。

$$\underset{\textstyle NH_2}{\underset{|}{R—CHCOOH}}$$

α-氨基酸

除甘氨酸外，α-氨基酸分子中的 α-C 为手性碳原子，因此具有旋光性。组成蛋白质的氨基酸都属于 *L* 型。α-氨基酸的构型习惯上用 *D*/*L* 标记法。如果用 *R*/*S* 来标记，则蛋白质中的氨基酸大多属于 *S* 型；而半胱氨酸、胱氨酸因硫的存在，基团优先顺序发生改变，为 *R* 型。

COOH H—┼—NH_2 R	COOH NH_2—┼—H R	COOH NH_2—┼—H H—┼—OH CH_3	COOH NH_2—┼—H HO—┼—H CH_3
D-α-氨基酸	*L*-α-氨基酸	*L*-苏氨酸	*L*-苏氨酸

α-氨基酸根据其分子中氨基和羧基的数目，可分为中性氨基酸、酸性氨基酸和碱性氨基酸。所谓中性氨基酸是指分子中氨基和羧基的数目相等。分子中氨基的数目多于羧基的即为碱性氨基酸，反之则是酸性氨基酸。如果按它们所含的烃基（R—）的类型，还可分脂肪族、芳香族和杂环族氨基酸三大类（烃基类型可见表 14-1）。

表 14-1　蛋白质水解得到的氨基酸的结构和俗名

氨基酸	缩写(代码)	汉字(代码)	结构式	等电点
甘氨酸 Glycine	Gly (G)	甘	CH_2COOH | NH_2	5.97
丙氨酸 Alanine	Ala (A)	丙	$CH_3CHCOOH$ | NH_2	6.02
*缬氨酸 Valine	Val (V)	缬	$(CH_3)_2CHCHCOOH$ | NH_2	5.97
*亮氨酸 Leucine	Leu (L)	亮	$(CH_3)_2CHCH_2CHCOOH$ | NH_2	5.98
*异亮氨酸 Isoleucine	Ile (I)	异亮	$CH_3CH_2CH—CHCOOH$ | | CH_3 NH_2	6.02
丝氨酸 Serine	Ser (S)	丝	$HOCH_2CHCOOH$ | NH_2	5.68
*苏氨酸 Threnine	Thr (T)	苏	$CH_3CH—CHCOOH$ | | OH NH_2	5.60
半胱氨酸 Cysteine	Cys (C)	半胱	$HSCH_2CHCOOH$ | NH_2	5.02
胱氨酸 Cystine	Cys-Cys	胱	SCH_2CHNH_2COOH | SCH_2CHNH_2COOH	5.06

续表

氨基酸	缩写(代码)	汉字(代码)	结构式	等电点
* 蛋氨酸 Methionnine	Met (M)	蛋	$CH_3SCH_2CH_2CH(NH_2)COOH$	5.06
天冬氨酸 Aspartic acid	Asp (D)	天冬	$HOOCCH_2CH(NH_2)COOH$	2.98
天冬酰胺 Asparaggine	Asn	门-NH_2	$H_2NCOCH_2CH(NH_2)COOH$	5.41
谷氨酸 Glutamic acid	Glu (E)	谷	$HOOCCH_2CH_2CH(NH_2)COOH$	3.2
谷酰胺 Glutamimine	Gln (Q)	谷-NH_2	$H_2NCOCH_2CH_2CH(NH_2)COOH$	5.70
* 赖氨酸 Lysine	Lys (K)	赖	$H_2NCH_2CH_2CH_2CH_2CH(NH_2)COOH$	9.74
羟基赖氨酸 Hydrolysine	Hyl	羟赖	$H_2NCH_2CH(OH)CH_2CH_2CH(NH_2)COOH$	9.15
* 精氨酸 Arginine	Arg (R)	精	$H_2N-C(=NH)-NH-CH_2CH_2CH_2CH(NH_2)COOH$	10.76
组氨酸 Histidine	His (H)	组	咪唑环(N-H)—$CH_2CH(NH_2)COOH$	7.59
* 苯丙氨酸 Phenylalanine	Phe (F)	苯丙	苯环—$CH_2CH(NH_2)COOH$	5.48
酪氨酸 Tyrosine	Tyr (Y)	酪	HO—苯环—$CH_2CH(NH_2)COOH$	5.67
色氨酸 Trytophan	Trp (W)	色	吲哚环(N-H)—$CH_2CH(NH_2)COOH$	5.88
脯氨酸 Proline	Pro (P)	脯	吡咯烷环(N-H)—COOH	6.30
羟基脯氨酸 HydroxyProline	Hyp	羟脯	HO—吡咯烷环(N-H)—COOH	6.33

注：表中标有“*”的氨基酸为必需氨基酸。这些氨基酸在人体（或其他脊椎动物）不能合成或合成速率较慢而不能满足需要，必须从食物中摄取，否则会影响机体生长和发育。

α-氨基酸的命名一般采用俗名，即根据其来源或性质命名。例如，天冬氨酸最初是在天门冬的幼苗中发现的，丝氨酸最初来自蚕丝，甘氨酸是由于甜度相当于蔗糖 40%而得名的。每个 α-氨基酸都有它的符号，国际通用的符号是由 α-氨基酸英文名字的前三个字母组成的（异亮氨酸、色氨酸、天冬酰胺、谷氨酰胺除外），如甘氨酸（Glycine）用 Gly 表示；氨基酸有单字母代号，例如：A 代表丙氨酸，C 代表半胱氨酸。A～Z 的 26 字母中用了除 B、J、O、U、X、Z 以外的 20 个字母代表常见氨基酸。中文符号由中文名略去“氨酸”两字来代替，如甘氨酸用“甘”字表示。这对表示多肽或蛋白质中 α-氨基酸的排列顺序颇为方便。

14.1.2 α-氨基酸的性质

α-氨基酸都是无色晶体，易溶于水，而难溶于乙醚、苯等有机溶剂，它们具有较高的熔点，且大多数在熔化时会发生分解。氨基酸分子中既含有氨基又含有羧基，因此它们应该具有胺和羧酸的典型反应。由于两个基团的相互影响，它还有一些特殊性质。例如，氨基酸分子中的氨基能发生烃基化、酰基化反应；氨基酸能与 HNO_2 作用定量地放出 N_2，测量放出 N_2 的体积，可以利用 N_2 的体积计算出氨基酸中氨基的含量［叫范斯来克（van Slyke）氨基测定法］；氨基酸能与甲醛反应，使自身碱性消失，然后可用碱来滴定，即可算出羧基的含量。氨基酸分子中的羧基可与醇反应生成酯，与胺反应生成酰胺；将 α-氨基酸小心加热或在高沸点溶剂中回流，可脱羧得胺。

$$R{-}CH(NH_2)COOH \xrightarrow{HNO_2} R{-}CH(OH)COOH + N_2$$

$$R{-}CH(NH_2)COOH \xrightarrow{HCHO} R{-}CH(NHCH_2OH)COOH \xrightarrow{-H_2O} R{-}CH(N{=}CH_2)COOH$$

$$R{-}CH(NH_2)COOH \xrightarrow{PhCH_2O{-}C(=O){-}Cl} PhCH_2OCONHCH(R)COOH \xrightarrow{H_2/Pt} R{-}CH(NH_2)COOH$$

$$R{-}CH(NH_2)COOH \xrightarrow{(CH_3)_3CO{-}C(=O){-}Cl} (CH_3)_3COCONHCH(R)COOH \xrightarrow{HCl} R{-}CH(NH_2)COOH$$

$$R{-}CH(NH_2)COOH \xrightarrow{2,4\text{-}(O_2N)_2C_6H_3F} 2,4\text{-}(O_2N)_2C_6H_3{-}NHCH(R)COOH$$

$$R{-}CH(NH_2)COOH \xrightarrow{PCl_5} RCH(NH_2)COCl$$

$$R{-}CH(NH_2)COOH \xrightarrow{PhCH_2OH} RCH(NH_2)COOCH_2Ph$$

此外，氨基酸受热反应类似于羟基酸，视氨基与羧基距离不同而失水或失氨。两分子 α-氨基酸失一分子水得到二肽，失两分子水得到哌嗪二酮衍生物（或叫交酰胺）；β-氨基酸和 γ-（或 δ-）氨基酸受热后的产物分别是 α,β-不饱和酸和内酰胺；而氨基与羧基距离更远的氨基酸受热后生成聚酰胺。

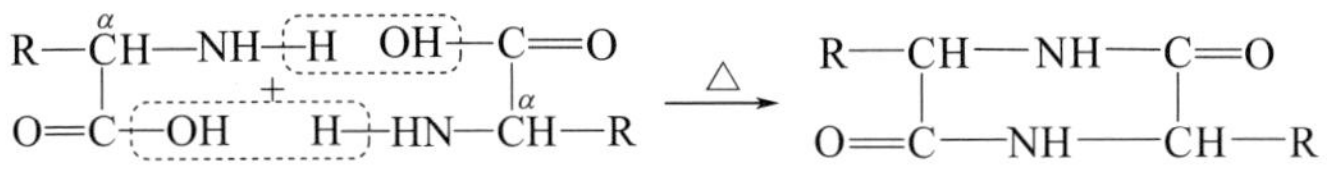

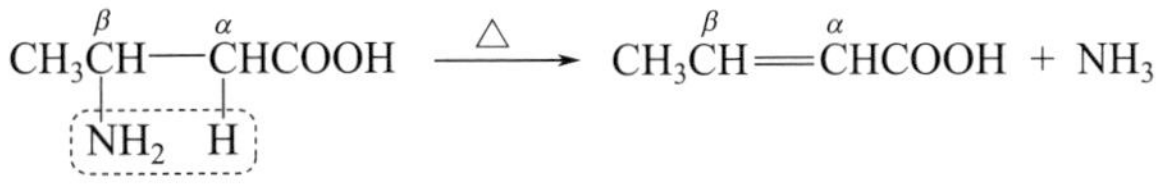

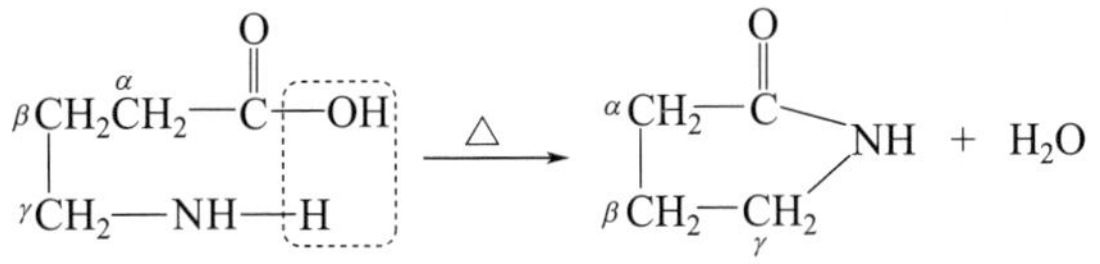

$$\text{R—}\overset{\alpha}{\text{CH}}\text{—NH—H} + \text{OH—C=O} ... \xrightarrow{\triangle}$$

$$\begin{array}{l} \text{R—}\overset{\alpha}{\text{C}}\text{H—NH—H}\quad \text{OH—C=O} \\ \text{O=C—OH}\quad\quad \text{H—HN—}\overset{\alpha}{\text{C}}\text{H—R} \end{array} \xrightarrow{\triangle} \begin{array}{l} \text{R—CH—NH—C=O} \\ \text{O=C—NH—CH—R} \end{array}$$

$$CH_3\overset{\beta}{C}H(NH_2)—\overset{\alpha}{C}H(H)COOH \xrightarrow{\triangle} CH_3\overset{\beta}{C}H=\overset{\alpha}{C}HCOOH + NH_3$$

$$\overset{\beta}{C}H_2\overset{\alpha}{C}H_2—C(=O)—OH,\ \overset{\gamma}{C}H_2—NH—H \xrightarrow{\triangle} \text{环}(\overset{\alpha}{C}H_2—C(=O)—NH—\overset{\gamma}{C}H_2—\overset{\beta}{C}H_2) + H_2O$$

γ-丁内酰胺

$$\overset{\beta}{C}H_2\overset{\alpha}{C}H_2—C(=O)—OH,\ \overset{\gamma}{C}H_2\overset{\delta}{C}H_2NH—H \xrightarrow{\triangle} \text{环}(\overset{\alpha}{C}H_2—C(=O)—NH—\overset{\delta}{C}H_2—\overset{\gamma}{C}H_2—\overset{\beta}{C}H_2) + H_2O$$

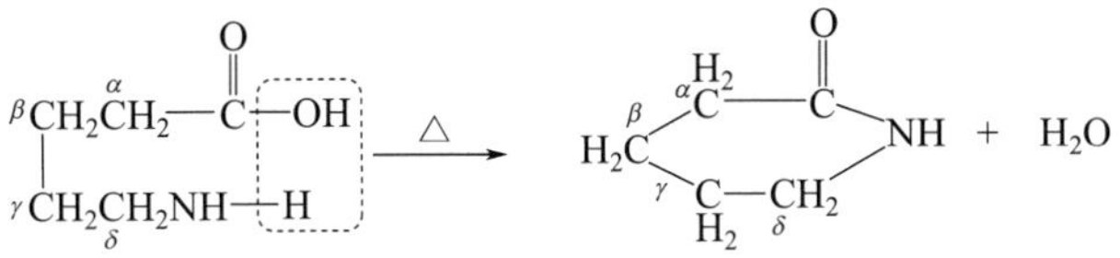

δ-戊内酰胺

$$nNH_2CH_2CH_2CH_2CH_2CH_2COOH \xrightarrow{\triangle} H\!\left[NHCH_2CH_2CH_2CH_2CH_2CO\right]_n\!OH + (n-1)H_2O$$

尼龙-6

氨基酸由于分子中氨基和羧基的相互影响，还表现出一些特殊的性质。

14.1.2.1 两性和等电点 氨基酸分子中氨基能与酸作用生成铵盐，羧基能与碱作用生成羧酸盐，因此氨基酸是两性物质。实际上在氨基酸分子内，氨基与羧基作用生成一个两性离子，氨基酸的晶体就是以两性离子的形式存在的，这种两性离子是分子内的氨基与羧基成盐的结果，故称为内盐。在水溶液中，氨基酸的两性离子存在下列平衡：

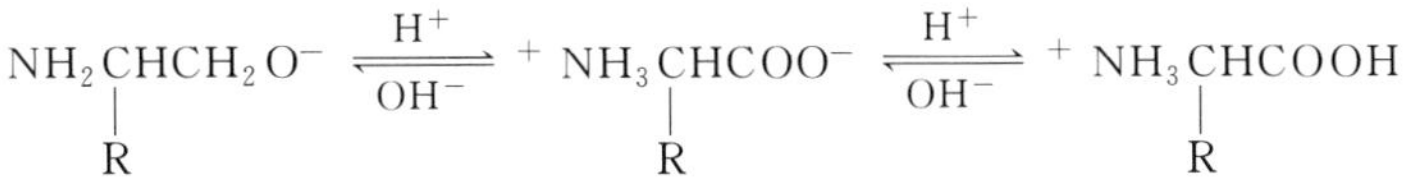

$$\underset{2}{\underset{R}{NH_2\underset{|}{C}HCH_2O^-}} \underset{OH^-}{\overset{H^+}{\rightleftharpoons}} \underset{1}{\underset{R}{{}^+NH_3\underset{|}{C}HCOO^-}} \underset{OH^-}{\overset{H^+}{\rightleftharpoons}} \underset{3}{\underset{R}{{}^+NH_3\underset{|}{C}HCOOH}}$$

在水溶液中加入酸时，氨基酸主要以阳离子的形式存在；加入碱则主要以阴离子的形式存在；当溶液调节至一定的 pH 时，氨基酸（2）和（3）的量相等，电解时氨基酸不移动，此时溶液的 pH 称为氨基酸的等电点，通常以 pI 表示。必须注意，氨基酸在纯水中的电离一般都不是它的等电点，要达到等电点必须加入酸或碱来调节。中性氨基酸的等电点小于 7，pI 一般在 5～6.3 之间；酸性氨基酸需加入酸将溶液调到等电点，pI 一般在 2.8～3.2 范围内；碱性氨基酸需加入碱将溶液调到等电点，一般 pI 在 7.6～10.8。各种氨基酸的结构不同，因而它们的等电点也不一样。常见氨基酸的等电点见表 14-1。在等电点处，氨基酸以内盐存在比例最大，彼此吸引不分散到水里，难溶剂化，溶解度最低，因而用调节等电点的方法，可以从氨基酸的混合物中分离出某些氨基酸。

14.1.2.2 与水合茚三酮的反应 α-氨基酸在碱性溶液中与水合茚三酮作用，能生成蓝紫色的产物。这是鉴别 α-氨基酸的灵敏方法。

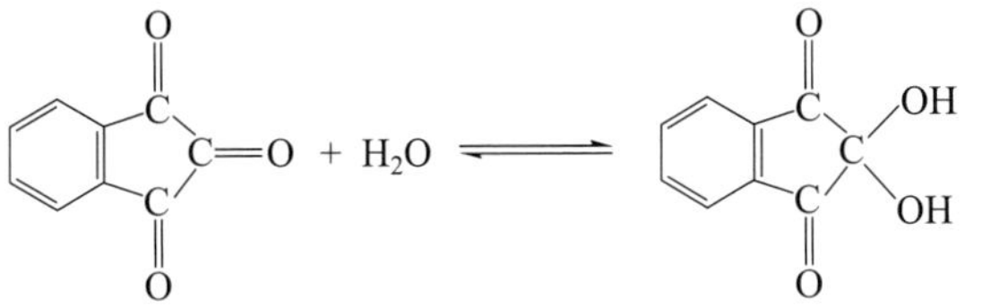

$$\text{茚三酮} + H_2O \rightleftharpoons \text{水合茚三酮}$$

茚三酮　　　　水合茚三酮

$$2\ \text{(茚三酮)} + NH_2CHCOOH(R) \longrightarrow \text{蓝紫色物质}$$

蓝紫色物质

14.1.3 α-氨基酸的制备

α-氨基酸是组成蛋白质的基本单位，因此将蛋白质在酸、碱或酶的作用下彻底水解，可以得到各种α-氨基酸的混合物。将混合物用色层分离法、离子交换法、电泳法等方法分离，即可分别得到各种α-氨基酸。近几十年来用微生物发酵和酶生产α-氨基酸的方法发展很快，目前已能生产十多种α-氨基酸。此外，合成法制备α-氨基酸主要有以下几种。

14.1.3.1 α-卤代酸的氨解与盖布瑞尔合成

$$RCH_2COOH \xrightarrow{X_2,\ P} \underset{X}{RCHCOOH} \xrightarrow{NH_3} \underset{NH_2}{RCHCOOH}$$

α-卤代酸的氨解有少量仲胺、叔胺的副产物生成，如用盖布瑞尔法代替，则能得到较纯的α-氨基酸。

$$\text{邻苯二甲酰亚胺(NH)} \xrightarrow{\underset{X}{RCHCOOH}} \text{邻苯二甲酰亚氨基}-N-\underset{R}{CHCOOH} \xrightarrow{H_3O^+} \underset{NH_2}{RCHCOOH} + \text{邻苯二甲酸}(COOH, COOH)$$

14.1.3.2 由丙二酸酯制备

（1）邻苯二甲酰亚胺丙二酸酯法　先将丙二酸酯转化成邻苯二甲酰亚胺丙二酸酯，然后进行烷基化、水解、再脱羧，即可得到α-氨基酸。与α-卤代酸氨解比较，两种方法都用到邻苯二甲酰亚胺钾，但本法的烃基是后加上的。

$$\text{邻苯二甲酰亚胺(NH)} \xrightarrow{\underset{X}{CH(COOEt)_2}} \text{邻苯二甲酰亚氨基}-N-CH(COOEt)_2 \xrightarrow{R-X} \text{邻苯二甲酰亚氨基}-N-\underset{R}{CHCOOH} \xrightarrow{H_3O^+} \underset{NH_2}{RCHCOOH}$$

（2）乙酰氨基丙二酸酯法　丙二酸二乙酯先与亚硝酸作用得到两种同分异构体，经催化加氢后与乙酸酐作用，再在碱存在下与卤代烃作用，产物水解脱羧，制得α-氨基酸（例如卤代烃为苄卤时，得到苯丙氨酸）。该中间体还可以在醇钠存在下与甲醛加成，产物水解脱羧，得到丝氨。

$$CH_2(COOEt)_2 \xrightarrow{HNO_2} \left[\underset{CH(COOEt)_2}{N{=}O} \rightleftharpoons \underset{C(COOEt)_2}{N{-}OH} \right] \xrightarrow{H_2,\ Pt} \underset{CH(COOEt)_2}{NH_2} \xrightarrow{Ac_2O}$$

$$CH_3-\overset{O}{C}-NHCH(COOEt)_2 \xrightarrow[(2)RBr]{(1)NaOEt} CH_3-\overset{O}{C}-NH\overset{R}{C}(COOEt)_2 \xrightarrow[(2)H_3O^+,\ \triangle]{(1)OH^-,\ H_2O} \underset{NH_2}{RCHCOOH}$$

$$CH_3-\overset{O}{C}-NHCH(COOEt)_2 \xrightarrow[(2)HCHO]{(1)NaOEt} CH_3-\overset{O}{C}-NH\overset{CH_2OH}{C}(COOEt)_2 \xrightarrow[(2)H_3O^+,\ \triangle]{(1)OH^-,\ H_2O} HOCH_2\underset{NH_2}{CH}COOH$$

(3) Schmidt 重排制伯胺法　从丙二酸酯出发，应用 Schmidt 重排制伯胺法，也可制氨基酸。

$$\mathrm{RCH(COOEt)_2} \xrightarrow{\mathrm{OH^-,H_2O}} \xrightarrow[\text{以免脱羧}]{\mathrm{H_3O^+}\ \text{不加热}} \mathrm{RCH(COOH)_2} \xrightarrow[\mathrm{H_2SO_4}]{\mathrm{NH_3}} \mathrm{RCH(NH_2)COOH}$$

14.1.3.3　斯瑞克法　斯瑞克法（Strecker A）以醛为原料，经氰化、氨化（次序可互换，或者同时加氢氰酸、氨）和水解可以制得 α-氨基酸。

$$\mathrm{RCHO} \begin{cases} \xrightarrow{\mathrm{HCN}} \mathrm{RCH(OH)CN} \xrightarrow{\mathrm{NH_3}} \\ \xrightarrow{\mathrm{NH_3}} \mathrm{RCH{=}NH} \xrightarrow{\mathrm{HCN}} \end{cases} \mathrm{RCH(NH_2)CN} \xrightarrow{\mathrm{H_3O^+}} \mathrm{RCH(NH_2)COOH}$$

14.2　多肽

α-氨基酸分子间的 α-氨基与 α-羧基脱水，通过酰胺键相连而成的化合物称为肽。连接 α-氨基酸单元的酰胺键又叫做肽键。由两个 α-氨基酸形成的肽叫二肽，由多个 α-氨基酸形成的肽叫多肽。在肽链中，有游离氨基的一端称为 N 端（又叫氨基端、氨端）；有游离羧基的一端称为 C 端（又叫羧基端、羧端）。写肽链时规定把 N 端写在左边，C 端写在右边。

链状结构（主链）的每个氨基酸单元称为氨基酸“残基”，R 基称为“侧链”，

多肽的命名是以含 C 端的氨基酸为母体，把肽链中其他氨基酸的“酸”字改为“酰”字，按在链中由 N 端到 C 端的排列顺序写在母体名称之前。如：丙氨酰苯丙氨酰甘氨酸三肽可以简写为丙-苯-甘，短横还可换成圆点，即也可以简写为丙·苯·甘。

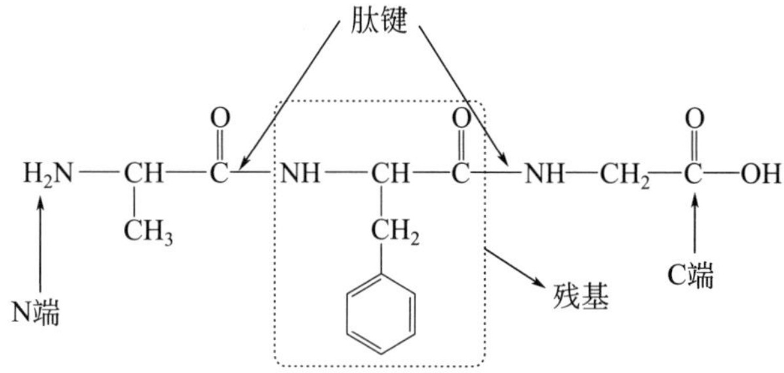

丙氨酰苯丙氨酰甘氨酸(丙-苯-甘)三肽

蛋白质也是由许多氨基酸通过肽键连接而成的，与多肽比较，蛋白质具有更长的肽链，分子量一般大于 10000，具有完整生物学功能并有稳定三级结构。蛋白质部分水解，可以得到多肽，因此研究多肽是了解蛋白质结构的重要步骤。在人和动物体中，许多激素都是多肽。例如，胰岛素是五十一肽，促肾上腺皮质激素是三十九肽、小胃泌素是十七肽、生长抑制素是十四肽。因此，研究并合成多肽，对于合成蛋白质乃至探索生命现象，都有重大的科学意义。

14.2.1　多肽结构的测定

要测定一个多肽的结构，首先要知道这个多肽分子是由哪些氨基酸组成的，然后再确定这些氨基酸在多肽分子中的排列顺序。

将多肽在酸性溶液中进行水解，可以得到各种氨基酸的混合物，再用色谱法分离并确定它是由哪几种氨基酸组成的以及它们的相对含量，然后根据测定的多肽的分子量，就能算出这个多肽中所含的各种氨基酸的数目。至于这些氨基酸在多肽分子中的排列次序，则是通过端基分析的方法，并配合部分水解法加以确定的。

端基分析法就是选用适当的分析方法，确定多肽链的两端，即 N 端和 C 端，是哪两种氨基酸。

测定 N 端的一种方法是桑格法（桑格，Sanger F，1918—2013 年，英国科学家，由于发现胰岛素分子结构和确定核酸的碱基排列顺序及结构而分别获 1958 年和 1980 年的诺贝尔化学奖），即利用 2,4-二硝基氟苯（DNFB）与多肽分子中 N 端的游离氨基作用，然后水解，得到一个黄色的 *N*-(2,4-二硝基苯基）氨基酸（简称氨基酸的 DNP 衍生物），通过纸色谱就可确定 N 端是哪一个氨基酸。桑格法的缺点是确定 N 端氨基酸的同时，所有肽键在水解时全部破坏。

$$O_2N-C_6H_3(NO_2)-F + H_2N\underset{\displaystyle R}{\underset{|}{C}}HCO-\text{肽} \longrightarrow O_2N-C_6H_3(NO_2)-NH\underset{\displaystyle R}{\underset{|}{C}}HCO-\text{肽} + HF$$

$$O_2N-C_6H_3(NO_2)-NH\underset{\displaystyle R}{\underset{|}{C}}HCO-\text{肽} \xrightarrow{HCl/H_2O} O_2N-C_6H_3(NO_2)-NH\underset{\displaystyle R}{\underset{|}{C}}HCOOH + \text{氨基酸混合物}$$

测定 N 端的另一种方法是爱德曼提出的爱德曼降解法，用异硫氰酸苯酯在 pH 为 8 时，与肽的 N 端氨基反应，然后用氯化氢、无水有机溶剂处理，关环，肽链 N 端被选择性地切断，余下肽链中的酰胺键不受影响。接着用有机溶剂将该衍生物萃取出来，衍生物在酸作用下继续反应，生成一个稳定的苯基乙内酰硫脲衍生物（也是咪唑衍生物）。用电泳法分析生成的 PTH 氨基酸，可以鉴定出是哪一个氨基酸；“拉一个测一个”，可测六十肽以下多肽的氨基酸顺序。

$$H_2N\underset{\displaystyle R}{\underset{|}{C}}HCO-\text{肽} \xrightarrow{C_6H_5-NCS} \underset{\text{苯基硫脲衍生物}}{C_6H_5NH-\underset{\displaystyle S}{\underset{\|}{C}}-NH\underset{\displaystyle R}{\underset{|}{C}}HCO-\text{肽}} \xrightarrow{HCl} \text{(}C_6H_5-N\text{、}C(=S)\text{、}NH\text{、}CH-R\text{、}C=O\text{ 组成的五元环)} + \text{少一个氨基酸的肽}$$

C 端的测定常利用羧肽酶法。羧肽酶可选择性地将 C 端氨基酸水解下来，剩下少一个 α-氨基酸单元的多肽链，在新 C 端继续水解，可以确定原来 C 端的第二个 α-氨基酸单元。

如上所述，经端基分析后降解了的多肽链，可以反复地进行端基分析，这样就能确定多肽链中氨基酸的排列顺序。但是，对于很长的肽链来说，还要结合部分水解法，即先将多肽部分水解成较短的肽链，然后用端基分析法确定这些较小的肽链中氨基酸的排列顺序，最后推出原来多肽分子中各种氨基酸的排列顺序。

14.2.2 多肽的合成

要合成一种与天然多肽相同的化合物，必须把不同的氨基酸按照我们指定的顺序连接起来。当一种氨基酸与另一种氨基酸进行反应时，可能有四种不同的产物。如甘氨酸和丙氨酸脱水缩合，则得到四种二肽的混合物。为了使反应按设想的方向进行，就必须将不希望发生反应的基团加以保护，同时把要发生反应的基团活化，使反应在温和的条件（例如室温）下进行。连有保护基团的氨基酸不再是两性离子，可以溶解在有机溶剂里。

14.2.2.1　氨基的保护　保护氨基用的试剂为氯甲酸苄酯（$PhCH_2OCOCl$，又叫苄氧甲酰氯，由光气与苄醇制得，简写为 ZCL 或 CbzCl）。保护基团可用钯/碳催化氢解为甲苯、CO_2，或用氢溴酸-醋酸水解去掉。相关内容参见氨基酸的化学性质。

保护氨基还可用叔丁氧羰基（缩写为 Boc）法，具体试剂是叔丁氧甲酰氯，或叔丁氧羰基叠氮。去掉保护基只能用稀酸液水解的方法，保护基部分转化为异丁烯、二氧化碳。相关内容参见氨基酸的化学性质。

14.2.2.2　羧基的保护和氨基的活化　保护羧基可用醇（甲醇、乙醇、苄醇）或异丁烯与羧酸反应生成酯。酯比酰胺易水解，接肽完成后，甲酯用稀碱室温下水解，苄酯通过钯/碳催化氢解、叔丁酯三氟乙酸存在下温和水解，都可除去保护基。另外，在碱性溶液中，羧基变成羧基负离子降低了羧基的活性，同时，使氨基游离出来，活化了氨基。

14.2.2.3　羧基的活化　羧基形成酰胺键的能力比较弱，氨基和羧基不容易反应，需要高温脱水，因此要使肽键顺利生成，通常需要活化羧基。

（1）DCC 接肽法　DCC（二环己基碳化二亚胺）是常用的脱水缩合剂，它可使羧基活化，生成的中间体像酰化剂一样具有高度活泼性，可顺利地与另一个氨基酸形成肽键。例如，经过下列步骤可制甘丙二肽：

① 甘氨酸的氨基保护；

② 保护了氨基的甘氨酸加活化剂 DCC；

③ 甘氨酸羧基活化后，加保护了羧基的丙氨酸，反应中原来 DCC 部分以二环己基脲离去；

④ 催化氢解，一步去掉两个保护基，得到目标产物。

$(CH_3)_3CO-C(=O)-NHCH(R)C(=O)-OH$ —[C₆H₁₁—N=C=N—C₆H₁₁ (DCC)]→ $(CH_3)_3CO-C(=O)-NHCH(R)C(=O)-O-C(=N-C_6H_{11})-NH-C_6H_{11}$

活性酰化中间体

—[$NH_2CH(R')COOCH_3$]→ $(CH_3)_3CO-C(=O)-NHCH(R)C(=O)-NHCH(R')COOCH_3$ + C₆H₁₁—NH—C(=O)—NH—C₆H₁₁

HCl ↓ $NH_2CH(R)C(=O)-NHCH(R')COOH$

二肽

△ ↓ *N*,*N*′-二环己基脲 $-H_2O$ → C₆H₁₁—N=C=N—C₆H₁₁

(DCC)

（2）活泼羧酸衍生物接肽法　使羧基活化的其他方法还有用亚硫酰氯、氯甲酸乙酯、对硝基苯酚让氨基酸生成酰氯、混合酸酐、活泼酯。酰氯、酸酐、酯与另一分子氨基酸的氨基反应，都比羧基与氨基反应形成酰胺键容易，酰氯反应时副产物多些。接肽时 C 端氨基酸羧基有时也可不加保护。

$$C_6H_5CH_2OCONHCH(R)COOH \xrightarrow[\text{或}PCl_3]{SOCl_2} C_6H_5CH_2OCONHCH(R)COCl$$

$$C_6H_5CH_2OCONHCH(R)COOH \xrightarrow{ClCOOC_2H_5} C_6H_5CH_2OCONHCH(R)COOCOOC_2H_5$$

$$C_6H_5CH_2OCONHCH(R)COOH \xrightarrow{HO-C_6H_4-NO_2} C_6H_5CH_2OCONHCH(R)COO-C_6H_4-NO_2$$

14.3 蛋白质

蛋白质是一类含氮的天然高分子化合物，是生命活动的物质承担者，起着两方面决定性的作用，一是起组织结构的作用（人体组织、器官无一不含蛋白质，如角蛋白组成皮肤、毛发、指甲，骨胶蛋白组成腱、骨，肌球蛋白组成肌肉等，蛋白质是人体组织更新和修补的主要原料），二是起生物调节作用（维持肌体正常的新陈代谢和各类物质在体内的输送，如各种酶对生物化学反应起催化作用，血红蛋白在血液中输送氧气等）。此外蛋白质还有氧化供能作用。

14.3.1 蛋白质的元素组成

蛋白质的结构极其复杂，生理功能很多，但其组成元素主要是 C、H、O、N 四种，很多重要的蛋白质含有 P、S 元素，少数含有 Fe、Cu、Mn、Zn、I 等元素。生物组织中的氮元素，几乎都存在于蛋白质分子中，而且蛋白质含氮量都很接近，平均含量为 16%，因此，生物组织每含 1g 氮，就大约相当于含 100/16=6.25g 的蛋白质，通常将 6.25 称为蛋白质系数（*CF*）。在化学分析时，只要测出生物样品中的含氮量，就可由蛋白质系数换算出样品中蛋白质的大致含量。

14.3.2 蛋白质的分类

蛋白质的来源各异，种类繁多。根据其化学组成的不同，可分为单纯蛋白质和结合蛋白质两大类。单纯蛋白质是指仅由氨基酸组成、水解后除氨基酸外没有其他物质的一类蛋白质，如球蛋白、白蛋白等。结合蛋白质是由单纯蛋白质与非蛋白质部分结合而成的，非蛋白质部分称为辅基。按辅基的不同，结合蛋白质又可分为若干类，对应的辅基及主要存在的组织成分见表 14-2。

表 14-2 结合蛋白质的辅基及主要存在的组织成分

结合蛋白质	辅基	主要存在的组织成分
核蛋白	核酸	生物体细胞核与细胞质
色蛋白	有色化合物	叶绿蛋白、血红蛋白
脂蛋白	脂类化合物	人和动物组织和体液，如高密度脂蛋白
糖蛋白	糖类化合物	人和高等动物组织与体液
磷蛋白	磷酸	酪蛋白、卵黄等
金属蛋白	金属离子	铁蛋白、铜蓝蛋白

蛋白质根据形状不同可分为纤维蛋白和球蛋白，如丝、毛发、羽毛中的蛋白质属于纤维蛋白，蛋清蛋白、血清蛋白等属于球蛋白。另外，蛋白质根据生理作用不同，起催化作用的叫酶，起调节作用的叫激素，起免疫作用的叫抗体，起构造作用的叫结构蛋白。

14.3.3 蛋白质的结构

蛋白质的分子量很大，最小的在一万左右，大的可达数千万。人体内的蛋白质约有几百万种，但其结构已研究清楚的只有极少数。蛋白质结构分为一级、二级、三级和四级结构。一级结构叫初级结构，二级、三级、四级结构统称蛋白质的高级结构或空间结构，蛋白质的生理作用、不稳定性和容易变性等特征，主要与它们的高级结构有关。

14.3.3.1 一级结构　蛋白质分子中各种不同的氨基酸按一定的排列顺序，通过肽键互相结合而构成的多肽链，这称为蛋白质的一级结构，它是蛋白质最基本的结构。对于一个确定的蛋白质，组成它的氨基酸种类、数量及排列顺序都是确定的，不能任意改变。

14.3.3.2 二级结构　多肽链中含有许多肽键，一个肽键中氨基的氢能和相隔一定距离的另一个肽键中羰基的氧形成氢键（CO…HN），因此组成蛋白质的多肽链，并不以直线形的形式存在，而是借助于氢键使肽链卷曲盘旋和折叠，形成一定的空间结构的。肽链的这种依靠氢键缔合后的空间排列情况叫做蛋白质的二级结构。蛋白质的二级结构主要有两种方式，一种是绕成螺旋形的，叫 α-螺旋（见图 14-1），另一种是将肽链拉在一起的叫 β-折叠（见图 14-2）。此外还有部分蛋白质以无规则卷曲的形式存在。

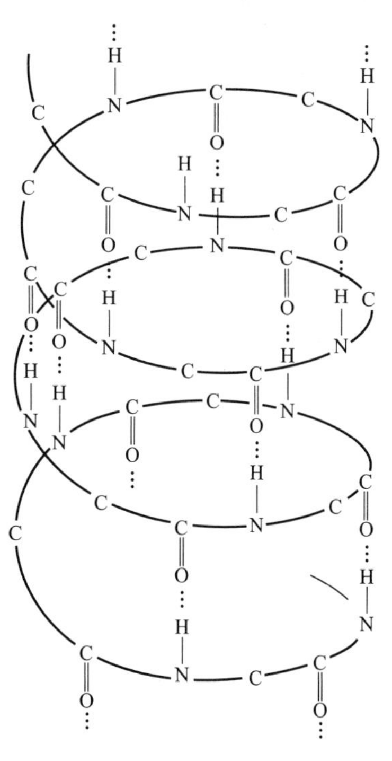

图 14-1　α-螺旋

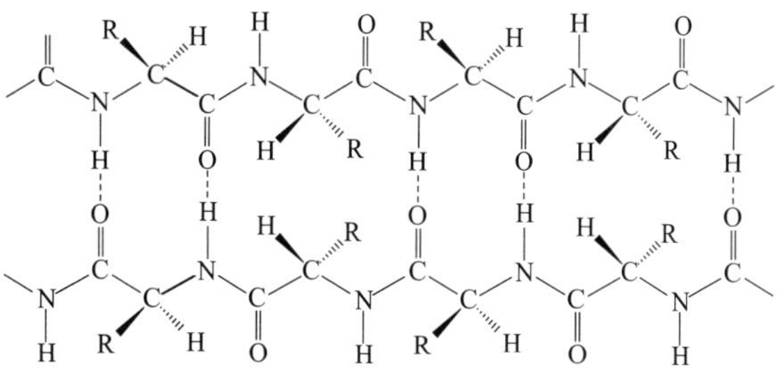

图 14-2　β-折叠

14.3.3.3 三级结构　蛋白质的三级结构是在二级结构基础上，进一步扭曲折叠成为更复杂的结构，即“螺旋的螺旋”。形成三级结构的作用力有静电引力（盐键）、憎水基团间的亲和力、二硫键（—S—S—）以及氢键等，这些作用力比共价键弱得多，常称为次级键或副键，如图 14-3 所示。在扭曲折叠时，蛋白质倾向于把亲水的极性基团暴露于表面，而疏水的非极性基团包在中间。球状蛋白质往往比纤维状蛋白质扭折得更厉害。

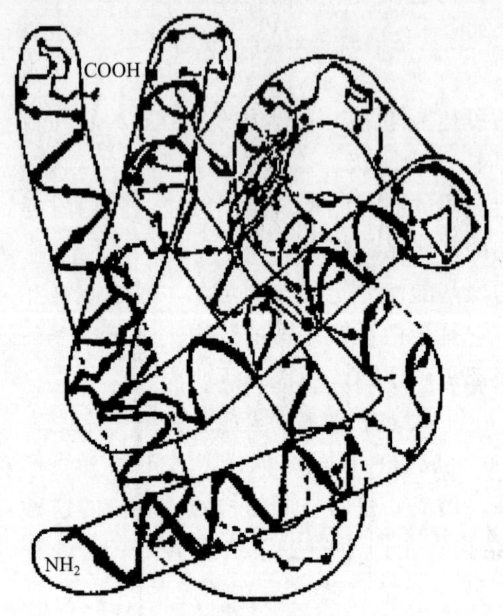

图 14-3　肌红蛋白三级结构

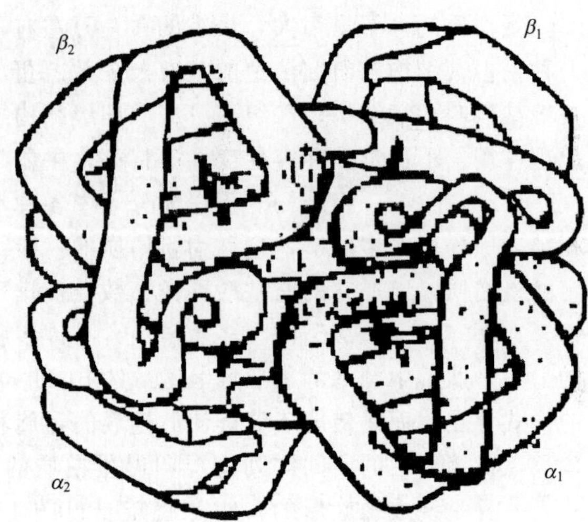

图 14-4　血红蛋白的四级结构

14.3.3.4　四级结构　蛋白质的四级结构是指由两条或两条以上具有三级结构的多肽链，以非共价键聚集成特定构象的蛋白质分子。其中每条多肽链称为亚基。例如血红蛋白的分子量为 68000，它由两条 α-链和两条 β-链组成，是一个含有两种不同亚基的四聚体（如图 14-4 所示）。

14.3.4　蛋白质的性质

蛋白质是由氨基酸组成的高分子化合物，不管其肽链有多长，链端仍有游离的氨基和羧基存在。另外，在肽链的侧链中含有未结合的极性基团，如谷氨酸的羧基，赖氨酸的氨基等。因此蛋白质既表现出与氨基酸相似的性质（如两性），又表现出作为大分子化合物的特性。

14.3.4.1　两性和等电点　蛋白质分子在酸性溶液中能电离成阳离子，在碱性溶液中能电离成阴离子，可表示如下。（$\boxed{P}$为不包含两个端基的蛋白质分子）。

$$\underset{pH>pI}{H_2N-\boxed{P}-COO^-} \underset{OH^-}{\overset{H^+}{\rightleftharpoons}} \underset{pH=pI}{H_3\overset{+}{N}-\boxed{P}-COO^-} \underset{OH^-}{\overset{H^+}{\rightleftharpoons}} \underset{pH<pI}{H_3\overset{+}{N}-\boxed{P}-COO^-}$$

在某一 pH 溶液中蛋白质成两性分子，这时溶液的 pH 就是该蛋白质的等电点 pI。

各种蛋白质分子中所含碱性氨基和酸性羧基的数目不同，因而等电点也各不相同。一般来说，蛋白质含较多的碱性基团，其等电点的值较大，而含较多的酸性基团，则其等电点的值较小，不过多数蛋白质等电点接近于 5。蛋白质在等电点时，有其特殊的理化性质，如水溶性最小，在电场中既不向阳极移动，也不向阴极移动。因此，利用蛋白质的两性和等电点，可以分离、提纯蛋白质。常见蛋白质的等电点见表 14-3。

表 14-3 常见蛋白质的等电点

蛋白质	等电点(pI)	蛋白质	等电点(pI)
胃蛋白酶	1.1	胰蛋白	5.3
酪蛋白	3.7	血红蛋白	6.8
卵白蛋白	4.7	核糖核酸酶	9.5
血清蛋白	4.8	溶菌酶	11.0

14.3.4.2 胶体性质 蛋白质分子颗粒的直径一般为几个纳米，已达到胶粒范围（1～100nm），因而蛋白质溶液有胶体性质。

蛋白质溶液是胶体溶液，它具有一定稳定性，主要原因是：

① 蛋白质分子中含有许多亲水基如羧基、氨基、羟基等，它们处在颗粒表面，在水溶液中能起水合作用形成水化膜，增强了蛋白质溶液的稳定性；

② 蛋白质是两性化合物，颗粒表面都带有电荷，由于同性电荷相互排斥，使蛋白质分子间不会互相凝聚成更大的颗粒沉降。

不同的蛋白质分子所带的电荷量是不同的，因此可以用电泳技术来分离、提纯各种蛋白质。此外还可以采用半透膜渗析法来纯化蛋白质。蛋白质溶液的胶体性质在生命活动中起着极为重要的作用。

14.3.4.3 可逆与不可逆变性 蛋白质的变性是指蛋白质受物理、化学因素作用而引起次级键破坏、构象改变，导致性质改变，其物理因素包括加热、强烈振荡搅拌、紫外线或X射线的照射、高压、超声波、脱水等，化学因素包括加强酸、强碱、重金属盐、乙醇、丙酮、尿素、十二烷基磺酸钠、NaCl、$(NH_4)_2SO_4$、Na_2SO_4 等。

现在人们认为，蛋白质的变性是蛋白质的二级、三级结构有了改变或遭受破坏，结果使肽链松散开来，导致蛋白质一些理化性质的改变和生物活性的丧失。蛋白质变性后，由于肽链松开，原来处于结构内部的疏水基外翻，从而使水溶性大为降低；胶体溶液的黏度便明显增高，在人体内便于水解酶的作用，从而易于消化。

蛋白质变性作用的最初阶段程度较轻，去除变性因素后，有些（并非全部）蛋白质仍可恢复或部分恢复其原有的构象和功能（复性），这是可逆的变性。许多蛋白质变性后，空间构象严重破坏，不能复原，称为不可逆变性。蛋白质的沉淀也是一种变性，例如，盐析法造成的蛋白质沉淀是可逆的，用重金属离子引起的蛋白质沉淀则是不可逆的。

蛋白质的变性和沉淀密切相关。蛋白质在发生沉淀的同时常常会发生变性；而蛋白质发生变性的同时却不一定产生沉淀，例如蛋白质溶液受强酸或强碱作用变性后，常由于带同性电荷而仍留在溶液中，不析出沉淀。

14.3.4.4 水解 蛋白质溶液在酸或碱存在下，其各级结构能发生彻底破坏，最后水解成为各种氨基酸的混合物。但在酶的作用下水解，可以得到胨、多肽等一系列中间产物的混合物。

14.3.4.5 显色反应 蛋白质能发生多种显色反应，这些反应可以用来鉴别蛋白质，也可以定量分析蛋白质（见表 14-4）。

表 14-4 蛋白质的显色反应

反应名称	试剂	颜色	反应基团	反应物
茚三酮反应	水合茚三酮反应	蓝紫色	氨基＋羧基	α-氨基酸
缩二脲反应	NaOH＋稀 $CuSO_4$	红紫色	2 个以上的肽键	所有蛋白质

续表

反应名称	试剂	颜色	反应基团	反应物
黄蛋白反应	浓 $HNO_3(+NH_3)$	黄色，遇碱黄色加深，为橘色	苯基	有苯环的氨基酸
米隆反应	$HgNO_3 + HNO_3$ 或 $HgNO_2+HNO_2$	砖红色的沉淀	酚基	有苯酚结构氨基酸
醋酸铅反应	NaOH+AcPb	黑色硫化铅沉淀	硫	含硫蛋白质

14.4 酶

酶是生物体内的物质发生各种生物化学转化的催化剂，即生物催化剂，在生物体的新陈代谢过程中起着极为重要的作用。

绝大多数酶是具有特殊生物活性的蛋白质。目前，已发现的酶有 3000 多种，已提纯成为晶体的酶有 130 多种，但是单独加以利用的酶仅数十种。

14.4.1 酶的分类和命名

酶的分类方法通常有两种：①根据酶催化反应的类型，可将酶分为水解酶、氧化还原酶、转化酶、裂解酶、异构酶和连接酶六类；②根据酶的化学组成，可分成单纯酶和结合酶两类。单纯酶是指由纯蛋白质组成的酶，其催化活性仅由蛋白质结构决定，如尿素酶、胃蛋白酶等。而结合酶的组成，除蛋白质部分外，还含有非蛋白质的物质，这种非蛋白质的物质叫辅酶。辅酶按化学组成可分为两类，一类是无机的金属元素，如铜、锌、锰等，另一类是低分子量的有机物，如血红素、叶绿素、某些维生素（如维生素 B_1、维生素 B_2、维生素 B_6、维生素 B_{12} 等）。结合蛋白酶的催化作用是由酶蛋白和辅酶共同配合完成的，如果把辅酶除去，单独的酶蛋白就会失去活性。

酶习惯上按它所作用的底物来命名。例如，催化水解淀粉的酶便叫淀粉酶，催化水解蛋白质的酶叫蛋白酶等。

14.4.2 酶的催化特点

酶具有一般催化剂的性质，例如反应前后其化学组成不变，它同时加快正、逆反应速率，只能缩短到达平衡的时间而不能改变平衡常数等。但酶还具有一些区别于一般催化剂的性质。

① 极高的催化活性。酶的催化效率比普通催化剂高 107～1013 倍，而且反应在常温常压的生理环境中进行。

② 高度的专一性。一般催化剂往往可催化多种反应，但酶具有高度专一性，能催化水解淀粉的唾液淀粉酶却不能催化水解纤维素，更不能催化水解蛋白质。一种酶只能对一种旋光异构体或几何异构体起催化作用，而对另一种旋光异构体或几何异构体则毫无作用。

③ 高度不稳定性和酶活性的可调控性。酶是蛋白质，在高温、强酸、强碱等环境中容易失去活性。生物体能通过抑制剂、反馈、共价修饰调节，以及酶原激活及激素控制等，自动调控酶活性，以适应环境变化，保持正常的生命活动。这些特点与蛋白质结构有关，酶蛋白分子中有一个适合于与底物结合，并便于进行反应的区域，称为酶的活性中心。活性中心

具有一定的大小和空间结构，以及有若干与底物结合的位点（如氢键、范德华引力等结合点），如同锁的钥匙孔，只允许具有一定结构的底物分子像钥匙一样与之结合，从而保证了作用底物的专一性。当外界环境改变影响了酶的结构，特别是影响到活性中心部位时，酶的催化活性就会下降或全部丧失。

14.4.3 酶制剂

人类应用酶已经有几千年的历史，在酿酒、制酱、制乳酪以至某些疾病的防治方面都积累了丰富的经验。酶作为催化剂的反应具有许多优点。酶制剂是指从生物体内提取出来的酶制品，涉及食品、饲料、纺织、造纸、皮革、医药、洗涤剂、化工、酿造、环保、淀粉糖工业等领域。目前的酶制剂都属于降解酶，因此，科学上正致力于研究开发能合成高分子化合物的合成酶，它是人类研究制造生命所不可缺少的一个重要方面。与此同时，化学仿生学已提出制造“仿酶”这一重大课题，即模拟出具酶功能的高效人工催化剂，例如制环多胺型仿酶金属配合物，合成高分子仿硒酶。

14.5 核酸

核酸存在于一切生物体中。核酸因在细胞核中发现，又有酸性而得名。常与蛋白质结合成核蛋白。

14.5.1 核酸的组成

核酸是高分子化合物，分子量可高达 10^9，一般是几十万到几百万。核酸由碳、氢、氧、氮、磷 5 种元素组成，其中磷含量平均为 9.5%，测定含磷量可算出核酸的含量。构成核酸的单体是核苷酸，它是由核苷和磷酸组成的，而核苷则由戊糖和碱基缩合而成。核酸的分步水解产物为：

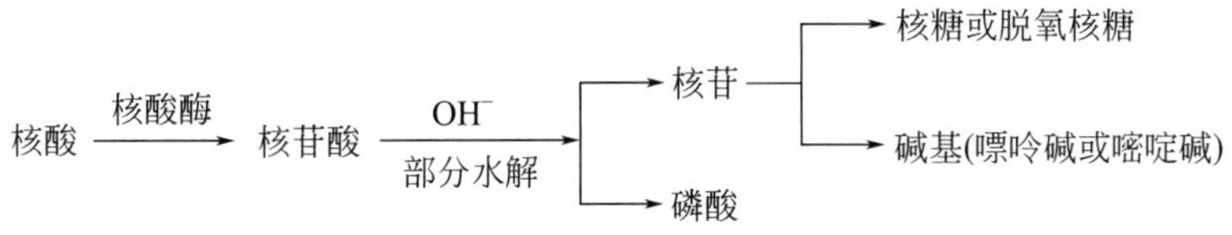

核酸 —核酸酶→ 核苷酸 —OH^-，部分水解→ 核苷（→ 核糖或脱氧核糖；→ 碱基(嘌呤碱或嘧啶碱)）；磷酸

碱基主要有嘌呤碱（腺嘌呤和鸟嘌呤）、嘧啶碱（尿嘧啶、胞嘧啶和胸腺嘧啶），这 5 种碱基都有酮式和烯醇式异构体，哪一种为主取决于溶液的 pH。在生物体中（pH≈7±2），嘧啶碱以酮式为主。

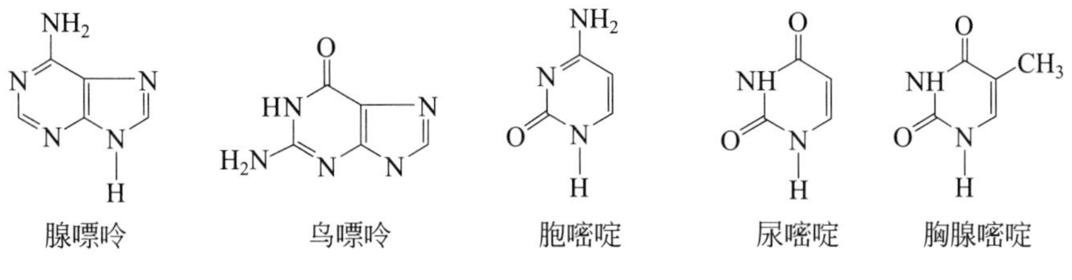

腺嘌呤　　鸟嘌呤　　胞嘧啶　　尿嘧啶　　胸腺嘧啶

14.5.2 核酸的分类

核酸按水解得到戊糖的不同分为两类。水解后得到 *D*-核糖的，叫核糖核酸（简称 RNA）；水解后得到 *D*-2-脱氧核糖的，叫脱氧核糖核酸（简称 DNA）。

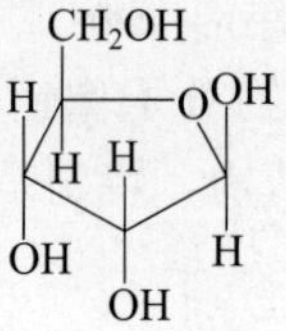

β-*D*-核糖 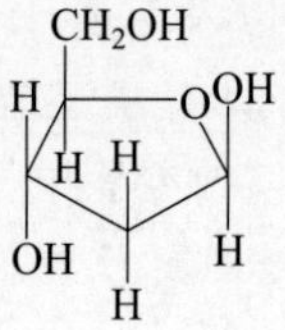　　β-*D*-2-脱氧核糖

由 *D*-核糖与碱基生成的核苷，称为核糖核苷，RNA 中没有胸腺嘧啶。

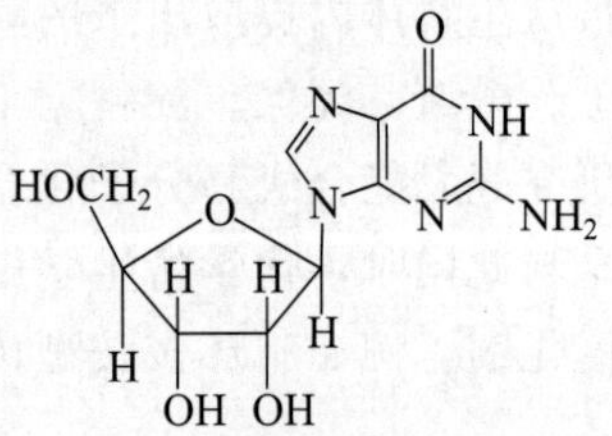

鸟嘌呤核苷 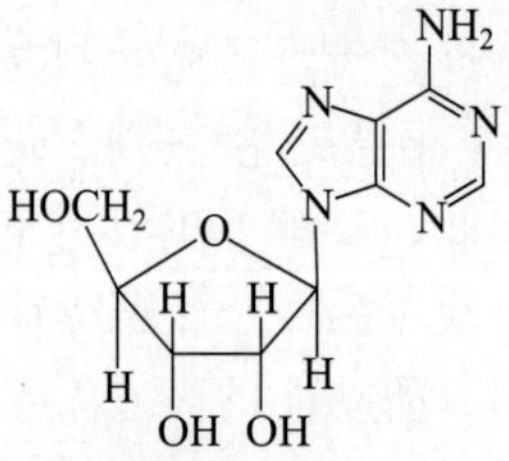　　腺嘌呤核苷 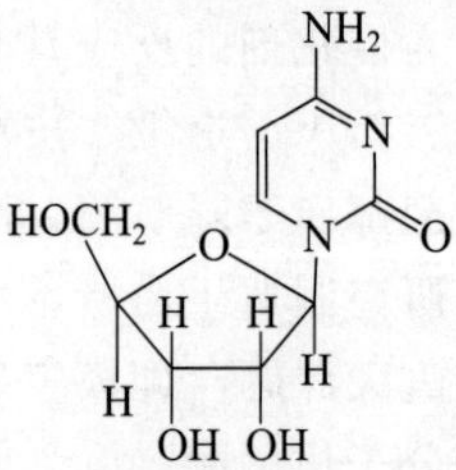　　胞嘧啶核苷 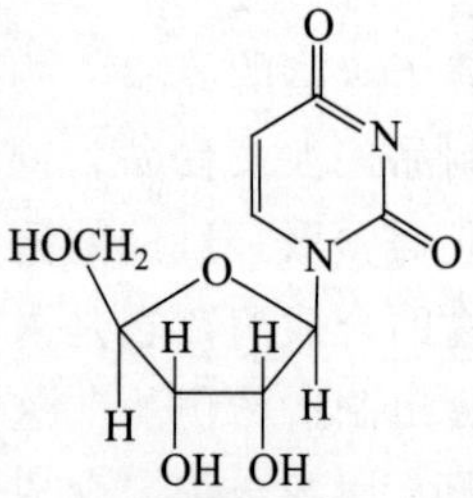　　尿嘧啶核苷

由 *D*-2-脱氧核糖与碱基生成的核苷称为脱氧核糖核苷，DNA 中没有尿嘧啶。

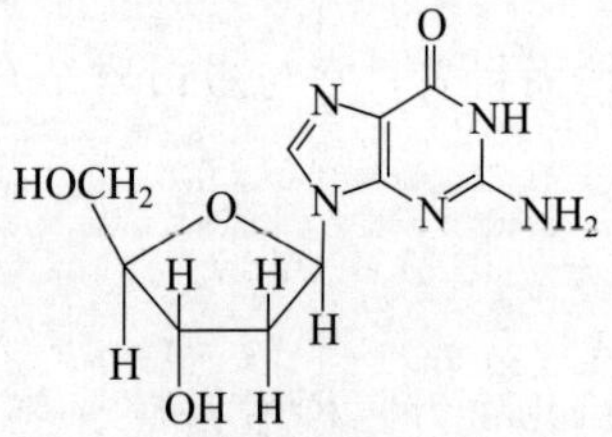

鸟嘌呤脱氧核苷 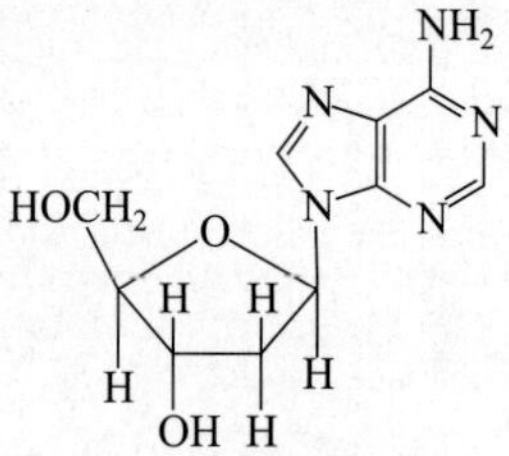　　腺嘌呤脱氧核苷 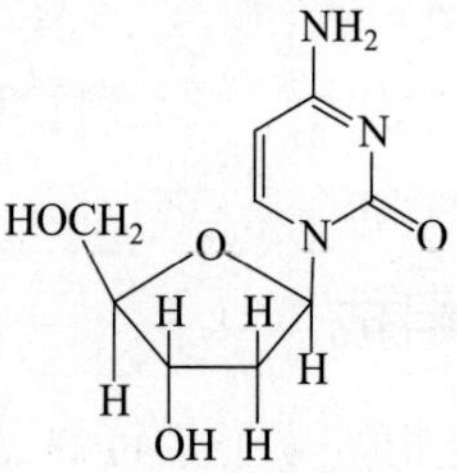　　胞嘧啶脱氧核苷 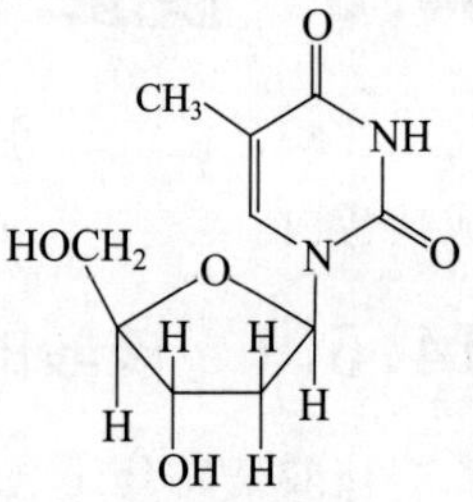　　胸腺嘧啶脱氧核苷

核苷酸是核苷的磷酸酯，由核糖核苷生成的磷酸酯叫核糖核苷酸，由脱氧核糖核苷生成的磷酸酯叫脱氧核糖核苷酸。

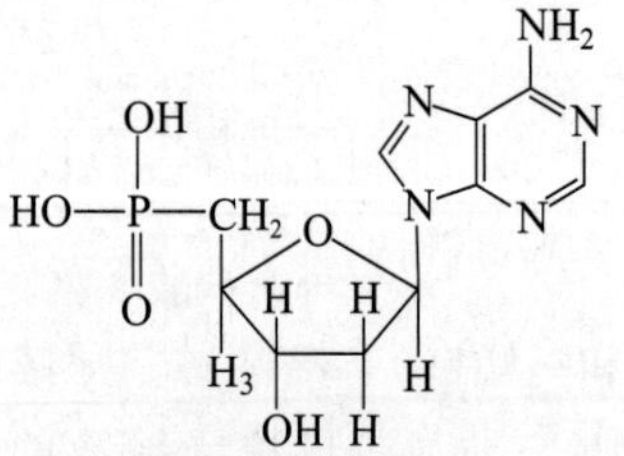

腺嘌呤脱氧核苷酸

14.5.3 核酸的结构

14.5.3.1　一级结构　由核苷酸按照一定的方式和排列顺序彼此相连而形成的多核苷酸的链状结构，称为核酸的一级结构。各个核苷酸之间是由核糖（或脱氧核糖）C′3 上的磷酸与另一分子 C′5 上的羟基形成酯键而连接的（见图 14-5）。

14.5.3.2　二级结构　核酸分子的多核苷酸链中，碱基之间存在氢键，使得核酸分子和蛋白质一样也具有严密的空间结构。物理方法的测定表明，DNA 具有双螺旋的二级结构（见图 14-6）。两条反向平行的 DNA 链，沿着一个轴向右盘旋成双螺旋体，两条链通过氢键相互联结（见图 14-7）。嘌呤碱和嘧啶碱两两成对，其中腺嘌呤（A）与胸腺嘧啶（T）配对，鸟嘌呤（G）与胞嘧啶（C）配对。如果两个均为嘌呤碱基配对，由于空间太小无法容

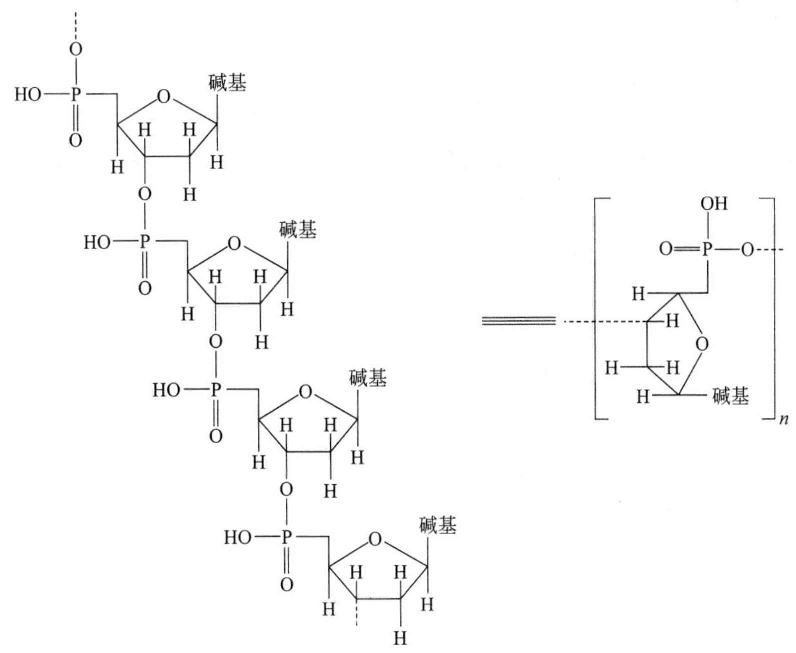

图 14-5　核酸的一级结构示意图

纳。若两个均为嘧啶碱基配对，则由于两条链间距离太远，不能形成氢键。

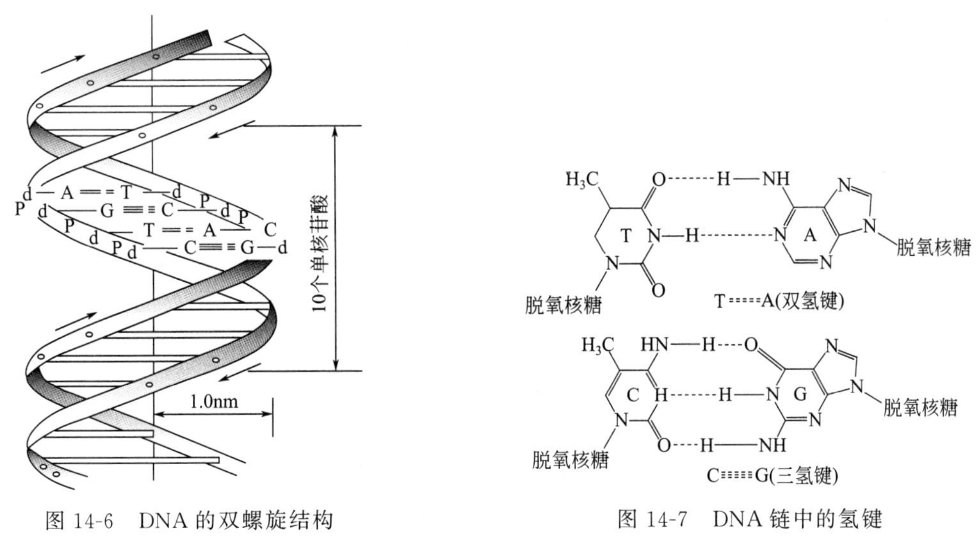

图 14-6　DNA 的双螺旋结构

图 14-7　DNA 链中的氢键

14.5.3.3　三级结构　核酸的三级结构很复杂，DNA 的双螺旋二级结构可进一步紧缩成闭合环、开链环或类似麻花状的三级结构。

14.5.4　核酸的功能

核酸具有极为重要的生理功能，它既是生物遗传特性或变异的传递者，又是生物体千万种功能各异蛋白质的合成模板。

在生物体内，DNA 主要存在于细胞核中，是遗传信息的携带者。遗传学上所说的“基因”，实际上就是 DNA 分子中的某一片段。由于 DNA 分子很大，所以每一个 DNA 分子含有许多“基因”，遗传信息便储存于“基因”之中。

当生物体的细胞分裂时，母细胞 DNA 的两条链可以拆开，分别进入两个子细胞，每条链通过碱基配对，便各自复制出一个双螺旋体，这两个子细胞中的 DNA 必定和母细胞中的 DNA 完全一样，遗传信息也就由母代传到子代了。这种双链核酸的复制过程差错极少（概率约为 10^{-7}），这就是生物繁衍过程中遗传性状能维持相对稳定的基础，也是种豆得豆、种瓜得瓜的生物学基础。图 14-8 是 DNA 的复制示意图。

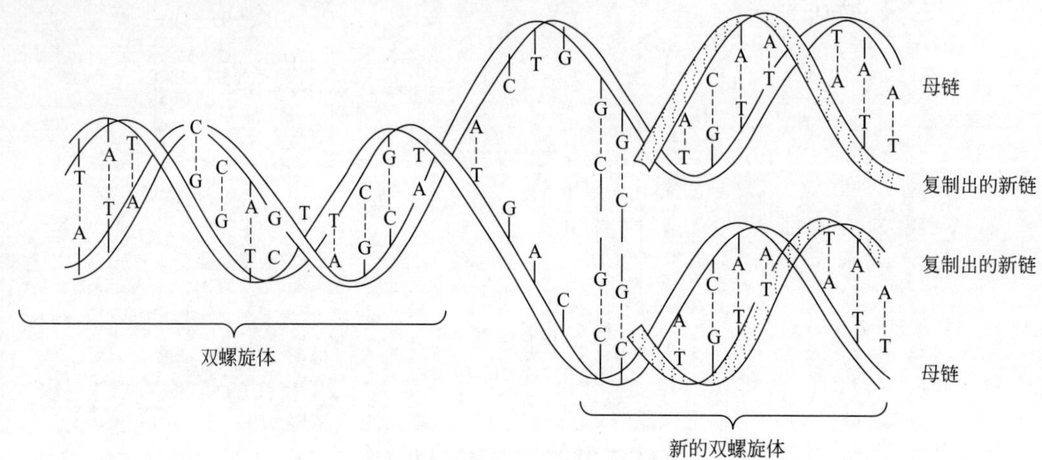

图 14-8 DNA 的复制示意图

生物体中的蛋白质是按照 DNA 提供的遗传信息，主要通过信使核糖核酸（mRNA）、核糖体核糖核酸（rRNA）、转移核糖核酸（tRNA）三种 RNA 来合成的。三种 RNA 以 rRNA 数量最多。

习 题

1. 选择题

（1）氨基酸溶液在电场作用下不迁移时的 pH 叫（　　）。

A. 低共熔点　　B. 中和点　　C. 流动点　　D. 等电点

（2）二环己基碳二亚胺（DCC）在多肽合成中作用是（　　）。

A. 活化氨基　　B. 活化羧基　C. 保护氨基　D. 保护羧基

2. 写出下列化合物在指定 pH 值时的构造式：

（1）缬氨酸在 pH=8 时（等电点 pI=5.97）；

（2）丝氨酸在 pH=1 时（等电点 pI=5.68）。

3. 由谷氨酸、亮氨酸、赖氨酸和甘氨酸组成的混合液，调溶液的 pH 值至 6.0 进行电泳，哪些氨基酸向正极移动？哪些氨基酸向负极移动？哪些氨基酸停留在原处？

4. 苷氨酸和丝氨酸反应可合成几种二肽，写出这些二肽的构造式，并用缩写符号（汉子代码）表示他们的名称。

5. 以下化合物水解会产生哪些化合物，写出这些化合物的构造式和名称。

$$H_2N-\underset{CH_3}{\underset{|}{CH}}-\overset{O}{\overset{\|}{C}}-NH-\underset{CH_2C_6H_5}{\underset{|}{CH}}-\overset{O}{\overset{\|}{C}}-NH-CH_2-\overset{O}{\overset{\|}{C}}-OH$$

6. 一个含有丙氨酸、精氨酸、半胱氨酸、缬氨酸和亮氨酸的五肽，部分水解得丙-半胱、半胱-精、精-缬、亮-丙四种二肽，试写出氨基酸的排列顺序。

7. 脯氨酸和羟基脯氨酸是否能和水合茚三酮发生显色反应，为什么？

8. 何谓蛋白质的变性？能导致蛋白质变性的因素有哪些？

9. 尿素与丙烯酸乙酯进行迈克反应得到 A（$C_6H_{12}O_3N_2$），A 失去乙醇后得到 B（$C_4H_6O_2N_2$），B 在 Br_2-HOAc 中反应生成 C（$C_4H_5O_2N_2Br$），C 在吡啶中加热脱溴化氢生成尿嘧啶 D（$C_4H_4O_2N_2$）。试推测 A、B、C、D 的结构。

10. 化合物 A（$C_7H_{12}O_4$）与亚硝酸反应得 B（$C_7H_{11}O_{53}N$），B 和 C 是互变异构体，C 与乙酸酐反应得 D（$C_9H_{15}O_5N$）；D 在碱作用下与苄氯反应，得 E（$C_{16}H_{21}O_2N$）；E 用稀碱水解，再酸化加热得 F（$C_9H_{11}O_2N$）。F 兼有氨基、羧基，一般以内盐形式存在。试推测 A、B、C、D、E、F 的结构。

11. 一个八肽化合物由天冬氨酸、亮氨酸、缬氨酸、苯丙氨酸、两个甘氨酸及两个脯氨酸组成，终端分析法表明 N 端是甘氨酸，C 端是亮氨酸，酸性水解给出缬-脯-亮，甘-天冬-苯丙-脯、甘-苯丙-脯-缬碎片，给出这个八肽的结构。

选读 Ⅰ 有机化合物的波谱分析

Ⅰ-1 红外光谱

红外光谱常用 IR 表示，是测定有机物分子结构的一种重要手段。红外光谱图上吸收峰的位置和强度，主要用于确定有机分子中的官能团和某些化学键是否存在，以及判断两个化合物是否相同。

一、基本原理

红外光谱是由分子中成键原子的振动能级跃迁所产生的吸收光谱。分子中原子的振动包含键的伸缩振动和键的弯曲振动。伸缩振动是指原子沿键轴伸长和缩短，振动时键长发生变化而键角不变的振动。伸缩振动又可分为对称伸缩振动和不对称伸缩振动。弯曲振动又叫变形振动，是指成键两原子之一在垂直于价键方向的前后或左右弯曲，振动时键长不变，而键角改变。弯曲振动可分为面内弯曲和面外弯曲。弯曲振动不改变键长，因此它所需要的能量较小，即吸收在低频区，一般在 $1500cm^{-1}$ 以下。分子振动示意图见图Ⅰ-1。

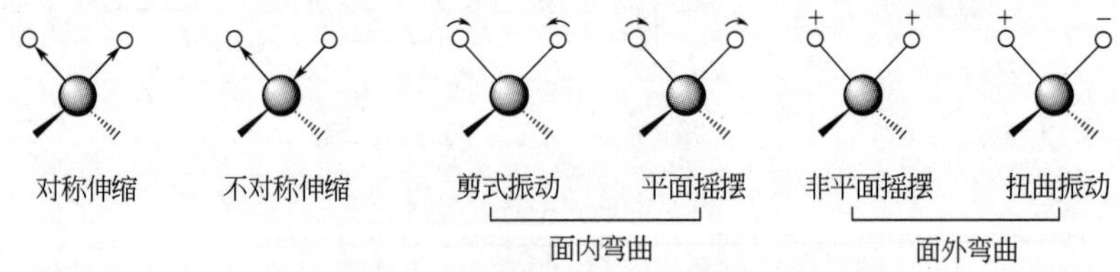

图Ⅰ-1　分子振动示意图

分子中两个原子之间的伸缩振动可视为一种简谐振动，振动符合虎克定律：

$$\nu=\frac{1}{2\pi}\sqrt{\frac{k}{\mu}} \qquad \mu=\frac{m_1m_2}{m_1+m_2}$$

式中，ν 为振动频率；k 为化学键的力常数；μ 为折合质量。分子中原子间的振动频率主要与键的强度和原子的质量有关。键的强度越大，原子质量越小，则振动频率就越高，吸收峰出现在高波数区（即短波长区）。反之，键的强度越小，原子质量越大，则振动频率越低，吸收峰出现在低波数区（即长波短区）。当分子振动频率和入射光频率一致时，入射光就被吸收，因此，同一基团总是相对稳定地在某一特定范围内出现吸收峰从而产生红外光谱。红外光谱图通常用波数来表示吸收频率。

多原子的有机物振动方式很多，其红外光谱图很复杂，要想从理论上全面分析一个红外吸收光谱非常困难。但是，可以识别在一定范围内出现的吸收峰是由哪些化学键或基团的振动所产生的。由于同一基团或化学键的振动频率大致相同，所以相同的官能团或相同的键型往往具有相同的红外吸收特征频率。因此，红外光谱主要用于判断分子中有什么基团，而不能判断分子中没有什么基团（见表Ⅰ-1）。

表Ⅰ-1　红外光谱中的八个重要区段

σ/cm^{-1}	λ/cm^{-1}	键的振动类型
3650～2500	2.74～3.64	O—H，N—H（伸缩振动）
3300～3000	3.03～3.33	C—H（—C≡C—H，>C=C<H，Ar—H）（伸缩振动）（极少数可到 $2900cm^{-1}$）
3000～2700	3.33～3.70	C—H（$—CH_3$，$—CH_2—$，>C—H，—C(=O)—）（伸缩振动）
2275～2100	4.40～4.76	C≡C，C≡N（伸缩振动）
1870～1650	5.35～6.06	C=O（酸、醛、酮、酰胺、酯、酸酐）（伸缩振动）
1690～1590	5.92～6.29	C=C（脂肪族及芳香族）（伸缩振动）C=N（伸缩振动）
1475～1300	6.80～7.69	>C—H（面内弯曲振动）
1000～670	10.00～14.83	C=C—H，Ar—H（面外弯曲振动）

由表Ⅰ-2可以看出，Y—H、X=Y和X≡Y键的伸缩振动频率集中在4000～$1400cm^{-1}$区域之内，这个区域称为化学键或官能团的特征谱带区。一般说来，振动时产生较强的红外吸收。特征谱带区常用于确定官能团和某些化学键是否存在，这是红外光谱的主要用途。

表Ⅰ-2　一些重要基团的特征频率

键伸缩振动	σ/cm^{-1}	λ/cm^{-1}
Y—H 伸缩振动吸收峰：		
O—H	3650～3100	2.74～3.23
N—H	3550～3100	2.82～3.23
C≡C—H	3320～3310	3.01～3.02
=C—H	3085～3025	3.24～3.31
Ar—H	约 3030	约 3.03
>C—H	2960～2870	3.38～3.49
S—H	2590～2550	3.86～3.92
X=Y 伸缩振动吸收峰：		
C=O ①	1850～1650	5.40～6.05
C=NR ①	1690～1590	5.92～6.29
C=C ①	1680～1600	5.95～6.25
N=N	1630～1575	6.13～6.35
N=O	1600～1500	6.25～6.60
苯环	1600～1450（四个带）	6.25～6.90

续表

键伸缩振动	σ/cm^{-1}	λ/cm^{-1}
X≡Y 和 X=Y=Z	伸缩振动吸收峰：	
C≡N	2260～2240	4.42～4.46
RC≡CR	2260～2190	4.43～4.57
RC≡CH	2140～2100	4.67～4.76
C=C=O	2170～2150	4.61～4.70
C=C=C	1980～1930	5.05～5.18

① 这三种双键如与 C=C 或芳核共轭，频率约降低 $30cm^{-1}$。

在红外谱图中，低于 $1400cm^{-1}$ 区域的吸收峰主要是 C—C、C—O、C—N 等单键的伸缩振动和各种弯曲振动，分子结构的细微变化常引起 $1400\sim650cm^{-1}$ 区域吸收峰的变化，它与每个人都具有特征指纹的情况相似，没有两个化合物在这部分的吸收峰是完全一样的，因此把这个区域称为“指纹区”。“指纹区”在确认有机物结构是否相同时用处很大（见表Ⅰ-3）。

表Ⅰ-3 一些重要基团的特征频率

化合物类型	化学键类型	吸收频率范围/cm^{-1}	说明
烷烃	C—H	2850～2960	
烯烃	C=C—H	3020～3080	C—H 吸收
	C=C	1640～1680	可变
炔烃	C≡C—H	—3300	末端炔烃才有
	C≡C	2100～2400	可变
芳烃(苯环)	C—H	3000～3100	
	C⋯C	1500,1600	可变
醇、醚、羧酸、酯	C—O	1080～1300	强
醛	C=O	1720～1740	强
	醛基上 C—H	—2720	
酮	C=O	1705～1725	强
羧酸	C=O	1700～1725	强
	O—H	2500～3000	强、宽
酯	C=O	1700～1725	强
酸酐	C=O	1800～1850	强
		1740～1790	强
酰胺	C=O	1630～1690	强
酰卤	C=O	1770～1815	变
醇、酚	O—H	3610～3640	宽
	氢键缔合 O—H	3200～3600	强、宽
胺	N—H	3300～3500	NH_2 为双峰
	C—N	1180～1360	
腈	C≡N	2210～2260	变
硝基化合物	NO_2	1515～1560	
		1345～1385	
偶氮化合物	N=N	1575～1630	
亚胺	C=N	1640～1690	

续表

化合物类型	化学键类型	吸收频率范围/cm^{-1}	说明
异氰酸酯	N═C═O	2240～2275	强
烯酮	C═C═O	约 2150	
卤代烃	C—F	1000～1350	碳-卤键的红外吸收特征性不强
	C—Cl	600～800	
	C—Br	500～680	
	C—I	约 500	
甲基	CH_3	1370～1380	—$C(CH_3)_3$ 和—$CH(CH_3)_2$ 型甲基为双峰

在有机化合物中，所有影响化学键强度的因素，在红外吸收谱图中，都会使基团的特征吸收峰位置发生迁移。吸电子基可使基团的特征吸收峰位置发生红移，相反，给电子基可使基团的特征吸收峰位置发生蓝移。

高波数 ←—— 特征吸收峰 ——→ 低波数
吸电子基 蓝移　　　　给电子基，共轭，氢键 红移

二、红外光谱图的解析

由于红外光谱图很复杂，在基础有机化学中只要求识别一些主要化学键或基团在一定频率范围内振动所产生的峰。这里列举几个烃的谱图，以说明烃类各基团的特征吸收频率，其他化合物的特征吸收频率和谱图在后续有关章节中介绍。

烯烃的红外光谱如图Ⅰ-2，1-辛烯的谱图要比正辛烷复杂些。C—H 伸缩振动在 3100～3010cm^{-1}处有中等强度吸收峰（3000cm^{-1}是饱和、不饱和 C—H 伸缩振动峰的分界线，环丙烷 3050cm^{-1}与卤代烷例外）。C—C 伸缩振动出现在 1680～1620cm^{-1}处，C—H 弯曲振动在约 995cm^{-1}和约 915cm^{-1}出现，这两个弯曲振动的吸收峰是末端乙烯基（RCH═CH_2）的特征频率。

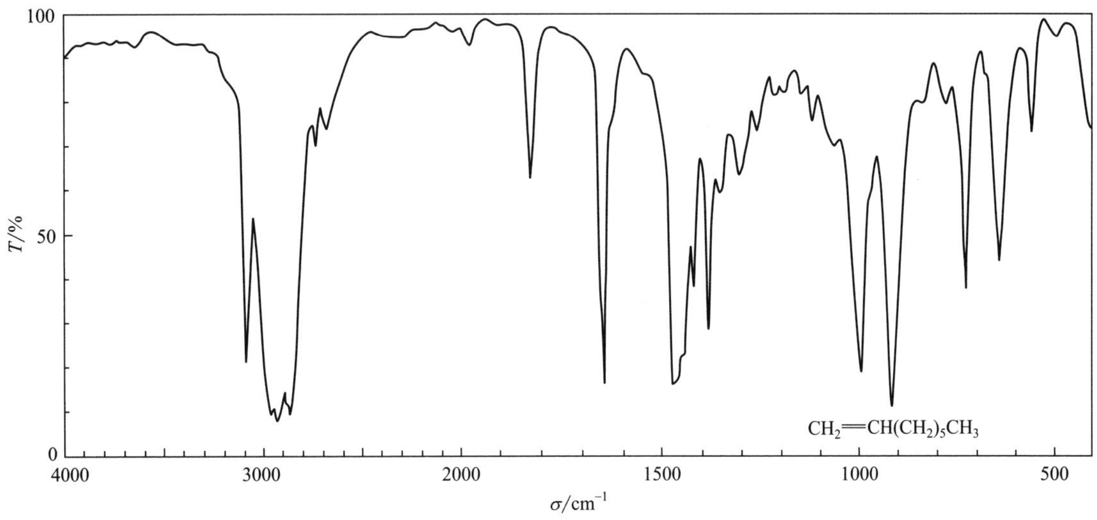

图Ⅰ-2　1-辛烯的红外光谱图

苯胺的红外光谱如图Ⅰ-3 所示，苯胺在 3500～3300cm^{-1}分别有 2 个 N—H 伸缩振动吸收峰，3100～3000cm^{-1}有苯环上的 C—H 伸缩振动吸收峰；苯环上的 C═C 伸缩振动吸收

峰在 $1500cm^{-1}$ 处，N—H 在 1650～$1590cm^{-1}$、900～$650cm^{-1}$ 分别有面内变形、面外变形振动吸收峰，芳香族胺 C—N 伸缩振动吸收峰在 1340～$1250cm^{-1}$。

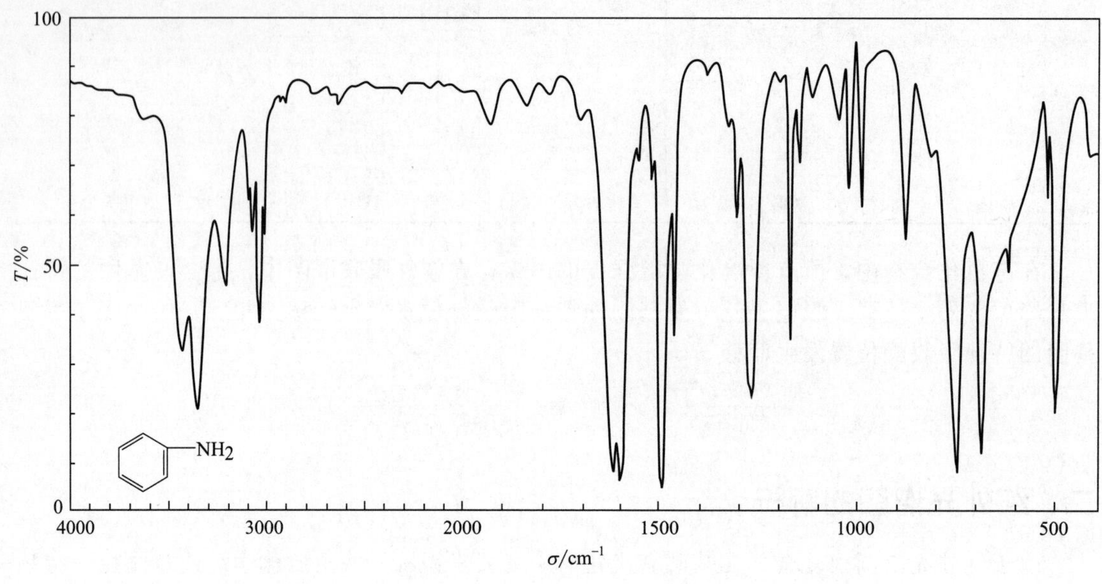

图Ⅰ-3 苯胺的红外光谱图

Ⅰ-2 核磁共振谱

核磁共振谱常用 NMR 表示，它是指具有磁矩的原子核，在外加磁场中受电磁波辐射而发生的核自旋能级的跃迁所形成的吸收光谱。质子像电子一样能自旋，原子的质量数为奇数的原子核，如 ^{1}H、^{13}C、^{19}F、^{31}P 等，核中质子自旋而在沿着核轴方向产生磁矩，因此可以发生核磁共振。而 ^{12}C、^{16}O、^{32}S 等原子核不具磁性，故不发生核磁共振。在有机化学中，研究最多、应用最广的是氢原子核（^{1}H）的核磁共振谱，氢原子核的核磁共振谱又称质子磁共振谱（^{1}H NMR）和 ^{13}C NMR 谱，即氢谱和碳谱。核磁共振谱主要提供分子中原子数目、类型以及化学键连接方式的信息，更重要的是可以直接确定分子的立体构型。

一、屏蔽效应和化学位移

按照核磁共振原理，当电磁波频率与外加磁场的磁感应强度相匹配时，即可产生核磁共振。有机分子中各种质子吸收峰的位置是不一样的。例如，甲醇分子中有两种不同的质子，即甲基、羟基上的质子，因此就有两个吸收峰。这是因为质子周围有电子，在外加磁场的作用下，发生电子环流从而产生感应磁场，其方向与外加磁场相反，使质子实际“感受”到的磁感应强度要比外加磁场的强度稍弱些。为了发生核磁共振，必须提高外加磁场的磁感应强度（H_0），去抵消电子运动产生的对抗磁场的作用，结果吸收峰就出现在磁感应强度较高的位置。

$$H_{有效}=H_0-H_{感应}$$

质子的外围电子对抗外加磁场磁感应强度所起的作用，称为屏蔽效应。显然，质子周围的电子云密度越高，屏蔽效应越大，即在较高的磁感应强度处发生核磁共振；反之，屏蔽效应越小，即在较低的磁感应强度处发生核磁共振。

低场 ←—— B_0 ——→ 高场

（δ大）屏蔽效应小，质子周围电子云密度小 | 屏蔽效应大（δ小），质子周围电子云密度大

有机分子中各种质子的化学环境不同，受到不同程度的屏蔽效应，因而在核磁共振谱的不同位置上出现吸收峰。但这种屏蔽效应所造成的位置上的差异是很小的，难以精确地测出其绝对值，因而需要用一个标准来作对比，常用四甲基硅烷 $(CH_3)_4Si$（TMS）作为标准物质，人为将其吸收峰出现的位置定为零。某一质子吸收峰的位置与标准物质质子吸收峰位置之间的差异称为该质子的化学位移，常以“δ”表示。所以，化学位移就是由于屏蔽程度的不同而引起的 NMR 吸收峰位置的变化。在各种有机物分子中，与同一类基团相连的质子，它们都有大致相同的化学位移，表Ⅰ-4 列出了常见基团中质子的化学位移。

表Ⅰ-4　各种基团的 δ 值

基团	δ	基团	δ
$(CH_3)_4Si$	0.00	Ar—CH_3	2.35±0.15
		≡C—H	1.80±0.10
H_2 C H_2C—CH_2	0.22	X—CH_3	3.50±1.20
		R—NH_2	0.60～4.00
		=C—CH_3	1.75±0.15
		≡C—CH_3	1.80±0.15
—C—CH_3	0.23	O—CH_3	3.60±0.30
		RO—H	0.50～5.50
CH_4	1.10±0.10	=CH_2	4.50～7.50
		=CHR	
H_2 —C—C—C—	1.30±0.10	Ar—H	7.40±1.00
		ArO—H	4.50～9.00
		$RCONH_2$	8.00±0.10
C C—C—H C	1.50±0.10	RCHO	9.80±0.30
		RCOOH	11.6±0.80
		RSO_3H	11.90±0.30

从表Ⅰ-4 可以看出，羟基、氨基这些含活泼氢的基团，质子化学位移值变动范围较大。稀溶液 δ 值较小，浓溶液由于氢键影响，δ 值增大。羧基氢和烯醇氢由于分子内缔合，δ 值特别大。

甲醇的 O—CH_3 的 δ_H 总在 3.4 左右，但 OH 的 δ_H 在稀溶液中约为 1，浓溶液可达 4。化学位移是一个很重要的物理常数，它是分析分子中各类氢原子所处位置的重要依据。δ 值越大，表示屏蔽作用越小，吸收峰出现在低场；δ 值越小，则表示屏蔽作用越大，吸收峰出现在高场。图Ⅰ-4 是甲醇在 $CDCl_3$ 中测得的氢谱，O—CH_3 的 δ_H 在 3.43，OH 的 δ_H 为 3.66。

二、自旋偶合和核的等价性

1. 自旋偶合和自旋裂分

在核磁共振谱中，有机物分子中有些质子吸收峰不是单峰而是一组多重峰，这种同一类

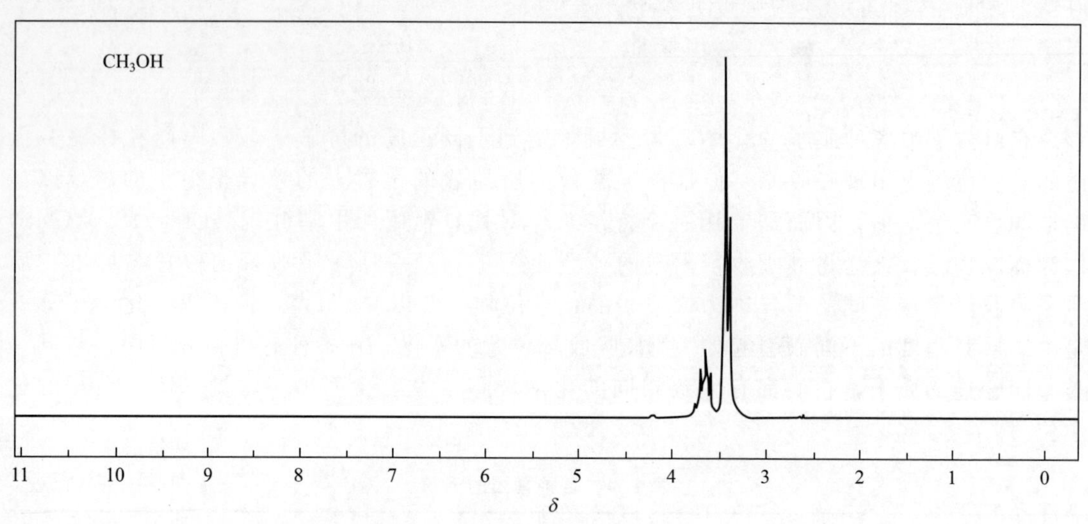

图Ⅰ-4　甲醇的^1H NMR谱图

质子吸收峰增多的现象称为裂分。例如溴乙烷分子中—CH_3 和—CH_2—的峰都不是单峰，而是多重峰。实际上—CH_3 质子峰裂分为三重峰，—CH_2—质子峰裂分为四重峰。

产生吸收峰裂分的原因，是邻近质子的自旋相互干扰而引起的，这种相互干扰叫做自旋偶合，由自旋偶合引起的吸收峰的裂分叫作自旋裂分。偶合峰有倾斜（向心）效应，内侧高些，互相靠着，或者说强峰对应斜线相交形成“屋顶”形状，如图Ⅰ-5所示。

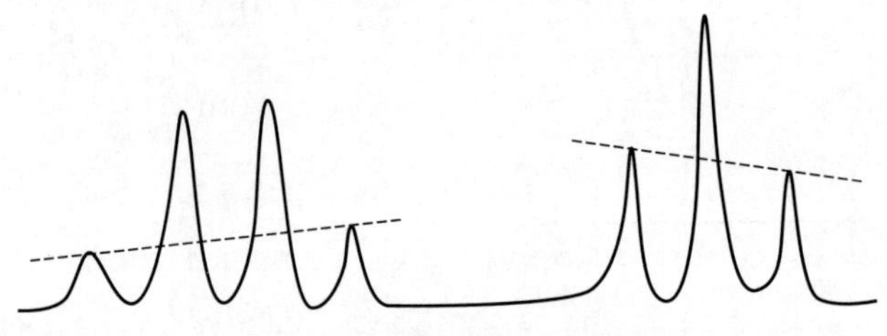

图Ⅰ-5　相互偶合的两组峰的峰形

2. 化学等价与磁等价

化学环境相同的核称为“化学等价”，又称“化学位移等价”。在化学等价（组内核的化学位移相同，虽偶合，但不裂分）前提下，再加上与组外任一核的偶合常数均相等，称为磁等价。如：CH_2═CH_2（$\delta=5.25$）、CH_2BrCH_2Br（$\delta=3.654$）是化学等价、磁等价的，它们的氢谱均显示单峰；而对硝基苯甲醛，其苯环上两组氢 H_a、$H_{a'}$ 与 H_b、$H_{b'}$ 之间是化学不等价的，每组两个氢是化学等价的，但磁不等价，因为 H_a、$H_{a'}$ 与 H_b、$H_{b'}$ 偶合常数不同。每组2个氢形成dd峰（两个双峰），注意dd峰与四重峰形状不同。图Ⅰ-6是对硝基苯甲醛的谱图，可描述为δ：10.181（s，1H，CHO）；8.399（dd，2H，ArH，靠近硝基的苯环上氢）；8.106（dd，2H，ArH）。

3. 偶合裂分的 *n*+1 规律

在外加磁场 H_0 的作用下，自旋的质子会产生一个小磁场（磁场强度为 H'），这个磁场会对邻近的质子产生影响，每个质子有两种取向，一种与外加磁场同向，另一种反向，结果使得邻近的质子感受到的磁场强度是 H_0+H' 和 H_0-H'。所以当发生核磁共振时，一个质

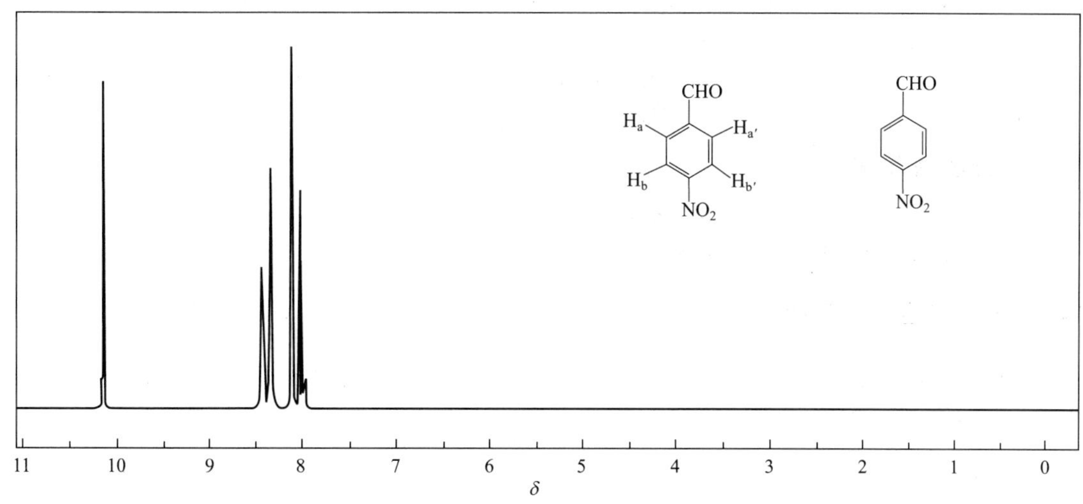

图Ⅰ-6　对硝基苯甲醛的[1]H NMR谱图

子发出的信号就被邻近的一个质子分裂成两个相等的峰（1＋1）。

在溴乙烷分子中，$—CH_3$ 质子除受外加磁场的影响外，还受到相邻$—CH_2—$质子自旋的影响。$—CH_2—$有两个质子，它们在外加磁场中的自旋排列方式有三种，第一种是两个质子自旋方向相同，其方向与外加磁场一致（↑↑），这样相当于在$—CH_3$ 周围增加了两个小磁场，假如$—CH_3$ 质子不受相邻质子自旋的影响，它在外加磁场磁感应强度 H_0 处发生共振，此时$—CH_3$ 质子只要在稍低于外加磁场磁感应强度 H_0 处，即可发生共振而出现吸收峰。第二种是两个质子自旋方向相反（↑↓和↓↑，两种排列方式），这种情况下，两个质子对磁感应强度没有影响，即对$—CH_3$ 质子吸收峰出现的位置没有影响。第三种是两个质子自旋方向相同，其方向与外加磁场相反（↓↓），这样相当于$—CH_3$ 周围增加了两个方向与外加磁场相反的磁场，此时$—CH_3$ 质子要在较外加磁场磁感应强度 H_0 稍高处，才能发生共振。由此可知，溴乙烷分子中$—CH_3$ 质子的共振吸收峰出现了三次，也就是说裂分为三重峰（2＋1）。裂分峰的相对强度与$—CH_2—$质子自旋排列的几种可能方式相对应，是1∶2∶1。同理溴乙烷分子中$—CH_2—$质子也要受到$—CH_3$ 质子自旋的影响，$—CH_3$ 有三个质子，它们有四种排列方式，第一种（↑↑↑）、第二种（↑↑↓、↑↓↑、↓↑↑）、第三种（↓↓↑、↓↑↓、↑↓↓）、第四种（↓↓↓），可使$—CH_2—$质子裂分成四重峰（3＋1），其强度比是1∶3∶3∶1。

通过以上分析，核磁共振谱裂分是有规律的，若某个质子相邻碳原子上只有一组数目为 n 的不等价质子时，则它的核磁共振吸收峰数目为（$n+1$）个；如果有两组数目分别为 m 和 n 的不等价质子时，则它的吸收峰数目为（$m+1$）（$n+1$）个，以此类推。例如：

$$
\begin{array}{ccccc}
Cl_2CH & — & CH_2 & — & CH_2Br \\
\downarrow & & \downarrow & & \downarrow \\
(2+1) & & (1+1)(2+1) & & (2+1) \\
\text{三重峰} & & \text{六重峰} & & \text{三重峰}
\end{array}
$$

一般两个直接相连的碳原子上的不等价质子和同碳上的不等价质子才会自旋偶合和自旋裂分，等价质子不会产生裂分。如：

$$
\overset{a}{CH_3}—\overset{b}{CH_2}—\overset{c}{CH_2}—\overset{c}{CH_2}—\overset{b}{CH_2}—\overset{a}{CH_3}
$$

a 碳上的质子被 b 碳上的质子裂分，吸收峰数目为（2+1）个；b 碳上质子被 a 碳上的质子和 c 碳上的质子裂分，吸收峰数目为（3+1）（2+1）个；c 碳上的质子被 b 碳上的质子裂分，吸收峰数目为（2+1）个。中间两个 c 碳上的质子是等价质子，不裂分；a 碳上的质子和 c 碳上的质子中间间隔一个碳原子，也不会裂分。

4. 峰的表示方法

在核磁共振谱中，单峰用“s”表示；双峰也叫二重峰，用“d”表示，“dd”表示两个双峰；三重峰用“t”表示；四重峰用“q”表示；多重峰用“m”表示。

三、峰面积与质子数

在核磁共振谱中，峰的位置代表了质子种类，峰面积的大小代表了质子的多少，分子中的质子数和峰面积成正比。

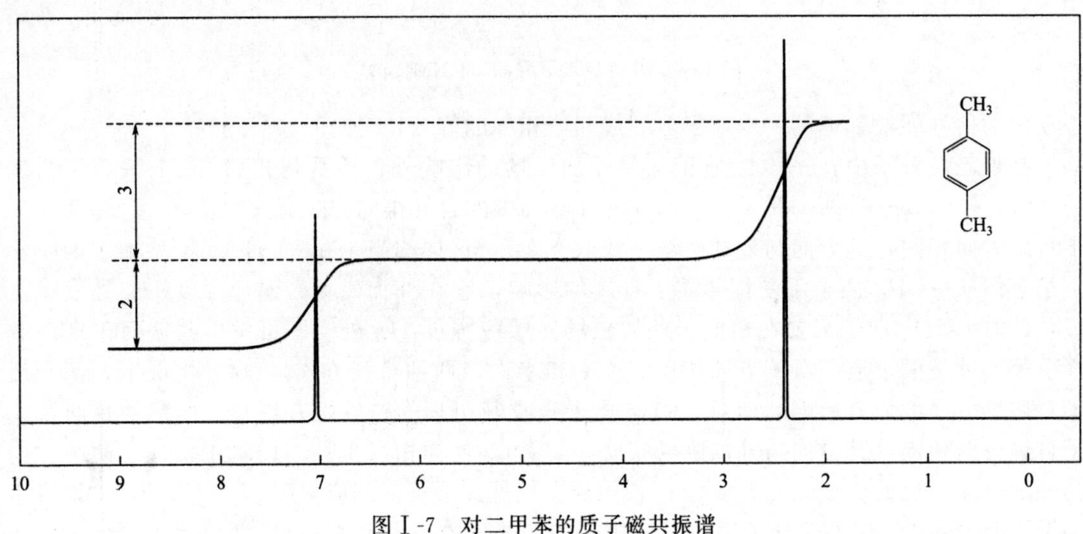

图Ⅰ-7　对二甲苯的质子磁共振谱

图Ⅰ-7 中有两组峰，说明分子中有两种类型的质子。受苯环的影响，甲基质子的 δ 值为 2.296，这正是苯环碳原子上质子的共振位置。在甲基的影响下苯环上的质子 δ 值为 7.046。质子磁共振谱峰面积之比等于质子数之比。核磁共振仪上带有自动积分仪，它对各峰的面积能进行自动积分，得到的数值用阶梯式积分曲线高度表示出来，每一阶梯的高度表示引起核磁共振峰的氢原子数之比。如对二甲苯两组质子积分曲线高度比为 3∶2。

四、质子磁共振谱图解析

综上所述，在质子磁共振谱中，有多少组共振信号，就反映出分子中有多少组不同类型的质子；信号的位置（即化学位移 δ）反映出每种质子所处的化学环境，即邻近有无吸电子或给电子基团；积分曲线高度提示每组质子个数；峰形及偶合常数揭示哪些质子互相偶合，邻近碳原子有多少个质子。质子磁共振谱所提供的这些信息，是鉴别和确定有机物分子结构的重要依据。下面举例说明。

［例 1］ 环己烷的质子磁共振谱如图Ⅰ-8 所示。

环己烷常温下 12 个质子等同，所以得到一个单峰，δ 值为 1.429，这正是亚甲基发生共振的位置，氢谱可表示为 δ：1.429（s，12H，CH_2）。

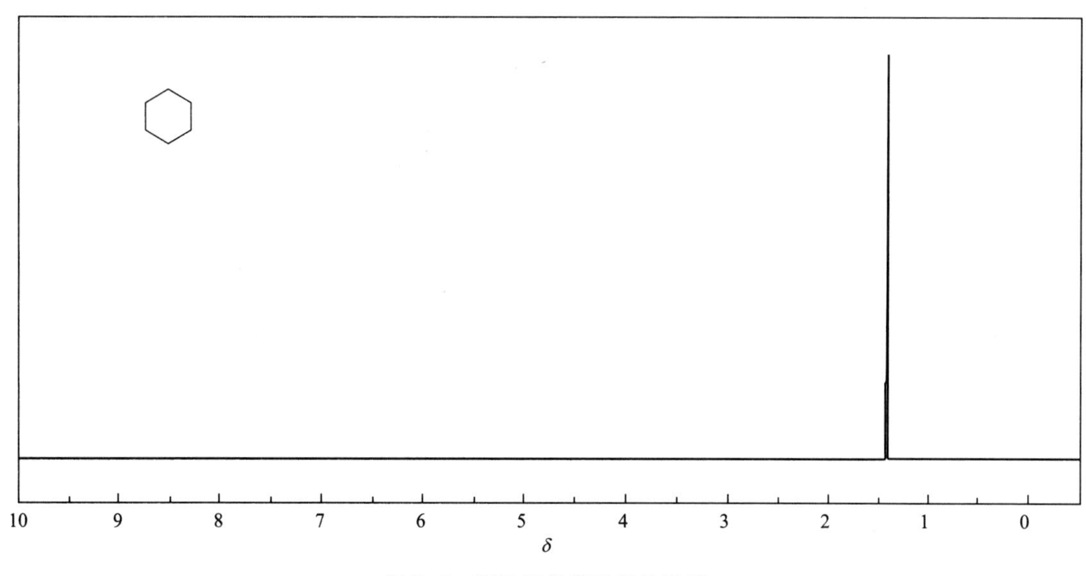

图Ⅰ-8 环己烷的质子磁共振谱

[例 2] 乙苯的质子磁共振谱如图Ⅰ-9 所示。

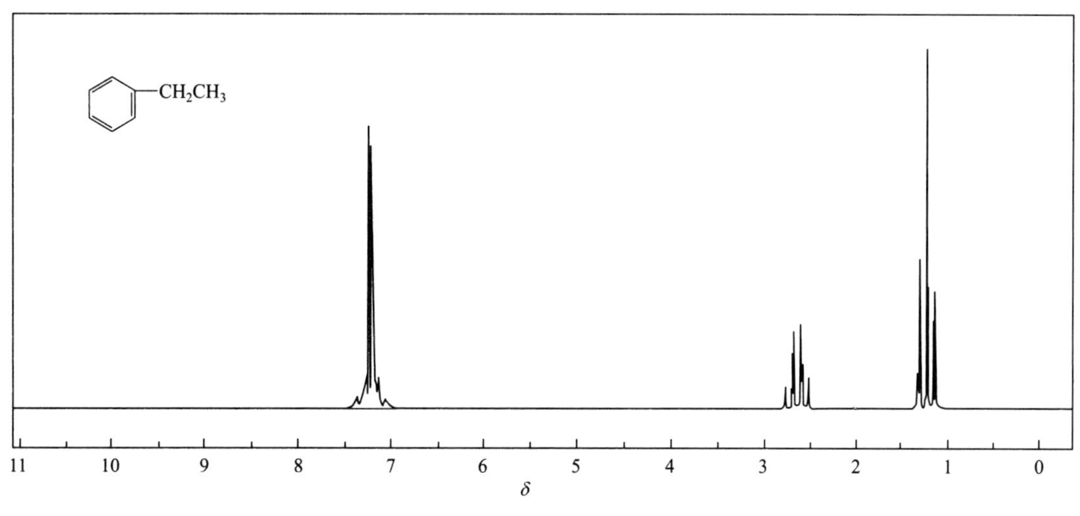

图Ⅰ-9 乙苯的质子磁共振谱

乙苯的谱图上有 3 组峰，这说明分子中存在 3 种类型的质子。在低场发生共振，δ 值为 7.0～7.45，是苯环上的质子。δ 值为 2.63 且裂分成四重峰的是亚甲基上的质子。由于在苯环的影响下，亚甲基上质子的化学位移增大，它与—CH_3 相连，3＋1＝4，故裂分成四重峰。δ 值为 1.22，且裂分成三重峰的是甲基上质子，由于它与—CH_2—相连，2＋1＝3。乙苯氢谱数据为 δ：7.0～7.45（m，5H，ArH）；2.63（q，2H，CH_2）；1.22（t，3H，CH_3）。

[例 3] 对羟基苯甲酸乙酯的质子磁共振谱如图Ⅰ-10 所示。

该谱图从低场到高场，有 5 组峰，峰面积之比为 2∶1∶2∶2∶3，可以看出 δ 为 7.7 的单峰是羟基氢，δ 为 7.954 和 δ 为 6.926 两处 dd 峰是对二取代苯环上的氢，前者是靠近吸电子基团羰基的苯环上的氢；δ 为 4.364、δ 为 1.386 分别为四重峰、三重峰，可归属于

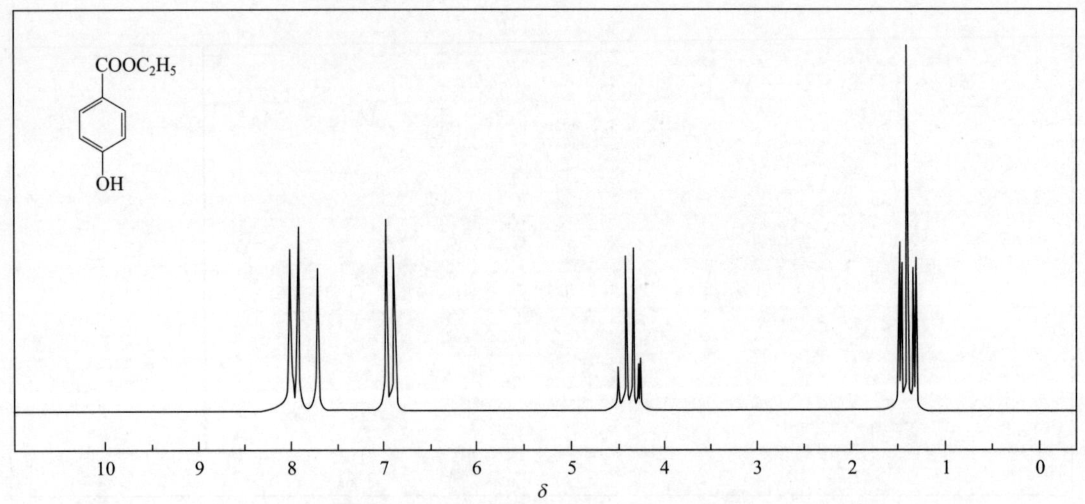

图Ⅰ-10　对羟基苯甲酸乙酯的质子磁共振谱

OCH_2CH_3。据此，谱图可描述为δ：7.954（dd，2H，ArH）；7.7（s，1H，OH）；6.926（dd，2H，ArH）；4.364（q，2H，OCH_2）；1.386（t，3H，CH_3）。

要注意一个规律，一组峰只要是能说出几重峰的，就用峰的中心位置一个数值（限于最简单的一类氢谱即一级谱图）报道δ值；用“多重峰”（m）描述的，就用一个数值范围（例如7.0～7.5）报道δ。

核磁共振氢谱的一般解析步骤如下。

① 识别溶剂峰、杂质峰等干扰峰。测氢谱用TMS为内标，用氘代溶剂溶解固体样品；氘代溶剂有残留质子峰和水峰，如$CDCl_3$、CD_3SOCD_3残留质子峰分别在δ7.27、δ2.50，水峰分别在δ1.5、δ3.35；识谱时先要识别这些干扰峰。

② 根据各组峰的δ值、质子数初步给予归属；若不知道总质子数，可以用明显的甲基峰、苯基峰作基准，推出其他含氢基团氢的个数。

③ 根据两组峰是否向心、偶合常数值大小、$n+1$规律，确定这两组峰是否彼此偶合，找出各组偶合峰。

④ 用重水交换法识别活泼氢。羟基、羧基、氨基等活泼氢峰形较宽，间或与其他质子相混，此时若加D_2O，活泼氢转为D，在氢谱中的峰消失，称为“可重水交换”或“加重水后峰消失”，可判定原峰为活泼氢；有的活泼氢甚至在谱图中不出峰。

⑤ 综合信息，推出结构单元，拼成总结构，验证其正确性。

选读 Ⅱ
立体化学

立体化学研究的是分子中原子或基团在空间的排列情况，以及不同的排列对分子的物理性质和化学性质的影响。将分子式相同且分子中原子间互相连接的次序相同，但因空间排列的方式不同而出现的异构称为立体异构。立体异构包括构型异构（分子的构造式相同，但构型不同的异构现象称为构型异构）和构象异构（构型相同，但因分子内键的旋转而出现的原子在空间的排列不同的异构现象称为构象异构）。构型异构又可以分为顺反异构和对映异构（分子式相同，且构造式相同，但构型不同，且相互呈镜像对映关系的立体异构现象称为对映异构）。

同分异构现象分类：

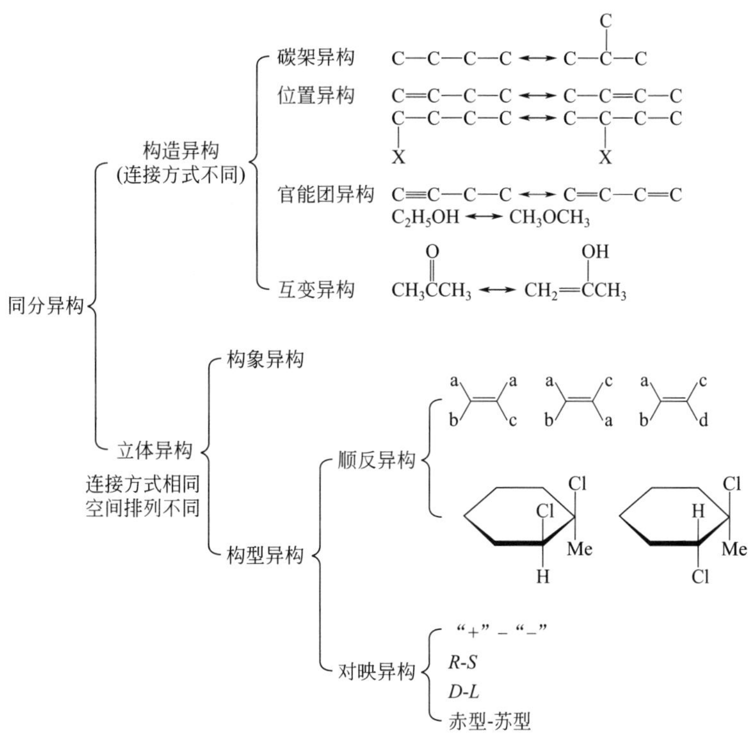

一、物质的旋光性

1. 平面偏振光及比旋光度

光是一种电磁波，光波的振动方向与光的前进方向垂直。在自然光线里，光波可以在垂直于它前进方向的任何可能的平面上振动，如图Ⅱ-1 所示。

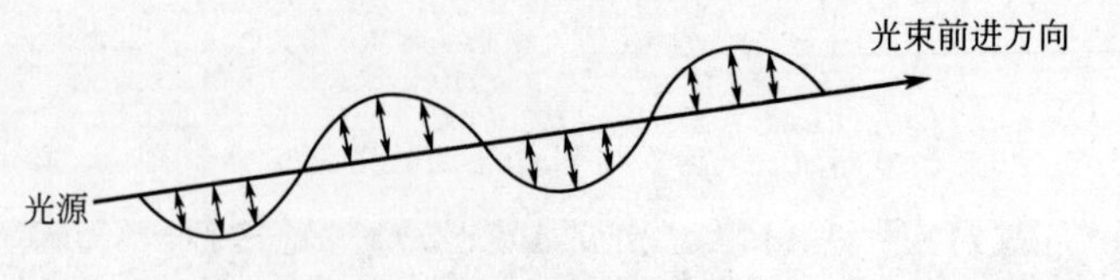

(1) 光的前进方向与振动方向

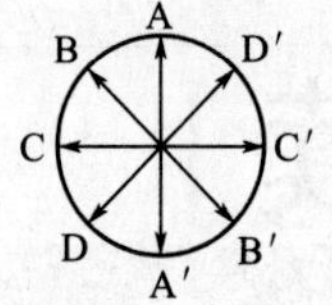

(2) 普通光的振动平面

图Ⅱ-1　光的传播

如果让普通光通过一个像栅栏一样的 Nicol 棱镜（起偏镜），那么并不是所有方向的光都能通过，而只有与棱镜晶轴方向平行的光才能通过。这样，透过棱晶的光就只能在一个方向上振动，像这种只在一个平面振动的光，称为平面偏振光，简称偏振光或偏光，如图Ⅱ-2所示。

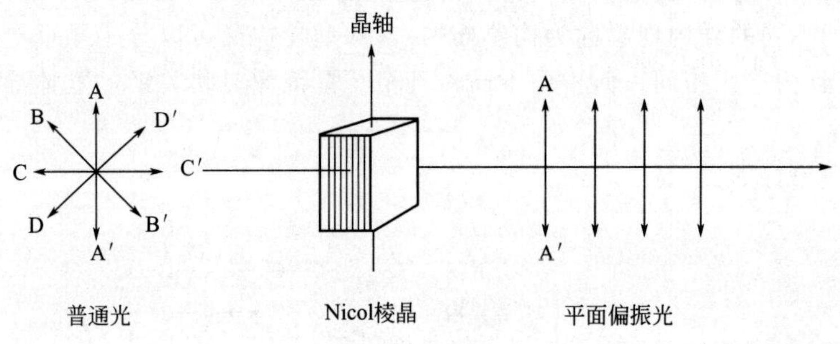

图Ⅱ-2　光的偏振

若把偏振光透过一些物质（如丙酸、水等）时，偏振光仍保持原来的方向，但是通过另一些物质（如乳酸、葡萄糖等）时，偏振光的振动平面会旋转一定的角度，如图Ⅱ-3 所示。

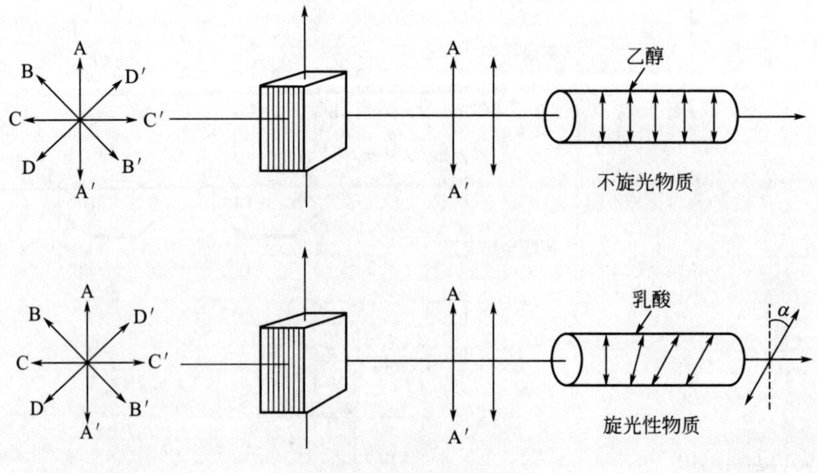

图Ⅱ-3　物质的旋光性

能使偏振光振动面旋转的性质称为旋光性。具有旋光性的物质称为旋光性物质，不具有旋光性的物质称为非旋光性物质。能使偏振光振动平面向右（顺时针方向）旋转的旋光物质称为右旋体，用（+）表示；使偏振光振动平面向左（逆时针方向）旋转的旋光物质称为左旋体，用（－）表示。旋光性物质使偏振光旋转的角度，称为旋光度，用“α”表示。

2. 旋光仪和比旋光度

（1）旋光仪　旋光仪是用来检测旋光性物质对平面偏振光的旋转角度和方向的仪器，由光源、起偏棱镜、盛液管、检偏棱镜以及目镜组成，如图Ⅱ-4 所示。

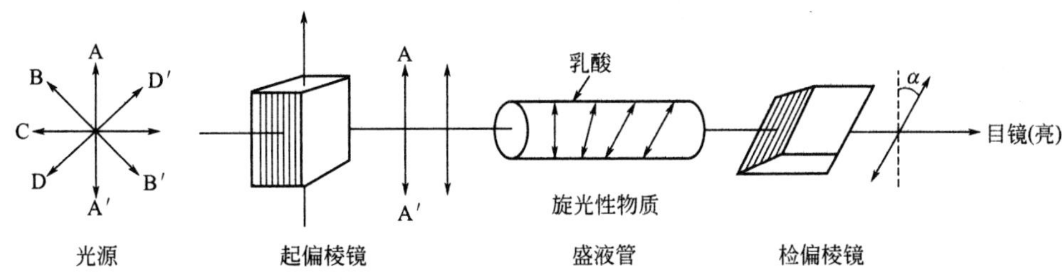

图Ⅱ-4　旋光仪的结构示意图

光源射出的光线，通过起偏棱镜成为平面偏振光，平面偏振光通过盛有样品的盛液管时，由于溶液具有旋光性，使平面偏振光旋转了一个角度，只有转动检偏棱镜至相同的角度时，平面偏振光才能通过，这个旋转的角度就是溶液的旋光度，可以从目镜读出。

（2）比旋光度　旋光度“α”是一个常量，它受温度、光源、浓度、管长等许多因素的影响，为了便于各物质之间旋光性能大小的统一比较，常用比旋光度 $[\alpha]_{\lambda}^{t}$ 来表示。人们规定：1mL 含 1g 旋光性物质浓度的溶液，放在 1dm（10cm）长的盛液管中测得的旋光度称为该物质的比旋光度。旋光度可用以下公式计算：

$$[\alpha]_{\lambda}^{t}=\frac{\alpha}{lc}$$

式中，α 为该物质的旋光度（旋光仪上的读数）；λ 为测定时光源的波长，一般采用钠光（波长 589.3nm，用 D 表示）；t 为测定时的温度；c 为试样的质量浓度（单位 g/mL）；l 为盛液管的长度（单位 dm）。如果是纯液体，可将公式中的质量浓度 c 换成液体的密度 ρ。

$$[\alpha]_{\lambda}^{t}=\frac{\alpha}{l\rho}$$

有时选用的溶剂也会影响物质的旋光性，所以使用时应标明溶剂。

比旋光度是旋光性物质特有的性质，通过测定物质的旋光度，可以测定物质的浓度或鉴定物质的纯度。

二、分子的对称性和手性

1. 分子的手性及对映体

当化合物分子中的碳原子连有 4 个不同的原子或基团时，该化合物有 2 种空间排列形式。例如，乳酸分子中的 α-C 原子连有—H、—CH_3、—OH、—COOH：

```
      COOH
       |
  H—C—CH3
       |
      OH
```

该化合物在空间的排列则有两种立体结构（见图Ⅱ-5）。

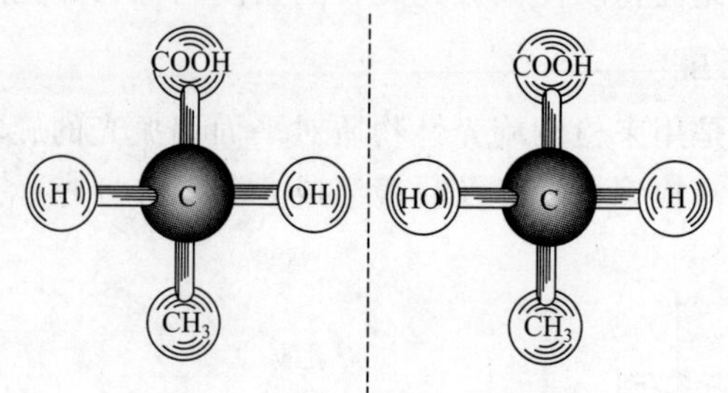

图Ⅱ-5　乳酸的对映异构体

由此可以发现：这两种分子结构就好像事物与镜像的关系，彼此相似但是不能重合。人们将物质的分子和它的镜像不能重叠的分子称为手性分子；相反，物质的分子和它的镜像能重叠的分子称为非手性分子，即没有手性。将分子中连有四个不同的原子或原子团的碳原子称为手性碳原子，或称为不对称碳原子，常用 C^* 表示。手性分子都有旋光性，具有旋光性的分子都是手性分子。

将构造相同、构型不同、互为实物和镜像关系而不能重合的立体异构体称为对映异构体，简称对映体。手性分子都有对映体。

2. 对称因素

化合物是否具有手性，可以用是否有对映体或对称因素来判断，常用于判断的对称因素有点（对称中心）、线（对称轴）和面（对称面）。

（1）对称中心　若分子中有一点 P，通过 P 点画任何直线，在离 P 点等距离的线段两端有相同的原子或原子团，则点 P 称为对称中心，如图Ⅱ-6 所示。

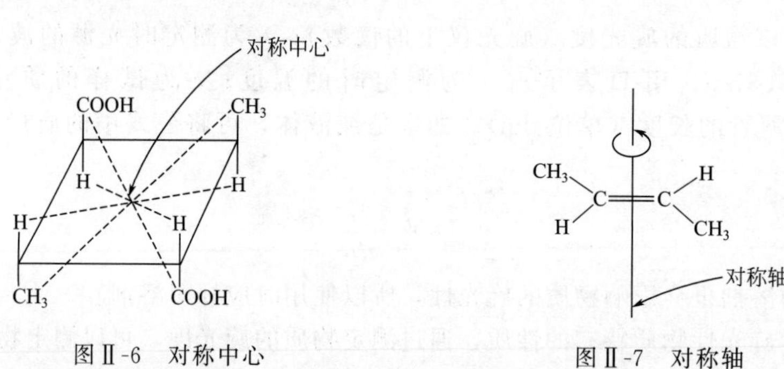

图Ⅱ-6　对称中心　　图Ⅱ-7　对称轴

（2）对称轴　设想分子中有一条直线，当分子以此直线为轴旋转 360°/n 后，（n＝正整数），得到的分子与原来的分子相同，这条直线就是 n 重对称轴，如图Ⅱ-7 所示。

（3）对称面　假如有一个平面可以把分子分割成两部分，而一部分正好是另一部分的镜像，这个平面就是分子的对称面（用 σ 表示），如图Ⅱ-8 所示。

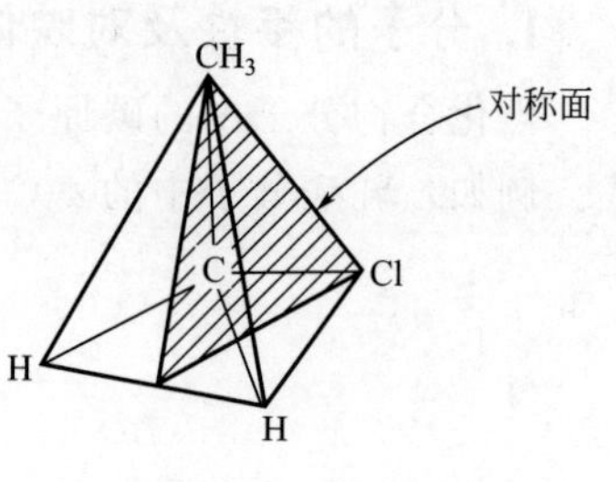

图Ⅱ-8　对称面

判断分子是否是手性分子的依据。

① 有对称面和对称中心的分子均可与其镜像重叠，是非手性分子；反之，为手性分子，即无对称面，也没有对称中心的分子，一般判定为是手性分子。

② 大多数非手性分子都有对称轴或对称中心。

③ 对称轴的有无对分子是否具有手性没有决定作用。

三、含有一个手性碳原子的化合物的对映异构

含有一个手性碳原子的化合物一定是手性分子，具有对映异构体。例如：

COOH CH_3—C—H OH	COOH H—C—CH_3 OH
(S)-(+)-乳酸	(R)-(−)-乳酸
熔点　53℃	熔点　53℃
$[\alpha]_D=+3.82$	$[\alpha]_D=-3.82$
$pK_a=3.79$（25℃）	$pK_a=3.83$（25℃）

由此可以发现对映异构体的以下规律。

① 结构：镜像与实物关系。

② 内能：内能相同。

③ 物理性质和化学性质在非手性环境中相同，在手性环境中有区别。

④ 旋光能力相同，旋光方向相反。

四、构型的表示法和构型的命名

1. 构型的表示法

(1) 模型表示　用模型表示分子的构型时最直观，但是用起来不方便。例如：

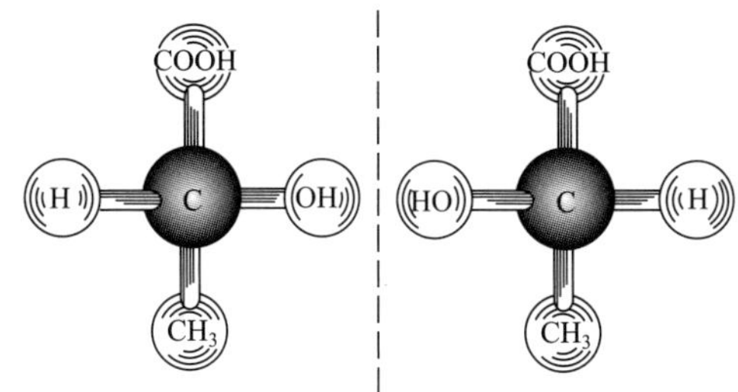

(2) 透视式表示　用透视式表示分子的构型时相对还比较直观，例如：

COOH HO—C—H CH_3	COOH H—C—OH CH_3

在透视式中，手性碳原子在纸平面上，以虚线相连的基团表示处在纸平面的后面，以楔线相连的基团表示处在纸平面的前面，以实线相连的基团表示处在纸平面上。

(3) Fischer（费歇尔）投影式表示　我们常选用费歇尔投影式表示，因为便于书写。例如：

COOH HO—┼—H CH_3	COOH H—┼—OH CH_3

在费歇尔投影式表示中，把手性碳原子放在纸面上，用横线和竖线的交点表示手性碳原子，竖线连的基团位于纸面的后面（上下在里），横线连的基团位于纸面的前面（左右在外）。通常我们将主链碳原子写在竖线上，同时将编号小的碳原子写在最上端。

用 Fischer 投影式表示分子的构型时，应该注意：

① 不能离开纸面翻转，翻转将改变键的前后位置，改变构型；

COOH
H—┼—OH ——翻转——✕→ HO—┼—H
CH_3　　　　　　　　　　CH_3
（右式上端为 COOH）

② 可在纸面上平移或旋转 180°，构型保持；

COOH　　　　　　　　　　CH_3
H—┼—OH ——旋转 180°——→ HO—┼—H
CH_3　　　　　　　　　　COOH

③ 在纸面上旋转 90°或 270°，构型转变；

COOH　　　　　　　　　　H
H—┼—OH ——旋转 90°——✕→ H_3C—┼—COOH
CH_3　　　　　　　　　　OH

④ 任意两个基团对调奇数次，构型转变；对调偶数次，构型保持；

CHO　　　　　　CH_2OH
HO—┼—H ——→ H—┼—OH　　　OH 与 H 对调一次
CH_2OH　　　　CHO　　　　　且 CHO 与 CH_2OH 对调一次

同一构型

CHO　　　　　　CHO
HO—┼—H ——→ H—┼—OH　　　OH 与 H 对调一次
CH_2OH　　　　CH_2OH

对映体

⑤ 固定其中某个基团，旋转另外三个基团的位置，则分子构型不变，例如，(*S*)-2-甲基丁酸旋转后都为 *S* 构型。

H（上），CH_3—┼—CH_2CH_3，COOH（下） ——固定 H / 逆时针旋转——→ H（上），CH_3CH_2—┼—COOH，CH_3（下） ——固定甲基 / 逆时针旋转——→ COOH（上），H—┼—CH_2CH_3，CH_3（下）

——固定 H / 逆时针旋转——→ CH_3（上），H—┼—COOH，CH_2CH_3（下） ——固定 H / 顺时针旋转——→ CH_2CH_3（上），H—┼—CH_3，COOH（下）

2. 构型的命名（标记）法

对于手性分子，比较常用的构型的命名法有两种：*D*/*L* 标记法和 *R*/*S* 标记法。

(1) *D*/*L* 标记法　在 *D*/*L* 标记法中，以甘油醛（2,3-二羟基丙醛）为参照物，右旋的甘油醛的构型定义为 *D* 型，左旋的为 *L* 型。

$$\begin{array}{c} CHO \\ H-\!\!\!+\!\!\!-OH \\ CH_2OH \end{array} \qquad \begin{array}{c} CHO \\ HO-\!\!\!+\!\!\!-H \\ CH_2OH \end{array}$$

D-(+)-甘油醛　　*L*-(+)-甘油醛

其他化合物的构型可以通过化学反应与参照物联系起来，例如：

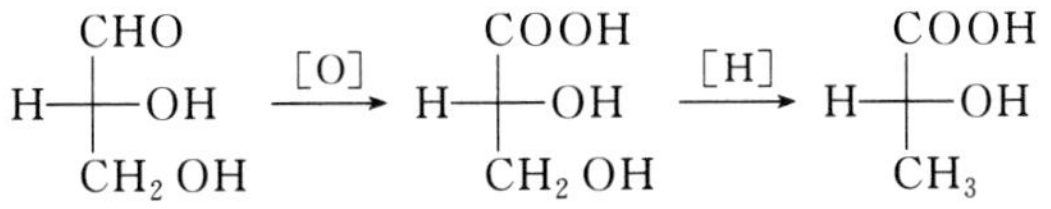

$$\begin{array}{c} CHO \\ H-\!\!\!+\!\!\!-OH \\ CH_2OH \end{array} \xrightarrow{[O]} \begin{array}{c} COOH \\ H-\!\!\!+\!\!\!-OH \\ CH_2OH \end{array} \xrightarrow{[H]} \begin{array}{c} COOH \\ H-\!\!\!+\!\!\!-OH \\ CH_3 \end{array}$$

D-(+)-甘油醛　　*D*-(−)-乳酸

需要注意的是：*D*、*L* 与"+"、"−"没有必然的联系。

(2) *R*/*S* 标记法　在 *R*/*S* 标记法中，对含一个手性 C 原子化合物来说，如果基团的优先次序为：a>b>c>d，将 d 置于远离观察者的位置观察，当 a，b，c 为顺时针方向时，为 *R* 构型；若为逆时针，则为 *S* 构型。*R*/*S* 标记法中的基团的大小次序规则与顺反异构体中 *Z*-*E* 命名法中的基团的次序规则相同。

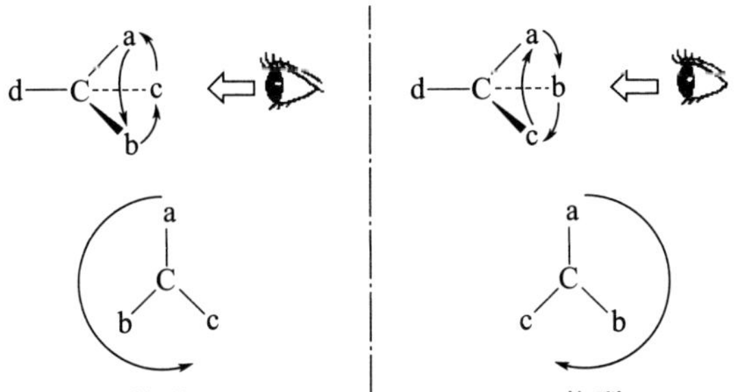

*S*构型　　*R*构型

例如：

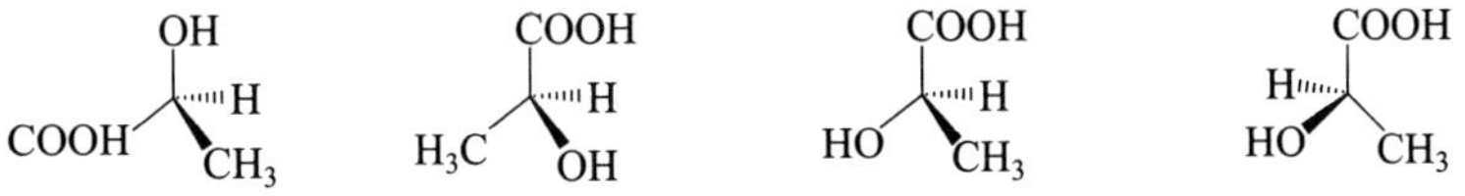

S　　*S*　　*R*　　*R*

基团大小顺序为：OH>COOH>CH_3>H。

快速判断 Fischer 投影式构型的方法：若手性碳原子的四个基团的顺序为 a>b>c>d。

① 当最小基团 d 位于竖线时，若其余三个基团由 a→b→c 旋转方向为顺时针方向，则投影式的构型为 *R*，反之为 *S*；顺 *R* 逆 *S*。

② 当最小基团 d 位于横线时，若其余三个基团由 a→b→c 旋转方向为顺时针方向，则分子的实际构型与旋转方向判断构型相反，为 *S*，反之为 *R*；顺 *S* 逆 *R*。

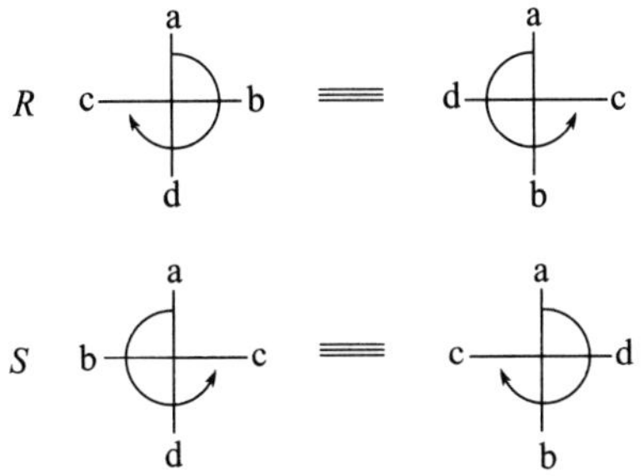

例如：

Br—C—H（Fischer投影式：上 C_2H_5，下 CH_3）

基团顺序

$Br>C_2H_5>CH_3>H$

逆时针排列，为S型

五、含有两个手性碳原子化合物的对映异构

1. 含两个不同手性碳原子化合物的对映异构

含两个不同手性碳原子化合物，即两个手性碳原子所连的四个基团是不完全相同的。若用A和B分别代表两个手性碳原子，则会产生四种不同的构型（即A*R*-B*R*、A*S*-B*S*、A*R*-B*S*、A*S*-B*R*），产生四个立体异构体，可以组成两对对映体。例如：

（Ⅰ）	（Ⅱ）	（Ⅲ）	（Ⅳ）
COOH	COOH	COOH	COOH
H—OH	HO—H	H—OH	HO—H
H—Cl	Cl—H	Cl—H	H—Cl
COOH	COOH	COOH	COOH

在上述四个化合物中，（Ⅰ）和（Ⅱ）、（Ⅲ）和（Ⅳ）彼此互为镜像，是对映体。而（Ⅰ）和（Ⅲ）、（Ⅰ）和（Ⅳ）、（Ⅱ）和（Ⅲ）、（Ⅱ）和（Ⅳ）不是镜像关系，称为非对映体。将不是实物与镜像对映关系的旋光异构体称为非对映体。非对映体是不同的化合物，因此其熔点、沸点、密度、溶解度都不相同，甚至比旋光度也不同。同时也可以推断出含有 n 个不同手性碳原子化合物有 2^n 个立体异构，可以组成 2^{n-1} 对对映体。

2. 含两个相同的手性碳原子化合物的对映异构

含两个相同手性碳原子的化合物，即两个手性碳原子所连的四个基团是完全相同的。例如：

（Ⅰ）	（Ⅱ）	（Ⅲ）	（Ⅳ）
COOH	COOH	COOH	COOH
H—OH	HO—H	H—OH	HO—H
HO—H	H—OH	H—OH	HO—H
COOH	COOH	COOH	COOH

在上述四个化合物中，（Ⅰ）和（Ⅱ）彼此互为镜像，是对映体，平面偏振光的旋转角度相同，但方向相反，若将其等量混合，则旋光作用抵消，没有旋光现象，我们将这样的混合物称为外消旋体。外消旋体就是左旋体和右旋体等量混合的混合物，因此其熔点、沸点、密度、溶解度等物理性质都与左旋体和右旋体不同。（Ⅲ）和（Ⅳ）分子中存在对称面，是一种物质，且（Ⅲ）和（Ⅳ）中的C2和C3所连接的基团都相同，构型相反，使得旋光作用抵消，没有旋光性，这种分子的化合物称为内消旋体。

虽然外消旋体和内消旋体都没有旋光性，但是本质上是不同的。外消旋体是混合物，可以用特殊方法拆分成两个等量的左旋体和右旋体，而内消旋体是纯净物，不能拆分。

六、环状化合物的立体异构

环状化合物中由于环的存在，限制了δ键的自由旋转，有可能存在对映异构。但是与开链化合物相比，其对应异构现象就更加的复杂了。单环化合物是否有旋光性可以通过其平面式的对称性来判别，凡是有对称中心和对称平面的单环化合物无旋光性，反之则有旋光性。一般下列四中情况都是有旋光性的。

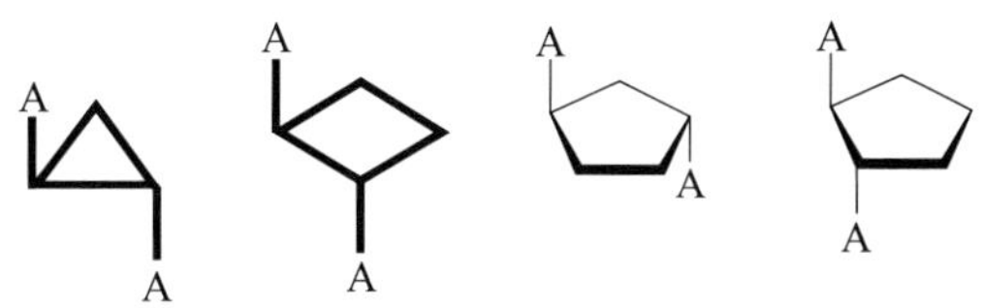

例如：2-羟甲基环丙烷-1-羧酸的对应异构如下。

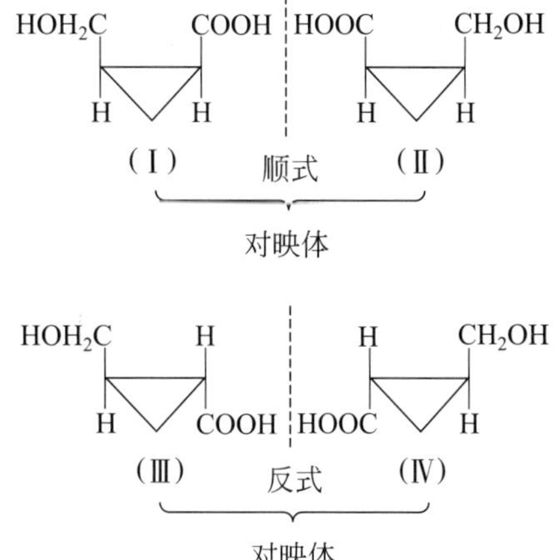

七、外消旋体的拆分

外消旋体是由等量的左旋体和右旋体混合形成的混合物，而左旋体和右旋体除了旋光性质不同外，其余都相同。因此很难用一般的方法进行分离，必须使用特殊的方法。一般使用的方法有以下几种。

① 机械拆分法：利用外消旋体中对映体的结晶形态上的差异，借肉眼直接辨认，或通过放大镜进行辨认，而把两种结晶体挑拣分开。

② 微生物拆分法：利用某些微生物或它们所产生的酶，对对映体中的一种异构体有选择性地分解。

③ 选择性吸附拆分法：用某种旋光性物质作为吸附剂，使之选择性地吸附外消旋体中的一种异构体。

④ 诱导结晶拆分法：在外消旋体的过饱和溶液中，加入一定量的一种旋光体的纯晶体作为晶种，于是溶液中该旋光体含量多，在晶种的诱导下优先结晶析出。

⑤ 化学拆分法：将外消旋体与旋光性物质作用，得到非对映体的混合物，根据非对映体不同的物理性质，用一般的分离方法将它们分离。

八、不含手性碳原子化合物的对映异构

有些化合物不含有手性中心，但是仍然存在对映体。

1. 丙二烯型化合物

在 1,2-二烯烃化合物分子中，两端碳原子连接的原子或基团处在互相垂直的两个平面内，因此存在对映体。例如：

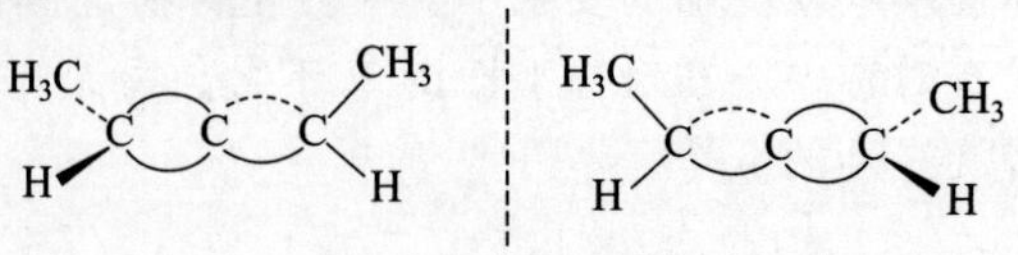

2. 联苯型化合物

若相连的两个苯环邻位都连有较大的取代基，由于空间位阻的效应，阻止了 δ 键的旋转，导致其产生了对映异构。例如：

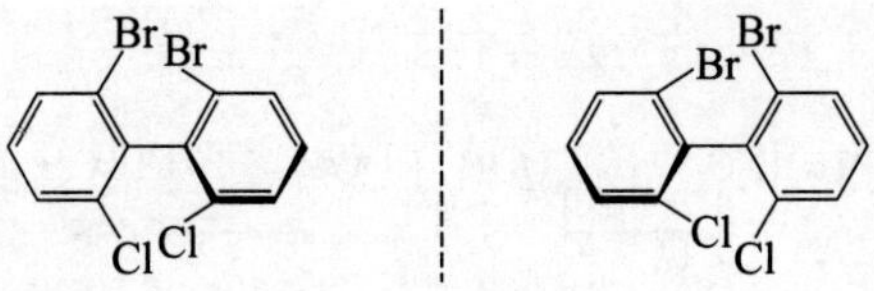